普通高等教育电气工程与自动化（应用型）
“十二五”规划教材

供电工程

第2版

主　编　翁双安
副主编　何致远
参　编　李永坚
　　　　郑荣进
主　审　全　力
　　　　潘长海

机械工业出版社

本书是普通高等教育规划教材之一，为适应高校“卓越工程师教育培养计划”的专业教学需要，是在《供电工程》（第1版）的基础上修订而成的。本书以供电工程设计和技术应用为主线，论述工业与民用电力用户供电系统的基本理论、工程设计方法和运行管理等基本知识。全书共分十章，内容包括绪论，负荷计算与无功功率补偿，短路电流计算，电器、电线电缆及其选择，供电系统的一次接线，供电系统的二次接线，供电系统的继电保护，供电系统的自动化，接地与防雷以及电能质量的提高等。为便于教学，一些重要章节都配有例题，同时每章均有思考题与习题。书中例题与习题大多来源于工程实际。

本书在内容阐述上，强调以工程综合应用为目的，突出培养学生掌握工程设计的理念、规范要求和实际应用的知识和能力，以国家注册电气工程师（供配电）专业考试大纲的要求安排章节内容及深度，充分体现供电工程技术的新发展和国家标准规范的新要求，并努力与国际标准接轨。

本书既可作为高等学校电气工程与自动化专业、建筑电气与智能化及相近专业的教材，也可作为供电工程设计、监理、安装和运行技术人员的培训和参考用书。本书配有免费电子课件，欢迎选用本书作教材的老师发邮件到 Jinacmp@163.com 索取，或登录 www.cmpedu.com 注册下载。

图书在版编目（CIP）数据

供电工程/翁双安主编．—2版．—北京：机械工业出版社，2012.1（2015.1重印）
普通高等教育电气工程与自动化（应用型）“十二五”规划教材
ISBN 978-7-111-36257-9

Ⅰ．①供…　Ⅱ．①翁…　Ⅲ．①供电—高等学校—教材　Ⅳ．①TM72

中国版本图书馆 CIP 数据核字（2011）第216929号

机械工业出版社（北京市百万庄大街22号　邮政编码100037）
策划编辑：吉　玲　责任编辑：吉　玲　张利萍　刘丽敏
版式设计：霍永明　责任校对：刘怡丹
封面设计：张　静　责任印制：李　洋
北京振兴源印务有限公司印刷
2015年1月第2版第4次印刷
184mm×260mm · 22印张 · 543千字
标准书号：ISBN 978-7-111-36257-9
定价：39.80元

凡购本书，如有缺页、倒页、脱页，由本社发行部调换

电话服务
社服务中心：(010) 88361066
销售一部：(010) 68326294
销售二部：(010) 88379649
读者购书热线：(010) 88379203

网络服务
门户网：http://www.cmpbook.com
教材网：http://www.cmpedu.com

普通高等教育电气工程与自动化（应用型）“十二五”规划教材

编审委员会委员名单

前 言

本书是普通高等教育规划教材之一，为适应高校“卓越工程师教育培养计划”的专业教学需要，在《供电工程》第1版的基础上修订而成。本书既可作为高等学校电气工程与自动化、建筑电气与智能化及相近专业的教材，也可作为供电工程设计、监理、安装与运行技术人员的培训和参考用书。

本书以供电工程设计和技术应用为主线，论述工业与民用电力用户供电系统的基本理论、工程设计方法和运行管理基本知识。全书共分十章，内容包括绪论，负荷计算与无功功率补偿，短路电流计算，电器、电线电缆及其选择，供电系统的一次接线，供电系统的二次接线，供电系统的继电保护，供电系统的自动化，接地与防雷以及电能质量的提高。为便于教学，一些重要章节都配有例题，同时每章均有思考题与习题。书中例题与习题大多来源于工程实际。

本书具有以下特点：

(1) 特别注重基本理论与工程设计相结合，体现工程应用特色。本书是编者结合多年的专业教学科研总结和工程设计实践编写而成的。内容阐述上，在进行工程科学分析的同时，强调以工程综合应用为目的，突出培养学生掌握工程设计的理念、规范要求和实际应用的知识和能力。

(2) 知识结构满足国家注册电气工程师（供配电）专业考试大纲的要求。2004年国家开始实行注册电气工程师考试制度，同时将注册电气工程师分为发输变电和供配电两大专业。本书以注册电气工程师（供配电）专业考试大纲的要求安排章节内容及深度，强调电气安全，重视节能和工程经济分析，以适应社会对人才培养目标的要求。

(3) 特别注重技术内容的先进性和专业术语的标准化。本书内容充分体现供电工程技术的新发展和国家标准规范的新要求，并努力与国际标准接轨。书中所述技术措施、标准规范要求、电气图形符号和文字符号、设计技术数据、设备选型资料等均为目前最新的。尤其是专业术语定义大多摘自GB/T 2900《电工术语》最新系列标准，部分与IEC标准接轨的专业术语还加注了英文。

本书由扬州大学翁双安任主编，浙江科技学院何致远任副主编，湖南工程学院李永坚、福建工程学院郑荣进参编。翁双安负责全书的构思、统稿和修订工作并编写第四～八章，何致远编写第一、九章，李永坚编写第三、十章，郑荣进编写第二章。江苏大学全力教授、扬州市建筑设计研究院有限公司潘长海教授级高级工程师任本书主审，提出了宝贵的意见。

本书在修订过程中，参考了许多相关的教材和专著，湖南工程学院黄绍平编写了本书第1版第七、八章，在此向所有作者表示诚挚的谢意！常熟开关制造有限公司为本书的编写提供了产品资料和技术支持，在此一并感谢！

由于供电工程的现行国家标准、规范在不断修订之中，加之编者学识水平有限，书中可能有不足和错漏之处，敬请使用本书的广大师生和工程技术人员指正。

编　者

目　　录

本书常用文字符号与图形符号表

一、电气设备常用项目种类的字母代码

项目种类	设备、装置和元器件名称	参照代号的字母代码		旧字母代码
		主类代码	含子类代码	
两种或两种以上的用途或任务	35kV 开关柜　35kV switchgear	A	AH	AH
	20kV 开关柜　20kV switchgear		AJ	AH
	10kV 开关柜　10kV switchgear		AK	AH
	6kV 开关柜　6kV switchgear		AL	AH
	低压配电柜　LV switchgear		AN	AA
	并联电容器屏（箱）*shunt capacitor cubicle*		*ACC*	ACC
	直流电源屏　*DC power supply cabinet*		*AD*	AD
	保护屏　*protection panel*		*AR*	AR
	电能计量柜　*electric energy measuring cabinet*		*AM*	AM
	信号箱（屏）*signal box（panel）*		*AS*	AS
	电源自动切换箱（柜）*power automatic transfer board*		*AT*	AT
	电力配电箱　*power distribution board*		*AP*	AP
	应急电力配电箱　*emergency power distribution board*		*APE*	APE
	控制箱（操作箱）*control box*		*AC*	AC
	照明配电箱　*lighting distribution board*		*AL*	AL
	应急照明配电箱　*emergency lighting distribution board*		*ALE*	ALE
	电能表箱　*watt hour meter box*		*AW*	AW
把某一输入变量（物理性质、条件或事件）转换为供进一步处理的信号	热过载继电器　thermal（over-load）relay	B	BB	KH
	保护继电器　protection relay		BB	KP
	电流互感器　current transformer		BE	TA
	电压互感器　voltage transformer		BE	TV
	量度继电器　measuring relay		BE	K
	接近开关（位置开关）proximity switch（position switch）		BG	SQ
	接近传感器　proximity sensor		BG	BG
	压力传感器　pressure sensor		BP	BP
	温度传感器　temperature sensor		BT	BT
	电流继电器　*current relay*		*BE*	KC
	电压继电器　*voltage relay*		*BE*	KV
材料、能量或信号的存储	电容器　capacitor	C	CA	C
	线圈　coil		CB	L
	存储器　memory		CF	D
提供辐射能或热能	荧光灯　fluorescent lamp	E	EA	E
	电热器　electrical heater		EB	EH
	照明灯　lamp for lighting		—	EL

（续）

项目种类	设备、装置和元器件名称	参照代号的字母代码		旧字母代码
		主类代码	含子类代码	
直接防止（自动）能量流、信息流、人身或设备发生危险的或意外的情况，包括用于防护的系统和设备	熔断器 fuse	F	FA	FU
	微型断路器 micro-circuit breaker		FB	QF
	电涌保护器 surge protective device		FC	FC
	热过载脱扣器 thermal（over－load）release		FD	FR
	避雷器 arrester		FE	FV
启动能量流或材料流，产生用作信息载体或参考源的信号	发电机 generator	G	GA	G
	柴油发电机 diesel-engine generator		GA	GD
	蓄电池、干电池 battery、dry battery		GB	GB
	燃料电池 fuel cell		GB	G
	太阳电池 solar cell		GC	G
	信号发生器 signal generator		GF	GF
	不间断电源 *uninterrupted power system*		*GU*	GU
处理（接收、加工和提供）信号或信息（用于保护目的的项目除外，见 F 类）	有或无继电器 all-or-nothing relay	K	KF	K
	时间继电器 time relay		KF	KT
	控制器 controller		KF	K
	瞬时接触继电器 instantaneous contactor relay		*KA*	KA
	信号继电器 *signal relay*		*KS*	KS
	气体继电器 *gas relay*		*KB*	KB
	压力继电器 *pressure relay*		*KPR*	KPR
提供用于驱动的机械能量（旋转或线性机械运动）	电动机 motor	M	MA	M
	电磁驱动 electromagnetic drive		MB	Y
	励磁线圈 field coil		MB	—
	弹簧力驱动 spring force drive		ML	—
信息表述	打印机 printer	P	PF	—
	测量仪表 meter		PG	P
	指示灯 indicator lamp		PG	HL
	电铃、电笛 bell、buzzer		PG	HA
	红色指示灯 *indicator lamp，red*		*PGR*	HR
	绿色指示灯 *indicator lamp，green*		*PGG*	HG
	黄色指示灯 *indicator lamp，yellow*		*PGY*	HY
	白色指示灯 *indicator lamp，white*		*PGW*	HW
	电压表 *voltmeter*		*PV*	PV
	电流表 *ammeter*		*PA*	PA
	功率表 *watt meter*		*PW*	PW
	电能表（有功电能表） *watt hour meter*		*PJ*	PJ
	无功电能表 *var-hour meter*		*PJR*	PJR
	功率因数表 *power-factor meter*		*PPF*	PPF

（续）

项目种类	设备、装置和元器件名称	参照代号的字母代码		旧字母代码
		主类代码	含子类代码	
受控切换或改变能量流、信号流或材料流（对于控制电路中的开/关信号，见K类或S类）	断路器 circuit breaker	Q	QA	QF
	接触器 contactor		QA	QC
	晶闸管 thyristor		QA	—
	起动器 starter		QA	QST
	隔离器、隔离开关 isolator、isolating switch		QB	QS
	熔断器式隔离器 fuse-isolator		QB	QFS
	熔断器式隔离开关 fuse-switch		QB	QFS
	负荷开关 switch，load-breaking switch		QB	QL
	接地开关 earthing switch		QC	QE
	旁路断路器 bypass circuit breaker		QD	QF
	切换开关 *change-over switch*		*QCS*	QCS
	剩余电流断路器 *residual current circuit breaker*		*QR*	QR
限制或稳定能量、信息或材料的运动	电阻器 resistor	R	RA	R
	二极管 diode		RA	V
	电抗线圈 reactance coil		RA	L
	电感器 inductor；reactor		RA	L
	电磁锁 electromagnetic lock		RL	—
把手动操作转变为进一步处理的特定信号	控制开关 control switch	S	SF	SA
	按钮 push-button		SF	SB
	选择开关（多位开关） *selector switch*		*SAC*	SA
	电压表切换开关 *voltmeter change-over switch*		*SV*	SV
保持能量性质不变的能量变换，已建立的信号保持信息内容不变的变换，材料形态或现状的变换	变频器 frequency changer	T	TA	U
	电力变压器 power transformer		TA	TM
	DC/DC 转换器 DC/DC converter		TA	U
	整流器、逆变器 rectifier、inverter		TB	U
	隔离变压器 isolating transformer		TF	TI
	电压互感器 *voltage transformer*		*TV*	TV
	电流互感器 *current transformer*		*TA*	TA
	整流变压器 *rectifier transformer*		*TR*	TR
保护物体在指定位置	绝缘子 insulator	U	UB	—
	电缆梯架（托盘） cable ladder（tray）		UB	—

（续）

项目种类	设备、装置和元器件名称	参照代号的字母代码 主类代码	参照代号的字母代码 含子类代码	旧字母代码
从一地到另一地导引或输送能量、信号、材料或产品	高压母线 HV bus；HV bus-bar	W	WA	WB
	高压配电电缆、导体 HV cable、conductor		WB	W
	低压母线 HV bus；HV bus-bar		WC	WB
	低压配电电缆、导体 HV cable、conductor		WD	W
	接地导体 earthing conductor		WE	W
	数据总线 data bus		WF	W
	控制电缆、数据线 control line、data line		WG	WC
	光缆、光纤 optical cable、optical fiber		WH	W
	信号线路 signal line		*WS*	WS
	电力线路 power line		*WP*	WP
	照明线路 lighting line		*WL*	WL
	应急电力线路 emergency power line		*WPE*	WPE
	应急照明线路 emergency lighting line		*WLE*	WLE
	滑触线 trolley wire		*WT*	WT
连接物	高压端子、接线箱 HV terminal、connecting box	X	XB	X
	高压电缆头 HV cable terminal		XB	X
	低压端子、接线盒 LV terminal、connecting box		XD	XT
	低压电缆头 HV cable terminal		XD	X
	插座 socket		XD	XS
	接地端子 earthing terminal		XE	X
	连接片 link		XG	XB
	插头 plug		XG	XP

注：1. 本表依据 GB/T 5094. 2—2003/IEC 61346－2：2000、GB/T 20939—2007/IEC PAS 62400：2005 和 09DX001 编制。其中斜体部分为目前标准中未表示，而为制图方便供国内电气工程设计时参考使用的补充符号。

2. 旧字母代码是指依据 GB/T 5094—1985（已废止）、GB/T 7159—1987 编制的“项目种类字母代码”，为便于对照，列于表中。

3. 参照代号的字母代码优先采用单字母。只有当用单字母代码不能满足设计要求时，可采用多字母，以便较详细和具体地表达电气设备、装置和元器件。

二、主要物理量下角标文字符号

文字符号	中文含义	英文含义	文字符号	中文含义	英文含义
a	年	annual	min	最小的	minimum
a	动作	action	N	中性	neutral
a	空气	air	n	标称（系统）	nominal
al	允许	allowable	*n*	数目	number
av	平均	average	oh	架空	over-head
b	开断	break	OL	过负荷	over-load
b	制动	brake	op	动作	operate
C	电容	capacitance	p	有功功率	active power
C	电容器	capacitor	p	保护	protection
c	计算	calculate	p；pk	峰值	peak
c	容量	capacity	PE	保护	protective
c	持续	continuous	ph	相	phase
cab	电缆	cable	pv	现值	present value
cr	临界	critical	q	无功功率	reactive power
Cu	铜耗	copper loss	qb	速断	quick break
d	基准	datum	r	额定（元器件）	rated
d	需要	demand	re	返回	disengage，return
d	天	day	re	实际	reactive
d	差动	differential	rel	可靠	reliability
d	相对地	line-to-earth	res	残流、剩余	residual
DC	直流	direct current	R	电阻	resistance
dsq	不平衡	disequilibrium	S	系统	system
e	设备	equipment	s	灵敏	sensitivity
e	有效的	efficient	st	起动	start
e	电能	energy	T	变压器	transformer
ec	经济的	economic	t	时间	time
eq；e	等效的	equivalent	t	接触	touch
Fe	铁耗	iron loss	t	分接头	tap
h	谐波	harmonic	u	利用	utilization
h	水平	horizontal	u	电压	voltage
i	电流	current	v	垂直	vertical
i	任一数目	arbitrary number	w	接线	wiring
ima	假想的	imaginary	w	工作	work
imp	冲击	impulse	W	母线、线路	bus、line
k	短路	short-circuit	*x*	某一数值	a number
K	继电器	relay	*θ*	温度	temperature
L	电感	inductance	Σ	总和	total；sum
L	电抗器	reactor	0	空载	empty
L	线（相）	line	0	周围（环境）	ambient
L	负荷，负载	load	0	每（单位）	per（unit）
m；max	幅值，最大	maximum	0	零序	zero-sequence
m	关合	make	1	正序	positive-sequence
M	电动机	motor	2	负序	negative-sequence

三、常用电气简图用图形符号

序号	图形符号	名称	序号	图形符号	名称
1		基本符号	2.7		插头和插座
1.1	形式1 形式2 DC	直流，右边可示出电压	2.8		接通的连接片
1.2	形式1 形式2 AC	交流，右边可示出频率	2.9		断开的连接片
1.3	+	正极性	2.10		电缆密封终端（多芯电缆） 本符号表示带有一根三芯电缆
1.4	—	负极性			
1.5	N	中性（中性导体）	2.11	3 3 3	接线盒（单线表示） 本符号用单线表示带T形连接的三根导线
1.6	M	中间导体			
1.7		接地，地，一般符号	3		基本无源元件
1.8		功能性接地	3.1		电阻器，一般符号
			3.2	U	压敏电阻器
1.9	形式1 形式2	功能等电位联结	3.3		带分流和分压端子的电阻器
			3.4		加热元件
1.10		保护等电位联结	3.5		电容器，一般符号
2		导体和连接件	3.6		线圈，绕组，电感器
2.1		连线（导线、电线、电缆）	4		半导体器件
2.2	形式1 形式2 3	导线组（示出导线数）	4.1		半导体二极管
			4.2		无指定形式的三极晶闸管
2.3	●	连接点			
2.4	○	端子	4.3		发光二极管
2.5	形式1 形式2	T形连接	4.4		双向三极晶闸管
			5		电能的发生与转换
2.6	形式1 形式2	导线的双T连接	5.1	*	电机的一般符号，符号内的星号用下述字母之一代替： G 发电机 M 电动机

（续）

序号	图形符号	名称	序号	图形符号	名称
5.2	M 3~	三相笼型异步电动机	5.8	形式1 形式2	具有两个铁心，每个铁心有一个二次绕组的电流互感器
5.3	形式1 形式2	双绕组变压器	5.9		整流器
			5.10		逆变器
			5.11		原电池或电池组
5.4	形式1 形式2	三绕组变压器	6	开关、控制和保护器件	
			6.1		动合（常开）触点 开关，一般符号
			6.2		动断（常闭）触点
5.5		电抗器	6.3		延时闭合的动合触点（当带该触点的器件被吸合时）
5.6	形式1 形式2	电流互感器，一般符号	6.4		延时闭合的动断触点（当带该触点的器件被释放时）
			6.5		自动复位的手动按钮
5.7	形式1 形式2	电压互感器	6.6		无自动复位的手动旋转开关
			6.7		带动合触点的位置开关

（续）

序号	图形符号	名　称	序号	图形符号	名　称
6.8		带动断触点的位置开关	6.22		（低压）熔断器式隔离开关组合电器
6.9		接触器 接触器的主动合触点	6.23		火花间隙
6.10		断路器	6.24		避雷器
6.11		隔离器；（高压）隔离开关	7	测量仪表、灯和信号器件	
6.12		（高压）负荷开关，（低压）隔离开关	7.1	*	指示仪表 符号内的星号用下述字母之一代替： A　电流表 V　电压表 W　功率表 $\cos\varphi$　功率因数表
6.13		驱动器件的一般符号 继电器线圈的一般符号			
6.14		热继电器驱动器件	7.2	*	积算仪表，如电能表 符号内的星号用下述字母之一代替： Wh　有功电能表 varh　无功电能表
6.15	$I>$	过电流继电器			
6.16	$U<$	欠电压继电器	7.3	Wh	复费率电能表
6.17	$I>$	过电流继电器（反时限特性）	7.4		灯，一般符号 信号灯，一般符号
6.18		气体保护器件；气体继电器	7.5		报警器
6.19		熔断器一般符号	7.6		音响信号装置一般符号
			7.7		蜂鸣器
6.20		熔断器，撞击式熔断器	8	建筑安装平面布置	
			8.1		规划（设计）的发电站
6.21		熔断器式隔离开关，熔断器式隔离器	8.2		运行的发电站

（续）

序号	图形符号	名　称	序号	图形符号	名　称
8.3		规划（设计）的变电站、配电所	8.22	LP	避雷线、避雷带、避雷网（组合符号）
8.4		运行的变电站、配电所	8.23		避雷针
8.5		地下线路	8.24		设备，元器件，功能单元
8.6	E	接地板（组合符号）	8.25		配电中心 示出五路馈线
8.7	E	接地导体（组合符号）	8.26		盒（箱）一般符号
8.8		套管线路	8.27		用户端、供电输入设备（示出带配线）
8.9		电缆桥架线路（组合符号）	8.28		（电源）插座一般符号
8.10		电缆沟线路（组合符号）	8.29		带保护极的（电源）插座
8.11		人孔，用于地井	8.30		开关一般符号
8.12		中性导体	8.31		按钮
8.13		保护导体	8.32		荧光灯，一般符号
8.14		保护导体和中性导体共用导体	8.33		投光灯，一般符号
8.15		具有中性导体和保护导体的三相线路	8.34		在专用电路上的应急照明灯
8.16		向上配线	8.35		自带电源的应急照明灯
8.17		向下配线	8.36		热水器
8.18		垂直通过配线	8.37	*	带有设备箱的固定式分支器的直通区域 星号以设备符号代替或省略
8.19	A B C D E　C D E A B	用单根线表示线组线（线束）			
8.20	A B C D E	单根连接线汇入线束示例			
8.21	5 4 3	连线示例			

注：1. 本表根据 GB/T 4728.2—2005/IEC 60617、GB/T 4728.3—2005/IEC 60617、GB/T 4728.4—2005/IEC 60617、GB/T 4728.5—2005/IEC 60617、GB/T 4728.6—2008/IEC 60617、GB/T 4728.7—2008/IEC 60617、GB/T 4728.8—2008/IEC 60617、GB/T 4728.11—2008/IEC 60617、GB/T 6988.1—2008/IEC 61082—1：2006 和 09DX001 编制。

2. 图形符号可根据需要缩小或放大，图形符号示出的方位不是强制的，在不改变符号含义的前提下，符号旋转或取其镜像形态时，其文字和指示方向不应倒置。

第一章　绪　论

第一节　电力系统的基本概念

一、电力系统的构成

电力系统（Electrical Power System）是发电、输电及配电的所有装置和设备的组合。它由不同类型的发电厂（站）、各种电压等级的电力网及广大电力用户组成，形成发电、输电、变电、配电和用电的统一整体。

（一）发电站

发电站（Electrical Generating Station）又称发电厂（Electrical Power Plant），它是生产电能的工厂，由能量转换设备、建筑物及必要的辅助设备组成。发电是将其他形式的能转变为电能的过程。按照所利用能源形式的不同，发电站的类型可分为火力发电站、水电站、核电站、太阳能电站、风力电站、地热电站、潮汐电站等。其中火力发电站、核电站、地热电站都可归属于将热能转变为电能的热力发电站（Thermal Power Station）。

火力发电站（Conventional Thermal Power Station）是由燃煤或碳氢化合物获得热能的热力发电站。其发电过程为：燃料充分燃烧后，锅炉内的水变成高温高压的蒸汽，以推动汽轮机转动，带动与之联轴的发电机旋转发电。一般火力发电站的热效率较低，只有30%～40%，采用热电联产的热电站的热效率可达60%～70%。火力发电至今仍然是世界上最主要的电能生产方式，当今我国火力发电设备的装机容量在电能生产中占总装机容量的70%以上。

水电站（Hydroelectric Power Station）是将水流能量转变为电能的电站。其发电过程为：具有落差的水流冲动水轮机，带动与之联轴的发电机旋转发电。按水流形成的方式不同，水电站又可分成径流式水电站（河水直接流入电站进行发电）、短期调节水电站（由径流量向水库蓄水时间不超过几个星期）、蓄水式水电站（由径流量向水库蓄水时间超过若干星期）和抽水蓄能电站（利用上位水库和下位水库的水循环进行抽水和发电）。水力发电的生产效率高，一般大、中型水电站的发电效率可达80%～90%，小型水电站的发电效率也可达60%～70%。与火力发电方式不同，水力发电利用的是可再生能源，发电成本较低，一般只有火力发电的1/4～1/3，而且水力发电不产生污染。水力发电站建设的一次投资大，且需综合评价其对周边生态的影响，但工程建成后兼有防洪、灌溉和航运的综合效益，因而从总体上来看，具有较高的开发价值。

核电站（Nuclear Thermal Power Station）是由核反应获得热能的热力发电站。核能发电的生产过程与火力发电基本相同，只是其热能不是由燃料的化学能产生，而是由反应堆（又称原子锅炉，Atomic Boiler）中的核燃料发生核裂变时释放出的能量而获得。核能发电可以节省大量的煤、石油、天然气等自然资源，1kg 铀裂变所产生的热量相当于 2.7×106kg 标准煤所产生的热量。2011 年 3 月日本福岛第一核电站发生核泄漏事故以来，核电的安全问题再次成为全世界的关注焦点。随着科学技术的发展和核电站安全控制手段的提高，核能发电将成为清洁、经济、安全的发电方式。

太阳能电站（Solar Power Station）是直接利用太阳辐射的光伏效应或间接利用太阳辐射的热能转换成电能的电站。直接利用太阳辐射的太阳能光伏电站由太阳电池方阵、蓄电池组、充放电控制器、逆变器、交流配电柜、太阳跟踪控制系统等设备组成。太阳能光伏电站有离网型（独立运行系统）和并网型两种。并网型光伏电站是与电网相连并向电网输送电力的光伏电站，可带蓄电池或不带蓄电池。带有蓄电池的并网型光伏电站具有可调度性，可以根据需要并入或退出电网，还具有备用电源的功能，当电网发生故障停电时提供紧急供电。带有蓄电池的并网型光伏电站常常安装在民用建筑，不带蓄电池的并网型光伏电站则不具备可调度性和备用电源的功能，一般安装在较大型的系统上。虽然光伏电站与常规发电站相比受到技术条件的限制，如投资成本高、系统运行的随机性大等，但因其利用的是可再生的太阳能，因此，依然比较有发展前景。

风力电站（Wind Power Station）是利用风力涡轮发电系统组成的电站。利用风力带动风车叶片旋转，再通过增速机将旋转的速度提升，来促使发电机发电。风力发电中，风速变化会使原动机输出的机械功率发生变化，从而导致发电机输出功率波动而使电能质量下降。应用储能装置是改善发电机输出电压和频率质量的有效途径之一，同时也增加了风力发电机组与电网并网运行时的可靠性。具有应用前景的风力发电系统储能方式主要有蓄电池储能、超级电容器储能、超导储能、压缩空气储能等形式。风力发电分为离网型和并网型。并网型风力发电是大规模开发风电的主要形式，也是近年来风电发展的主要趋势。并网型风力发电通常由多台容量较大的风力发电机组构成风力发电机群，也称为风电场。因而，风电场具有机组大型化（50kW～3MW）、集中安装和便于控制等特点。风电场中，风力发电机组经变压器升压后与电力系统相连。风力电站的优点是清洁、可再生、装机灵活，缺点是噪声大、占用土地多、稳定性弱、成本高。

除上述几种电能生产方式外，利用地壳适当部位抽取热能发电的地热电站（Geothermal Power Station）和利用潮汐水位差发电的潮汐电站（Tidal Power Station）等生产电能的方式，也正得到不断的研究、开发和应用。

（二）电力网

电力网（Electrical Power Network）简称电网，是输电、配电的各种装置和设备、变电站、电力线路的组合。电力网是电力系统的重要组成部分，其作用是将电能从发电厂输送并分配至电力用户。电力网可按其电压等级、地理位置及所有权等来分类。

电力线路（Electrical Line）是电力系统两点间用于输配电的导线、绝缘材料和附件组成的设施。电力线路的形式有架空电力线路、地下电力电缆和气体绝缘电力线路等。

变电站（Substation）又称变电所，它集中在一个地方，主要包括输电或配电线路的终端、开关设备及控制设备、变压器和建筑物，通常包括电力系统安全和控制所需的设施（例如保护装置）。变电站是电力系统的一部分，起着变换电压等级和分配电能的作用。用变压器将两个或多个不同电压等级的电网连接起来的变电站称为（变压）变电站（Transformer Substation），包括升压变电站（Step-up Substation）和降压变电站（Step-down Substation）。根据其在电力系统中的地位和作用，变电站可以分为枢纽变电站、区域（地方）变电站、终端变电站和用户变电站。有开关设备、通常还包括母线，但没有电力变压器的变电站称为开关站（Switching Substation）或配电所，它不实现电网电压等级变换，而仅起电能的分配作用。

电力网是电力系统的重要组成部分，承担着输电（从发电站向用电地区输送电能）和配电（在一个用电区域内向用户供电）的任务。因而，电力网又分为输电网（三相交流330～1000kV或直流±500kV、±800kV）和配电网（三相交流220kV及以下）。不同用电区域的配电网之间通过输电网连接。为满足当代电力系统对大容量、远距离、低损耗的电力传输要求，2009年1月我国第一个1000kV特高压交流输电试验示范工程（晋东南—南阳—荆门，线路全长645km）通电试运行，首次实现了华北、华中两大电网联网运行。2009年12月我国又建成了世界上第一个±800kV直流输电工程（云南禄丰—广东增城，线路全长1373 km）并实现成功送电，具有世界直流输电领域里程碑式意义。

（三）电力用户

一般由配电网供电的电能使用者称为电力用户（Electrical Power Consumer）。电力用户按其性质不同可分为工业用户、商业用户、农业用户、城镇居民用户等。电力用户的用电设备按其使用功能不同又可分为电力设备、电制热（冷）设备、照明设备等。不同形式的用电设备将电能分别转换成机械能、热能、光能等各种适应于生产和生活需要的其他能量形式。

（四）电力系统的构成图

一个典型的电力系统构成示意图如图1-1所示。

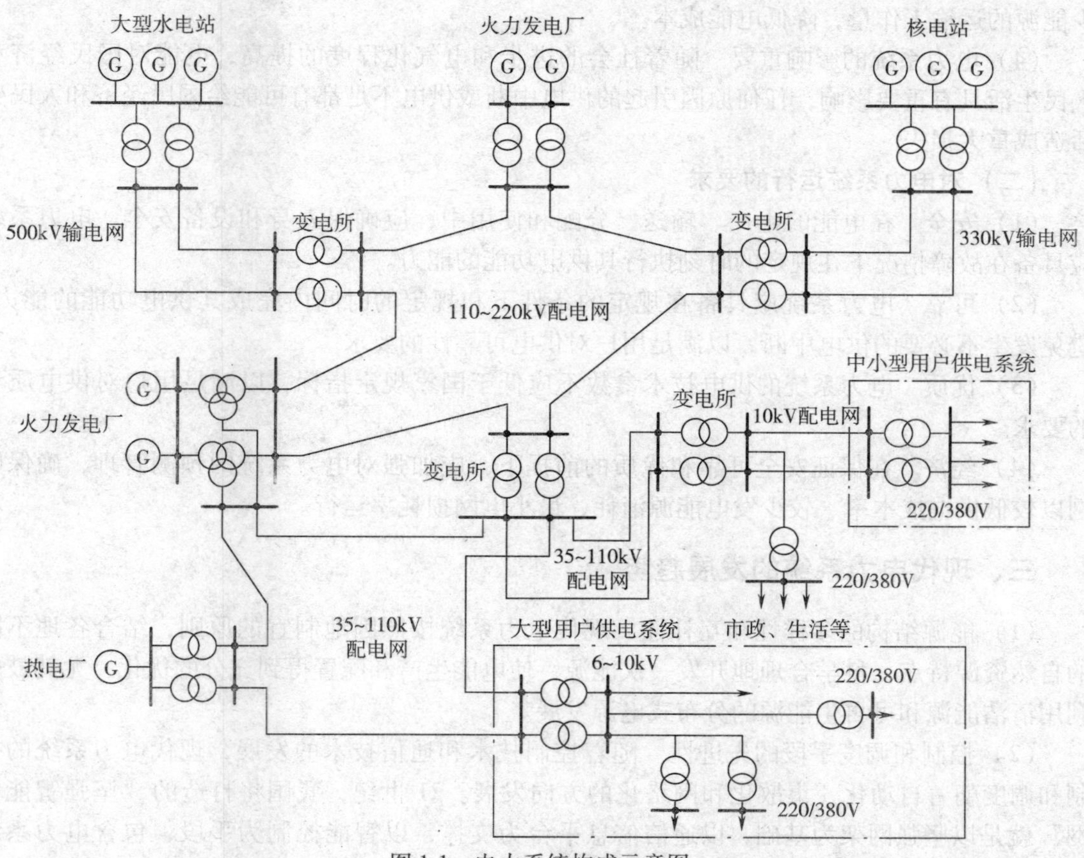

图1-1　电力系统构成示意图

大型远距离发电厂中的发电机经过升压变电站将电压升高至330~500kV进行长距离输电，经过枢纽变电所与电力系统中某一个用电区域110~220kV配电网相连，该区域内发电厂的发电机则通过升压变电站与本区域配电网相连接。大型用户由总降压变电所将公用配电网35~110kV电压变成用户内部6~10kV配电电压，最后经10/0.38kV变电站变成220/380V的低压电能，供用电设备使用。中小型用户一般由配电网提供10kV（或20kV）配电电压，然后由用户变电所变成220/380V的低压后使用。

二、电力系统运行的特点与要求

（一）电力系统运行的特点

（1）电力系统发电与用电之间的动态平衡　由于电能目前尚不能实现大容量储存，导致电能的生产和使用同步进行。因此，为避免造成系统运行的不稳定，电力系统必须保持电能的生产、输送、分配和使用处于一种动态平衡的状态。

（2）电力系统的暂态过程十分迅速　由于电能的传输具有极高的速度，电力系统中开关的切换、电网的短路等暂态过渡过程的持续时间十分短暂。因而，在设计电力系统的自动化控制、测量和保护装置时，应充分考虑其灵敏性。

（3）电力系统的地区性特色明显　前已叙及，电能可由各种不同形式的能量转化而来。不同地区的能源结构具有一定的差异性。因此，需要因地制宜，充分利用地方资源，尽量减少能源的运输工作量，降低电能成本。

（4）电力系统的影响重要　随着社会的进步和电气化程度的提高，电能对国民经济和人民生活具有重要影响，任何原因引起的供电中断或供电不足都有可能给国民经济和人民生活造成重大损失。

（二）对电力系统运行的要求

（1）安全　在电能的生产、输送、分配和使用中，应确保人身和设备安全。电力系统应具备在故障情况下在规定的时刻执行其供电功能的能力。

（2）可靠　电力系统应具备在规定的条件下和规定的时间内完成其供电功能的能力，避免发生不必要的供电中断，以满足用户对供电可靠性的要求。

（3）优质　电力系统的供电技术参数不应低于国家规定指标，以满足用户对供电质量的要求。

（4）经济　在保证安全可靠和优质的前提下，应加强对电力系统的预测管理，确保电网以较低供电成本率、较少发电能源消耗、最小电网损耗率运行。

三、现代电力系统的发展趋势

（1）能源结构的多样性和互补性　现代电力系统按照因地制宜的原则，结合各地不同的自然资源特点，科学合理地开发一次能源，使电能生产和配置得到充分的优化；尤其鼓励利用清洁能源和可再生能源的分布式电源发展。

（2）控制和调度手段的先进性　随着控制技术和通信技术的发展，现代电力系统的控制和调度朝着自动化、集散化和网络化的方向发展。21世纪，我国将打造的“坚强智能电网”就是以坚强网架为基础，以通信信息平台为支撑，以智能控制为手段，包含电力系统的发电、输电、变电、配电、用电和调度各个环节，覆盖所有电压等级，实现“电力流、信息流、业务流”的高度一体化融合，是坚强可靠、经济高效、清洁环保、透明开放、友好互动的现代电网。

（3）输电方式的新颖性　现代电力系统提出了“灵活交流输电与新型直流输电”的概念。灵活交流输电技术（Flexible AC Transmission System，FACTS）是指运用固态电子器件与现代自动控制技术对交流电网的电压、相位角、阻抗、功率以及电路的通断进行实时闭环控制，从而提高高压输电线路的输送能力和电力系统的稳定水平。新型直流输电技术则是指应用现代电力电子技术的最新成果，改善和简化换流站（Converter Substation）（安装有换流器且主要用于将交流变换成直流或将直流变换成交流的电站）的设备，降低换流站的造价等。

第二节　电力系统的电压

一、标准电压

（一）系统标称电压

系统标称电压（Nominal Voltage of a System）是用以标志或识别系统电压的给定值。它是根据国民经济发展的需要以及技术经济的合理性，结合电气设备的制造水平等因素，经全面分析论证，由国家统一制订和颁布的。根据 GB/T 156—2007《标准电压》，我国电力系统的标称电压见表 1-1。

表 1-1　我国电力系统的标称电压

分　类	系统标称电压	设备最高电压	备　注
标称电压 220 ~ 1000V 之间的交流三相四线或三相三线系统	220/380 380/660 1000（1140）		1. 表中数值为相电压/线电压，单位为 V 2. 1140V 仅用于某些行业内部系统
标称电压 1 ~ 35kV 之间的交流三相系统	3（3.3） 6 10 20 35	3.6 7.2 12 24 40.5	1. 表中数值为线电压，单位为 kV 2. 括号中的数值为用户有要求时使用 3. 表中前两组数值不得用于公共配电系统
标称电压 35 ~ 220kV 之间的交流三相系统	66 110 220	72.5 126（123） 252（245）	1. 表中数值为线电压，单位为 kV 2. 括号中的数值为用户有要求时使用
标称电压 220 ~ 1000kV 之间的交流三相系统	330 500 750 1000	363 550 800 1100	表中数值为线电压，单位为 kV
高压直流输电系统	±500 ±800		表中数值为线电压，单位为 kV

（二）电气设备的额定电压

电气设备的额定电压（Rated Voltage）通常由制造厂家确定，用以规定元件、器件或设备的额定工作条件的电压。其电压等级应与电力系统标称电压等级相对应。根据电气设备在系统中的作用和位置，电气设备的额定电压简述如下：

1. 用电设备的额定电压

用电设备的额定电压 U_r 与所连接系统的标称电压 U_n 一致。由于电网有电压损失，致使各点实际运行电压（Operating Voltage）与系统标称电压存在偏差。为了保证用电设备的良好运行，国家对各级电网系统标称电压的偏差均有严格规定。对接于 1000V 以上系统中的设备，还规定表示设备绝缘水平的最高耐受电压应与其所连接系统的可能出现的最高电压一致，详见表 1-1。

2. 发电机的额定电压

用电设备的电压一般允许在额定电压的 ±5% 以内变化，而电网的电压损失一般需要控制在 10% 以内，因而，对于为保证用电设备在电网上各处都能实现正常运行，应使电网首端电压比系统标称电压 U_n 高 5%，而末端电压则比 U_n 低 5%，如图 1-2 所示。由于发电机处于电网的首端，所以发电机的额定电压 $U_{r.G}$ 规定为比所连电网的系统标称电压 U_n 高 5%。

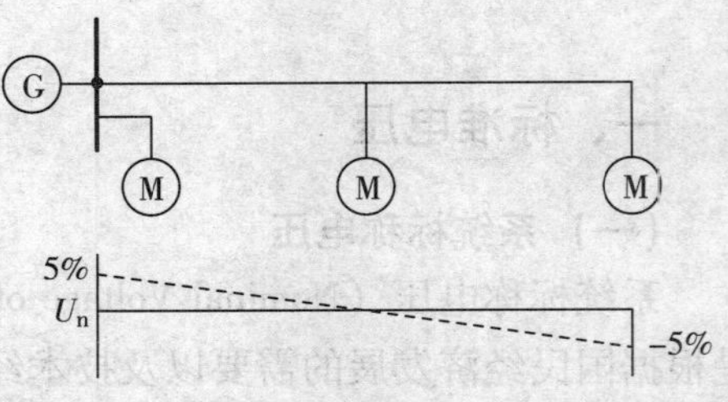

图 1-2 电力线路中的电压分布

根据 GB/T 156—2007，我国三相交流发电机的额定电压等级有 400V、690V、3150V、6300V、10500V、13800V、15750V、18000V、20000V、22000V、24000V、26000V 等。

3. 电力变压器的额定电压

（1）电力变压器一次绕组的额定电压 $U_{1r.T}$ 电力变压器一次绕组的额定电压分两种情形：①当电力变压器直接与发电机引出端相接时，如图 1-3 中的变压器 T1，其一次绕组的额定电压与发电机的额定电压相同。②当电力变压器直接与电网相连接时，如图 1-3 中的变压器 T2，在电网中相当于一个用电设备，其一次绕组的额定电压与同级电网的系统标称电压 U_n 相同。

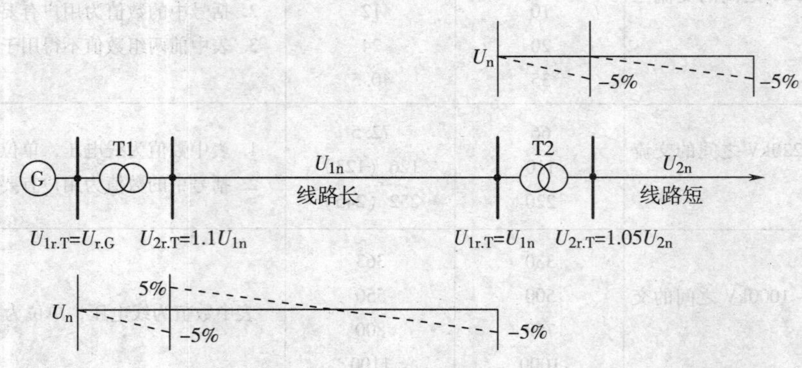

图 1-3 电力变压器的额定电压

（2）电力变压器二次绕组的额定电压 $U_{2r.T}$ 电力变压器二次绕组的额定电压亦分两种

情形：①当电力变压器二次侧的配电网距离较短，如二次侧直接配电给附近高压用电设备或者接入低压电网时，只需要考虑补偿负载时的内部电压损失，因而，电力变压器二次侧的额定电压只比同级电网的系统标称电压 U_n高 5%。②当电力变压器二次侧所连电网输配电距离较长时，例如公共高压输配电网。此时，除了考虑二次绕组负载时内部 5% 的电压损失之外，还应补偿较长电网线路的电压损失，电力变压器二次绕组的额定电压比同级电网的系统标称电压 U_n高 10%。

二、电力系统中各级标称电压的适用范围

在传输功率 S 一定的条件下，若提高电力线路的输电电压 U，则通过输电线路的电流 I 会减少，进而得到的好处是线路有功损耗和电压损失降低、线路导体截面积可以减小，能有效节省有色金属消耗量和线路投资。因此，线路传输功率越大，传输距离越远，则所选择的电压等级也应越高。

在我国目前的电力系统中，330～1000kV 电压等级主要用于长距离输电网，110～220kV 电压等级主要用于区域配电网。10～110kV 为一般电力用户的高压供电电压，具体电压等级主要根据用户用电容量、用电设备特性、供电距离、供电线路的回路数、当地公共电网现状及其发展规划等因素，经技术经济指标综合比较确定。目前，有些电力负荷密度较高的地区推广使用 20kV 代替 10kV，作为一般中等容量用户高压供电电压，是因为在此地区条件下 20kV 技术经济指标高于 10kV 电压等级。当供电电压大于等于 35kV 时，用户的一级配电电压宜采用 10kV；当 6kV 用电设备的总容量较大，选用 6kV 经济合理时，宜采用 6kV；低压配电电压宜采用 220/380V，工矿企业亦可采用 380/660V。

第三节　电力系统的中性点接地方式

电力系统中，作为供电电源的三相发电机或变压器的绕组为星形联结时的中性点称为电力系统的中性点（Neutral Point）。电力系统的中性点与（局部）地之间的连接方式称为电力系统的中性点接地方式（Neutral Point Treatment）。电力系统的中性点接地方式是一个综合性的技术问题，它与系统的供电可靠性、人身安全、过电压保护、继电保护、通信干扰及接地装置等因素有密切的关系。

我国电力系统的中性点接地方式有：中性点不接地、中性点经消弧线圈接地、中性点经阻抗（电阻）接地和中性点直接接地等。中性点不接地、中性点经消弧线圈接地和中性点经高阻抗接地也称为中性点的非有效接地方式；中性点经低阻抗接地和中性点直接接地也可称为中性点的有效接地方式。

一、中性点不接地系统

中性点不接地系统（Isolated Neutral System）是指除保护或测量用途的高阻抗接地以外，中性点不接地的系统，又称中性点绝缘系统。

电力系统中，三相导体之间以及各相导体与地之间都有电容分布，这种电容值是沿导体全长的分布参数。为方便研究，假设三相系统是对称的，各相导体间的分布电容数值较小，可以忽略不计，则各相对地均匀分布的电容可由一个集中电容参数 C 来表示，如图 1-4 所示

（图中三相代号按我国 GB 和 IEC 标准分别为 L1、L2、L3。本书为叙述方便，有时采用代号 A、B、C 代替）。

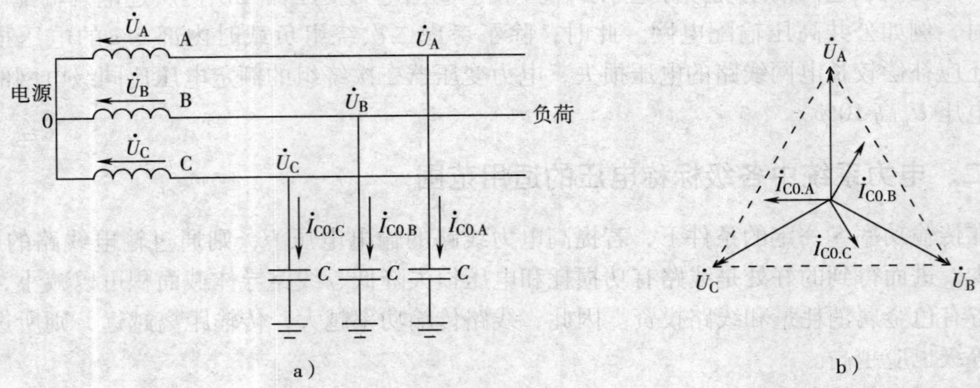

图 1-4 正常运行时的中性点不接地系统

a）电路图 b）相量图

系统正常运行时，各相电源电压 $\dot{U}_A$，$\dot{U}_B$，$\dot{U}_C$ 以及对地电容都是对称的，各相对地电压即为相电压。各相对地电容电流 $\dot{I}_{C0.A}$，$\dot{I}_{C0.B}$，$\dot{I}_{C0.C}$ 也是三相对称的，其有效值为 $I_{C0}=\omega CU_{ph}$（U_{ph} 为各相相电压有效值），其相量和为零，也即地中没有电容电流通过，此时电源中性点与地等电位。

当任何一相（以 C 相为例）因绝缘损坏而导致接地短路时，该相的对地电容被短接，如图 1-5a 所示，各相电源对中性点的电压 $\dot{U}_A$，$\dot{U}_B$，$\dot{U}_C$ 以及输电导线的线电压 $\dot{U}_{AB}$，$\dot{U}_{BC}$，$\dot{U}_{CA}$ 仍保持不变，但各相对地电压 $\dot{U}_{A1}$，$\dot{U}_{B1}$，$\dot{U}_{C1}$，各相对地电流 $\dot{I}_{C1.A}$，$\dot{I}_{C1.B}$，$\dot{I}_{C1.C}$（本例中为 $\dot{I}_{C1}$），中性点对地电压 $\dot{U}_0$，均发生了改变，相量图如图 1-5b 所示。

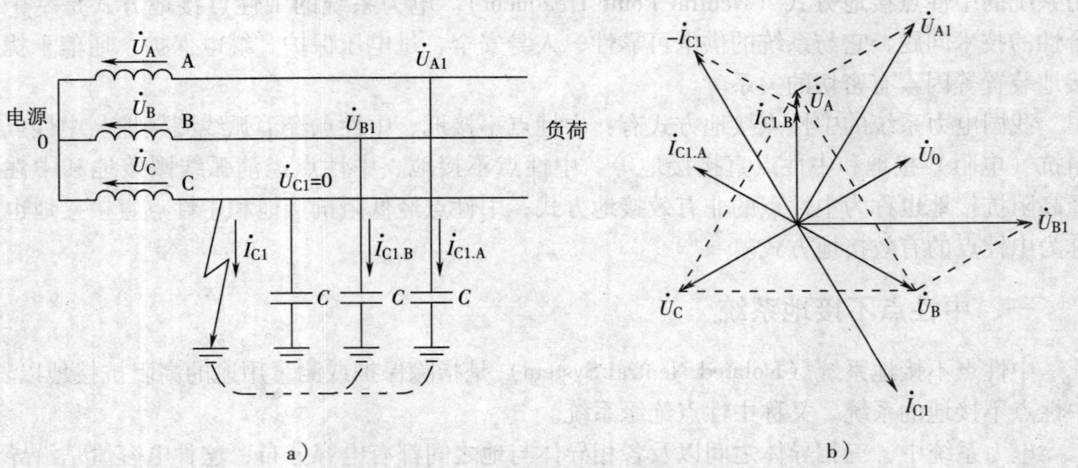

图 1-5 单相接地时的中性点不接地系统

a）电路图 b）相量图

各相及中性点对地电压满足下列关系：

$$\begin{cases}\dot{U}_{C1}=0\\ \dot{U}_0=-\dot{U}_C=\dot{U}_A e^{-j60°}\\ \dot{U}_{A1}=\dot{U}_A+\dot{U}_0=\sqrt{3}\dot{U}_A e^{-j30°}\\ \dot{U}_{B1}=\dot{U}_B+\dot{U}_0=\sqrt{3}\dot{U}_A e^{-j90°}\end{cases} \quad 即\begin{cases}U_{C1}=0\\ U_0=U_{ph}\\ U_{A1}=\sqrt{3}U_{ph}\\ U_{B1}=\sqrt{3}U_{ph}\end{cases}$$

各相电容电流满足下列关系：

$$\begin{cases}\dot{I}_{C1.A}=\dot{U}_{A1}\cdot jB=\sqrt{3}B\dot{U}_A e^{j60°}\\ \dot{I}_{C1.B}=\dot{U}_{B1}\cdot jB=\sqrt{3}B\dot{U}_A e^{j0°}\\ \dot{I}_{C1}=-(\dot{I}_{C1.A}+\dot{I}_{C1.B})=3B\dot{U}_A e^{-j150°}\end{cases} \quad 即\begin{cases}I_{C1.A}=\sqrt{3}BU_{ph}=\sqrt{3}I_{C0}\\ I_{C1.B}=\sqrt{3}BU_{ph}=\sqrt{3}I_{C0}\\ I_{C1}=3BU_{ph}=3I_{C0}\end{cases}$$

式中　B——电力线路的电纳（Ω）；$B=2\pi f C$。

从上述关系可知，中性点不接地系统发生单相接地故障时，非故障相的对地电压升至电源相电压的 $\sqrt{3}$ 倍，非故障相的电容电流为正常工作时的 $\sqrt{3}$ 倍，而故障相的对地电容电流将升至正常工作时的 3 倍。

电力线路的对地分布电容 C 可以按下式计算

$$C=cl=\frac{0.0241\times10^{-6}}{\lg\dfrac{D_{av}}{D_i}}l \tag{1-1}$$

式中　l——电力线路的长度（km）；

c——电力线路每相单位长度的对地分布电容（F/km）；

D_{av}——三相导体几何均距（cm）；$D_{av}=\sqrt[3]{D_1D_2D_3}$，$D_1$、$D_2$、$D_3$ 分别为三相导体各两相间的中心距离；如三相线路为等边三角形排列，则 $D_{av}=D$；如导线为水平等距排列，则 $D_{av}=\sqrt[3]{2}D=1.26D$；

D_i——导体自几何均距或等效半径（cm）；对于圆形截面导体按其直径 d 计算，$D_i=0.389d$；对于压紧扇形截面导体按其截面积 S 计算，$D_i=0.439\sqrt{S}$。

根据电力线路的对地分布电容，通过求取其电纳，可按理论公式计算出电力线路各相电容电流大小。

在工程上，线路单相接地电容电流 I_{C1} 也可采用下述经验公式来估算

$$I_{C1}=\frac{U_n(l_{oh}+35l_{cab})}{350} \tag{1-2}$$

式中　I_{C1}——系统的单相接地电容电流（A）；

U_n——系统的标称电压（kV）；

l_{oh}——同一电压 U_n 具有电路联系的架空线路总长度（km）；

l_{cab}——同一电压 U_n 具有电路联系的地下电缆总长度（km）。

从图 1-5 中可以看到，对于中性点不接地系统，发生单相接地故障时，由于系统线电压

未发生变化，所以三相负载仍能正常工作，因而该接地形式在我国被广泛用于3~66kV系统，特别是3~10kV系统中。但当该系统发生单相接地故障时，若接地电流较大，则有可能在接地点产生不能自行熄灭的断续电弧，引起回路中电感和电容之间产生高频振荡，从而在线路上出现为相电压峰值2.5~3.5倍的操作过电压。由于这种过电压持续时间长、涉及范围广，在整个电网某处存在绝缘薄弱点时，即在该处造成绝缘闪络或击穿，有可能造成两相接地短路，故障扩大。因此，DL/T 620—1997《交流电气装置的过电压保护和绝缘配合》规定：3~10kV不直接连接发电机的系统和35kV、66kV系统，采用中性点不接地方式时，单相接地故障电容电流不应超过下列数值：

1）3~10kV钢筋混凝土或金属杆塔的架空线路构成的系统和所有35kV、66kV系统，10A。

2）3~10kV非钢筋混凝土或非金属杆塔的架空线路构成的系统，当电压为3kV和6kV时，30A；当电压为10kV时，20A。

3）3~10kV电缆线路构成的系统，30A。

当单相接地故障电容电流超过上述数值且系统又需在接地故障条件下运行时，应采用消弧线圈接地方式。6~10kV配电系统以及发电厂用电系统，单相接地故障电容电流较小时，为防止谐振、间歇性电弧接地过电压等对设备的损害，可采用高电阻接地方式。6~35kV主要由电缆线路构成的供电系统，单相接地故障电容电流较大时，可采用低电阻接地方式。

二、中性点经消弧线圈接地系统

中性点经消弧线圈接地系统（Arc-suppression-coil-earthed Neutral System）是指一个或多个中性点通过具有高感抗器件接地的系统。这些器件在单相对地短路时能大体上补偿线路的电容效应。中性点经消弧线圈接地系统也称为中性点谐振接地系统（Resonant Earthed Neutral System）。

消弧线圈是一个具有较小电阻和较大感抗的铁心线圈。其外形与小型电力变压器相似，所不同的是为了防止铁心磁饱和，消弧线圈的铁心柱中有许多间隙，间隙中填充着绝缘材料，从而可以得到较稳定的感抗值，使得消弧线圈的补偿电流I_L与电源中性点的对地电压U_0成正比关系，保持有效的消弧作用。电力系统正常工作时，由于三相系统是对称的，电源中性点对地电压U_0为零，流过消弧线圈的电流I_L也为零。发生单相接地故障时，如图1-6a所示，加在消弧线圈上的电压$\dot{U}_{L1}$为电源相电压$\dot{U}_C$，在消弧线圈上产生电感电流$\dot{I}_{L1}$，$\dot{I}_{L1}$应滞后$\dot{U}_{L1}$即$\dot{U}_C$ 90°，接地点流过的总电流应是故障相的接地电容电流$\dot{I}_{C1}$和流过消弧线圈的电流$\dot{I}_{L1}$之和，而从图1-6b可知，$\dot{I}_{C1}$超前$\dot{U}_C$ 90°，因而，$\dot{I}_{L1}$与$\dot{I}_{C1}$正好方向相反，在接地点处互相补偿，总的接地电流减小，可以有效地避免电弧的产生。有关的相量图如图1-6b所示。

为减少正常工作时中性点的位移，消弧线圈一般工作在略偏过补偿状态，使经消弧线圈补偿后的故障点接地残余电流（感性电流）不超过10A。现代的电力系统已应用微机作为控制器来实现自动跟踪补偿。

需要指出，与电源中性点不接地的电力系统类似，电源中性点经消弧线圈接地的电力系

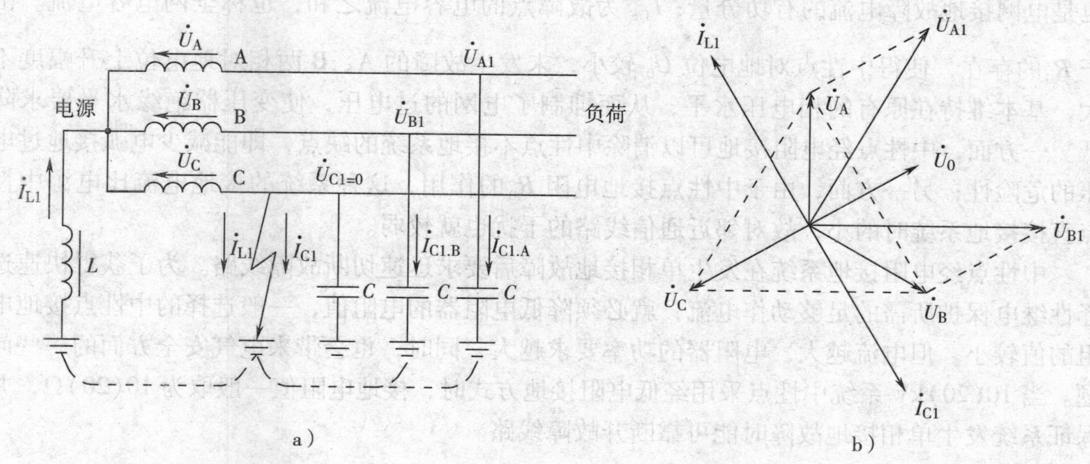

图 1-6 单相接地时的中性点经消弧线圈接地的电力系统

a）电路图 b）相量图

统，在发生单相接地故障后，非故障相的对地电压也将升至正常工作时对地电压的 $\sqrt{3}$ 倍，即为线电压，同时，为避免发生两相对地短路，也只允许暂时继续运行 2h，需在此时间内排除故障，否则需要切除此供电电源。

三、中性点经电阻接地系统

中性点经电阻接地系统（Resistance-earthed Neutral System）是指系统中至少有一个中性点通过具有电阻的器件接地以限制接地故障电流的系统。

电源中性点经电阻接地是世界上以美国为主的一些国家 6～35kV 中压电网采用的运行方式，我国过去一直采用电源中性点经消弧线圈接地的运行方式，但近年来，电源中性点经电阻接地的运行方式在我国的某些城市电网和工业企业的配电网中开始得到应用。

中性点经电阻接地系统，发生单相接地故障时的分析如图 1-7 所示。其中 R_0 为连接电源中性点与大地之间的电阻。以 C 相发生接地故障为例，$\dot{I}_R$ 为流经接地电阻的接地故障电流，

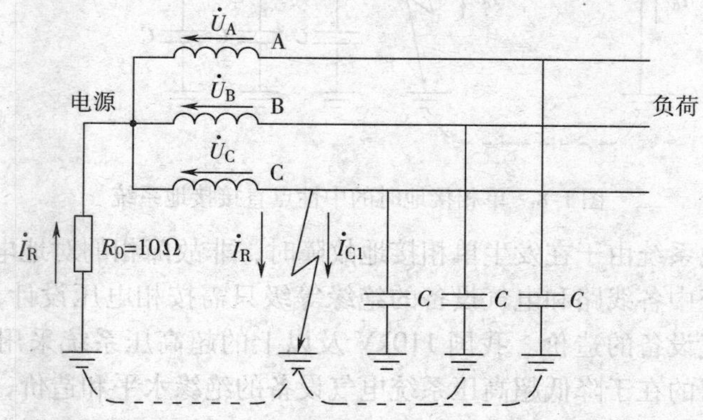

图 1-7 单相接地时的中性点经电阻接地系统

也是电网接地故障电流的有功分量；$\dot{I}_{C1}$ 为故障点的电容电流之和，也称全网电容电流。由于 R_0 的存在，使得中性点对地电位 $\dot{U}_0$ 较小，未发生故障的 A、B 两相对地电位上升幅度不大，基本维持在原有的相电压水平，从而抑制了电网的过电压，使变压器绝缘水平要求降低。一方面，中性点经电阻接地可以消除中性点不接地系统的缺点，即能减少电弧接地过电压的危险性；另一方面，由于中性点接地电阻 R_0 的作用，这种系统的接地电流比电源中性点直接接地系统时的小，故对邻近通信线路的干扰也就较弱。

中性点经电阻接地系统在发生单相接地故障后要求迅速切断故障线路。为了获得快速选择性继电保护所需的足够动作电流，就必须降低电阻器的电阻值，一般选择的中性点接地电阻的值较小。但电流越大，电阻器的功率要求越大，同时，也会带来电气安全方面的一些问题。当 10(20) kV 系统中性点采用经低电阻接地方式时，接地电阻值一般取为 10(20) Ω，并保证系统发生单相接地故障时能可靠断开故障线路。

四、中性点直接接地系统

中性点直接接地系统（Solidly Earthed Neutral System）是指系统中至少有一个中性点直接接地的系统。

在正常工作条件下，中性点直接接地系统的三相电源和各相线路的对地电容电流均对称，因而，流经中性点接地线的电流为零。

中性点直接接地系统在发生单相接地故障后，故障相电源经大地、接地中性线形成短路回路，其电路如图 1-8 所示。单相对地短路电流 $\dot{I}_d$ 的值很大，将使线路上的保护装置动作，从而切除短路故障。

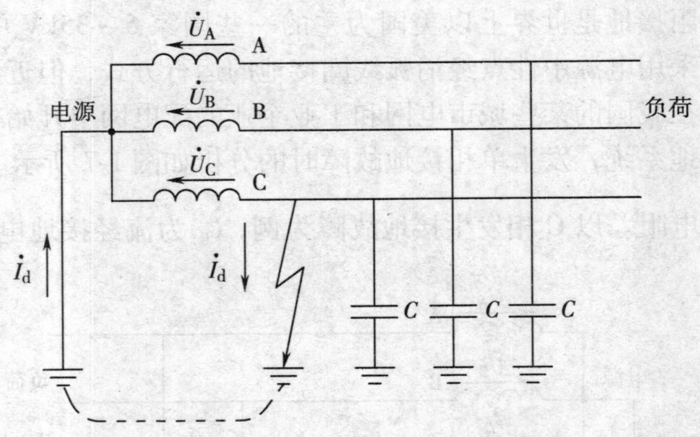

图 1-8 单相接地时的中性点直接接地系统

中性点直接接地系统由于在发生单相接地故障时，非故障相的对地电压保持不变，仍为相电压，因而，系统中各线路和电气设备的绝缘等级只需按相电压设计，绝缘等级的降低，可以降低电网和电气设备的造价。我国 110kV 及以上的超高压系统采用电源中性点直接接地的运行方式，其目的在于降低超高压系统电气设备的绝缘水平和造价，防止超高压系统发生接地故障后引起的过电压。1kV 以下的低压配电系统一般也采用电源中性点直接接地的运行方式，则是为了满足低压电网中额定电压为相电压的单相设备的正常工作，便于低压电气设备的保护接地。

五、低压配电系统导体的配置与系统接地

（一）载流导体的配置

低压配电系统中，除相导体（或称线导体，三相代号分别为 L1、L2、L3）外，还有中性（代号 N）导体、保护（代号 PE）导体或保护接地中性（代号 PEN）导体。相导体是正常运行时带电并用于输电或配电的导体；中性导体是电气上与中性点连接并能用于配电的导体；保护导体是以安全为目的，如电击防护中设置的导体。在电气装置中，保护导体通常也被当做保护接地导体。电气装置的外露可导电部分（Exposed-conductive-part）即装置中能触及到的可导电部分，它在正常运行下不带电，但是在基本绝缘损坏时会带电，因此，应与保护导体可靠连接。保护接地中性导体是兼有保护接地导体与中性导体功能的导体。

中性导体与相导体一起统称为带电导体，保护导体不是带电导体。保护接地中性导体按惯例也不是带电导体，只是承载正常工作电流的导体。

在正常运行下载流导体的配置方式有单相二线制（见图 1-9a）、单相三线制（见图 1-9b）、二相三线制（见图 1-9c）、三相三线制（见图 1-9d）和三相四线制（见图 1-9e）等。

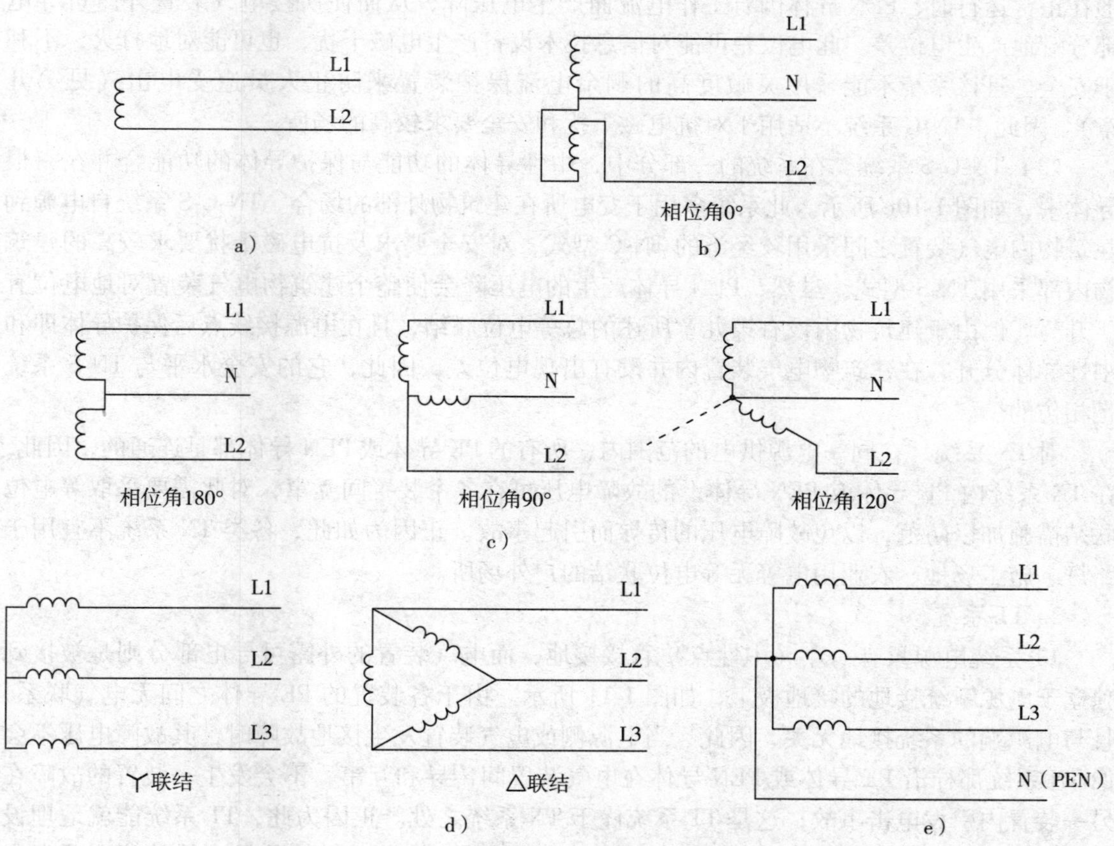

图 1-9　低压配电系统导体的配置

a）单相二线制　b）单相三线制　c）二相三线制　d）三相三线制　e）三相四线制

(二) 系统接地的型式

低压配电系统的接地型式有TN系统、TT系统和IT系统。

1. TN系统

TN系统在电源端处一点（中性点）直接接地，而装置的外露可导电部分是利用保护导体（PE）连接到那个接地点上的。按照中性导体与保护导体的配置，TN系统又有三种类型：

(1) TN-S系统　整个系统中，全部采用单独的保护导体，如图1-10a所示。正常情况下，除微量对地泄漏电流外，PE导体不通过工作电流，它只在发生接地故障时通过故障电流，其电位接近地电位。因此对连接PE导体的信息技术设备不会产生电磁干扰，也不会对地打火，比较安全。TN-S系统现已广泛应用在对安全要求及抗电磁干扰要求较高的场所，如重要办公楼、实验楼和居民住宅楼等民用建筑。在内设有变电所的建筑物内采用TN-S系统也是最好的选择。

(2) TN-C系统　在整个系统中，中性导体的功能与保护导体的功能合并在一根导体中（PEN导体），如图1-10b所示。TN-C系统与TN-S系统相比，因节省一根导体，比较经济。但在正常运行时，PEN导体因有工作电流而产生电压降，从而使所接电气装置外露可导电部分对地产生电位差。此电位差可能对信息技术设备产生电磁干扰，也可能对地打火，不利于安全。且该系统不能采用灵敏度高的剩余电流保护装置来防止人员遭受电击（见第九章）。因此，TN-C系统不适用于对抗电磁干扰和安全要求较高的场所。

(3) TN-C-S系统　在系统的一部分中，中性导体的功能与保护导体的功能合并在一根导体中，如图1-10c所示。此系统多用于变电所在建筑物外部的场合。TN-C-S系统自电源到建筑物内电气装置之间采用较经济的TN-C型式，对安全要求及抗电磁干扰要求较高的建筑物内部采用TN-S型式。虽然，PEN导体产生的电压降会使整个建筑物电气装置对地电位有所升高。但由于建筑物内设有第九章所述的总等电位联结，且在电源接线点后保护导体即和中性导体分开，在建筑物电气装置内并没有出现电位差，因此，它的安全水平与TN-S系统是相仿的。

对TN系统，在同一电源供电的范围内，所有的PE导体或PEN导体都是连通的，因此，在TN系统内PE导体或PEN导体上的故障电压可在各个装置间互窜，对此需要采取等电位联结措施加以防范，以免故障电压的传导而引起事故。正因为如此，各类TN系统不宜用于路灯、施工场地、农业用电等无等电位联结的户外场所。

2. TT系统

TT系统电源只有一点（中性点）直接接地，而电气装置的外露可导电部分则是被接到独立于电源系统接地的接地极上，如图1-11所示。由于各装置的PE导体之间无电气联系，且与电源端的系统接地无关，因此，当电源侧或电气装置发生接地故障时，其故障电压不会像TN系统那样沿PE导体或PEN导体在电气装置间传导和互窜，不会发生一装置的故障在另一装置内引发电击事故，这是TT系统优于TN系统之处。正因为此，TT系统能就地埋设接地极并引出PE导体，它不依赖等电位联结来消除由别处PE导体传导来的故障电压引起的电气事故，所以对于无等电位联结作用的户外装置，如路灯装置，应采用TT系统来供电。

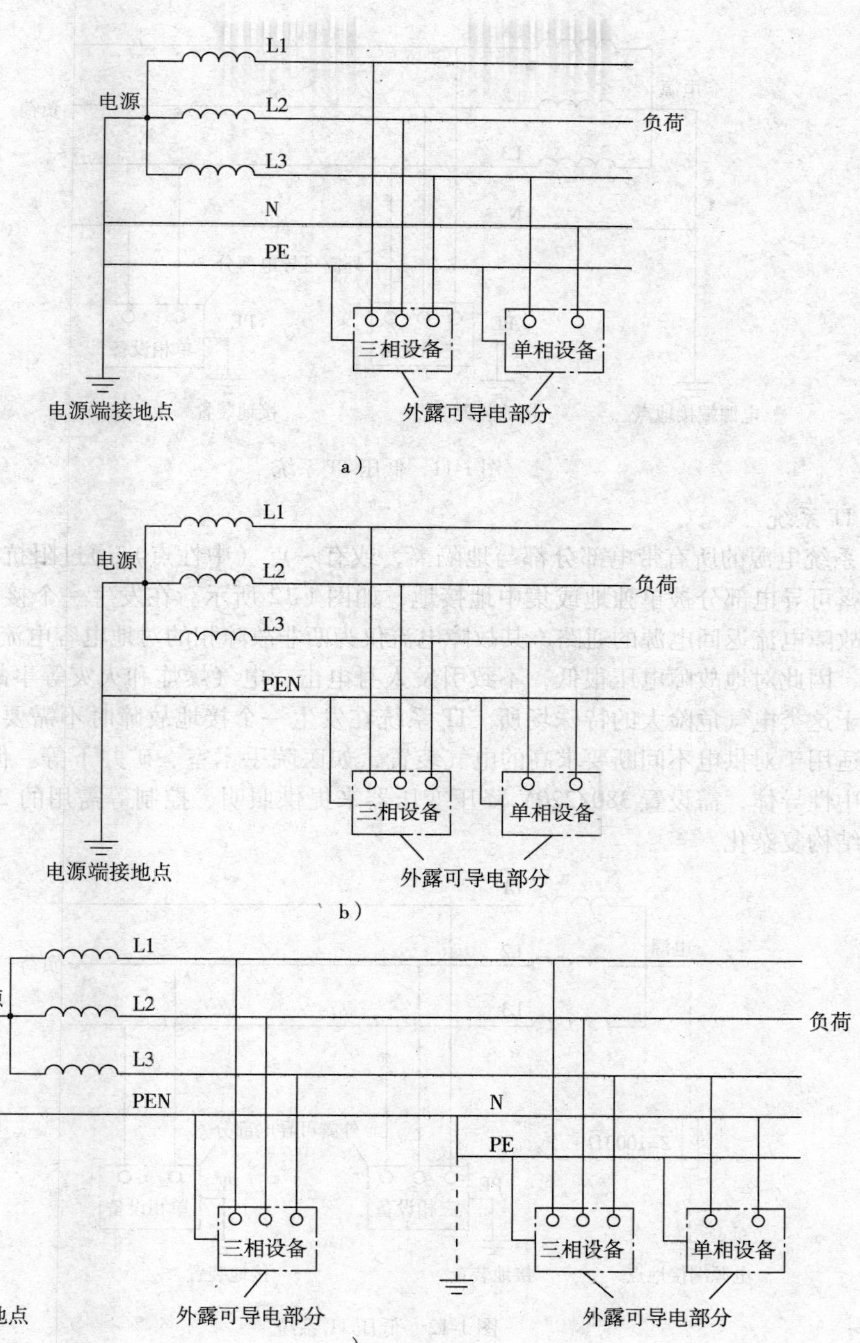

图 1-10　低压 TN 系统

a）TN-S 系统　b）TN-C 系统　c）TN-C-S 系统

但 TT 系统内发生接地故障时，故障电流通过保护接地和系统接地两个接地电阻返回电源，由于这两个接地电阻的限制，故障电流不足以使过电流保护电器有效动作，而必须使用动作灵敏度高的剩余电流动作保护电器来切断电源，这使得系统保护电器的设置复杂化。

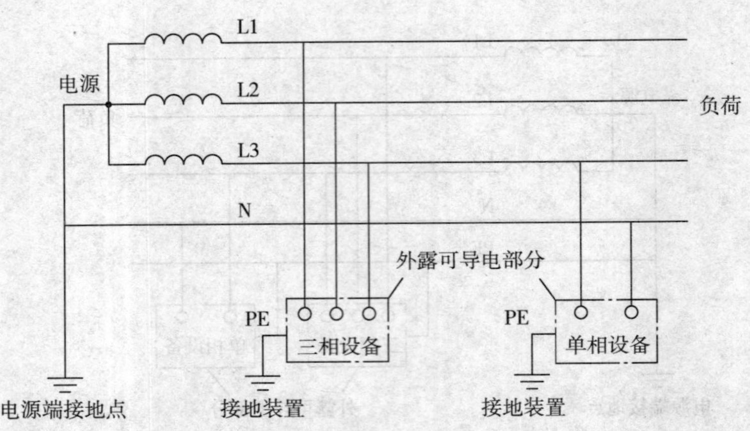

图 1-11 低压 TT 系统

3. IT 系统

IT 系统电源的所有带电部分都与地隔离，或有一点（中性点）通过阻抗接地，电气装置的外露可导电部分被单独地或集中地接地，如图 1-12 所示。在发生一个接地故障时由于不具备故障电流返回电源的通路，其故障电流仅为两非故障相的对地电容电流的相量和，其值甚小，因此对地故障电压很低，不致引发人身电击、电气爆炸和火灾等事故，所以 IT 系统适宜于这类电气危险大的特殊场所。IT 系统在发生一个接地故障时不需要切断电源，因此它也适用于对供电不间断要求高的电气装置，如医院手术室、矿井下等。但 IT 系统一般不引出中性导体，需设置 380/220V 降压变压器来提供照明、控制等需用的 220V 电源，使得线路结构复杂化。

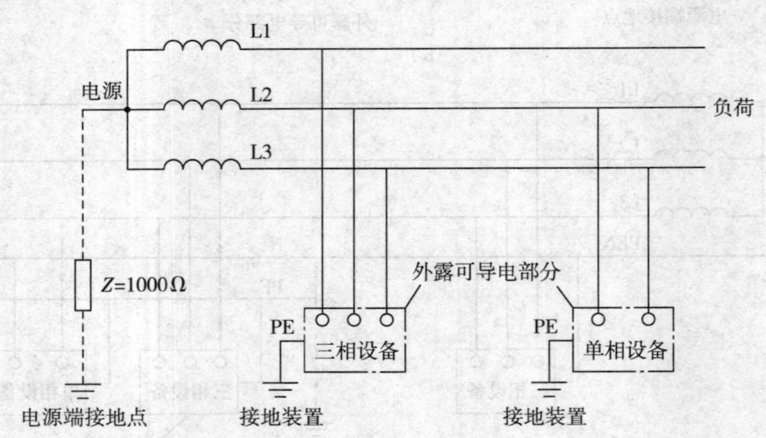

图 1-12 低压 IT 系统

第四节 用户供电系统及供电要求

一、用户供电系统组成

电力用户的供电系统（Electric Power Supply System）由外部电源进线、用户变电所或配电所、高低压配电线路和用电设备组成，某些用户还具有自备电源。按供电容量的不同，电力用户可分为大型电力用户供电系统、中型电力用户供电系统和小型电力用户供电系统。

1. 大型电力用户供电系统

一般大型电力用户供电系统采用的外部电源进线供电电压等级为35～110kV（特大型企业采用220kV），需要经用户总降压变电所（Main Step-down Substation）和配电变电所（Distribution Transformer Substation）两级变压。总降压变电所将进线电压降为6～10kV的内部高压配电电压，然后经高压配电线路引至各配电变电所，再将高压变为220/380V的低压用电设备使用。大型电力用户供电系统如图1-13所示。图中总降压变电所的高压母线上还接有高压用电设备及高压无功补偿装置。

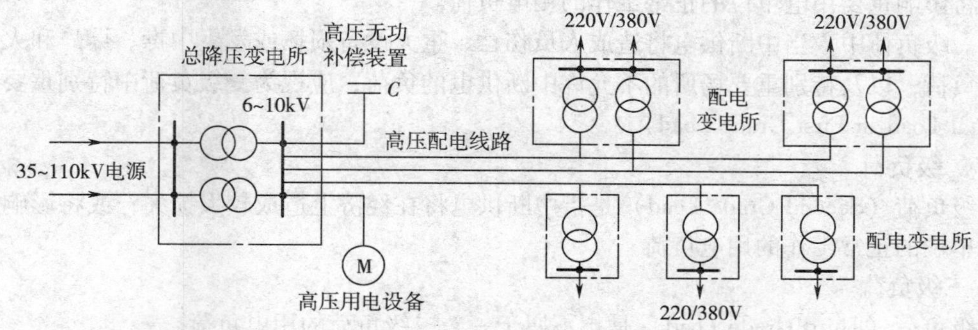

图1-13 大型电力用户供电系统

某些厂区环境和设备条件许可的大型电力用户也有采用35kV直降的供电方式，即35kV的进线电压直接一次降为220/380V的低压配电电压。

2. 中型电力用户供电系统

中型电力用户一般采用10kV（或20kV）的外部电源进线供电电压，经高压配电所（High-voltage Distribution Station）和用户内部高压配电线路馈电给各配电变电所，再将电压变换成220/380V的低压电压供负载使用。高压配电所通常与某个主要配电变电所合建，中型电力用户供电系统如图1-14所示。

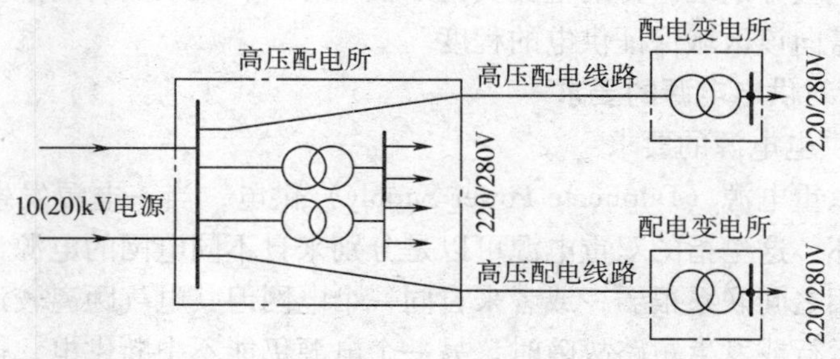

图1-14 中型电力用户供电系统

3. 小型电力用户供电系统

小型电力用户一般采用10kV外部电源进线电压，通常只设有一个相当于配电变电所的降压变电所。容量特别小的小型电力用户可不设专用变电所，由城市公用变电所采用低压

220/380V 直接供电。

二、用电负荷分级及供电要求

（一）用电负荷分级

根据 GB 50052—2009《供配电系统设计规范》的规定，用电负荷根据对供电可靠性的要求及中断供电对人身安全、经济损失所造成的影响程度，分为一级负荷、二级负荷和三级负荷。

1. 一级负荷

一级负荷（First Grade Load）是指中断供电将造成人身伤害，或将在经济上造成重大损失，或将影响重要用电单位的正常工作的用电负荷。

在一级负荷中，当中断供电将造成人员伤亡、重大设备损坏或发生中毒、爆炸和火灾等情况的负荷，以及特别重要场所的不允许中断供电的负荷，应视为一级负荷中特别重要的负荷（Vital Load in First Grade Load）。

2. 二级负荷

二级负荷（Second Grade Load）是指中断供电将在经济上造成较大损失，或将影响较重要用电单位的正常工作的用电负荷。

3. 三级负荷

三级负荷（Third Grade Load）是指不属于一、二级负荷的用电负荷。

用电负荷分级的意义，在于正确地反映它对供电可靠性要求的界限，以便恰当地选择符合实际水平的供电方式，提高投资的经济效益，保护人员生命安全。负荷分级主要是从安全和经济损失两个方面来确定的。

由于各个行业的负荷特性不一样，GB 50052—2009 只能对负荷的分级作原则性规定，每个行业负荷分级的具体确定参见相关行业规范。

在一个区域内，当用电负荷中一级负荷占大多数时，本区域的负荷作为一个整体可以认为是一级负荷；在一个区域内，当用电负荷中一级负荷所占的数量和容量都较少，而二级负荷所占的数量和容量较大时，本区域的负荷作为一个整体可以认为是二级负荷。在确定一个区域的负荷特性时，应分别统计特别重要负荷以及一、二、三级负荷的数量和容量，并研究在电源出现故障时需向该区域保证供电的程度。

（二）各级负荷对供电电源的要求

1. 一级负荷对供电电源的要求

一级负荷应由双重电源（Duplicate Power Supply）供电，当一电源发生故障时，另一电源不应同时受到损坏。这里指的双重电源可以是分别来自不同电网的电源，或来自同一电网但在运行时电路互相之间联系很弱，或者来自同一个电网但其电气距离较远，一个电源系统任意一处出现异常运行或发生短路故障时，另一个电源仍能不中断供电，这样的电源都可视为双重电源。双重电源可一用一备，亦可同时工作，各供一部分负荷。

一级负荷中的特别重要负荷，除应由双重电源供电外，尚需增设应急电源（Electric Source for Safety Services），并不得将其他负荷接入应急供电系统；并且设备的供电电源的切换时间，应满足设备允许中断供电的要求。

常用的应急电源有以下几类：

（1）独立于正常电源的发电机组　适用于允许中断供电时间为15s以上的重要负荷。常用的快速自起动柴油发电机组能在15s内自起动完毕，通过自动切换装置向重要负荷供电。

（2）供电网络中独立于正常电源的专用馈电线路　适用于允许中断供电时间大于双电源自动切换装置的动作时间的重要负荷。专用独立馈电线路平时处于待命状态，当正常供电电源发生故障时，由双电源自动切换装置启用该应急电源。

（3）蓄电池、UPS或EPS装置　适用于允许中断供电时间为毫秒（ms）级的重要负荷。由于蓄电池装置供电稳定、可靠、切换时间短，因此容量不大的特别重要负荷且可采用直流电源者，可由蓄电池装置作为应急电源。如果特别重要负荷要求交流电源供电，且容量不大的，可采用不间断电源（Uninterruptable Power Supply，UPS）装置（通常适用于计算机等电容性负载）。对于应急照明负荷，可采用应急电源（Emergency Power Supply，EPS）装置（通常适用于电感及阻性负载）供电。

UPS装置一般为在线式，其单机功率一般为0.7~1500kV·A，其组成原理如图1-15所示。在电网正常时，交流电输入经由整流器整流为直流，然后再逆变为交流电输出给负载使用，而充电器同时保持蓄电池处于浮充状态，一旦电网异常或停电时，逆变器由蓄电池作为直流输入供电。所以在线式UPS在正常工作时，负载全部由逆变器供电，因而，市电转由蓄电池供电时，其转换时间为零。静态开关采用智能型大功率无触点开关，其作用是当逆变器过载或发生故障时，自动转换控制逆变器停止输出，由市电经旁路直接向负载供电。

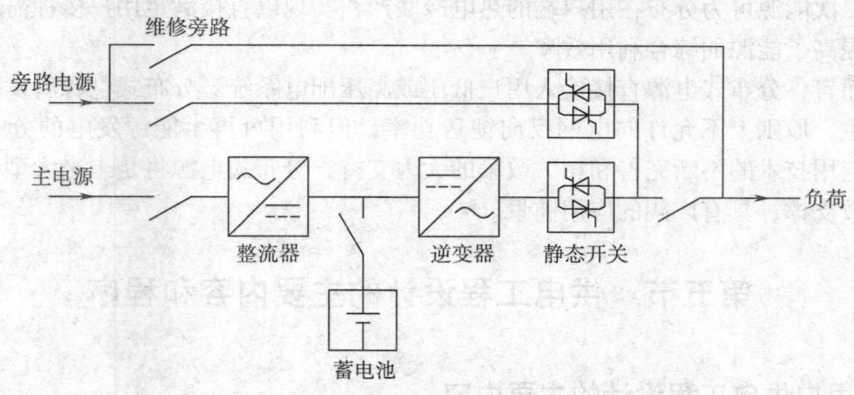

图1-15　在线式UPS的组成原理

EPS装置能在电网正常状态下，由电网供电，当电网故障时，自动由蓄电池组通过IGBT逆变后提供220/380V应急电源。当电网恢复正常时，又自动转为电网供电。与UPS相比，具有节电、噪声低、寿命长、负载适应性广，尤其适用于应急照明系统、消防用电动机等电感性负载和各种混合用电负载。

应急电源与正常电源之间应采取可靠措施防止并列运行，以保证应急电源的专用性，防止正常电源系统故障时应急电源向正常电源系统负荷送电而失去作用。

2. 二级负荷对供电电源的要求

二级负荷的供电系统，宜由两回线路供电。两回线路与双重电源略有不同，二者都要求线路有两个独立部分，但后者强调电源的相对独立。

在负荷较小或地区供电条件困难时，二级负荷可由一回6kV及以上专用的架空线路供电。当线路自配电所引出采用电缆线路时，应采用两回线路。这主要考虑到电缆发生故障后，有时检查故障点和修复需时较长，而一般架空线路修复方便。

3. 三级负荷对供电电源的要求

三级负荷对供电方式无特殊要求。但在不增加投资或经济允许的情况下，也应尽量提高供电可靠性。

三、分布式电源的应用

电力系统所属大型电厂其单位功率的投资少，发电成本低，而用户一般的自备中小型电厂则相反。因此，用户供电电源应首先从公用电网获得。只有在需要设置自备电源作为一级负荷中的特别重要负荷的应急电源时，或第二电源不能满足一级负荷的条件时，或设置自备电源较经济合理时，用户才宜设置自备电源。当用户设置自备电源时，应首推环保、高效、灵活的分布式电源。分布式电源（Distributed Resource，DR）或分布式发电（Distributed Generation，DG）是相对于传统的集中式供电电源而言的，通常指为满足用户需求的，发电功率在数千瓦至数十兆瓦，小型模块化且分散布置在用户附近的，能源利用率高、与环境兼容、安全可靠的发电设施。

分布式电源与常规的柴油发电机组自备电源和中小型燃煤热电厂有本质的区别。分布式电源的一次能源包括风能、太阳能和生物质能等可再生能源，也包括天然气等不可再生的清洁能源；二次能源可为分布在用户端的热电冷联产，实现以直接满足用户多种需求的能源梯级利用，提高了能源的综合利用效率。

一般而言，分布式电源直接接入用户低压或高压配电系统。分布式电源所发电力应以就近消化为主，原则上不允许向电网反向馈送功率，但利用可再生能源发电的分布式电源除外。随着应用技术的不断完善和相关政策的大力支持，分布式电源将是未来大型电网的有力补充和有效支撑，具有广阔的应用前景。

第五节 供电工程设计的主要内容和程序

一、用户供电工程设计的主要内容

用户供电工程的设计应严格按照现行的国家标准规范和有关技术经济政策的要求，力争使设计方案技术先进、电能质量稳定、安全性能可靠和经济指标合理。同时注重选用能耗低、性能高、安装施工和维护方便的新型电气设备。设计时应正确处理好近期建设和远期发展的关系，应从用户的供电特点和供电要求出发，结合不同方案的经济技术指标，进行比选论证，确定最佳的设计方案。

用户变配电所设计的主要内容包括：①变配电所的负荷计算；②负荷功率因数的确定和拟采取的补偿措施；③变配电所位置、变压器台数、容量和运行形式的选择；④变配电所主接线方案和高低压配电网接线方案的确定；⑤变配电所的短路计算和高低压开关设备的选择；⑥变配电所二次回路和继电保护方案的设计与参数整定；⑦变配电所的电气照明、防雷与接地系统等的设计；⑧变配电所的数据采集、自动化控制、调度和通信方式的设计；⑨谐波分析及其治理措施。

用户高低压配电线路设计的主要内容包括：①配电线路的接线方式和路径规划的设计；②配电线路结构形式设计，即选择架空线路还是电缆线路配电；③配电线路计算负荷和短路电流的确定，导线截面积和型号的选择及校验；④配电线路敷设方式的设计选择；⑤配电线路保护电器的选择和整定。

二、用户供电工程设计的程序简介

用户供电工程的设计程序，一般分为方案设计（或可行性研究）、初步设计和施工图设计这三个阶段。

1. 方案设计

方案设计是指根据电力用户的工艺和生产特点以及其对用电提出的要求，结合电力用户所处的地理环境、地区供电条件等外部因素，在进行可行性研究的基础上，制订并编写出用户供电工程设计任务书。方案设计是用户供电工程设计的工艺要求阶段，它明确了后续阶段的电气设计目标。

2. 初步设计

初步设计是用户供电工程设计的最关键部分。它是在方案设计的基础上，按照设计任务书的要求，进行用户负荷的计算，确定用户供电的具体方案，选择主要供配电设备，并编制设备清单和工程概算。初步设计完成后，应提交详细完整的供电工程设计说明书、主要设备清册、工程概算书和电气设计图样等资料。

3. 施工图设计

施工图设计是在初步设计被设计主管部门批准的基础上，为满足安装施工的要求所进行的技术设计。本阶段的重点是绘制各种安装施工图。施工图是安装施工时的重要必备资料。施工图设计的主要工作是：①校正和修订初步设计的基础资料和设计计算数据；②按照初步设计的成果，绘制各种设备的单项安装施工图和各项工程的电气平面布置图、剖面图等；③编制安装施工说明书和工程预算（根据需要），列出所需设备、材料明细表等。

思考题与习题

1-1 火力发电站、水电站及核电站的电力生产和能量转换过程有何异同？

1-2 电力系统由哪几部分组成？各部分有何作用？电力系统的运行有哪些特点与要求？

1-3 简述选择用户供电系统电压的原则。为什么说在负荷密度较高的地区，20kV 电压等级的技术经济指标比 10kV 电压等级高？

1-4 电力系统中性点接地方式主要有哪几种？试分析当系统发生单相接地故障时在接地电流、非故障相电压、设备绝缘要求、向异相接地故障发展的可能性、接地故障的继电保护、接地故障时的供电中断情况等方面的特点。

1-5 什么是低压配电 TN 系统、TT 系统和 IT 系统？各有什么特点？各适用于什么场合？

1-6 如何区别 TN-S、TN-C 和 TN-C-S 系统？为什么民用建筑内应采用 TN-S 系统？

1-7 电力负荷分级的依据是什么？各级电力负荷对供电有何要求？

1-8 常用的应急电源有几种？各适用于什么性质的重要负荷？

1-9 什么是分布式电源？与一般中小型燃煤电厂有何区别？

1-10 简述光伏电站的关键技术及其在我国的应用情况。

1-11 试确定图 1-16 所示电力系统中各变压器一、二次绕组的额定电压。

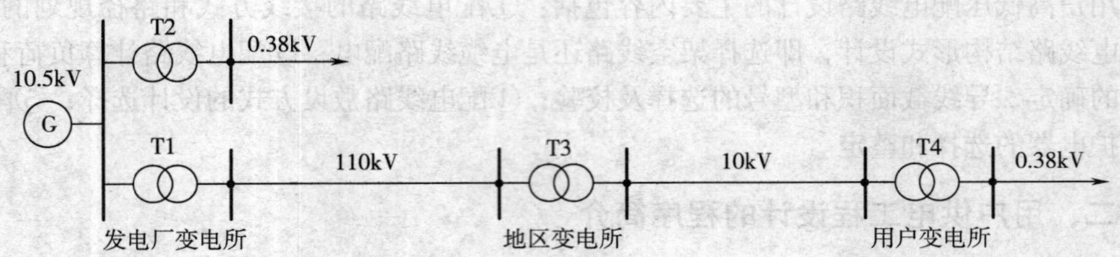

图 1-16　习题 1-11 图

1-12　试确定图 1-13 所示大型用户供电系统中总降压变压器和配电变压器一、二次侧的额定电压。

1-13　某中性点不接地的 10kV 电网中，含有总长度为 30km 的钢筋混凝土杆塔的架空线路以及总长度为 20km 的电缆线路，试估算此系统发生单相接地故障时的接地电容电流，并判断其中性点是否需要改为经消弧线圈接地。

第二章　负荷计算与无功功率补偿

第一节　概　述

一、计算负荷的概念

电力系统中的各种用电设备由供电系统汲取的功率（电流）视为电力负荷（Power Load）。实际负荷通常是随机变动的。选取一个假想的持续性的负荷，在一定时间间隔和特定效应上与实际负荷相等。这一计算过程就是负荷计算。这一假想的持续性的负荷就称为计算负荷。

导体通过恒定电流达到稳定温升的时间为（3～4）τ（τ 为发热时间常数），如果取 $\tau=10\text{min}$（对应 $3\times16\text{mm}^2$ 的导体），载流导体大约经 30min 后可达到稳定的温升值。因此，通常取“半小时最大负荷”作为计算负荷。

计算负荷是用于按发热条件选择供电系统中各元件的依据。按计算负荷选择的电力变压器、高低压电器和电线电缆，当系统在正常持续运行时，其发热温度不致超出允许值，或不影响其使用寿命。

计算负荷是供电系统设计计算的基本依据。如果计算负荷过大，将使设备和导线选择偏大，造成投资和有色金属的浪费。如果计算负荷过小，又将使设备和导线选择偏小，造成运行时过热，增加电能损耗和电压损失，甚至使设备和导线烧毁，造成事故。可见，正确确定计算负荷具有重要意义。负荷情况很复杂，影响计算负荷的因素很多，它与设备的性能、生产的组织及能源供应的状况等多种因素有关，因此，准确确定计算负荷十分困难，负荷计算也只能力求接近实际。

二、用电设备的工作制及设备功率的计算

电器载流导体的发热与用电设备的工作制关系较大，因为在不同的工作制下，载流导体发热的条件不同。

（一）用电设备的工作制

用电设备（如旋转电机）的工作制（Duty）是指电机所承受的一系列负载状况的说明，包括起动、电制动、空载、停机和断能及其持续时间和先后顺序等。工作制可以分为连续、短时、周期或非周期几种类型。

1. 连续工作制

连续工作制（Continuous Running Duty）是指设备在无规定期限的长时间内是恒载的工作制，在恒定负载连续运行时达到热稳定状态。此类设备有通风机、水泵、空气压缩机、电动扶梯等。电炉和照明器也属于连续工作制。

2. 短时工作制

短时工作制（Short-time Duty）是指设备在恒定负载下按规定的时间运行，在未达到热稳定前即停机和断能，其时间足以使电动机或冷却器冷却到与最终冷却介质温度之差在2K以内。此类设备有机床上的某些辅助电动机（如进给电动机、升降电动机）等。

3. 周期工作制

周期工作制（Intermittent Periodic Duty）是指设备按一系列相同的工作周期运行，每一周期由一段恒定负载运行时间和一段停机并断能时间所组成，但在每一周期内运行时间较短，不足以使电动机达到热稳定，且每一周期的起动电流对温升无明显影响。这类设备的工作周期一般不超过10min，如电焊机和起重机械。

周期工作制的设备，可用负荷持续率来表征其工作特征。负荷持续率（Cyclic Duration Factor）ε 为工作周期中的负荷（包括起动与制动在内）持续时间与整个周期的时间之比，以百分数表示。即

$$\varepsilon = \frac{t}{T} \times 100\% = \frac{t}{t + t_0} \times 100\% \tag{2-1}$$

式中 T——工作周期；

t——工作周期内的工作时间；

t_0——工作周期内的停歇时间。

（二）设备功率的计算

1. 连续工作制的设备功率

连续工作制的设备功率 P_e，一般就取所有设备（不含备用设备）的铭牌额定功率 P_r之和。当用电设备的额定值为视在功率时，应换算为有功功率，即 $P_r = S_r\cos\varphi$。

照明器的设备功率为光源的额定功率加上附属设备（如镇流器）的功耗。统计总设备功率时，正常不工作的建筑消防设备与火灾时必然切除的设备取其大者计入总设备功率，季节性负荷如空调制冷设备与采暖设备取其大者计入总设备功率。

2. 周期工作制和短时工作制的设备功率

周期工作制和短时工作制设备，其电流通过导体时的发热，与恒定电流的发热不同。应把这些设备的额定功率换算为等效的连续工作制的设备功率（有功功率），才能与其他负荷相加。

按发热量相等的原则，可以导出设备功率与负荷持续率的平方根值成反比，即

$$P_e = P_r\sqrt{\frac{\varepsilon_r}{\varepsilon}} \tag{2-2}$$

当设备功率 P_e统一换算到 $\varepsilon = 100\%$ 时，则

$$P_e = P_r\sqrt{\frac{\varepsilon_r}{\varepsilon_{100}}} = P_r\sqrt{\varepsilon_r} \tag{2-3}$$

式中 P_r——额定负荷持续率下的额定功率；

ε_r——额定负荷持续率。

当采用需要系数法计算负荷时，起重机的设备功率应换算到 $\varepsilon = 25\%$ 下，即

$$P_e = P_r\sqrt{\frac{\varepsilon_r}{\varepsilon_{25}}} = 2P_r\sqrt{\varepsilon_r} \tag{2-4}$$

这是历史习惯形成的唯一特例。因当年统计起重机负荷时按此换算，不便再改。在指定利用系数法时，就全换算到 $\varepsilon = 100\%$ 下了。

三、负荷曲线

调查研究表明，相同性质的用电设备，其用电规律也大致相同。设计中的供电系统用电设备组计算负荷的确定，就可以利用现有的负荷曲线及其有关系数。

负荷曲线（Load Curve）是表征电力负荷随时间变动情况的图形。它绘在直角坐标上，纵坐标表示负荷功率，横坐标表示负荷变动所对应的时间。负荷曲线按负荷对象分，有工厂的、车间的或某台设备的负荷曲线。按负荷的功率性质分，有有功和无功负荷曲线。按所表示的负荷变动时间分，有年的、月的、日的或最大负荷工作班的负荷曲线。图 2-1 所示是一班制工厂的日有功负荷曲线。

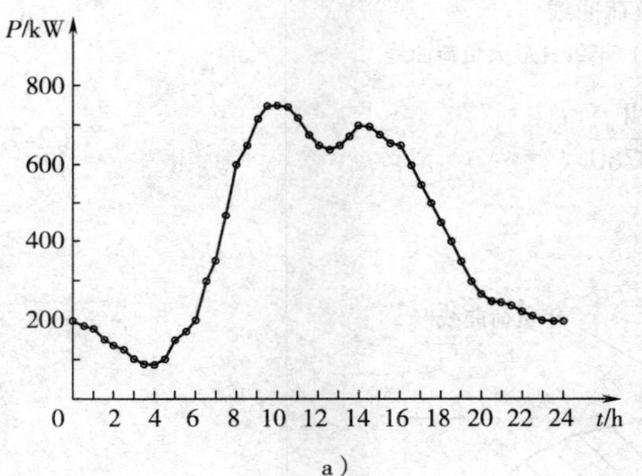

a）

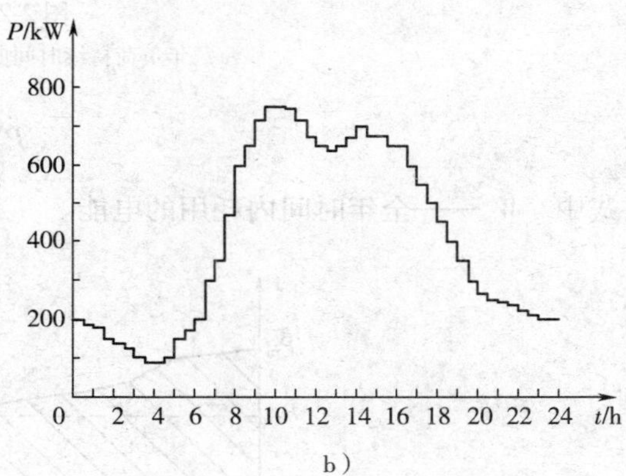

b）

图 2-1　一班制工厂的日有功负荷曲线

a）依点连成的负荷曲线　b）梯形负荷曲线

为了便于确定计算负荷，绘制负荷曲线采用的时间间隔 Δt 为 30min。这是考虑到对于较小截面积（$3\times16\text{mm}^2$左右）的载流导体而言，30min 的时间已能使之接近稳定温升，对于较大截面积的导体发热，显然有足够的裕量。另外，确定计算负荷的有关系数，一般依据用电设备组最大负荷工作班的负荷曲线，所谓最大负荷工作班并不是指偶然出现的，而是每月应出现 2 ~3 次。

年负荷曲线通常是根据典型的冬日和夏日负荷曲线来绘制的。这种曲线的负荷从大到小依次排列，反映了全年负荷变动与对应的负荷持续时间（全年按 8760h 计）的关系。这种年负荷曲线全称为年负荷持续时间曲线，如图 2-2a 所示。另一种年负荷曲线，是按全年每日的最大半小时平均负荷来绘制的，又称为年每日最大负荷曲线，如图 2-2b 所示。这种年负荷曲线，主要用来确定经济运行方式，即用来确定何段时间宜多投入变压器台数而另一段时间又宜少投入变压器台数，使供电系统的能耗达到最小，以获得最大的经济效益。

根据年负荷曲线可以查得年最大负荷 P_m，即全年中有代表性的最大负荷班的半小时最大负荷，因此也可用 P_{30}表示。从发热等效的观点来看，计算负荷实际上与年最大负荷是基本相当的。所以，计算负荷 P_c也可以认为就是年最大负荷，即 $P_c = P_m = P_{30}$。

年平均负荷 P_{av}如图 2-3 所示，就是电力负荷在全年时间内平均耗用的功率，即

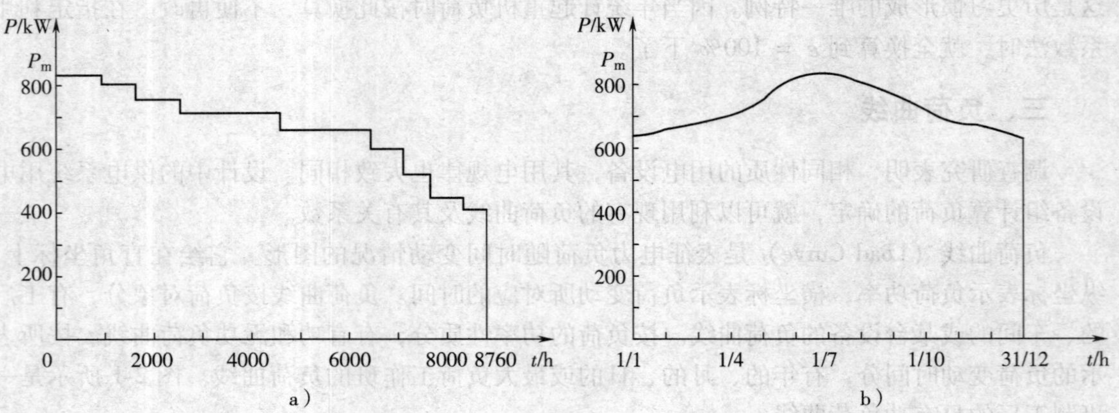

图 2-2　年负荷曲线

a）年负荷持续时间曲线　b）年每日最大负荷曲线

$$P_{av} = \frac{W_a}{8760} \tag{2-5}$$

式中　W_a——全年时间内耗用的电能。

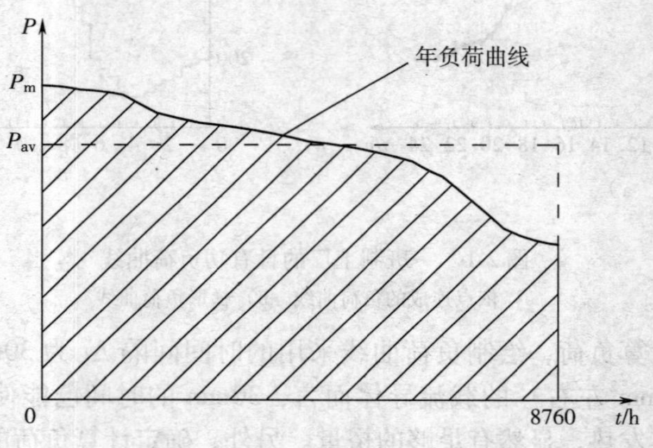

图 2-3　年平均负荷

通常将平均负荷 P_{av} 与最大负荷 P_m 的比值，定义为负荷曲线填充系数，亦称负荷率或负荷系数，用 α 表示（亦可表示为 K_L），即

$$\alpha = \frac{P_{av}}{P_m} \tag{2-6}$$

负荷曲线填充系数表征了负荷曲线不平坦的程度，亦即负荷变动的程度。从发挥整个电力系统效能来说，就是要将起伏波动的负荷曲线“削峰填谷”，尽量设法提高 α 值，因此系统在运行中必须实行负荷调整。

四、确定计算负荷的系数

根据负荷曲线，可以求出用于确定计算负荷的有关系数。

1. 需要系数 K_d

需要系数定义为

$$K_d = \frac{P_m}{P_e} \tag{2-7}$$

式中　P_m——某最大负荷工作班组用电设备的半小时最大负荷；

P_e——某最大负荷工作班组用电设备的设备功率。

需要系数的大小取决于用电设备组中设备的负荷率、设备的平均效率、设备的同时利用系数以及电源线路的效率等因素。实际上，人工操作的熟练程度、材料的供应、工具的质量等随机因素，都对 K_d 有影响，所以 K_d 只能靠测量统计确定。

附录表 1～4 列出了部分用电设备组的需要系数 K_d 及相应的 $\cos\varphi$ 、$\tan\varphi$ 值，供参考。

2. 利用系数 K_u

利用系数定义为

$$K_u = \frac{P_{av}}{P_e} \tag{2-8}$$

式中　P_{av}——用电设备组在最大负荷工作班消耗的平均功率；

P_e——该用电设备组的设备功率。

附录表 5 为工厂用电设备组的利用系数及功率因数值。

3. 年最大负荷利用小时数 T_{max}

年最大负荷利用小时数是假设电力负荷按年最大负荷 P_m 持续运行时，在此时间内电力负荷所耗用的电能恰与电力负荷全年实际耗用的电能相同，如图 2-4 所示。因此年最大负荷利用小时数是一个假想时间，有

$$T_{max} = \frac{W_a}{P_m} \tag{2-9}$$

式中　W_a——全年实际耗用的电能。

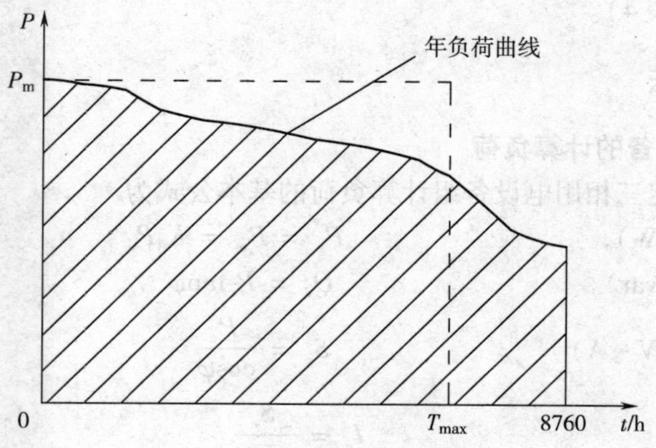

图 2-4　年最大负荷利用小时数

年最大负荷利用小时数是反映电力负荷时间特征的重要参数，它与工厂的生产班制有关，例如一班制工厂，$T_{max}=1800\sim3000$h；两班制工厂，$T_{max}=3500\sim4500$h；三班制工厂，$T_{max}=5000\sim7500$h。附录表 7 列出了不同行业的年最大负荷利用小时数参考值。

第二节 三相用电设备组计算负荷的确定

一、单位指标法

对设备功率不明确的各类项目，可采用单位指标法确定计算负荷。

1. 单位产品耗电量法

单位产品耗电量法用于工业企业工程。有功计算负荷的计算公式为

$$P_c = \frac{\omega N}{T_{max}} \tag{2-10}$$

式中 P_c——有功计算负荷（kW）；

ω——每一单位产品电能消耗量，可查有关设计手册；

N——企业的年生产量。

2. 单位面积功率法和综合单位指标法

单位面积功率法和综合单位指标法主要用于民用建筑工程。有功计算负荷的计算公式为

$$P_c = \frac{P_e S}{1000} \text{或} P_c = \frac{P'_e N}{1000} \tag{2-11}$$

式中 P_e——单位面积功率（W/m²或V·A/m²）；

S——建筑面积（m²）；

P'_e——单位指标功率（W/户、W/人或W/床）；

N——单位数量。

各类建筑物的单位面积功率见附录表8，住宅每户的用电指标见附录表9。采用单位指标法确定计算负荷时，通常不再乘以需要系数。但对于住宅，应根据住宅的户数，乘以一个需要系数（参见附录表4）。

二、需要系数法

（一）一组用电设备的计算负荷

按需要系数法确定三相用电设备组计算负荷的基本公式为

有功计算负荷（kW）
$$P_c = P_m = K_d P_e \tag{2-12}$$

无功计算负荷（kvar）
$$Q_c = P_c \tan\varphi \tag{2-13}$$

视在计算负荷（kV·A）
$$S_c = \frac{P_c}{\cos\varphi} \tag{2-14}$$

计算电流（A）
$$I_c = \frac{S_c}{\sqrt{3}U_n} \tag{2-15}$$

式中 U_n——用电设备所在电网的标称电压（kV）。

必须指出：附录表中所列需要系数值，适用于设备台数多，且容量差别不大的负荷。若设备台数较少，则需要系数值宜适当取大。当只有4台设备时，K_d取0.9进行计算。当只有3台及以下用电设备时，需要系数K_d可取为1。当只有1台电动机时，则此电动机的计算电流就取其额定电流。

例 2-1　已知某机修车间的金属切削机床组，拥有电压 380V 的三相电动机 22kW，2 台；7.5kW，6 台；4kW，12 台；1.5kW，6 台。试用需要系数法确定其计算负荷 P_c、Q_c、S_c 和 I_c。

解：此机床组电动机组的总功率为

$$P_e = \sum P_{r.i} = 22kW \times 2 + 7.5kW \times 6 + 4kW \times 12 + 1.5kW \times 6 = 146kW$$

查附录表 1 "小批生产的金属冷加工机床电动机" 项得 $K_d = 0.12 \sim 0.16$（取 0.16），$\cos\varphi = 0.5$，$\tan\varphi = 1.73$。因此可得

有功计算负荷　$P_c = K_d P_e = 0.16 \times 146kW = 23.36kW$

无功计算负荷　$Q_c = P_c \tan\varphi = 23.36kW \times 1.73 = 40.41kvar$

视在计算负荷　$S_c = \dfrac{P_c}{\cos\varphi} = \dfrac{23.36kW}{0.5} = 46.72kV \cdot A$

计算电流　$I_c = \dfrac{S_c}{\sqrt{3}U_n} = \dfrac{46.72\ kV \cdot A}{\sqrt{3} \times 0.38kV} = 70.98A$

（二）多组用电设备的计算负荷

在确定拥有多组用电设备的干线上或变电所低压母线上的计算负荷时，应考虑各组用电设备的最大负荷不同时出现的因素。因此在确定低压干线上或低压母线上的计算负荷时，可结合具体情况对其有功和无功计算负荷计入一个同时系数（又称参差系数）$K_{\sum}$。

对于配电干线，可取 $K_{\sum p} = 0.80 \sim 1.0$；$K_{\sum q} = 0.85 \sim 1.0$。

对于低压母线，由用电设备组的计算负荷直接相加来计算时，可取 $K_{\sum p} = 0.75 \sim 0.90$；$K_{\sum q} = 0.80 \sim 0.95$。由干线负荷直接相加来计算时，可取 $K_{\sum p} = 0.90 \sim 1.0$；$K_{\sum q} = 0.93 \sim 1.0$。同时系数的具体大小应根据计算范围及具体工程性质的不同而相应选择。根据设计经验，确定民用建筑多组用电设备的计算负荷时所取的同时系数值一般比确定工厂多组用电设备的计算负荷时所取的同时系数值相应低些。

总的有功计算负荷　$$P_c = K_{\sum p} \sum P_{c.i} \tag{2-16}$$

总的无功计算负荷　$$Q_c = K_{\sum q} \sum Q_{c.i} \tag{2-17}$$

总的视在计算负荷　$$S_c = \sqrt{P_c^2 + Q_c^2} \tag{2-18}$$

总的计算电流按式（2-15）计算。

由于各组设备的 $\cos\varphi$ 不一定相同，因此总的视在计算负荷或计算电流不能用各组的视在计算负荷或计算电流直接相加来计算。

例 2-2　某生产厂房内有冷加工机床电动机 50 台共 305kW，另有生产用通风机 15 台共 45kW，点焊机 3 台共 19kW（$\varepsilon = 20\%$）。试确定线路上总的计算负荷。

解：先求各组用电设备的计算负荷，步骤如下：

（1）机床电动机组　查附录表 1 得 $K_d = 0.17 \sim 0.20$（取 $K_d = 0.20$），$\cos\varphi = 0.5$，$\tan\varphi = 1.73$，因此

$$P_{c.1} = K_{d.1} P_{e.1} = 0.20 \times 305kW = 61.0kW$$

$$Q_{c.1} = P_{c.1} \tan\varphi_1 = 61kW \times 1.73 = 105.5kvar$$

（2）通风机组　查附录表 1 得 $K_d = 0.75 \sim 0.85$（取 $K_d = 0.8$），$\cos\varphi = 0.8$，$\tan\varphi =$

0.75，因此

$$P_{c.2}=0.8\times45\text{kW}=36.0\text{kW}$$

$$Q_{c.2}=36\text{kW}\times0.75=27.0\text{kvar}$$

（3）点焊机组　设备台数只有3台，取 $K_d=1.0$，$\cos\varphi=0.60$，$\tan\varphi=1.33$，先求出在统一负荷持续率 $\varepsilon=100\%$ 下的设备功率 $P_e=19\text{kW}\times\sqrt{20\%}=8.5\text{kW}$。因此

$$P_{c.3}=1.0\times8.5\text{kW}=8.5\text{kW}$$

$$Q_{c.3}=8.5\text{kW}\times1.33=11.3\text{kvar}$$

因此，总的计算负荷（取 $K_{\sum p}=0.95$，$K_{\sum q}=0.97$）为

$$P_c=0.95\times(61.0+36.0+8.5)\text{kW}=100.2\text{kW}$$

$$Q_c=0.97\times(105.5+27.0+11.3)\text{kvar}=139.5\text{kvar}$$

$$S_c=\sqrt{100.2^2+139.5^2}\text{kV}\cdot\text{A}=171.8\text{kV}\cdot\text{A}$$

$$I_c=171.8\text{kV}\cdot\text{A}/(\sqrt{3}\times0.38\text{kV})=270.0\text{A}$$

在供电工程设计计算书中，为便于审核，常采用计算表格形式，例2-2的电力负荷计算表见表2-1。

表2-1　例2-2的电力负荷计算表

序号	用电设备名称	台数	设备功率 P_e/kW	K_d	$\cos\varphi$	$\tan\varphi$	计算负荷 P_c/kW	Q_c/kvar	S_c/kV·A	I_c/A
1	机床电动机	50	305	0.2	0.5	1.73	61.0	105.5	121.9	185.2
2	通风机	15	45	0.8	0.8	0.75	36.0	27.0	45.0	68.4
3	电焊机	3	19（20%） 8.5（100%）	1.0	0.60	1.33	8.5	11.3	14.1	21.5
总计		—	—	—	—	—	105.5	143.8	—	—
		取 $K_{\sum p}=0.95$，$K_{\sum q}=0.97$			0.55	—	100.2	139.5	171.8	270.0

三、利用系数法

利用系数法以概率论和数理统计为基础，把最大负荷 P_m（计算负荷）分成平均负荷和附加差值两部分；后者取决于负荷与其平均值的方均根差，用最大系数中大于1的部分来体现。

最大系数 K_m 定义为

$$K_m=\frac{P_m}{P_{av}}\tag{2-19}$$

在通用的利用系数法中，最大系数 K_m 是平均利用系数和用电设备有效台数的函数。前者反映了设备的接通率；后者反映了设备台数和各台设备间的功率差异。利用系数法确定计算负荷的步骤如下：

（1）求各用电设备组在最大负荷班内的平均负荷　计算公式为

有功功率
$$P_{av.i}=K_{u.i}P_{e.i}\tag{2-20}$$

无功功率
$$Q_{av.i}=P_{av.i}\tan\varphi_i \tag{2-21}$$

（2）求平均利用系数　计算公式为

$$K_{u.av}=\frac{\sum P_{av.i}}{\sum P_{e.i}} \tag{2-22}$$

（3）求用电设备的有效台数 n_{eq}　为便于分析比较，从导体发热的角度出发，不同容量的用电设备需归算为同一容量的用电设备，于是可得到其有效台数 n_{eq} 为

$$n_{eq}=\frac{\left(\sum P_{e.i}\right)^2}{\sum P_{e.i}^2} \tag{2-23}$$

式中　$P_{e.i}$——用电设备组中各台用电设备的设备功率。

然后根据有效台数 n_{eq} 和平均利用系数 $K_{u.av}$，查附录表 6 求出最大系数 K_m。

（4）求计算负荷及计算电流　计算公式为

有功计算负荷
$$P_c=K_m\sum P_{av.i} \tag{2-24}$$

无功计算负荷
$$Q_c=K_m\sum Q_{av.i} \tag{2-25}$$

视在计算负荷按式（2-18）计算，计算电流按式（2-15）计算。

在实际工程中，若用电设备在 3 台及以下，则其有功计算负荷取设备功率总和；若用电设备在 3 台以上，而有效台数小于 4 时，有功计算负荷取设备功率总和，再乘以 0.9 的系数。

例 2-3　试用利用系数法来确定例 2-1 所示机床组的计算负荷。

解：（1）求用电设备组在最大负荷班的平均负荷　对于机床组电动机组，查附录表 5 得 $K_u=0.12$，$\tan\varphi=1.73$，因此

$$P_{av}=K_uP_e=0.12\times146\text{kW}=17.52\text{kW}$$
$$Q_{av}=P_{av}\tan\varphi=17.52\text{kW}\times1.73=30.34\text{kvar}$$

（2）求平均利用系数　因只有一组用电设备，故 $K_{u.av}=K_u=0.12$。

（3）求用电设备的有效台数　用电设备的有效台数为

$$n_{eq}=\frac{\left(\sum P_{e.i}\right)^2}{\sum P_{e.i}^2}=\frac{146^2}{22^2\times2+7.5^2\times6+4^2\times12+1.5^2\times6}=14.11\quad（取 14）$$

（4）求计算负荷及计算电流　利用 $K_{u.av}=0.12$ 及 $n_{eq}=14$ 查附录表 6，通过插值求得 $K_m=2$，则

$$P_c=K_m\sum P_{av.i}=2\times17.52\text{kW}=35.04\text{kW}$$
$$Q_c=K_m\sum Q_{av.i}=2\times30.34\text{kvar}=60.68\text{kvar}$$
$$S_c=\sqrt{P_c^2+Q_c^2}=\sqrt{35.04^2+60.68^2}\text{kV}\cdot\text{A}=70.07\text{kV}\cdot\text{A}$$
$$I_c=\frac{S_c}{\sqrt{3}U_n}=\frac{70.07\text{kV}\cdot\text{A}}{\sqrt{3}\times0.38\text{kV}}=106.46\text{A}$$

比较例 2-1 和例 2-3 的计算结果可以看出，按利用系数法计算的结果比按需要系数法计算的结果大，特别是在设备台数较少的情况下。供电工程设计的经验说明，选择低压分支干

线或支线时，特别是用电设备台数少而各台设备功率相差悬殊时，宜采用利用系数法。随着计算机的广泛应用，利用系数法有望进一步推广应用。

第三节 单相用电设备组计算负荷的确定

一、计算原则

在用户供电系统中，除了广泛使用三相用电设备外，还使用了各种单相用电设备。单相设备接在三相线路中，应尽可能地均衡分配，使三相负荷尽可能地平衡。如果三相线路中单相设备的总功率不超过三相设备总功率的15%，则不论单相设备如何分配，单相设备可与三相设备综合起来按三相负荷平衡计算。如果单相设备功率超过三相设备功率的15%，则应将单相设备功率换算为等效三相设备功率，再与三相设备功率相加。对于单个功率小而数量多的灯具和用电器具，容易均衡地被分配到三相线路中，可视同三相设备。

二、单相设备组等效三相负荷的计算

1. 接于相电压的单相设备功率换算

按最大负荷相所接的单相设备功率 $P_{e.mph}$ 乘以3来计算，其等效三相设备功率为

$$P_e = 3P_{e.mph} \tag{2-26}$$

2. 接于线电压的单相设备功率换算

由于容量为 $P_{e.ph}$ 的单相设备接在线电压上产生的电流 $I = P_{e.ph}/(U_n\cos\varphi)$，这一电流应与等效三相设备功率 P_e 产生的电流 $I' = P_e/(\sqrt{3}U_n\cos\varphi)$ 相等，因此其等效三相设备功率为

$$P_e = \sqrt{3}P_{e.ph} \tag{2-27}$$

3. 单相设备接于不同线电压时的计算

如图2-5所示，设 $P_1 > P_2 > P_3$，且 $\cos\varphi_1 \neq \cos\varphi_2 \neq \cos\varphi_3$，$P_1$ 接于 U_{AB}，P_2 接于 U_{BC}，P_3 接于 U_{CA}。按等效发热原理，可等效为三种接线的叠加：

① U_{AB}、U_{BC}、U_{CA} 间各接 P_3，其等效三相容量为 $3P_3$；

② U_{AB} 和 U_{BC} 间各接 $P_2 - P_3$，其等效三相容量为 $3(P_2 - P_3)$；

③ U_{AB} 间接 $P_1 - P_2$，其等效三相容量为 $\sqrt{3}(P_1 - P_2)$。

因此 P_1、P_2、P_3 接于不同线电压时的等效三相设备功率为

$$P_e = \sqrt{3}P_1 + (3 - \sqrt{3})P_2 \tag{2-28}$$

$$Q_e = \sqrt{3}P_1\tan\varphi_1 + (3 - \sqrt{3})P_2\tan\varphi_2 \tag{2-29}$$

此时的等效三相计算负荷同样按需要系数法计算。

4. 单相设备分别接于线电压和相电压时的负荷计算

首先应将接于线电压的单相设备功率换算为接于相电压的单相设备功率，然后分相计算各相的设备功率，并按需要系数法计算其计算负荷，而总的等效三相有功计算负荷为其最大有功负荷相的有功计算负荷的3倍，总的等效三相无功计算负荷为其最大有功负荷相的无功计算负荷的3倍。

关于将接于线电压的单相设备功率换算为接于相电压的单相设备功率问题，可按下列公

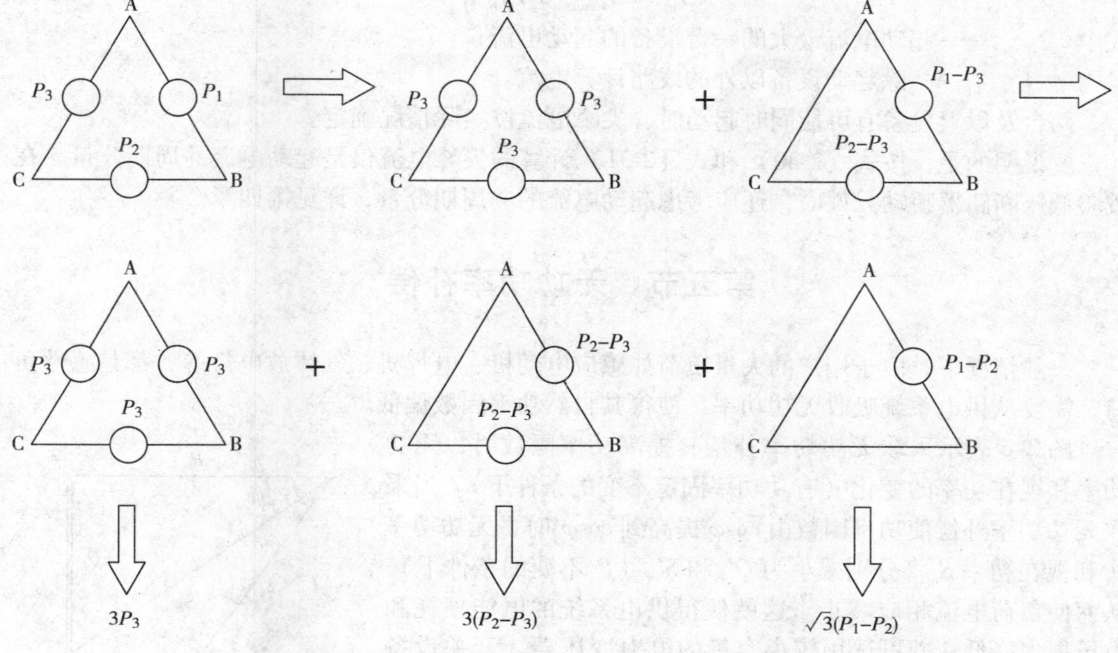

图 2-5　接于各线电压的单相负荷等效变换程序

式进行换算：

A 相　$P_A = p_{AB-A}P_{AB} + p_{CA-A}P_{CA}$；$Q_A = q_{AB-A}P_{AB} + q_{CA-A}P_{CA}$

B 相　$P_B = p_{BC-B}P_{BC} + p_{AB-B}P_{AB}$；$Q_B = q_{BC-B}P_{BC} + q_{AB-B}P_{AB}$

C 相　$P_C = p_{CA-C}P_{CA} + p_{BC-C}P_{BC}$；$Q_C = q_{CA-C}P_{CA} + q_{BC-C}P_{BC}$

式中　P_{AB}、P_{BC}、P_{CA}——接于 AB、BC、CA 相间的有功设备功率；

P_A、P_B、P_C——换算为接于 A 相、B 相、C 相的有功设备功率；

Q_A、Q_B、Q_C——换算为接于 A 相、B 相、C 相的无功设备功率；

p_{AB-A}、q_{AB-A}…为接于 AB、…相间设备功率换算为接于 A、…相设备功率的有功和无功换算系数，如附录表 10 所列。

第四节　尖峰电流的计算

尖峰电流是指只持续 1～2s 的短时最大负荷电流，它是用来计算电压下降、电压波动、选择保护电器和保护元件等的依据。

单台用电设备（如电动机）的尖峰电流 I_{pk}，就是其起动电流 I_{st}，即

$$I_{pk} = I_{st} = k_{st}I_{r.M} \qquad (2\text{-}30)$$

式中　$I_{r.M}$——用电设备的额定电流；

k_{st}——用电设备的直接起动电流倍数，笼型异步电动机为 5～7，绕线转子异步电动机为 2～3，电焊变压器为 3 或稍大。

接有多台用电设备的线路，只考虑一台设备起动时的尖峰电流，即

$$I_{pk} = I_{st.max} + I_{c(n-1)} \tag{2-31}$$

式中 $I_{st.max}$——起动电流最大的一台设备的起动电流；

$I_{c(n-1)}$——除起动设备以外的线路计算电流。

两台及以上设备有可能同时起动时，尖峰电流按实际情况确定。

要说明的是，按式（2-30）和式（2-31）计算的尖峰电流仅是起动电流的周期分量。在校验低压断路器瞬动元件时，还应考虑起动电流的非周期分量，详见第四章。

第五节 无功功率补偿

一般情况下，由于用户的大量负荷如感应电动机、电焊机、气体放电灯等，都是感性负荷，需要从供电系统吸收无功功率，使得其自然功率因数偏低。

图 2-6 表示采取无功功率补偿、提高功率因数时，无功功率和视在功率的变化（有功功率固定不变的条件下）。当采取无功功率补偿使功率因数由 $\cos\varphi$ 提高到 $\cos\varphi'$时，无功功率 Q_c和视在功率 S_c将分别减小为 Q'_c和 S'_c（P_c不变的条件下），从而使负荷电流相应减小。这就使得供电系统的电能损耗和电压损失降低，并可选用较小容量的电力变压器、开关设备和较小截面积的电线电缆，减少投资和节约有色金属。因此采取无功功率补偿、提高功率因数对整个供电系统大有好处。

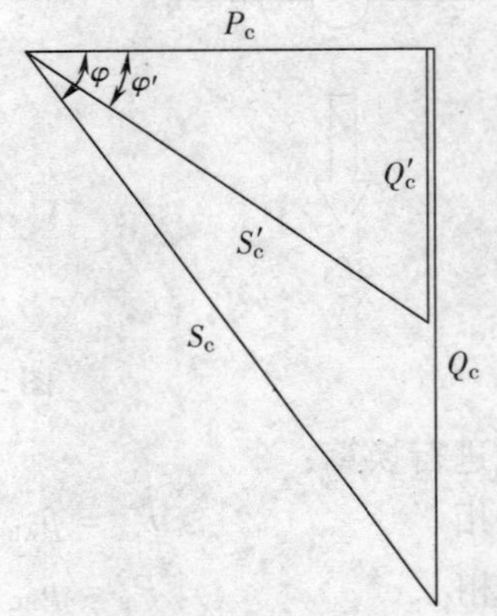

图 2-6 功率因数的提高与无功功率和视在功率的变化

一、功率因数的定义

功率因数（Power Factor）λ 是在周期状态下，有功功率 P 的绝对值与视在功率 S 的比值。在正弦周期电路中，功率因数等于电压与电流之间相位差的余弦值 $\cos\varphi$（有功因数）。

$$\cos\varphi = \frac{P}{S} = \frac{P}{\sqrt{3}UI} \tag{2-32}$$

1. 计算负荷时的功率因数

计算负荷时的功率因数是指在需要负荷或最大负荷时的功率因数，即

$$\cos\varphi = \frac{P_c}{S_c} \tag{2-33}$$

我国《供电营业规则》规定：容量在 100kV · A 及以上高压供电的用户，最大负荷时的功率因数不得低于 0.9，如果达不到要求，则必须进行无功功率补偿（Reactive Power Compensation）。因此，在进行供电工程设计时，可用此功率因数来确定需要无功功率补偿的最大容量。

2. 平均功率因数

平均功率因数是指某一规定时间内（例如一个月内）功率因数的平均值，对已投入使用的用户，有

$$\cos\varphi_{av} = \frac{W_p}{\sqrt{W_p^2 + W_q^2}} \tag{2-34}$$

式中　W_p——某一时间（例如一个月）内耗用的有功电能，由有功电能表读出；

W_q——某一时间（例如一个月）内耗用的无功电能，由无功电能表读出。

我国供电企业每月向用户收取电费时，就规定要按月平均功率因数的高低来调整电费。平均功率因数低于一定标准时，要增加一定比例的电费，而高于供电标准时，可适当减少一定比例的电费。此措施用以鼓励用户设法提高功率因数，从而提高电力系统运行的经济性。

二、无功补偿容量的确定

当自然功率因数达不到要求时，需装设无功补偿装置。由图2-6可知最大负荷时的无功补偿容量$Q_{r.C}$应为

$$Q_{r.C} = Q_c - Q'_C = P_c(\tan\varphi - \tan\varphi') \tag{2-35}$$

需要说明的是，按式（2-35）计算出的无功补偿容量为最大负荷时所需的容量，当负荷减小时，补偿容量也应相应减小，以免造成过补偿。因此，无功补偿装置通常装设无功功率自动补偿控制器，根据负荷的变化相应投切电容器组数，使功率因数、电压偏差等各项指标满足系统运行的要求。

在供电系统方案设计时，若不具备计算条件，无功补偿容量也可按变压器容量的15%～30%估算。

三、无功补偿装置的选择

（一）常规无功功率补偿装置

常规无功功率补偿装置，主要有同步调相机和并联电容器。同步调相机（Synchronous Compensator）是运行于电动机状态，但不带机械负载，只向电力系统提供无功功率的同步电机，又称同步补偿机。并联电容器（Shunt Capacitor）是并联于电力网中，主要用来补偿感性无功功率以改善功率因数的电容器。它与同步调相机相比，因无旋转部件，具有安装简单、运行维护方便、有功损耗小以及组装灵活、扩容方便等优点，因此，在用户供电系统中应用最为普遍。但是它有损坏后不便修复以及从电网中切除后有危险的残余电压等缺点。不过，电容器从电网中切除后的残余电压可通过放电来消除。而现在有一种金属化膜低压并联电容器具有被击穿后能“自愈”的性能，即击穿电流使击穿点周围的金属层蒸发，介质迅速恢复绝缘性能。常用自愈式低压并联电力电容器（Self-healing Capacitor）的主要技术数据见附录表11，供参考。

高压并联电容器组宜采用单星形或双星形联结，以减小一相电容器组击穿时造成的危害。低压并联电容器组绝大多数是做成三相的，而且内部采用三角形联结，这种接法时击穿的后果不严重。当在三相不平衡系统中需要分相补偿时，低压并联电容器应采用单星形联结。

并联电容器有手动投切和自动投切两种控制方式。对于补偿基本无功功率或常年稳定的无功功率的电容器组和投切次数较少的高压电容器组，宜采用手动投切；为避免过补偿或在轻载时电压过高，造成某些用电设备损坏等，宜采用自动投切。

低压并联电容器装置通常与低压配电屏配套制造安装，根据负荷变化相应循环投切的电

容器组数一般有4、6、8、10、12组（取决于控制器的回路数）等。电容器分组时，应满足下列要求：①分组电容器投切时，不应产生谐振；②适当减少分组组数和加大分组容量；③应与配套设备的技术参数相适应；④应满足电压偏差的允许范围。

在式（2-35）确定了总的补偿容量后，就可根据选定的电容器组数来确定单组并联电容器容量 $q_{r.C}$，即

$$q_{r.C} = \frac{Q_{r.C}}{n} \tag{2-36}$$

无功自动补偿的调节方式可根据下列情况选择：以节能为主进行补偿者，采用无功功率参数调节；当三相负荷平衡时，也可采用功率因数参数调节；以改善电压偏差为主进行补偿者，应按电压参数调节；无功功率随时间稳定变化时，按时间参数调节。

电容器组应装设单独的控制和保护装置。低压电容器组应采用专用投切接触器、复合开关电器或半导体开关电器以减少合闸冲击电流。复合开关电器和半导体开关电器具有电流过零投切电容器组特性，宜优先采用。

（二）动态无功功率补偿装置

动态无功功率补偿装置用于急剧变动的冲击负荷，如炼钢电弧炉、轧钢机等的无功补偿。

动态无功补偿装置又称为静止无功补偿器（Static Var Compensator，SVC），它具有响应快（可小于10ms）、平滑调节性能好、补偿效率高、维修方便及谐波、噪声、损耗均小等优点，因此得到了越来越广泛的应用。

静止无功补偿器由特殊电抗器和电容器组成，有的是两者之一采用晶闸管控制的，有的是两者都是可控的，是一种并联连接的无功功率发生器和吸收器。所谓静止，就是它不同于同步调相机，其主要元件是不旋转的。它具有电力电容器的结构优点，又具有同步调相机良好调节特性的优点。它可以迅速地按负荷的变化改变无功功率输出的大小和方向，调节或稳定系统的运行电压，尤其适合于冲击性负荷的无功补偿。

静止无功补偿器有多种类型（参见第十章第三节内容），而以饱和电抗器型（SR型）的效果最好，其电子元件少、可靠性高、维修方便，且我国一般变压器厂均能制造，所以发展迅速。

四、无功补偿装置的装设方式

在用户供电系统中，无功补偿装置的装设方式一般有三种：高压集中补偿、低压集中补偿和分散就地补偿（分组或末端补偿）。以并联电容器为例，其装设方式和补偿效果如图2-7所示。

（1）高压集中补偿　补偿效果不如后两种补偿方式，但便于集中运行维护，能对企业高压侧的无功功率进行有效补偿，以满足企业总功率因数的要求，所以适用于一些大中型企业中。

（2）低压集中补偿　补偿效果较高压集中补偿方式好，可直接补偿低压侧的无功功率，特别是它能减少变压器的视在功率，从而可使主变压器容量选得较小，因而在实际工程中应用相当普遍。

（3）分散就地补偿　补偿效果最好，应予以优先采用。但这种补偿方式总的投资较大，且电容器组在被补偿的设备或设备组停止运行时，它也将一并被切除，因此其利用率较低。

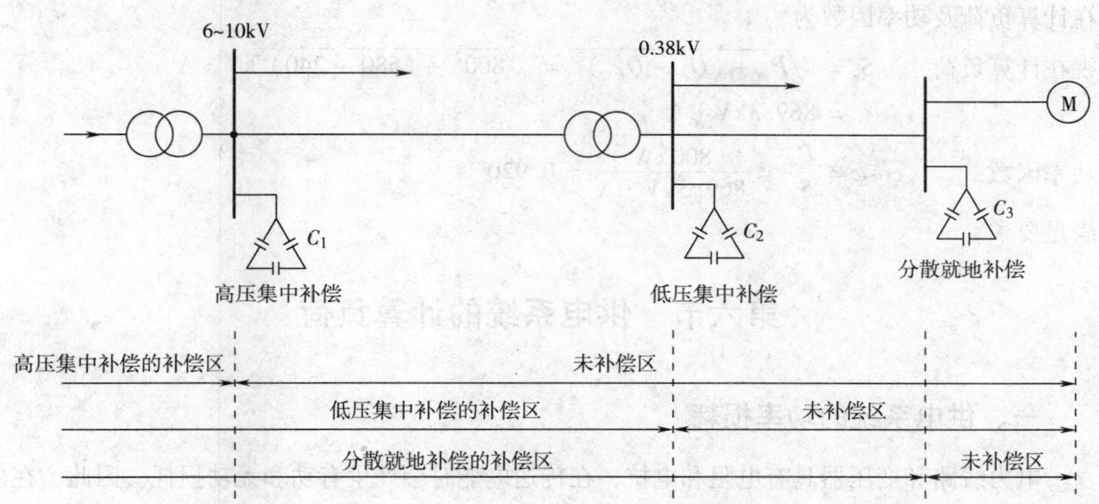

图 2-7　并联电容器的装设方式和补偿效果

这种就地补偿方式特别适用于负荷平稳、长期运行而容量又大的设备，如大型感应电动机、高频电炉等；也适用于容量虽小但数量多而分散且长期稳定运行的设备，如荧光灯、高压汞灯、高压钠灯等。不过对于供电系统中高压侧和低压侧的基本无功功率的补偿，仍宜采用高压集中补偿和低压集中补偿的方式。

在供电工程中，实际上综合采用上述各种补偿方式，以求经济合理地达到总的无功功率补偿要求，使用户电源进线处在最大负荷时的功率因数不低于规定值。

例 2-4　某用户 10kV 变电所低压侧的计算负荷为 800kW + j580kvar。若欲使低压侧的功率因数达到 0.92，则在低压侧进行补偿的并联电容器无功自动补偿装置容量是多少？并选择电容器组数及每组容量。

解：(1) 求补偿前的视在计算负荷及功率因数　补偿前的视在计算负荷及功率因数为

视在计算负荷　$S_c = \sqrt{P_c^2 + Q_c^2} = \sqrt{800^2 + 580^2}\text{kV} \cdot \text{A} = 988.1\text{kV} \cdot \text{A}$

功率因数　$\cos\varphi = \dfrac{P_c}{S_c} = \dfrac{800\text{kW}}{988.1\text{kV} \cdot \text{A}} = 0.81$

(2) 确定无功补偿容量　无功补偿容量为

$$\begin{aligned} Q_{r.C} &= P_c(\tan\varphi - \tan\varphi') \\ &= 800\text{kW} \times (\tan\arccos 0.81 - \tan\arccos 0.92) \\ &= 238.4\text{kvar} \end{aligned}$$

(3) 选择电容器组数及每组容量　考虑到无功自动补偿控制器可控制电容器投切的回路数为 4、6、8、10、12 等。故选择成套并联电容器屏，可安装的电容器组数为 12 组。则需要安装的电容器单组容量为

$$q_{r.C} = \frac{Q_{r.C}}{n} = \frac{238.4\text{kvar}}{12} = 19.9\text{kvar}$$

查附录表 11，选择 BSMJ0.4-20-3 型自愈式并联电容器，每组容量 $q_{r.C} = 20\text{kvar}$。总容量为 12 × 20kvar = 240kvar。实际最大负荷时的补偿容量为 12 × 20kvar = 240kvar。补偿后的视

在计算负荷及功率因数为

视在计算负荷 $S_c = \sqrt{P_c^2 + (Q_c - Q_{r.C})^2} = \sqrt{800^2 + (580 - 240)^2}\text{kV}\cdot\text{A}$

$= 869.3\text{kV}\cdot\text{A}$

功率因数 $\cos\varphi = \dfrac{P_c}{S_c} = \dfrac{800\text{kW}}{869.3\text{kV}\cdot\text{A}} = 0.920$

满足要求。

第六节 供电系统的计算负荷

一、供电系统的功率损耗

电力线路和变压器具有电阻和电抗，在传送电能时会产生有功和无功损耗。因此，在确定总计算负荷时，应计入这部分损耗。

（一）电力线路的功率损耗

假设三相供电线路参数三相对称，则有功功率损耗 ΔP_W（kW）、无功功率损耗 ΔQ_W（kvar）分别为

$$\begin{cases}\Delta P_W = 3I_c^2R \times 10^{-3} \\ \Delta Q_W = 3I_c^2X \times 10^{-3}\end{cases} \tag{2-37}$$

式中 R——线路带负荷运行时的每相电阻（Ω），$R = rl$；

X——线路每相电抗（Ω），$X = xl$；

l——线路每相计算长度（km）；

r、x——线路每相单位长度的电阻和电抗（Ω/km）。

电力线路每相单位长度的电阻为

$$r = K_1K_2r_\theta = K_1K_2\rho_\theta c\frac{1}{S} \tag{2-38}$$

式中 r_θ——线路带负荷运行时的单位长度直流电阻（Ω）；

K_1、K_2——因交流电趋肤效应、相邻导体间邻近效应使导体电流密度分布不均匀而引入的附加系数，K_1 恒大于1，K_2 一般也大于1；

c——绞入系数，单股导线为1，多股导线为1.02；

S——线路导体截面积（mm^2）；

ρ_θ——导体温度为 θ 时的电阻率，$\rho_\theta = \rho_{20}[1 + \alpha(\theta - 20)]$；

ρ_{20}——导体温度为20℃时的电阻率，铝导体为 $28.2 \times 10^{-9}\Omega\cdot\text{m}$，铜导体为 $17.2 \times 10^{-9}\Omega\cdot\text{m}$；

α——电阻温度系数，铝和铜都取0.004；

θ——导体实际工作温度（℃），它与通过电流的大小有密切关系。

电力线路每相单位长度的电抗为

$$x = 2\pi fL' = 0.1445\lg\frac{D_{av}}{D_i} \tag{2-39}$$

式中 f——频率，一般取 50Hz；

L'——电线电缆每相单位长度的电感量（H/km）；

D_{av}——三相导体几何均距（cm）；

D_{i}——导体自几何均距或等效半径（cm）。

在工程设计中，通常将电力线路每相单位长度的电阻、电抗预先计算出来制成表格（见附录表 12），以方便查用。

（二）电力变压器的功率损耗

1. 变压器的有功功率损耗

（1）铁心中的有功功率损耗（俗称铁损）它在变压器一次绕组的外施电压和频率不变的条件下是固定不变的，与负荷无关。铁损可由变压器空载实验测定。变压器的空载损耗 ΔP_0 可认为就是铁损 ΔP_{Fe}，因为变压器的空载电流 I_0 很小，在一次绕组中产生的有功功率损耗可略去不计。

（2）一、二次绕组中的功率损耗（俗称铜损）它与负荷电流（或功率）的平方成正比。铜损可由变压器短路实验测定。变压器的短路损耗（亦称负载损耗）ΔP_k 可认为就是铜损 ΔP_{Cu}，因为变压器二次侧短路时，一次侧的阻抗电压（亦称短路电压）U_k 很小，在铁心中产生的有功功率损耗可略去不计。

因此，变压器的有功功率损耗为

$$\Delta P_{T} = \Delta P_{Fe} + \Delta P_{Cu}\beta_{c}^{2} \approx \Delta P_{0} + \Delta P_{k}\beta_{c}^{2} \tag{2-40}$$

式中 β_c——变压器的计算负荷系数，$\beta_c = S_c/S_{r.T}$；

$S_{r.T}$——变压器的额定容量；

S_c——变压器的计算负荷。

2. 变压器的无功功率损耗

（1）用来产生磁通的励磁电流的一部分无功功率 它只与一次电压有关，与负荷无关。它与励磁电流或近似地与空载电流成正比，即

$$\Delta Q_0 \approx \frac{I_0\%}{100}S_{r.T} \tag{2-41}$$

式中 $I_0\%$——变压器空载电流占额定一次电流的百分值。

（2）消耗在变压器一、二次绕组电抗上的无功功率 它与负荷电流（或功率）的平方成正比。额定负荷下的这部分无功损耗用 ΔQ_k 表示。由于变压器的电抗远大于电阻，因此 ΔQ_k 近似地与阻抗电压（短路电压）成正比，即

$$\Delta Q_k \approx \frac{U_k\%}{100}S_{r.T} \tag{2-42}$$

式中 $U_k\%$——变压器阻抗电压占额定一次电压的百分值。

因此，变压器的无功损耗为

$$\Delta Q_{T} = \Delta Q_{0} + \Delta Q_{k}\beta_{c}^{2} \approx \left(\frac{I_0\%}{100} + \frac{U_k\%}{100}\beta_{c}^{2}\right)S_{r.T} \tag{2-43}$$

式（2-40）中的 ΔP_0、ΔP_k 和式（2-43）中的 $I_0\%$ 和 $U_k\%$ 等均可从有关手册或产品样本中查得。10kV 普通双绕组无励磁调压电力变压器的技术参数见附录表 13～14。

在负荷计算中，当变压器技术数据不详时，变压器的功率损耗在负荷率不大于 85% 时

可采用简化公式估算，即 $\Delta P_{T} \approx 0.01S_{c}$，$\Delta Q_{T} \approx 0.05S_{c}$。此式适用于推广应用的 S11、SC（B）10 等低损耗节能型电力变压器。

二、供电系统计算负荷的确定

在进行施工图设计时，供电系统计算负荷的确定，一般采用逐级计算法，由用电设备处逐步向电源进线侧计算。各级计算点的选取，一般为各级配电箱（屏）的出线和进线、变电所低压出线、变压器低压母线、高压进线等处。确定变配电所的计算负荷时，应计入较长配电干线的功率损耗以及变压器的功率损耗，并且取无功补偿后的负荷进行计算。

（一）配电变电所高压侧计算负荷的确定

配电变电所高压侧的计算负荷为

有功计算负荷 $$P_{c.1} = P_{c.2} + \Delta P_{T} \tag{2-44}$$

无功计算负荷 $$Q_{c.1} = (Q_{c.2} - Q_{r.C}) + \Delta Q_{T} \tag{2-45}$$

视在计算负荷 $$S_{c.1} = \sqrt{P_{c.1}^{2} + Q_{c.1}^{2}} \tag{2-46}$$

计算电流 $$I_{c.1} = \frac{S_{c.1}}{\sqrt{3}U_{1n}} \tag{2-47}$$

式中 $P_{c.2}$、$Q_{c.2}$——变压器低压母线有功、无功计算负荷；

$Q_{r.C}$——变压器低压母线无功补偿装置容量；

U_{1n}——变压器高压侧电网标称电压。

（二）配电所或总降压变电所计算负荷的确定

配电所或总降压变电所的计算负荷由各配电变电所的计算负荷（计入高压配电线路的功率损耗）相加计算，计算公式同式（2-16）~式（2-18）。对配电所的 $K_{\sum p}$ 和 $K_{\sum q}$，分别取 0.85~1.0 和 0.95~1.0；对总降压变电所的 $K_{\sum p}$ 和 $K_{\sum q}$，分别取 0.80~0.90 和 0.93~0.97。同理，计算总降压变电所的变压器高压侧计算负荷时，应计入总降压变压器的功率损耗。

例 2-5 一个民用建筑供电系统的概略图如图 2-8 所示，其负荷①~⑧数据列于表 2-2 中，求系统中 A~G 各点的计算负荷。

表 2-2 负荷①~⑧数据

负荷编号	①	②	③	④	⑤	⑥	⑦	⑧
负荷名称	冷冻机组	冷冻水泵	冷却水泵	冷却塔	电梯	商场照明	办公照明	客房照明
设备功率/kW	156	30	22	7.5	30	100	30	20
功率因数	0.75	0.8	0.8	0.8	0.6	0.85	0.85	0.9
回路数/个	2	4	4	2	4	5	4	6
备注		两用两备	两用两备					

解：1. 确定变压器 T1 的计算负荷

（1）确定 D1~D4 点的计算负荷 确定这一级计算负荷的目的是为了选择给各用电设备配电的导线截面积及其开关电器、确定低压母线（C1 点）的计算负荷。这一级每个回路负荷均为单台设备，直接取其设备功率计算，计算结果见表 2-3。

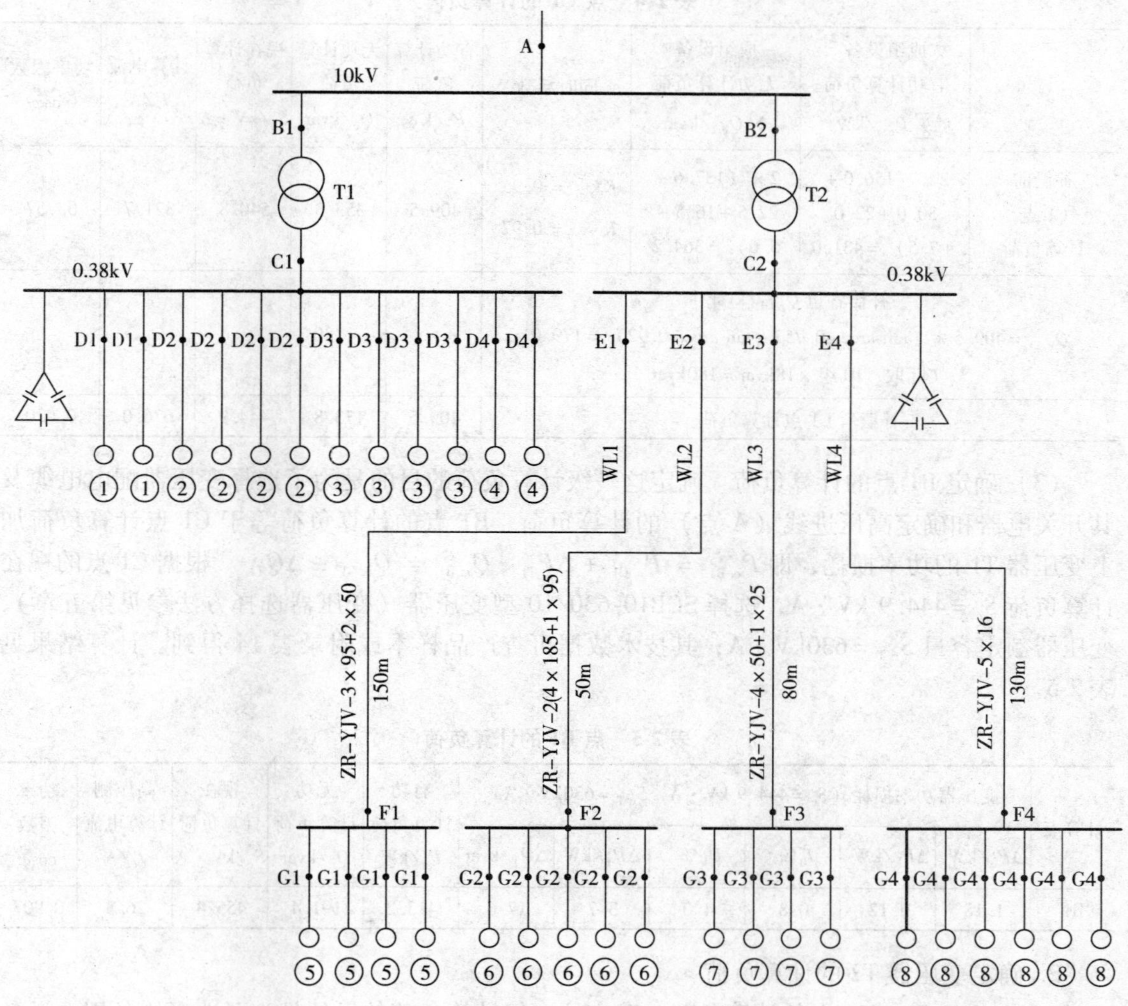

图 2-8　民用建筑供电系统的概略图

表 2-3　点 D1 ~ D4 的计算负荷

计算点	设备功率 P_e/kW	功率因数 $\cos\varphi$	有功计算负荷 P_c/kW	无功计算负荷 Q_c/kvar	视在计算负荷 S_c/kV·A	计算电流 I_c/A
D1	①156	0.75	156.0	137.6	208.0	316.0
D2	②30	0.80	30.0	22.5	37.5	57.0
D3	③22	0.80	22.0	16.5	27.5	41.8
D4	④7.5	0.80	7.5	5.6	9.4	14.3

（2）确定 C1 点的计算负荷　确定这一级计算负荷的目的是为了选择低压母线及其开关电器、无功补偿容量 $Q_{r.C1}$ 和变压器 T1。这一级为多组用电设备的计算，分别由 1 台冷冻机组、1 台冷冻水泵、1 台冷却水泵和 1 台冷却塔组成两套成组用电设备，其中有 2 台冷冻水泵和 2 台冷却水泵为备用，不参与计算。同时在低压母线上设置无功自动补偿装置，补偿后的目标功率因数一般取 0.92，以使变压器高压侧的功率因数达到 0.9。计算结果见表 2-4。

表 2-4 点 C1 的计算负荷

计算点	成组设备有功计算负荷 $\sum P_{c.i}$/kW	成组设备无功计算负荷 $\sum Q_{c.i}$/kvar	同时系数	有功计算负荷 P_c/kW	无功计算负荷 Q_c/kvar	视在计算负荷 S_c/kV·A	计算电流 I_c/A	功率因数 $\cos\varphi$
补偿前 C1 点计算负荷	2×（156.0+30.0+22.0+7.5）=431.0	2×（137.6+22.5+16.5+5.6）=364.2	$K_{\sum p}=0.95$ $K_{\sum q}=0.97$	409.5	353.3	540.8	821.7	0.757
补偿容量 $Q_{r.C1}$/kvar $Q_{r.C1}=409.5\times(\tan\arccos0.757-\tan\arccos0.92)=179.0$ 实际取 10 组×18kvar=180kvar					−180			
补偿后 C1 点计算负荷				409.5	173.8	444.9	676.0	0.920

（3）确定 B1 点的计算负荷　确定这一级计算负荷的目的是为了选择变压器配电电缆及其开关电器和确定高压进线（A 点）的计算负荷。B1 点的计算负荷等于 C1 点计算负荷加上变压器 T1 的功率损耗，即 $P_{c.B1}=P_{c.C1}+\Delta P_{T1}$；$Q_{c.B1}=Q_{c.C1}+\Delta Q_{T1}$。根据 C1 点的视在计算负荷 $S_c=444.9$ kV·A，选择 SCB10-630/10 型变压器（变压器选择方法参见第五章），变压器额定容量 $S_{r.T}=630$kV·A，其技术数据可查产品样本或附录表 14 得到。计算结果见表 2-5。

表 2-5 点 B1 的计算负荷

计算点	变压器功率损耗（$S_c=444.9$ kV·A，$S_{r.T}=630$kV·A）						有功计算负荷 P_c/kW	无功计算负荷 Q_c/kvar	视在计算负荷 S_c/kV·A	高压侧计算电流 I_c/A	功率因数 $\cos\varphi$
	ΔP_0/kW	ΔP_k/kW	I_0%	U_k%	ΔP_T/kW	ΔQ_T/kvar					
B1	1.18	5.12	0.8	4.0	3.7	17.6	413.2	191.4	455.4	26.3	0.907

2. 确定变压器 T2 的计算负荷

（1）确定 G1 ~ G4 点的计算负荷　确定这一级计算负荷的目的是为了选择给各用电设备配电的导线截面积及其开关电器、确定 F1 ~ F4 点的计算负荷。这一级每个回路负荷既有单台设备，又有单组用电设备，可采用需要系数法进行计算。计算结果见表 2-6。

表 2-6 点 G1 ~ G4 的计算负荷

计算点	设备功率 P_e/kW	功率因数 $\cos\varphi$	需要系数 K_d	有功计算负荷 P_c/kW	无功计算负荷 Q_c/kvar	视在计算负荷 S_c/kV·A	计算电流 I_c/A
G1	⑤30	060	1	30.0	40.0	50	76.0
G2	⑥100	0.85	0.85	85.0	52.7	100	151.9
G3	⑦30	0.85	0.8	24.0	14.9	28.2	42.8
G4	⑧20	0.90	0.4	8.0	3.9	8.9	13.5

（2）确定 F1 ~ F4 点的计算负荷　确定这一级计算负荷的目的是为了选择低压配电线路和确定 E1 ~ E4 点的计算负荷。这一级各个点都是范围更大的单组用电设备，同样可采用需要系数法计算。计算结果见表 2-7。

表 2-7　点 F1 ~ F4 的计算负荷

计算点	设备功率 P_e/kW	功率因数 $\cos\varphi$	需要系数 K_d	有功计算负荷 P_c/kW	无功计算负荷 Q_c/kvar	视在计算负荷 S_c/kV·A	计算电流 I_c/A
F1	30×4=120	0.60	0.7	84.0	112.0	140.0	212.7
F2	100×5=500	0.85	0.80	400.0	248.0	470.6	715.0
F3	30×4=120	0.85	0.75	90.0	55.9	105.8	160.8
F4	20×6=120	0.90	0.3	36.0	17.6	40.1	60.9

（3）确定 E1 ~ E4 点的计算负荷　确定这一级计算负荷的目的是为了确定 C2 点的计算负荷。E1 ~ E4 各点的计算负荷等于 F1 ~ F4 点的计算负荷加上线路 WL1 ~ WL4 的功率损耗，即 $P_{c.Ei} = P_{c.Fi} + \Delta P_{WLi}$；$Q_{c.Ei} = Q_{c.Fi} + \Delta Q_{WLi}$。根据 F1 ~ F4 点的计算电流可选择线路采用 ZR-YJV-0.6/1 型交联聚乙烯绝缘 5 芯电力电缆（电缆选择参见第四章），相导体截面积分别为：WL1 为 95mm^2；WL2 为 185mm^2 的两根电缆并联；WL3 为 50mm^2；WL4 为 16mm^2。其技术数据可查附录表 12 得到。计算结果见表 2-8。

表 2-8　点 E1 ~ E4 的计算负荷

计算点	线路功率损耗 r_0/(Ω/km)	x_0/(Ω/km)	l/km	I_c/A	ΔP_{WL}/kW	ΔQ_{WL}/kvar	有功计算负荷 P_c/kW	无功计算负荷 Q_c/kvar	视在计算负荷 S_c/kV·A	计算电流 I_c/A
E1	0.229	0.077	0.15	212.7	4.7	1.6	88.7	113.6	144.1	219.0
E2	0.118	0.078	0.05	715.0/2 = 357.5	2.3×2	1.5×2	404.6	251.0	476.1	723.4
E3	0.435	0.079	0.08	160.8	2.7	0.5	92.7	56.4	108.5	164.9
E4	1.359	0.082	0.13	60.9	2.0	0.1	38	17.7	41.9	63.7

（4）确定 C2 点的计算负荷　确定这一级计算负荷的目的是为了选择低压母线及其开关电器、无功补偿容量 $Q_{r.C2}$ 和变压器 T2。这一级为多组用电设备的计算，同时在低压母线上设置无功自动补偿装置，补偿后的目标功率因数一般取 0.92，以使变压器高压侧的功率因数达到 0.9。计算结果见表 2-9。

表 2-9　点 C2 的计算负荷

计算点	多组设备有功计算负荷 $\sum P_{c.i}$/kW	多组设备无功计算负荷 $\sum Q_{c.i}$/kvar	同时系数	有功计算负荷 P_c/kW	无功计算负荷 Q_c/kvar	视在计算负荷 S_c/kV·A	计算电流 I_c/A	功率因数 $\cos\varphi$
补偿前 C2 点计算负荷	88.7+404.6+92.7+38=624.0	113.6+251.0+56.4+17.7=438.7	$K_{\sum p}=0.9$ $K_{\sum q}=0.93$	561.6	408.0	694.2	1054.8	0.809
补偿容量 $Q_{r.C2}$/kvar $Q_{r.C2}=561.6\times(\tan\arccos0.809-\tan\arccos0.92)=168.1$ 实际取　10 组×18 kvar=180kvar					−180			
补偿后 C2 点计算负荷				561.6	228.0	606.1	920.9	0.927

（5）确定 B2 点的计算负荷　确定这一级计算负荷的目的是为了选择变压器配电电缆及其开关电器和确定高压进线（A 点）的计算负荷。B2 点的计算负荷等于 C2 点计算负荷加上变压器 T2 的功率损耗，即 $P_{c.B2} = P_{c.C2} + \Delta P_{T2}$；$Q_{c.B2} = Q_{c.C2} + \Delta Q_{T2}$。根据 C2 点的视在计算负荷 $S_c = 605.0\ kV \cdot A$，选择 SCB10-800/10 型变压器（变压器选择方法参见第五章），变压器额定容量 $S_{r.T} = 800kV \cdot A$，其技术数据可查产品样本或附录表 14 得到。计算结果见表 2-10。

表 2-10　点 B2 的计算负荷

计算点	变压器功率损耗（S_c = 605.0 kV·A，$S_{r.T}$ = 800kV·A）						有功计算负荷 P_c/kW	无功计算负荷 Q_c/kvar	视在计算负荷 S_c/kV·A	高压侧计算电流 I_c/A	功率因数 cosφ
	ΔP_0/kW	ΔP_k/kW	I_0%	U_k%	ΔP_T/kW	ΔQ_T/kvar					
B2	1.33	6.06	0.8	6.0	4.8	33.9	566.4	261.9	624.0	36.0	0.908

3. 确定 A 点的计算负荷

确定这一级计算负荷的目的是为了选择高压母线及其开关电器和高压进线电力电缆。A 点的计算负荷由 B1 点和 B2 点的计算负荷确定，见表 2-11。

表 2-11　点 A 的计算负荷

计算点	B1 与 B2 有功计算负荷 $\sum P_{c.i}$/kW	B1 与 B2 无功计算负荷 $\sum Q_{c.i}$/kvar	同时系数	有功计算负荷 P_c/kW	无功计算负荷 Q_c/kvar	视在计算负荷 S_c/kV·A	高压侧计算电流 I_c/A	功率因数 cosφ
A	413.2 + 566.4 = 979.6	191.4 + 261.9 = 453.3	$K_{\sum p} = 0.95$ $K_{\sum q} = 0.97$	930.6	439.7	1029.1	59.4	0.904

第七节　供电系统的电能节约

一、年电能需要量的计算

年电能需要量又称为年电能消耗量，是重要的技术指标之一。当已知有功计算负荷 P_c 及无功计算负荷 Q_c 后，年有功电能消耗量（kW·h）及无功电能消耗量（kvar·h）的计算式如下：

用年平均负荷和年实际工作小时数计算时，有

$$W_p = \alpha P_c T_a \tag{2-48}$$

$$W_q = \beta Q_c T_a \tag{2-49}$$

式中　α、β——年平均有功、无功负荷系数，α 值一般取 0.70～0.75，β 值取 0.76～0.82；

T_a——年实际工作小时数，一班制可取 1860h，二班制可取 3720h，三班制可取 5580h。

用年最大负荷和年最大负荷利用小时数计算时可参见式（2-9）。

二、供电系统的电能损耗

（一）电力线路的电能损耗

线路上全年的电能损耗是由于电流通过线路电阻产生的，即

$$\Delta W_a = 3I_c^2 R_W \tau \tag{2-50}$$

式中　I_c——通过线路的计算电流；

R_W——线路每相的电阻；

τ——年最大负荷损耗小时数。

年最大负荷损耗小时数 τ，是假设供电系统元件（含线路）持续通过计算电流（最大负荷电流）I_c时，在此时间 τ 内所产生的电能损耗恰与实际负荷电流全年在此元件（含线路）上产生的电能损耗相等。年最大负荷损耗小时数 τ 与年最大负荷利用小时数 T_{max} 有一定关系，如图 2-9 所示。已知 T_{max} 和 $\cos\varphi$，可由相应的曲线查得 τ。

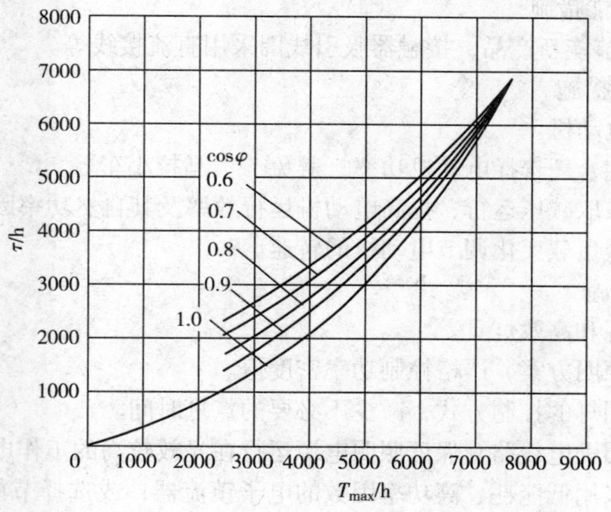

图 2-9　$\tau - T_{max}$ 关系曲线

（二）电力变压器的电能损耗

变压器的电能损耗包括铁损和铜损两部分：

1）全年的铁损 ΔP_{Fe} 产生的电能损耗为

$$\Delta W_{a1} = \Delta P_{Fe} \times 8760 \approx \Delta P_0 \times 8760 \tag{2-51}$$

2）全年的铜损 ΔP_{Cu} 产生的电能损耗为

$$\Delta W_{a2} = \Delta P_{Cu} \beta_c^{\ 2} \tau \approx \Delta P_k \beta_c^{\ 2} \tau \tag{2-52}$$

由此可得变压器全年的电能损耗为

$$\Delta W_a = \Delta W_{a1} + \Delta W_{a2} \approx \Delta P_0 \times 8760 + \Delta P_k \beta_c^{\ 2} \tau \tag{2-53}$$

式中　τ——变压器的年最大负荷损耗小时数，可查图 2-9 曲线得到。

三、电能节约的技术措施

（一）电能节约的一般措施

用户供电系统的电能节约主要从降低配电变压器、配电线路及配电电器的能耗以及用电

设备如电动机、照明电器等的能耗几方面着手，提高能源利用率。

1. 变压器的节能措施

1）合理选择变压器容量和台数，使变压器运行在高效负荷率附近。

2）选用符合国家标准能效指标的高效节能型变压器，有条件时选择卷制铁心变压器或非晶合金变压器。

3）加强运行管理，根据负荷的变化，及时调整变压器投运台数，实现变压器经济运行。

2. 配电线路的节能措施

1）合理设计供电系统和选择配电电压，减少配电级数。

2）变电所尽量接近负荷中心，以缩短低压供电半径。

3）按经济电流密度合理选择导线电缆截面积。

4）提高功率因数，减少线路和变压器的电能损耗。

3. 配电电器的节能措施

选用国家推荐的节能新产品，接触器吸引线圈采用直流接线等。

4. 电动机的节能措施

1）采用高效率电动机。

2）根据负荷特性合理选择电动机功率，避免“大马拉小车”。

3）轻载电动机采取减压运行，提高电动机运行效率及其自然功率因数。

4）需要根据机械负载变化调节电动机的转速。

5. 照明的节能措施

1）采用高效光源和高效灯具。

2）选用合理的照明方案，严格控制功率密度值。

3）合理设计照明灯的控制方式，减少不必要的点灯时间。

4）合理设计照明配电线路，保证照明电源运行在光效较高的工作电压范围。

5）气体放电灯采用低能耗、高功率因数的电子镇流器，或选择节能型电感镇流器及单灯或线路无功补偿的方案，补偿后的功率因数不小于0.9。

6）必要时加装照明供电电压自动调节装置，根据需要调节电光源的功率输出。

（二）电力变压器的经济运行

电力变压器的经济运行（Economical Operation for Power Transformer）是指在确保安全可靠运行及满足供电量需求的基础上，通过对变压器进行合理配置，对变压器运行方式进行优化选择，对变压器负荷实施经济调整，从而最大限度地降低变压器的电能损耗。

1. 单台双绕组变压器的经济运行

根据GB/T 13462—2008《电力变压器经济运行》，变压器经济运行的条件是：在一定时间内（一周、一月、一季度等），变压器的综合功率损耗率最小，即变压器综合功率损耗与其输入的有功功率 P_1 之比的百分数最小。

对于单台变压器，其综合功率损耗为

$$\Delta P \approx \Delta P_{\mathrm{T}} + K_{\mathrm{q}}\Delta Q_{\mathrm{T}} \approx \Delta P_0 + K_{\mathrm{q}}\Delta Q_0 + (\Delta P_{\mathrm{k}} + K_{\mathrm{q}}\Delta Q_{\mathrm{k}})\beta_{\mathrm{av}}^2 K_{\mathrm{T}} \tag{2-54}$$

式中　K_{q}——无功经济当量，它表示变压器无功损耗每增加或减少1kvar时引起受电网有功功率损耗增加或减少的量，对一般用户，可取0.1，当功率因数已补偿至0.9

及以上时，取0.04；

β_{av}——在一定时间内，变压器的平均负荷系数；

K_T——在一定时间内，负荷波动损耗系数，等于负荷波动条件下的变压器负载能耗与平均负载能耗之比。按下式计算

$$K_T = T\frac{\sum \Delta W_i^2}{(\sum \Delta W_i)^2}$$

式中　T——统计时间（h）。

ΔW_i——每小时内变压器的能耗计量值（kW·h）。

变压器的综合功率损耗率为

$$\Delta P\% = \frac{\Delta P}{P_1} \times 100\%$$

令

$$\frac{\mathrm{d}\Delta P\%}{\mathrm{d}\beta} = 0$$

可得到满足经济运行条件的变压器综合功率经济负荷系数β_{ec}为

$$\beta_{ec} = \sqrt{\frac{\Delta P_0 + K_q \Delta Q_0}{K_T(\Delta P_k + K_q \Delta Q_k)}} \tag{2-55}$$

双绕组变压器的综合功率损耗率与其平均负荷系数的关系曲线如图2-10所示。变压器综合功率运行区间的范围划分为：经济运行区$\beta_{ec}^2 \leqslant \beta_{av} \leqslant 1$；最佳经济运行区$1.33\beta_{ec}^2 \leqslant \beta_{av} \leqslant 0.75$；非经济区$0 \leqslant \beta_{av} \leqslant \beta_{ec}^2$。当变压器的空载损耗和负载损耗达到能效标准规定时，通过负荷调整、规范经济运行管理，使变压器运行在最佳经济运行区，则认为变压器经济运行。

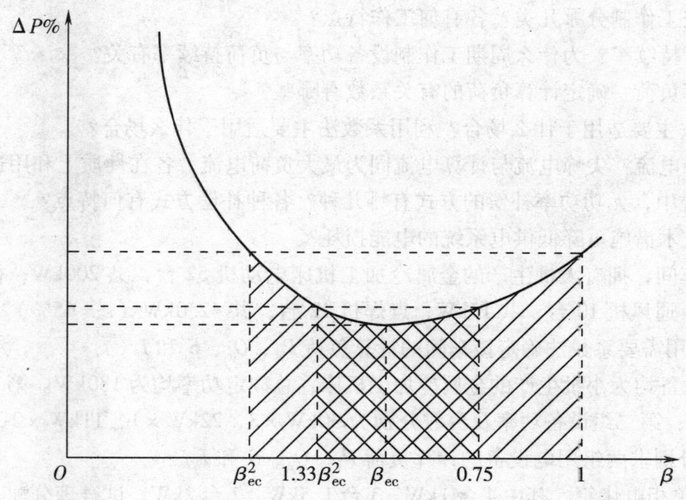

图2-10　双绕组变压器的综合功率损耗率与其平均负荷系数的关系曲线

2. 并列运行的两台双绕组变压器的经济运行

关于两台变压器的经济运行，不但要研究变压器本身的技术参数，还要研究负荷的变化规律，应按综合功率损耗最小的条件投运变压器。如图2-11所示，根据单台及两台变压器

并列运行时综合功率损耗相等，可导出单台与两台变压器并列运行方式之间的临界负荷计算公式。对于两台同型号同容量的双绕组变压器，临界负荷 S_{cr} 的计算公式为

$$S_{cr} = S_{r.T}\sqrt{\frac{2(\Delta P_0 + K_q\Delta Q_0)}{K_T(\Delta P_k + K_q\Delta Q_k)}} \tag{2-56}$$

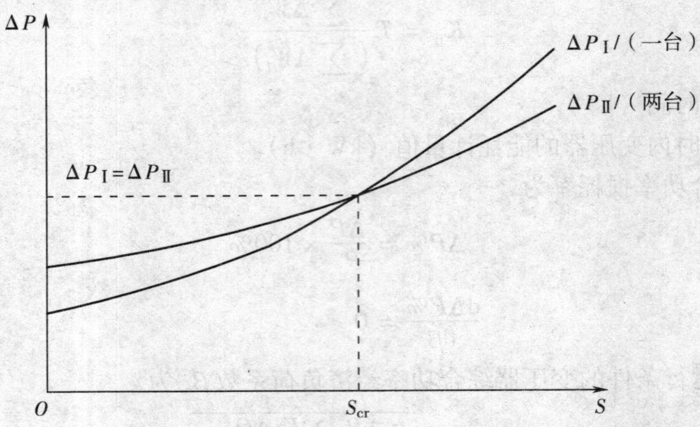

图 2-11　两台并列运行变压器间综合功率损耗特性曲线

从图 2-11 中可以看出，当实际负荷小于临界负荷时，因一台变压器的综合功率损耗小，故宜投入一台变压器运行；当实际负荷大于临界负荷时，因两台变压器的综合功率损耗小，故宜投入两台变压器运行。

思考题与习题

2-1　用电设备按工作制分哪几类？各有何工作特点？

2-2　什么是负荷持续率？为什么周期工作制设备功率与负荷持续率有关？

2-3　什么是计算负荷？确定计算负荷的有关系数有哪些？

2-4　需要系数法主要适用于什么场合？利用系数法主要适用于什么场合？

2-5　什么是尖峰电流？尖峰电流与计算电流同为最大负荷电流，各在性质上和用途上有哪些区别？

2-6　在供电系统中，无功功率补偿的方式有哪几种？各种补偿方式有何特点？

2-7　通过哪些技术措施可降低供电系统的电能损耗？

2-8　有一生产车间，拥有大批生产的金属冷加工机床电动机 52 台，共 200kW；桥式起重机 4 台，共 20.4kW（$\varepsilon=15\%$）；通风机 10 台，共 15kW；点焊机 12 台，共 42.0kW（$\varepsilon=65\%$）。车间采用 220/380V 三相四线制供电。试用需要系数法确定该车间的计算负荷 P_c、Q_c、S_c和 I_c。

2-9　两组用电设备均为小批生产的金属冷加工机床，总额定功率均为 180kW。第一组单台设备功率相同，每台均为 7.5kW；第二组设备功率及台数分别为 30kW×3，22kW×1，11kW×2，7.5kW×4，4kW×4。试用利用系数法分别求两组用电设备的计算负荷 P_c、Q_c、S_c和 I_c。

2-10　现有 9 台单相电烤箱，其中 4 台 1kW，3 台 1.5kW，2 台 2kW。试合理分配上述各电烤箱于 220/380V 的线路上，并计算其等效三相计算负荷 P_c、Q_c、S_c和 I_c。

2-11　某 6 层住宅楼有 4 个单元，每单元有 12 户，均为基本型住户，每户设备功率按 8kW 计，$\cos\varphi$ 取 0.9。每户采用单相配电，每单元采用三相配电。试用需要系数法计算各单元及整栋楼的计算负荷 P_c、Q_c、S_c和 I_c。

2-12　某用户拟建一座 10/0.38kV 变电所，装设一台变压器。已知变电所低压侧有功计算负荷为

750kW，无功计算负荷为720kvar。为了使变电所高压侧的功率因数不低于0.9，如果在低压侧装设并联电容器补偿，需装设多少补偿容量？并选择电容器组数及每组容量。补偿前后变电所高压侧的计算负荷P_c、Q_c、S_c和I_c各为多少？

2-13　某35/10kV总降压变电所，10kV母线上接有下列负荷：1#车间变电所850kW + j200kvar；2#车间变电所920kW + j720kvar；3#车间变电所780kW + j660kvar；4#车间变电所880kW + j780kvar。10kV母线侧安装的无功补偿装置容量为1000 kvar。试计算该总降压变电所35kV侧的计算负荷P_c、Q_c、S_c、I_c。

2-14　已知题2-12中变电所的变压器型号为S11-1000/10，Dyn11联结。若该变电所年最大负荷利用小时数$T_{max}=5000h$，试求该变压器在无功补偿前后的年电能损耗。

2-15　某变电所有两台Dyn11联结的SCB10-1000/10型变压器并列运行，而目前变电所负荷只有800kV·A。试问是采用一台变压器运行还是两台运行较为经济合理？（取$K_q=0.04$，$K_T=1.2$）

第三章　短路电流计算

第一节　概　述

一、短路及其原因、后果

短路（Short-circuit）是指两个或多个导电部分之间形成的导电通路，此通路迫使这些导电部分之间的电位差等于或接近于零。

造成短路的主要原因是电气设备载流部分的绝缘损坏，其次是人员误操作、鸟兽危害等。电气设备载流部分的绝缘损坏可能是由于设备长期运行绝缘自然老化或由于设备本身绝缘缺陷而被工频电压击穿，或设备绝缘正常而被过电压（包括雷电过电压）击穿，或者是设备绝缘受到外力损伤而造成短路。

在供电系统中发生短路故障后，短路电流往往要比正常负荷电流大十几倍或几十倍。当它通过电气设备时，设备温度急剧上升，会使绝缘老化或损坏；同时产生的电动力，会使设备载流部分变形或损坏；短路会使系统电压骤降，影响系统其他设备的正常运行；严重的短路会影响系统的稳定性；短路还会造成停电；不对称短路的短路电流会产生较强的不平衡交变磁场，对通信和电子设备等产生电磁干扰等。

二、短路的类型

在三相供电系统中，短路的类型有：

相（线）对地短路（Line-to-earth Short-circuit）——在中性点直接接地或中性点经阻抗接地系统中发生的相（线）导体和大地之间的短路。相对地短路是可能发生的，例如，可经接地导体和接地极而发生。单相对地短路如图3-1a、图3-1b所示。

相（线）间短路（Line-to- line Short-circuit）——两根或多根相（线）导体之间的短路，在同一处它可伴随或不伴随相对地短路。相间短路包括三相短路（见图3-1c）、两相短路（见图3-1d）、两相短路并对地短路（见图3-1e）。

另外，在低压配电系统中还会发生相（线）导体对中性导体短路的现象，简称单相短路，如图3-1f所示。

其中三相短路属于“对称性短路”，而其他类型的短路均属于“非对称性短路”。

通常，三相短路电流最大，当短路点在发电机附近时，两相短路电流可能大于三相短路电流。当短路点靠近中性点接地的变压器时，单相短路电流也有可能大于三相短路电流，可以采取措施，避免这种情况的发生。

三、计算短路电流的目的

计算短路电流的目的主要是正确选择和检验电器、电线电缆及短路保护装置。三相对称

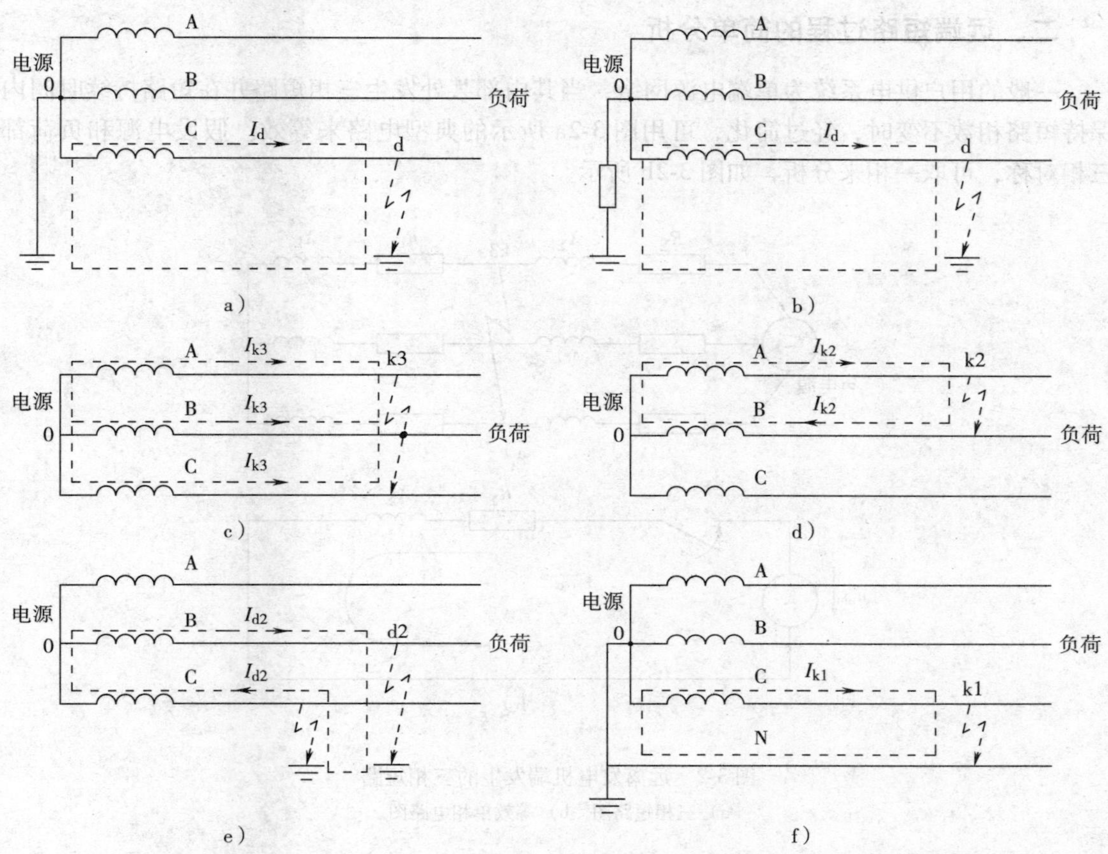

图 3-1　短路的类型

a）、b）　单相对地短路　c）三相短路　d）两相短路　e）两相对地短路　f）单相短路

短路是用户供电系统中危害最严重的短路形式，因此，三相对称短路电流初始值是选择和检验电器、电线电缆的基本依据。在继电保护装置的整定及灵敏度检验时，还需计算不对称短路的最小短路电流值；在检验电器及载流导体的电动力稳定和热稳定时，还要用到三相短路电流峰值、三相稳态短路电流。另外，在计算大中型电动机的起动电压降时，要用到三相短路容量；在验算接地装置的接触电压与跨步电压时，要用到单相对地短路电流等。

第二节　供电系统短路过程的分析

一、远端短路和近端短路

短路过程中短路电流变化的情况决定于系统电源容量的大小或短路点距电源的远近。在工程计算中，如果以供电电源容量为基准的短路回路计算阻抗不小于3，短路时即认为电源母线电压将维持不变，不考虑短路电流交流分量（周期分量）的衰减，可按短路电流不含衰减交流分量的系统，即无限大电源容量的系统或远离发电机端短路进行计算。否则，应按短路电流含衰减交流分量的系统，即有限电源容量的系统或靠近发电机端短路进行计算。

二、远端短路过程的简单分析

一般的用户供电系统为单端电源网络，当其内部某处发生三相短路并在短路持续时间内保持短路相数不变时，经过简化，可用图 3-2a 所示的典型电路来等效。假设电源和负荷都三相对称，可取一相来分析，如图 3-2b 所示。

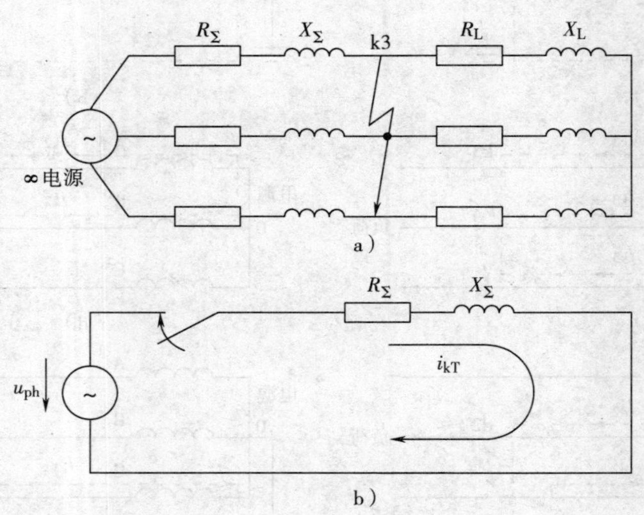

图 3-2　远离发电机端发生的三相短路

a）三相短路图　b）等效单相电路图

设电源相电压 $u_{ph} = U_{ph.m}\sin\omega t$，正常负荷电流 $i = I_m\sin(\omega t - \varphi)$。

现设 $t=0$ 时短路（等效为开关突然闭合），则等效电路的电压方程为

$$R_\sum i_{kT} + L_\sum \frac{\mathrm{d}i_{kT}}{\mathrm{d}t} = U_{ph.m}\sin\omega t \tag{3-1}$$

式中　$R_\sum$、$L_\sum$——短路电路的总电阻和总电感；

i_{kT}——短路电流瞬时值。

解式（3-1）的微分方程得

$$i_{kT} = I_{k.m}\sin(\omega t - \varphi_k) + Ce^{-t/\tau} \tag{3-2}$$

式中　$I_{k.m}$——短路电流周期分量幅值，$I_{k.m} = U_{ph.m}/|Z_\sum|$，其中 $|Z_\sum| = \sqrt{R_\sum^2 + X_\sum^2}$，为短路电路的总阻抗［模］；

φ_k——短路电路的阻抗角，$\varphi_k = \arctan(X_\sum/R_\sum)$；

τ——短路电路的时间常数，$\tau = L_\sum/R_\sum$；

C——积分常数，由电路初始条件（$t=0$）来确定。

当 $t=0$ 时，由于短路电路存在着电感，因此电流不会突变，即 $i_0 = i_{k0}$，故由正常负荷电流 $i = I_m\sin(\omega t - \varphi)$ 与式（3-2）所示 i_{kT} 相等并代入 $t=0$，可求得积分常数，即

$$C = I_{k.m}\sin\varphi_k - I_m\sin\varphi$$

代入式（3-2）即得短路电流

$$i_{kT} = I_{k.m}\sin(\omega t - \varphi_k) + (I_{k.m}\sin\varphi_k - I_m\sin\varphi)e^{-t/\tau}$$
$$= i_k + i_{DC} \tag{3-3}$$

式中　i_k——短路电流周期分量（也称交流分量）；

i_{DC}——短路电流非周期分量（也称直流分量）。

由式（3-3）可以看出：当 $t\to\infty$ 时（实际只经 10 个周期左右时间），$i_{DC}\to 0$，这时

$$i_{kT} = i_k = \sqrt{2}I_k\sin(\omega t - \varphi)$$

式中　I_k——稳态短路电流（有效值）。

图 3-3 所示为远离发电机端发生三相短路前后的电流、电压曲线。由图 3-3 可以看出，短路电流在到达稳定值之前，要经过一个暂态过程（或称短路瞬变过程）。这一暂态过程是短路非周期分量电流存在的那段时间。从物理概念上讲，短路电流周期分量是因短路后电路阻抗突然减小很多倍，而按欧姆定律应突然增大很多倍的电流；短路电流非周期分量则是因短路电路含有感抗，电路电流不可能突变，而按楞次定律感应的用以维持短路初瞬间（$t=0$ 时）电流不致突变的一个反向衰减性电流。此电流衰减完毕后（一般经 $t\approx 0.2$s），短路电流达到稳态。

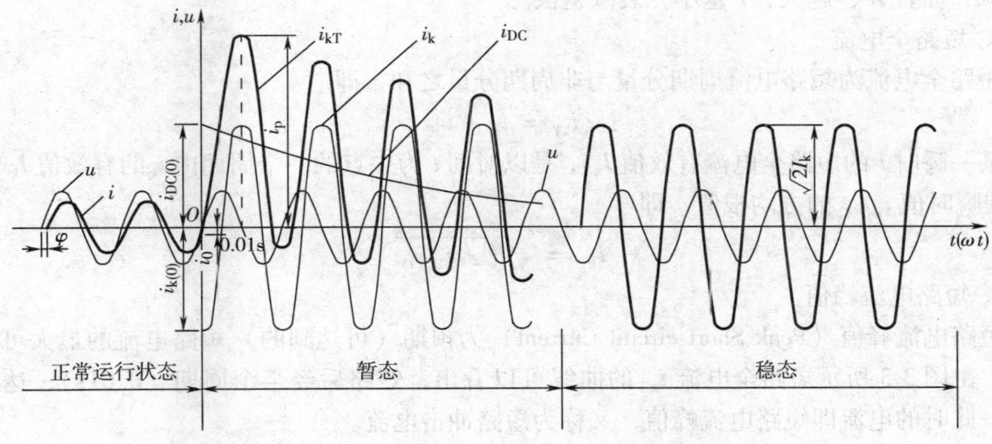

图 3-3　远离发电机端发生三相短路前后的电流、电压曲线

三、有关短路的物理量

假设在电压 $u_{ph}=0$ 时发生三相短路，如图 3-3 所示。

1. 短路电流周期分量

由式（3-3）可知，短路电流周期分量

$$i_k = I_{k.m}\sin(\omega t - \varphi_k)$$

由于短路电路的电抗一般远大于电阻，即 $X_\Sigma \gg R_\Sigma$，$\varphi_k = \arctan(X_\Sigma/R_\Sigma) \approx 90°$，因此短路初瞬间（$t=0$ 时）的短路电流周期分量

$$i_{k(0)} = -I_{k.m} = -\sqrt{2}I''_k$$

式中　I''_k——对称短路电流初始值（Initial Symmetrical Short-circuit Current），它是系统非故障元件的阻抗保持短路前瞬时值时的预期（可达到的）短路电流的对称交流

（周期）分量有效值，也称为超瞬态短路电流。

短路发生后，开关电器将开断电路。开关电器的第一对触头分断瞬间，短路电流对称周期分量的有效值，称为对称开断电流（有效值）I_b。当在无限大电源容量系统中或在远离发电机端短路时，短路电流周期分量不衰减，即 $I_b = I''_k$。

2. 短路电流非周期分量

由式（3-3）可知，短路电流非周期分量

$$i_{DC} = (I_{k.m}\sin\varphi_k - I_m\sin\varphi)e^{-t/\tau}$$

由于 $\varphi_k \approx 90°$，而 $I_m\sin\varphi \ll I_{k.m}$，故

$$i_{DC} \approx I_{k.m}e^{-t/\tau} = \sqrt{2}I''_k e^{-t/\tau}$$

式中 τ——短路电路的时间常数，实际上就是使 i_{DC} 由最大值按指数函数衰减到最大值的 $1/e = 0.3679$ 时所需的时间。

由于 $\tau = L_\Sigma / R_\Sigma = X_\Sigma / (314R_\Sigma)$，因此当短路电路 $R_\Sigma = 0$ 时，短路电流非周期分量 i_{DC}将为一不衰减的直流电流。非周期分量 i_{DC}与周期分量 i_k叠加而得的短路全电流 i_{kT}，将为一偏轴的等幅电流曲线。当然，这是不存在的，因为电路总有 R_Σ，所以非周期分量总要衰减，而且 R_Σ 越大，τ 越小，衰减越快。

3. 短路全电流

短路全电流为短路电流周期分量与非周期分量之和，即

$$i_{kT} = i_k + i_{DC}$$

某一瞬时 t 的短路全电流有效值 I_{kT}，是以时间 t 为中点的一个周期内 i_k的有效值 I_k与 i_{DC}在 t 的瞬时值 $i_{DC(t)}$的方均根值，即

$$I_{kT} = \sqrt{I_k^2 + i_{DC(t)}^2}$$

4. 短路电流峰值

短路电流峰值（Peak Short-circuit Current）为预期（可达到的）短路电流的最大可能瞬时值。由图 3-3 所示短路全电流 i_{kT}的曲线可以看出，短路后经半个周期（0.01s），达到最大值，此时的电流即短路电流峰值，又称为短路冲击电流。

短路电流峰值为

$$i_p = i_{k(0.01)} + i_{DC(0.01)} \approx \sqrt{2}I''_k(1 + e^{-0.01/\tau}) \tag{3-4}$$

或

$$i_p \approx K_p\sqrt{2}I''_k \tag{3-5}$$

式中 K_p——短路电流峰值（冲击）系数。

短路全电流 i_{kT}的最大有效值是短路后第一个周期的短路电流有效值，用 I_p表示，也可称为短路冲击电流有效值，有

$$I_p = \sqrt{I_k^2 + I_{DC(0.01)}^2} \approx \sqrt{I''^2_k + (\sqrt{2}I''_k e^{-0.01/\tau})^2}$$

或

$$I_p \approx I''_k\sqrt{1 + 2(K_p - 1)^2} \tag{3-6}$$

由式（3-4）和式（3-5）可知

$$K_p = 1 + e^{-0.01/\tau} = 1 + e^{-\pi R_\Sigma / X_\Sigma} \tag{3-7}$$

当 $R_\Sigma \to 0$ 时，则 $K_p \to 2$；当 $X_\Sigma \to 0$ 时，则 $K_p \to 1$。因此，$1 < K_p < 2$。K_p与 X_Σ / R_Σ 的关系曲线如图 3-4 所示。

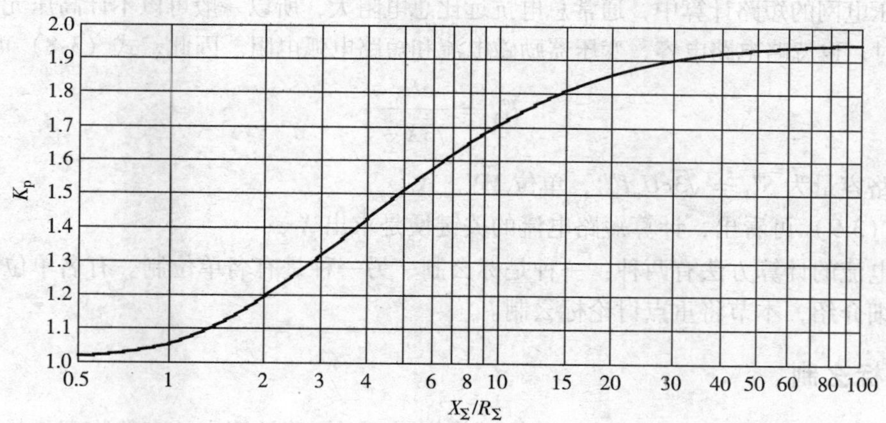

图 3-4　K_p与 X_Σ/R_Σ 的关系曲线

在供配电工程设计中，K_p的取值以及 i_p和 I_p的计算值如下：

在高压电网中发生三相短路时，一般总电抗较大 $\left(R_\Sigma \ll \frac{1}{3}X_\Sigma\right)$，可取 $K_p=1.8$，因此，$i_p = 2.55I''_k$，$I_p = 1.51I''_k$。

在低压电网中发生三相短路时，一般总电阻较大 $\left(R_\Sigma > \frac{1}{3}X_\Sigma\right)$，可取 $K_p=1.3$，因此，$i_p = 1.84I''_k$，$I_p = 1.09I''_k$。

5. 稳态短路电流

稳态短路电流（Steady-state Short-circuit Current）是暂态过程结束后的短路电流有效值，用 I_k表示。

当在无限大电源容量系统中或在远离发电机端短路时，短路电流周期分量不衰减，即 $I_k = I''_k$。

当在有限电源容量系统中或在发电机近端短路时，电源母线电压在短路发生后的整个过渡过程中不能维持恒定，短路电流交流分量随之发生变化。通常，稳态短路电流小于短路电流初始值，即 $I_k < I''_k$。

第三节　高压电网短路电流的计算

由第二节可知，三相对称短路电流周期分量的初始值为

$$I''_{k3} = \frac{cU_n}{\sqrt{3}\sqrt{R_\Sigma^2 + X_\Sigma^2}} \tag{3-8}$$

式中　I''_{k3}——三相对称短路电流初始值（kA）；

U_n——系统标称电压（kV）；

c——短路计算电压系数，在计算三相短路电流时取 $c=1.05$。此系数考虑了高压电网电压变动等因素，cU_n 称为短路计算电压；

R_Σ、X_Σ——短路电路的总电阻、总电抗值（Ω）。

在高压电网的短路计算中，通常总电抗远比总电阻大，所以一般可以不计高压元件的有效电阻。同时，也忽略电路电容、变压器励磁电流和短路电弧电阻。因此，式（3-8）可简化为

$$I''_{k3}=\frac{cU_n}{\sqrt{3}X_{\sum}} \tag{3-9}$$

而三相短路容量为 $S''_{k3}=\sqrt{3}cU_nI''_{k3}$，单位 MV · A。

从式（3-9）可看出，计算短路电流的关键便是求出 $X_{\sum}$。

短路电流的计算方法有两种：一种是标幺制，另一种是有名单位制。有名单位制将在第四节中详细介绍，本节将重点讨论标幺制。

一、标幺制

标幺制（Per-unit System），是一种相对单位制，因短路计算中的有关物理量是采用标幺值（相对单位）而得名。任一物理量的标幺值 A^*，为该物理量的实际值 A 与所选定的基准值 A_d 的比值，即

$$A^*=\frac{A}{A_d}$$

按标幺制进行短路计算时，一般是先选定基准容量 S_d 和基准电压 U_d。

基准容量 S_d，工程设计中通常取 $S_d=100\text{MV}\cdot\text{A}$；

基准电压 U_d，通常取元件所在处的短路计算电压为基准电压，即取 $U_d=cU_n$。选定了基准容量 S_d 和基准电压 U_d 以后，基准电流 I_d 即可求出，为

$$I_d=\frac{S_d}{\sqrt{3}U_d} \tag{3-10}$$

基准电抗 X_d 为

$$X_d=\frac{U_d}{\sqrt{3}I_d}=\frac{U_d^2}{S_d} \tag{3-11}$$

二、供电系统各元件电抗标幺值

下面分别讲述供电系统在各主要元件的电抗标幺值的计算（取 $S_d=100\text{MV}\cdot\text{A}$，$U_d=cU_n$）。

1. 电力系统的电抗标幺值

电力系统的电抗可由电力系统设计规划的三相对称短路容量初始值来计算，即

$$X_S=\frac{(cU_n)^2}{S''_{k3}}$$

所以，电力系统的电抗标幺值为

$$X_S^*=X_S/X_d=\frac{(cU_n)^2}{S''_{k3}}\Big/\frac{U_d^2}{S_d}=\frac{S_d}{S''_{k3}} \tag{3-12}$$

式中　S''_{k3}——电力系统变电所高压馈线出口处设计规划（5～10 年规划）的三相对称短路容量初始值（MV · A）。此值与电力系统运行方式有关。当电力系统处于最大运行方式时，整个系统的短路阻抗最小，短路容量最大；当电力系统处

于最小运行方式时，整个系统的短路阻抗最大，短路容量最小。

2. 电力线路的电抗标幺值

电力线路的电抗标幺值为

$$X_{W}^{*}=X_{W}/X_{d}=xl\left/\frac{U_{d}^{2}}{S_{d}}\right.=xl\frac{S_{d}}{(cU_{n})^{2}} \tag{3-13}$$

式中　l——线路长度；

U_n——电力线路所在处的系统标称电压（kV）；

x——线路单位长度的电抗，可由附录表12查得。当线路结构数据不详时，x 可取其平均值，对35～110kV架空线路可取 $x=0.4\Omega/km$，对10kV架空线路可取 $x=0.35\Omega/km$，对10kV电力电缆可取 $x=0.10\Omega/km$。

3. 电力变压器的电抗标幺值

电力变压器电抗 X_T 可由变压器的阻抗电压（短路电压）百分值 $U_k\%$ 近似地计算。

因为

$$U_k\%=(\sqrt{3}I_{r.T}X_T/U_{r.T})\times100\approx(S_{r.T}X_T/U_d^2)\times100$$

所以

$$X_T=\frac{U_k\%}{100}\frac{U_d^2}{S_{r.T}}$$

因此，电力变压器的电抗标幺值为

$$X_{T}^{*}=X_{T}/X_{d}=\frac{U_{k}\%}{100}\frac{U_{d}^{2}}{S_{r.T}}\left/\frac{U_{d}^{2}}{S_{d}}\right.=\frac{U_{k}\%}{100}\frac{S_{d}}{S_{r.T}} \tag{3-14}$$

式中　$U_k\%$——变压器的阻抗电压百分值，可由附录表13、14查得。

$S_{r.T}$——变压器的额定容量，特别注意单位应与基准容量 S_d 一致（MV·A）。

4. 限流电抗器的电抗标幺值

限流电抗器用来串在变压器回路中限制短路电流，可根据其额定电抗百分值 $X_L\%$ 计算。

因为

$$X_L\%=(\sqrt{3}I_{r.L}X_L/U_{r.L})\times100$$

所以，限流电抗器的电抗标幺值为

$$X_{L}^{*}=X_{L}/X_{d}=\frac{X_{L}\%}{100}\frac{U_{r.L}}{\sqrt{3}I_{r.L}}\left/\frac{U_{d}^{2}}{S_{d}}\right.=\frac{X_{L}\%}{100}\frac{U_{r.L}}{\sqrt{3}I_{r.L}}\frac{S_{d}}{(cU_{n})^{2}} \tag{3-15}$$

式中　$X_L\%$、$U_{r.L}$、$I_{r.L}$——限流电抗器的电抗百分值、额定电压（kV）、额定电流（kA）；

U_n——电抗器安装处系统标称电压（kV）。

短路电路中各主要元件的电抗标幺值求出以后，即可利用其等效电路图（参看图3-6）进行电路化简求总电抗标幺值 $X_{\sum}^{*}$。这里由于各元件电抗均采用相对值，与短路计算点的电压无关，因此无需进行电压换算。这也是在高压电网短路计算中广泛应用标幺制的原因。

三、三相短路电流计算

三相对称短路电流初始值的标幺值为

$$I_{k3}''^{*}=I_{k3}''/I_{d}=\frac{cU_{n}}{\sqrt{3}X_{\sum}}\left/\frac{S_{d}}{\sqrt{3}U_{d}}\right.=\frac{U_{d}^{2}}{S_{d}X_{\sum}}=\frac{1}{X_{\sum}^{*}} \tag{3-16}$$

由此可得三相对称短路电流初始值为

$$I_{k3}''=I_{k3}''^{*}I_{d}=I_{d}/X_{\sum}^{*} \tag{3-17}$$

求得 I''_{k3} 后，即可利用第二节的计算公式求出 I_{b3}、I_{k3}、i_{p3} 和 I_{p3} 等。

三相短路容量为

$$S''_{k3} = \sqrt{3}cU_nI''_{k3} = \sqrt{3}U_dI_d/X^*_{\sum} = S_d/X^*_{\sum} \tag{3-18}$$

例 3-1 某用户供电系统如图 3-5 所示。已知电力系统变电所高压馈电线出口处在系统最大运行方式下的三相对称短路容量为 S''_{k3} =250MV·A，试求工厂变电所在系统最大运行方式下，10kV 母线上 k-1 点短路以及两台变压器并联运行和分列运行两种情况下低压 380V 母线上 k-2 点三相短路时的三相短路电流和短路容量。

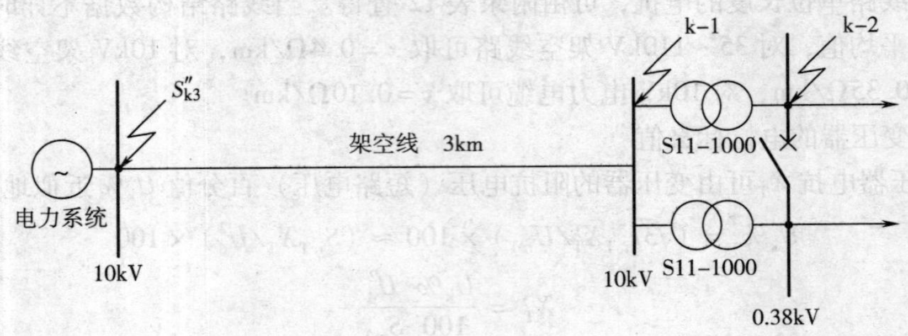

图 3-5 例 3-1 供电系统短路计算电路图

解：1. 确定基准值

取 S_d = 100MV·A，U_{d1} = 10.5kV，U_{d2} = 0.4kV

而 $I_{d1} = S_d/(\sqrt{3}U_{d1})$ = 100MV·A/($\sqrt{3}$ × 10.5kV) = 5.50kA

$I_{d2} = S_d/(\sqrt{3}U_{d2})$ = 100MV·A/($\sqrt{3}$ × 0.4kV) = 144.34kA

2. 计算短路电路中各主要元件的电抗标幺值

（1）电力系统

$$X^*_1 = \frac{S_d}{S_k} = 100\text{MV}\cdot\text{A}/250\text{MV}\cdot\text{A} = 0.4$$

（2）架空线路

$$X^*_2 = xl\frac{S_d}{(cU_n)^2} = 0.35(\Omega/\text{km}) \times 3\text{km} \times \frac{100\text{MV}\cdot\text{A}}{(10.5\text{kV})^2} = 0.95$$

（3）电力变压器（由附录表 13 查得 S11-1000/10 油浸式变压器 Dyn11 联结 $U_k\%$ =4.5）

$$X^*_3 = X^*_4 = \frac{U_k\%}{100}\frac{S_d}{S_{r.T}} = \frac{4.5}{100}\frac{100\text{MV}\cdot\text{A}}{1000\times10^{-3}\text{MV}\cdot\text{A}} = 4.5$$

绘短路等效电路如图 3-6 所示，图上标出各元件的序号和电抗标幺值，并标出短路计算点。

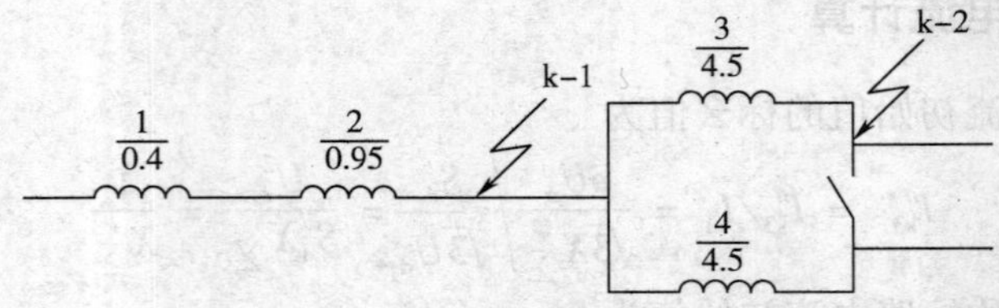

图 3-6 例 3-1 的短路等效电路图

3. 求 k-1 点的短路电路总阻抗标幺值及三相短路电流和短路容量

（1）总电抗标幺值

$$X^*_{\sum(k-1)} = X^*_1 + X^*_2 = 0.4 + 0.95 = 1.35$$

（2）三相对称短路电流初始值

$$I''_{k3} = I_{d1}/X^*_{\sum(k-1)} = 5.50\text{kA}/1.35 = 4.07\text{kA}$$

（3）其他三相短路电流

$$I_{k3} = I_{b3} = I''_{k3} = 4.07\text{kA}$$

$$i_{p3} = 2.55 \times 4.07\text{kA} = 10.39\text{kA}$$

$$I_{p3} = 1.51 \times 4.07\text{kA} = 6.15\text{kA}$$

（4）三相短路容量

$$S''_{k3} = S_d/X^*_{\sum(k-1)} = 100\text{MV}\cdot\text{A}/1.35 = 74.07\text{MV}\cdot\text{A}$$

4. 求 k-2 点的短路电路总电抗标幺值及三相短路电流和短路容量

两台变压器并联运行情况下：

（1）总电抗标幺值

$$X^*_{\sum(k-2)} = X^*_1 + X^*_2 + X^*_3 // X^*_4 = 0.4 + 0.95 + \frac{4.5}{2} = 3.60$$

（2）三相短路电流周期分量有效值

$$I''_{k3} = I_{d2}/X^*_{\sum(k-2)} = 144.34\text{kA}/3.60 = 40.08\text{kA}$$

（3）其他三相短路电流

在 10/0.4kV 变压器二次侧低压母线发生三相短路时，一般 $R_{\sum} < \frac{1}{3}X_{\sum}$，可取 $K_p = 1.6$，因此 $i_{p3} = 2.26I''_{k3}$，$I_{p3} = 1.31I''_{k3}$，则

$$I_{k3} = I_{b3} = I''_{k3} = 40.08\text{kA}$$

$$i_{p3} = 2.26 \times 40.08\text{kA} = 90.58\text{kA}$$

$$I_{p3} = 1.31 \times 40.08\text{kA} = 52.50\text{kA}$$

（4）三相短路容量

$$S''_{k3} = S_d/X^*_{\sum(k-2)} = 100\text{MV}\cdot\text{A}/3.60 = 27.78\text{MV}\cdot\text{A}$$

两台变压器分列运行情况下：

（1）总电抗标幺值

$$X^*_{\sum(k-2)} = X^*_1 + X^*_2 + X^*_3 = 0.4 + 0.95 + 4.5 = 5.85$$

（2）三相短路电流周期分量有效值

$$I''_{k3} = I_{d2}/X^*_{\sum(k-2)} = 144.34\text{kA}/5.85 = 24.67\text{kA}$$

（3）其他三相短路电流

$$I_{k3} = I_{b3} = I''_{k3} = 24.67\text{kA}$$

$$i_{p3} = 2.26 \times 24.67\text{kA} = 55.75\text{kA}$$

$$I_{p3} = 1.31 \times 24.67\text{kA} = 32.32\text{kA}$$

（4）三相短路容量

$$S''_{k3} = S_d/X^*_{\sum(k-2)} = 100\text{MV}\cdot\text{A}/5.85 = 17.09\text{MV}\cdot\text{A}$$

在供电工程设计说明书中，以上计算可列成短路计算表，见表 3-1。

表 3-1　例 3-1 的短路计算表

序号	电路元件	短路计算点		技术参数 $S_d=100\text{MV}\cdot\text{A}$	电抗标幺值/ X^*	三相短路电流/kA I''_{k3}	I_{b3}	I_{k3}	i_{p3}	I_{p3}	三相短路容量/ (S''_{k3} /MV · A)
1	电力系统			$S''_{k3}=250\text{MV}\cdot\text{A}$	0.4						250
2	电力线路			$x=0.35\Omega/\text{km}$ $l=3\text{km}$	0.95						
3	1+2	k-1		$U_n=10\text{kV}$ $I_{d1}=5.5\text{ kA}$	1.35	4.07	4.07	4.07	10.39	6.15	74.07
4	变压器			$S_{r.T}=1000\text{kV}\cdot\text{A}$ $U_k\%=4.5$	4.5						
5	3+4	k-2	并联	$U_n=0.38\text{kV}$	3.60	40.08	40.08	40.08	90.58	52.50	27.78
			分列	$I_{d2}=144.34\text{kA}$	5.85	24.67	24.67	24.67	55.75	32.32	17.09

从以上计算结果可以看出，两台变压器分列运行时的短路电流要比并联运行时小得多。在实际工程中，两台变压器通常也采用分列运行的方式来限制低压母线的短路电流。

四、两相短路电流的计算

在远离发电机端发生两相短路时，如图 3-7 所示，其两相短路电流可由下式求得：

$$I''_{k2}=\frac{cU_n}{2|Z_{\sum}|}$$

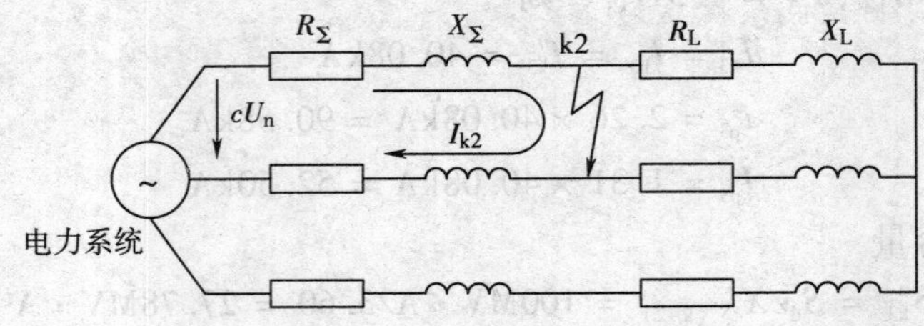

图 3-7　远离发电机端发生两相短路

如果只计电抗，则两相短路电流为

$$I''_{k2}=\frac{cU_n}{2X_{\sum}} \tag{3-19}$$

其他两相短路电流 I_{b2}、I_{k2}、i_{p2} 和 I_{p2} 等，都可按前面计算三相短路电流时的对应公式来计算。

关于两相短路电流与三相短路电流的关系，可由式（3-9）和式（3-19）求得，即

$$I''_{k2}=\frac{\sqrt{3}}{2}I''_{k3}=0.866I''_{k3} \tag{3-20}$$

式（3-20）说明，远离发电机处的两相短路电流为三相短路电流的 0.866。

五、短路点附近交流电动机的反馈对冲击电流的影响

当高压电网短路点附近直接接有高压电动机时，应计入电动机对三相对称短路电流的影响。对高压同步电动机，可按同步发电机处理，即按有限电源容量考虑，采用运算曲线法（读者可参阅参考文献［4］）计算其对三相短路电流交流分量的影响。

由于短路时电动机的端电压骤降，致使电动机因定子电动势反高于外施电压而向短路点反馈电流，如图 3-8 所示，从而使短路计算点的短路峰值电流增大。

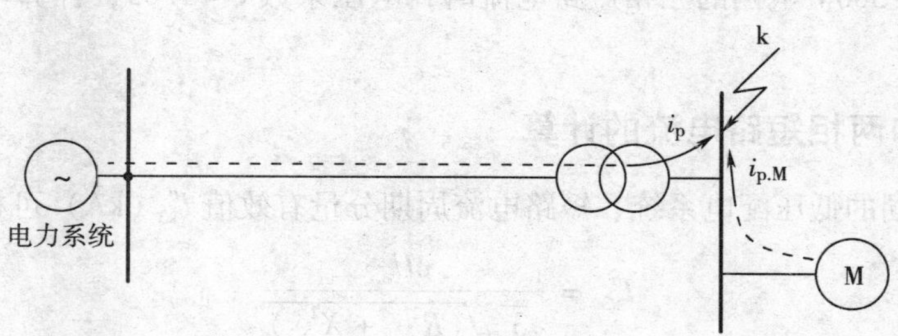

图 3-8　大容量电动机对短路点反馈冲击电流

异步电动机反馈的短路电流峰值 $i_{p.M}$（单位为 kA）按下式计算：

$$i_{p.M} = 1.1 \times \sqrt{2} K_{p.M} K_{st.M} I_{r.M} \times 10^{-3} \tag{3-21}$$

式中　$K_{p.M}$——异步电动机提供的短路电流峰值系数，对 3 ~ 10kV 电动机取 1.4 ~ 1.7，对 380V 电动机可取 1；

$K_{st.M}$——电动机起动电流倍数，如有多台电动机，则以等效起动电流倍数 $K'_{st.M}$ 代入，其值 $K'_{st.M} = \sum (K_{st.M} P_{r.M}) / \sum P_{r.M}$，$P_{r.M}$为电动机额定功率（kW）；

$I_{r.M}$——电动机额定电流（A），如有多台电动机，则以总电流之和代入。

当然，由于交流电动机在外电路短路后很快受到制动，因此它产生的反馈电流衰减很快，所以只有在考虑短路冲击电流的影响时，才计入电动机的反馈电流。计入异步电动机的影响后，短路点的三相短路电流峰值为 $i_{p.\sum} = i_p + i_{p.M}$。

第四节　低压电网短路电流的计算

一、低压电网短路计算的特点

高压电网短路电流计算条件也适用于低压电网短路电流的计算，但低压电网短路电流的计算还有如下特点：

1）直接将变压器高压侧系统看做是无限大容量电源系统或按远离发电机端短路进行计算。

2）计入短路回路各元件的有效电阻，但短路点的电弧电阻及导线连接点、开关设备和电器的接触电阻可忽略不计。

3）当电路电阻较大，短路电流直流分量（非周期分量）衰减较快，在变压器二次侧母

线短路时，峰值系数 K_p 较大，而在变电所以外低压电路中发生短路时，峰值系数 K_p 则接近于 1。

4）单位线路长度电阻的计算温度不同，在计算三相最大短路电流时，导体计算温度取 20℃；在计算单相短路（包括单相对地短路）电流时，假设的计算温度升高，电阻值增大，其值一般取 20℃时电阻的 1.5 倍。

5）计算过程采用有名单位制（欧姆制），电压用 V、电流用 kA、容量用 kV · A、阻抗用 mΩ。

6）计算 220/380V 电网的三相短路电流时，电压系数 $c=1.05$；计算单相短路电流时，电压系数 $c=1$。

二、三相和两相短路电流的计算

三相阻抗相同的低压配电系统、短路电流周期分量有效值 I''_{k3}（kA）可根据下式计算：

$$I''_{k3}=\frac{cU_n}{\sqrt{3}\sqrt{(R^2_{\sum}+X^2_{\sum})}} \tag{3-22}$$

式中 U_n——低压电网的标称电压（380V）；

$R_{\sum}, X_{\sum}$——短路电路的总电阻、总电抗（mΩ），包括变压器高压侧系统、变压器、低压母线及配电线路等元件的阻抗。

应计及的电阻、电抗（单位均为 mΩ）有：

1. 高压侧系统的阻抗

归算到低压侧的高压系统阻抗可按下式计算：

$$Z_S=\frac{(cU_n)^2}{S''_{k3}}$$

式中 S''_{k3}——变压器高压侧的短路容量，要注意的是此处短路容量单位应为 kV · A。

高压侧系统的电抗 $X_S=0.995Z_S$ (3-23)

高压侧系统的电阻 $R_S=0.1X_S$ (3-24)

2. 变压器的阻抗

变压器绕组的电阻为

$$R_T=\frac{\Delta P_k(cU_n)^2}{S^2_{r.T}} \tag{3-25}$$

式中 ΔP_k——变压器额定负荷下的短路损耗（kW），可查附录表 13、14。

变压器阻抗为

$$Z_T=\frac{U_k\%(cU_n)^2}{100S_{r.T}}$$

式中 $U_k\%$——变压器的阻抗电压百分值，可查附录表 13、14。

变压器电抗为

$$X_T=\sqrt{Z^2_T-R^2_T} \tag{3-26}$$

3. 低压母线、配电线路的阻抗

低压母线、配电线路的阻抗为

$$R_{\mathrm{W}} = rl$$
$$X_{\mathrm{W}} = xl$$

式中　l——低压母线、配电线路的长度（m）；

r、x——低压母线、配电线路的单位长度电阻、电抗值（mΩ/m），可分别查附录表12、附录表15～17。

同高压电网一样，低压电网两相短路电流与三相短路电流的关系也为 $I''_{\mathrm{k2}} = 0.866 I''_{\mathrm{k3}}$。当低压电网短路点附近所接交流电动机的额定电流之和超过短路电流的1%时，应计入低压电动机反馈电流的影响。计算公式见式（3-21）。

三、单相短路（包括单相对地短路）电流的计算

（一）低压 TN 系统单相对地短路电流的计算

低压 TN 系统中发生单相对地短路时（参看图 3-1a），根据对称分量法可求得其单相对地短路电流为

$$I''_{\mathrm{d}} = \frac{cU_{\mathrm{n}}/\sqrt{3}}{|Z_{1\sum} + Z_{2\sum} + Z_{0\sum}|/3} = \frac{cU_{\mathrm{n}}/\sqrt{3}}{\sqrt{(R^2_{\sum \mathrm{L-PE}} + X^2_{\sum \mathrm{L-PE}})}}$$
$$= \frac{220\mathrm{V}}{\sqrt{(R^2_{\sum \mathrm{L-PE}} + X^2_{\sum \mathrm{L-PE}})}} \tag{3-27}$$

式中　$Z_{1\sum}$、$Z_{2\sum}$、$Z_{0\sum}$——单相对地短路回路的正序、负序和零序阻抗；

$R_{\sum \mathrm{L-PE}}$、$X_{\sum \mathrm{L-PE}}$——故障回路所有元件的总相-保护导体电阻、电抗（mΩ），包括变压器高压侧系统、变压器、低压母线及配电线路等元件的相-保护导体电阻、电抗。

元件相-保护导体阻抗计算公式为

$$R_{\mathrm{L-PE}} = (R_1 + R_2 + R_0)/3$$
$$X_{\mathrm{L-PE}} = (X_1 + X_2 + X_0)/3 \tag{3-28}$$

式中　R_1、X_1、R_2、X_2、R_0、X_0——分别为元件的正序、负序和零序电阻、电抗。对静止元件，$R_1 = R_2 = R$、$X_1 = X_2 = X$，R、X 为各元件在计算三相对称短路时所采用的阻抗值。R_0、X_0 根据元件的零序等效电路确定。

1. 高压侧系统的相-保护导体阻抗

已知 $R_{1\mathrm{S}} = R_{2\mathrm{S}} = R_{\mathrm{S}}$，$X_{1\mathrm{S}} = X_{2\mathrm{S}} = X_{\mathrm{S}}$。对三相三线制高压系统，因零序电流不能在高压侧流通，故不计入高压侧系统的零序阻抗，取 $R_{0\mathrm{S}} = 0$，$X_{0\mathrm{S}} = 0$。所以，高压侧系统的相-保护导体电阻、电抗为 $R_{\mathrm{L-PE.S}} = \frac{2}{3}R_{\mathrm{S}}$，$X_{\mathrm{L-PE.S}} = \frac{2}{3}X_{\mathrm{S}}$。

2. 配电变压器的相-保护导体阻抗

已知 $R_{1\mathrm{T}} = R_{2\mathrm{T}} = R_{\mathrm{T}}$，$X_{1\mathrm{T}} = X_{2\mathrm{T}} = X_{\mathrm{T}}$。对 Dyn11 联结配电变压器，由于零序电流可在高压侧三角形联结的绕组中流通，因此 $R_{0\mathrm{T}} = R_{\mathrm{T}}$，$X_{0\mathrm{T}} = X_{\mathrm{T}}$。所以，Dyn11 联结配电变压器的相-保护导体电阻、电抗为 $R_{\mathrm{L-PE.T}} = R_{\mathrm{T}}$，$X_{\mathrm{L-PE.T}} = X_{\mathrm{T}}$。

对 Yyn0 联结配电变压器，其 R_0、X_0 比正序阻抗大得多，由制造厂家通过测试提供。Yyn0 联结配电变压器的相-保护导体电阻、电抗按式（3-28）计算。

3. 低压母线、配电线路的相-保护导体阻抗

已知 $R_{1W}=R_{2W}=R_W, X_{1W}=X_{2W}=X_W$。对三相四线制低压母线、配电线路，零序电阻、电抗为

$$
\begin{aligned}
R_{0W} &= R_{0L}+3R_{0PE}\\
X_{0W} &= X_{0L}+3X_{0PE}
\end{aligned}
\tag{3-29}
$$

式中 R_{0L}、X_{0L}——元件相导体的零序电阻、电抗；$R_{0L}=R_W$，但 $X_{0L}\neq X_W$；

R_{0PE}、X_{0PE}——元件保护导体的零序电阻、电抗。

所以，元件相-保护导体阻抗为

$$
\begin{aligned}
R_{L-PE.W} &= (R_{1W}+R_{2W}+R_{0L})/3+R_{0PE}=R_L+R_{PE}\\
X_{L-PE.W} &= (X_{1W}+X_{2W}+X_{0L})/3+X_{0PE}
\end{aligned}
\tag{3-30}
$$

式中 R_L、R_{PE}——元件相导体电阻、保护导体电阻。

在设计手册中，通常根据式（3-30）预先计算出元件单位长度的相-保护导体阻抗，编制成表格，以方便工程设计查用。因此，低压母线、配电线路的相-保护导体阻抗可按下式计算：

$$
\begin{aligned}
R_{L-PE.W} &= r_{L-PE}l\\
X_{L-PE.W} &= x_{L-PE}l
\end{aligned}
\tag{3-31}
$$

式中 r_{L-PE}、x_{L-PE}——低压母线、配电线路单位长度的相-保护导体阻抗，可查附录表 15、16、17。

（二）低压 TN、TT 系统单相短路电流的计算

TN 系统和 TT 系统的相导体对中性导体的单相短路电流 I''_{k1} 的计算，与上述单相接地故障电流计算相似，仅将元件的相-保护导体阻抗改为相-中性导体阻抗。

（三）单相短路（包括单相对地短路）**电流与三相短路电流的关系**

在远离发电机的用户变电所，低压侧发生单相短路（包括单相对地短路）时，$Z_{1\Sigma}\approx Z_{2\Sigma}$，因此由式（3-27）得单相短路（包括单相对地短路）电流

$$
I''_{k1}=\frac{\sqrt{3}cU_n}{|2Z_{1\Sigma}+Z_{0\Sigma}|}
$$

由于远离发电机短路时，$Z_{0\Sigma}>Z_{1\Sigma}$，因此

$$
I''_{k1}<\frac{cU_n}{\sqrt{3}Z_{1\Sigma}}=I''_{k3}
$$

由此和第三节可知，在无限大电源容量系统中和远离发电机处短路时，两相短路电流和单相短路（包括单相对地短路）电流均较三相短路电流小，因此用于选择电气设备和导体的短路稳定性校验的短路电流，应采用三相短路电流。两相短路电流主要用于相间短路保护的灵敏度检验。单相对地短路电流主要用于单相对地短路保护的整定及单相对地短路热稳定性的校验。

由式（3-28）可知，低压侧单相对地短路电流的大小与变压器单相对地短路时的相-保护导体阻抗密切相关。对 Dyn11 联结变压器，由于其相-保护导体阻抗值即为每相阻抗值；而对 Yyn0 联结变压器，其相-保护导体阻抗值很大。因此，Dyn11 联结变压器低压侧的单相对地短路电流要比同等容量的 Yyn0 联结变压器低压侧的单相对地短路电流

大得多。

例 3-2　某用户 10/0.38kV 变电所的变压器为 SCB10-1000/10 型，Dyn11 联结，已知变压器高压侧短路容量为 150MV·A，其低压配电网络短路计算电路图如图 3-9 所示。求短路点 k-1、k-2、k-3 处的三相短路电流和单相对地短路电流。

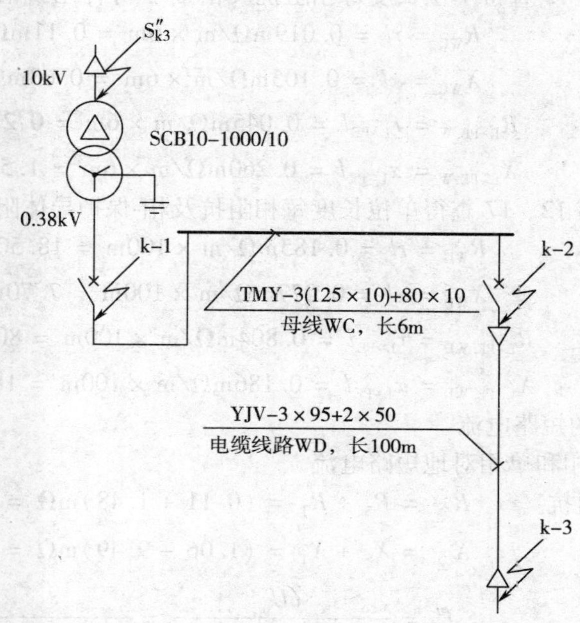

图 3-9　例 3-2 低压网络短路计算电路图

解：1. 计算有关电路元件的阻抗

（1）高压系统电抗（归算到 400V 侧）

每相阻抗
$$Z_S = \frac{(cU_n)^2}{S''_{k3}} = \frac{(400V)^2}{150 \times 10^3 kV \cdot A} = 1.07m\Omega$$

$$X_S = 0.995Z_S = 0.995 \times 1.07m\Omega = 1.06m\Omega$$

$$R_S = 0.1X_S = 0.11m\Omega$$

相-保护导体阻抗
$$X_{L-PE.S} = \frac{2}{3}X_S = 0.71m\Omega$$

$$R_{L-PE.S} = \frac{2}{3}R_S = 0.07m\Omega$$

（2）变压器的阻抗　由附录表 14 查得，SCB10-1000/10 干式变压器在 F 级绝缘耐热等级下的 ΔP_k = 9.25kW、$U_k\%$ = 6。则

每相阻抗
$$R_T = \frac{\Delta P_k (cU_n)^2}{S_{r.T}^2} = \frac{9.25kW \times (400V)^2}{(1000kV \cdot A)^2} = 1.48m\Omega$$

$$Z_T = \frac{U_k\% (cU_n)^2}{100S_{r.T}} = \frac{6 \times (400V)^2}{100 \times 1000kV \cdot A} = 9.60m\Omega$$

$$X_T = \sqrt{Z_T^2 - R_T^2} = \sqrt{9.6^2 - 1.48^2}\text{m}\Omega = 9.49\text{m}\Omega$$

相-保护导体阻抗（Dyn11 联结） $R_{L-PE.T} = R_T = 1.48\text{m}\Omega$

$$X_{L-PE.T} = X_T = 9.49\text{m}\Omega$$

（3）母线和电缆的阻抗

母线 WC 由附录表 15 查得单位长度每相阻抗及相-保护导体阻抗值：

每相阻抗 $R_{WC} = rl = 0.019\text{m}\Omega/\text{m} \times 6\text{m} = 0.11\text{m}\Omega$

$$X_{WC} = xl = 0.105\text{m}\Omega/\text{m} \times 6\text{m} = 0.63\text{m}\Omega$$

相-保护导体阻抗 $R_{L-PE.W} = r_{L-PE}l = 0.045\text{m}\Omega/\text{m} \times 6\text{m} = 0.27\text{m}\Omega$

$$X_{L-PE.W} = x_{L-PE}l = 0.260\text{m}\Omega/\text{m} \times 6\text{m} = 1.56\text{m}\Omega$$

电缆 WD 由附录表 12、17 查得单位长度每相阻抗及相-保护导体阻抗值：

每相阻抗 $R_{WD} = rl = 0.185\text{m}\Omega/\text{m} \times 100\text{m} = 18.50\text{m}\Omega$

$$X_{WD} = xl = 0.077\text{m}\Omega/\text{m} \times 100\text{m} = 7.70\text{m}\Omega$$

相-保护导体阻抗 $R_{L-PE.WD} = r_{L-PE}l = 0.804\text{m}\Omega/\text{m} \times 100\text{m} = 80.40\text{m}\Omega$

$$X_{L-PE.WD} = x_{L-PE}l = 0.186\text{m}\Omega/\text{m} \times 100\text{m} = 18.60\text{m}\Omega$$

2. 计算各短路点的短路电流

（1）k－1 点的三相和单相对地短路电流

三相短路回路总阻抗 $R_{\sum} = R_S + R_T = (0.11 + 1.48)\text{m}\Omega = 1.59\text{m}\Omega$

$$X_{\sum} = X_S + X_T = (1.06 + 9.49)\text{m}\Omega = 10.55\text{m}\Omega$$

三相短路电流 $I''_{k3} = \dfrac{cU_n}{\sqrt{3}\sqrt{(R_{\sum}^2 + X_{\sum}^2)}} = \dfrac{400\text{V}}{\sqrt{3}\sqrt{(1.59^2 + 10.55^2)}\text{m}\Omega}$

$$= 21.65\text{kA}$$

短路电流冲击系数 $K_p = 1 + e^{-\pi R_{\sum}/X_{\sum}} = 1 + e^{-3.14 \times 1.59/10.55} = 1.62$

三相短路冲击电流 $i_{p3} \approx K_p\sqrt{2}I''_{k3} = 1.62 \times \sqrt{2} \times 20.43\text{kA} = 49.71\text{kA}$

$$I_{p3} = I''_{k3}\sqrt{1 + 2(K_p - 1)^2} = 21.65\text{kA} \times \sqrt{1 + 2 \times (1.62 - 1)^2} = 28.79\text{kA}$$

单相对地短路回路总相-保护导体阻抗

$$R_{\sum L-PE} = R_{L-PE.S} + R_{L-PE.T} = (0.07 + 1.48)\text{m}\Omega = 1.55\text{m}\Omega$$

$$X_{\sum L-PE} = X_{L-PE.S} + X_{L-PE.T} = (0.71 + 9.49)\text{m}\Omega = 10.20\text{m}\Omega$$

单相对地短路电流 $I''_d = \dfrac{220\text{V}}{\sqrt{(R_{\sum L-PE}^2 + X_{\sum L-PE}^2)}} = \dfrac{220\text{V}}{\sqrt{1.55^2 + 10.20^2}\text{m}\Omega} = 22.40\text{kA}$

（2）k－2 点的三相和单相对地短路电流

三相短路回路总阻抗 $R_{\sum} = R_S + R_T + R_{WC} = (0.11 + 1.48 + 0.11)\text{m}\Omega$

$$= 1.70\text{m}\Omega$$

$$X_{\sum} = X_S + X_T + X_{WC} = (1.06 + 9.49 + 0.63)\text{m}\Omega$$

$$= 11.18\text{m}\Omega$$

三相短路电流 $I''_{k3} = \dfrac{cU_n}{\sqrt{3}\sqrt{(R_{\sum}^2 + X_{\sum}^2)}} = \dfrac{400\text{V}}{\sqrt{3}\sqrt{(1.70^2 + 11.18^2)}\text{m}\Omega}$

$$= 20.43\text{kA}$$

短路电流冲击系数 $K_p = 1 + e^{-\pi R_\sum / X_\sum} = 1 + e^{-3.14 \times 1.70 / 11.18}$

$$= 1.62$$

三相短路冲击电流 $i_{p3} \approx K_p \sqrt{2} I''_{k3} = 1.62 \times \sqrt{2} \times 20.43\text{kA}$

$$= 46.80\text{kA}$$

$$I_{p3} = I''_{k3} \sqrt{1 + 2(K_p - 1)^2} = 20.43\text{kA} \times \sqrt{1 + 2 \times (1.62 - 1)^2} = 27.17\text{kA}$$

单相对地短路回路总相-保护导体阻抗

$$R_{\sum \text{L-PE}} = R_{\text{L-PE.S}} + R_{\text{L-PE.T}} + R_{\text{L-PE.WC}} = (0.07 + 1.48 + 0.27)\text{m}\Omega = 1.82\text{m}\Omega$$

$$X_{\sum \text{L-PE}} = X_{\text{L-PE.S}} + X_{\text{L-PE.T}} + X_{\text{L-PE.WC}} = (0.71 + 9.49 + 1.56)\text{m}\Omega = 11.75\text{m}\Omega$$

单相对地短路电流 $I''_d = \dfrac{220\text{V}}{\sqrt{(R^2_{\sum \text{L-PE}} + X^2_{\sum \text{L-PE}})}} = \dfrac{220\text{V}}{\sqrt{1.82^2 + 11.75^2}\text{m}\Omega} = 19.42\text{kA}$

（3）k－3 点的三相和单相短路电流

三相短路回路总阻抗

$$R_\sum = R_S + R_T + R_{WC} + R_{WD} = (1.70 + 18.50)\text{m}\Omega = 20.20\text{m}\Omega$$

$$X_\sum = X_S + X_T + X_{WC} + X_{WD} = (11.18 + 7.70)\text{m}\Omega = 18.88\text{m}\Omega$$

三相短路电流 $I''_{k3} = \dfrac{cU_n}{\sqrt{3}\sqrt{(R^2_\sum + X^2_\sum)}} = \dfrac{400\text{V}}{\sqrt{3}\sqrt{(20.20^2 + 18.88^2)}\text{m}\Omega}$

$$= 8.35\text{kA}$$

短路电流冲击系数 $K_p = 1 + e^{-\pi R_\sum / X_\sum} = 1 + e^{-3.14 \times 20.20 / 18.88}$

$$= 1.03$$

三相短路冲击电流 $i_{p3} \approx K_p \sqrt{2} I''_{k3} = 1.03 \times \sqrt{2} \times 8.35\text{kA} = 12.16\text{kA}$

$$I_{p3} = I''_{k3} \sqrt{1 + 2(K_p - 1)^2} = 8.35\text{kA} \times \sqrt{1 + 2 \times (1.03 - 1)^2} = 8.36\text{kA}$$

单相对地短路回路总相-保护导体阻抗

$$R_{\sum \text{L-PE}} = R_{\text{L-PE.S}} + R_{\text{L-PE.T}} + R_{\text{L-PE.WC}} + R_{\text{L-PE.WD}} = (1.82 + 80.40)\text{m}\Omega = 82.22\text{m}\Omega$$

$$X_{\sum \text{L-PE}} = X_{\text{L-PE.S}} + X_{\text{L-PE.T}} + X_{\text{L-PE.WC}} + X_{\text{L-PE.WD}} = (11.75 + 18.60)\text{m}\Omega = 30.35\text{m}\Omega$$

单相对地短路电流 $I''_d = \dfrac{220\text{V}}{\sqrt{(R^2_{\sum \text{L-PE}} + X^2_{\sum \text{L-PE}})}} = \dfrac{220\text{V}}{\sqrt{82.22^2 + 30.35^2}\text{m}\Omega} = 2.51\text{kA}$

在供电工程设计计算书中，以上计算可列成短路计算表，见表 3-2。

表 3-2　例 3-2 的短路计算表

序号	电路元件	短路计算点	技术参数	相阻抗/mΩ		相-保护导体阻抗/mΩ		三相短路电流/kA				单相对地电流/(I''_d/kA)
			U_n＝380V	R	X	R_{L-PE}	X_{L-PE}	I''_{k3}	K_p	i_{p3}	I_{p3}	
1	系统 S		S_k＝150MV·A	0.11	1.06	0.07	0.71					

续表

序号	电路元件	短路计算点	技术参数	相阻抗/mΩ		相-保护导体阻抗/mΩ		三相短路电流/kA				单相对地电流/(I''_d/kA)
			$U_n = 380V$	R	X	R_{L-PE}	X_{L-PE}	I''_{k3}	K_p	i_{p3}	I_{p3}	
2	变压器 T		SCB10-1000/10, Dyn11, $S_{r.T} = 1000kV \cdot A$ $\Delta P_k = 9.25kW$, $U_k\% = 6$	1.48	9.49	1.48	9.49					
3	1+2	k-1		1.59	10.55	1.55	10.20	21.65	1.62	49.71	28.79	22.40
4	母线 WC		TMY-3 (125×10) +80×10, $l = 6m$ $r = 0.019\ m\Omega/m$, $x = 0.105m\Omega/m$ $r_{L-PE} = 0.045m\Omega/m$, $x_{L-PE} = 0.260m\Omega/m$	0.11	0.63	0.27	1.56					
5	3+4	k-2		1.70	11.18	1.82	11.75	20.43	1.62	46.80	27.17	19.42
6	干线 WD		YJV-3×95+2×50, $l = 100m$ $r = 0.185m\Omega/m$, $x = 0.077m\Omega/m$ $r_{L-PE} = 0.804m\Omega/m$, $x_{L-PE} = 0.186m\Omega/m$	18.50	7.70	80.40	18.60					
7	5+6	k-3		20.20	18.88	82.22	30.35	8.35	1.03	12.16	8.36	2.51

从以上计算结果可以看出，Dyn11 联结配电变压器低压母线处的单相对地短路电流约等于三相对称短路电流。而在配电干线末端，由于相-保护导体阻抗较大，单相对地短路电流要远小于三相对称短路电流。因此，在工程设计中，通常利用过电流保护电器来切除 Dyn11 联结配电变压器低压母线处的单相对地短路，而在配电干线末端尤其是配电分支线末端一般设置专门的保护电器。

第五节　短路电流的效应

强大的短路电流通过电器和导体，将产生很大的电动力，即电动力效应，可能使电器和导体受到破坏或产生永久性变形。短路电流产生的热量，会造成电器和导体温度迅速升高，即热效应，可能使电器和导体绝缘强度降低，加速绝缘老化甚至损坏。为了正确选择电器和导体，保证在短路情况下也不损坏，必须校验其动稳定和热稳定。

一、短路电流的电动力效应

对于两根平行导体，通过电流分别为 i_1 和 i_2，其相互间的作用力 F（单位为 N）可用下面公式来计算：

$$F = 2i_1 i_2 K_f \frac{l_c}{D} \times 10^{-7}$$

式中　i_1、i_2——两导体中电流瞬时值（A）；

l_c——平行导体长度（m）；

D——两平行导体中心间距（m）；

K_f——相邻矩形截面导体的形状系数，可查图3-10中曲线求得（对圆形导体取1）。

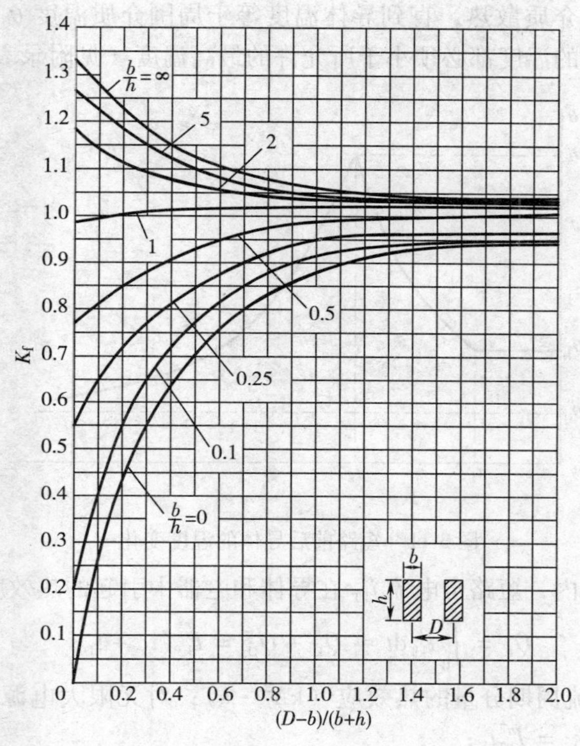

图3-10　矩形截面母线的形状系数曲线

在三相系统中，由于三相导体所处位置不同，导体中通过的短路电流可能是两相短路电流，也可能是三相短路电流，因此各相导体受到的电动力也不相同。可以证明，当三相导体在同一平面平行布置时，受力最大的是中间相。当发生三相短路故障时，短路电流冲击值通过导体中间相所产生的最大电动力为

$$F_{k3max} = \sqrt{3} K_f i_{p3}^2 \frac{l_c}{D} \times 10^{-7} \tag{3-32}$$

式中　F_{k3max}——中间相导体所受的最大电动力（N）；

i_{p3}——三相短路电流峰值（kA）。

按正常工作条件选择的电器和导体应能承受短路电流电动力效应的作用，不致产生永久变形或遭到机械损伤，即要求具有足够的动稳定性。

二、短路电流的热效应

在线路发生短路时，强大的短路电流将使导体和电器的温度迅速升高。但由于短路后线

路的保护装置会很快动作，切除短路故障，所以短路电流通过导体的时间不长，一般不超过2～3s。因此在短路过程中，可不考虑导体向周围介质的散热，即近似地认为导体在短路持续时间内是与周围介质绝热的，短路电流在导体中产生的热量，全部用来使导体的温度升高。

图3-11表示短路前后导体温度的变化情况。导体在短路前正常负荷的温度为θ_L。设在t_1时发生短路，导体温度按指数函数规律迅速升高，而在t_2时线路的保护装置动作，切除了短路故障，这时导体的温度已达到θ_k。短路被切除后，线路断电，导体不再产生热量，而只按指数规律向周围介质散热，直到导体温度等于周围介质温度θ_0为止。规范要求，导体在正常和短路情况下的温度都必须小于所允许的最高温度（见附录表31、32）。

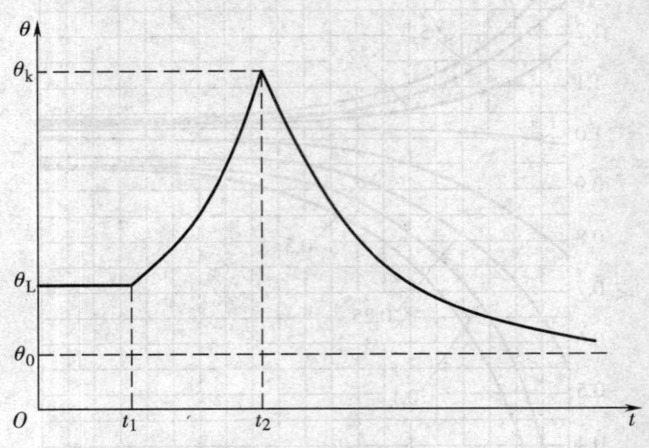

图3-11 短路前后导体的温度变化

在实际短路时间t_k内，短路全电流i_{kT}在导体和电器中引起的热效应Q_t为

$$Q_t = \int_0^{t_k} i_{kT}^2 dt \approx Q_k + Q_D = I_{k3}''^2 (t_k + t_D) \tag{3-33}$$

式中 Q_k——短路电流周期分量的热效应（$kA^2 \cdot s$）；对无限大电源容量系统或远离发电机端，$Q_k = I_{k3}''^2 t_k$；

t_k——短路时间（s）。$t_k = t_p + t_b$，t_p为继电保护动作时间，t_b为高压断路器的全分断时间（含固有分闸时间与灭弧时间），对于高速断路器，$t_b = 0.1s$；

Q_D——短路电流非周期分量的热效应（$kA^2 \cdot s$）；$Q_D = I_{k3}''^2 t_D$；

t_D——计算短路电流非周期分量热效应的等值时间。对用户变电所各级电压母线及出线，t_D取0.05s。

当$t_k > 1s$时，由于短路电流非周期分量衰减较快，可忽略其热效应，此时短路电流在导体和电器中引起的热效应Q_t为

$$Q_t = I_{k3}''^2 t_k \tag{3-34}$$

根据短路电流产生的热效应可以确定出已知电器和导体短路时所达到的最高温度θ_k，由于计算过程繁琐，此略。

按正常工作条件选择的电器和导体必须能承受短路电流热效应的作用，不致产生软化变形损坏，即要求具有一定的热稳定性。

思考题与习题

3-1 短路产生的原因和后果有哪些？

3-2　短路的类型有哪些？各有什么特点？

3-3　什么样的系统可认为是无限大容量电源供电系统？突然短路时，系统中的短路电流将如何变化？

3-4　短路电流非周期分量是如何产生的？其初始值与什么物理量有关？为什么低压系统的短路电流非周期分量较高压系统的短路电流非周期分量衰减快？

3-5　采用标幺制与有名单位制计算短路电流各有什么特点？

3-6　在远离发电机端的三相供电系统中，两相短路电流和单相短路电流各与三相短路电流有什么关系？

3-7　为什么 Dyn11 联结变压器低压侧的单相短路电流要比同等容量的 Yyn0 联结变压器低压侧的单相短路电流大得多？

3-8　什么是短路电流的电动力效应和热效应？如何校验一般电器的动热稳定性？

3-9　某用户供电系统如图 3-12 所示。已知电力系统出口处的短路容量在系统最大运行方式下为 S_k = 200MV · A，试求用户高压配电所 10kV 母线上 k－1 点短路时和配电变电所低压 380V 母线上 k－2 点短路时的三相短路电流和两相短路电流，并列出短路计算表。

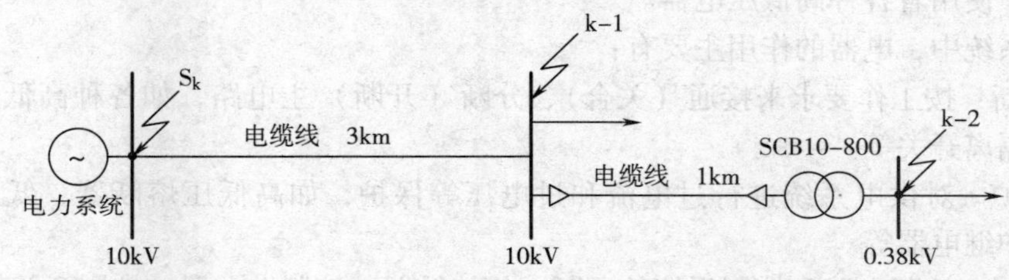

图 3-12　习题 3-9 图

3-10　某用户 10/0. 38kV 配电变电所的变压器为 S11-630/10 型，Dyn11 联结，已知变压器高压侧短路容量为 100MVA，其低压配电网络短路计算电路如图 3-13 所示。求短路点 k－1、k－2、k－3 处的三相和单相短路电流，并列出短路计算表。

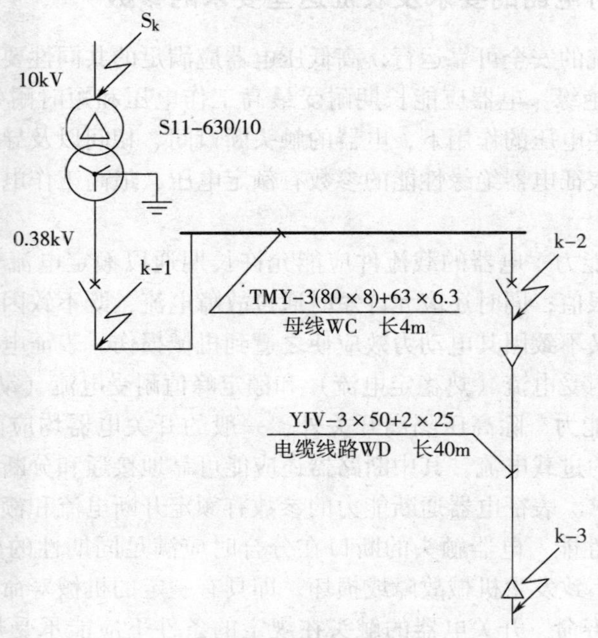

图 3-13　习题 3-10 图

第四章　电器、电线电缆及其选择

第一节　概　述

一、电器及其作用

电器（Apparatus）是器件或多个器件的组合，它能作为实现特定功能的独立单元使用。在供电系统中使用着各种高低压电器。

在供电系统中，电器的作用主要有：

（1）通断　按工作要求来接通（关合）、分断（开断）主电路，如各种高低压断路器、负荷开关、隔离开关等。

（2）保护　对供电系统进行过电流和过电压等保护，如高低压熔断器、低压断路器、避雷器、保护继电器等。

（3）控制　控制电路和控制系统的通断，如接触器、控制继电器、控制开关等。

（4）变换　按供电系统工作的要求来改变电压和电流，如电压互感器、电流互感器等。

（5）调节　调节供电系统的电压和功率因数等参数，如电压调节器、无功功率补偿装置等。

二、供电系统对电器的要求及表征这些要求的参数

为了保证供电系统的安全可靠运行，高低压电器应满足的共同性要求有：

（1）安全可靠的绝缘　电器应能长期耐受最高工作电压和短时耐受相应的大气过电压和操作过电压。在这些电压的作用下，电器的触头断口间、相间以及导电回路对地之间均不应发生闪络或击穿。表征电器绝缘性能的参数有额定电压、最高工作电压、工频试验电压和冲击试验电压等。

（2）必要的载流能力　电器的载流件应能允许长期通以额定电流、而其各部分的温升不超过标准规定的极限值；同时还应允许短时通过故障电流，既不致因其热效应使温度超过标准规定的极限值，又不致因其电动力效应使之遭到机械损伤。表征电器载流能力的参数有额定电流、额定短时耐受电流（热稳定电流）和额定峰值耐受电流（动稳定电流）等。

（3）较高的通断能力　除高压隔离开关外，一般的开关电器均应能可靠地接通和分断额定电流及一定倍数的过载电流。其中断路器还应能可靠地接通和分断短路电流，有的还要求能满足重合闸的要求。表征电器通断能力的参数有额定开断电流和额定关合电流等。

（4）良好的力学性能　电器触头的断口在分合时应满足同期性的要求，运动部件能经受规定的通断次数而不致发生机械故障或损坏，即具有一定的机械寿命。

（5）必要的电气寿命　开关电器的触头在规定的条件下应能承受规定次数的通断循环而不致损坏，即具有一定的电气寿命。

（6）完善的保护功能　凡保护电器以及具有保护功能的电器，必须能准确地检测出故障状况，及时地作出判断并可靠地且有选择性地切除故障。

三、电器的发展趋势

随着科学技术的进步，新技术、新材料、新工艺不断出现，高低压电器不断更新换代，目前正向着下列方向发展：

（1）高性能、高可靠、小型化　新型高低压电器的高性能除了提高其主要技术性能外，重点追求综合技术经济指标，如高压断路器利用电弧自身能量熄灭电弧，低压断路器的短路分断能力不断提高、飞弧距离越来越短。小型化的目的是为了减少空间和易于组合化，这对发展新一代紧凑高低压成套设备十分重要。

（2）模块化和组合化　电器组合化是实现电器产品多功能化的重要途径。电器组合化有两种方式，一种是功能组合，它是由电器基本功能单元与其他各种辅助功能单元组合而成的，如低压断路器与其剩余电流保护附件组合就成为剩余电流断路器等；另一种是组合功能，它把两种以上电器有机地组合在一起，如负荷开关熔断器组合电器等。低压电器则采用模块化结构来实现组合化，以满足不同用户的需要。

（3）电子化和智能化　随着计算机技术、数据处理技术、控制理论、传感器技术、通信技术（网络技术）、电力电子技术的迅速发展及其在电器领域的广泛应用，人们提出了电器智能化的概念。目前提出的高压智能断路器大致有以下几个特点：断路器自身状态的监测和故障诊断；对电网故障的诊断和信息远传技术等。低压电器则向电子化、机电一体化发展，部分电器（断路器、电动机控制、保护电器等）已具有智能化功能，并可与计算机网络通信。

第二节　开关电器的灭弧原理

一、电弧的产生和熄灭机理

开关电器（Switching Device）是用于接通或分断一个或多个电路电流的电器。机械式开关电器在利用其触头的位移来开断电路的瞬间，其动静触头间会出现弧光放电——电弧。开断回路的电压越高、开断电流越大，电弧燃烧越强烈。

电弧对供电系统的安全运行有很大的影响。首先，电弧延长了电路开断的时间。如果电弧是短路电流产生的，电弧的存在就意味着短路电流还存在，从而使短路电流危害的时间延长。其次，电弧的高温可能烧损开关触头，烧毁电器、电线电缆，甚至引起火灾和爆炸事故。另外，由于电弧在电动力、热力作用下能够移动，很容易造成飞弧短路和伤人，或引起事故的扩大。因此，开关电器在结构设计上，要保证其操作时电弧能迅速地熄灭。

（一）电弧的产生

电弧（Electric Arc）是一种自持气体导电（Gas Conduction）（电离气体中的电传导），其大多数载流子为一次电子发射所产生的电子。

触头金属表面因下列几种形式的一次电子发射（电子从材料表面向周围空间释放）导致电子逸出：

（1）热离子发射　由于热激发引起的电子发射。开关触头分断电流时，阴极表面由于大电流逐渐收缩集中而形成炽热的光斑，温度很高，因而使触头表面的电子吸收足够的热能，抵消了周围正离子的正电荷的向内吸引力，而发射到触头间隙中去，形成自由电子。

（2）场致发射　由于电场作用引起的电子发射。开关触头分断之初，触头间的电场强度很大。在这个高电场的作用下，触头表面的电子可能被强拉出去而进入触头间隙，成为自由电子。

（3）光电发射　由光子入射引起的电子发射。

触头间隙中气体原子或分子会因下列形式的电离（通过对原子或分子添加或移去电子，或通过分子离解而生成离子的过程）而产生电子和离子。

（1）碰撞电离　通过碰撞引起的电离。当触头间存在足够大的电场强度时，自由电子高速向阳极运动，在运动中碰撞到中性原子或分子，就可能使中性原子或分子中的电子吸收足够的动能而电离出来，从而使中性原子或分子分裂为带电的正离子和自由电子。这些电离出来的自由电子在电场力的作用下继续参加碰撞电离，结果使触头间隙中的离子数越来越多，形成所谓“雪崩”现象。当离子浓度足够大时，介质击穿而发生电弧。碰撞电离是气体最重要的电离过程。

（2）热电离　由于热激发引起的电离。电弧表面温度达3000～4000℃，弧心温度可高达10000℃。在这样的高温下，触头间隙的中性原子或分子由于吸收热能而可能电离为正离子和自由电子，从而进一步加强了电弧中的电离。

（3）光电离　由光子入射引起的电离。引起气体光电离的光子主要来源于弧光放电本身。

另外，电子或离子轰击发射表面又会引起二次电子发射。当触头间隙中离子浓度足够大时，间隙被电击穿（Electric Breakdown）而发生电弧。

（二）电弧的熄灭

气体在发生电离过程的同时，也会伴随着带电粒子从电离区域消失，或者削弱产生电离作用的去电离过程。要使电弧熄灭，必须使其中离子消失的速率大于离子产生的速率。带电粒子除受电场力作用流入电极外，还会因下列两种方式在放电空间中消失：

（1）扩散　由浓度梯度产生的粒子迁移。由于热运动，气体中带电粒子总是从放电通道中的高浓度区向周围的空间扩散，从而使放电通道中的带电粒子数目减少。扩散的原因，一是由于温度差，二是由于离子浓度差，也可以是由于外力的作用。扩散与电弧的截面积有关，当电弧被拉长时，离子的扩散也会加强。

（2）复合　一负电荷和一正电荷载流子在其电荷中和时，它们间的相互作用称为复合。由于电子的运动速度很快，约为正离子的1000倍，所以电子直接与正离子复合的几率很小。一般情况下，先是电子碰撞中性分子时，被中性分子捕获变成负离子，然后再与正离子复合。电弧中的电场强度越弱，电弧温度越低，电弧截面积越小，则带电粒子的复合越强。此外，复合还与电弧接触的介质有关。如电弧接触固体介质表面，则由于较活泼的电子先使表面带一负电位，这负电位的表面就吸引正离子而造成强烈的复合。当然，带电粒子的复合过程会产生光辐射，在一定条件下又会引起间隙光电离或金属表面光电发射。

二、交流电弧的特性与熄灭

由于交流电流每半个周期要经过零值一次，而电流过零时，电弧将暂时熄灭，所以交流电弧每一个周期要暂时熄灭两次。电弧熄灭的瞬间，弧隙温度骤降，热电离中止，去电离（主要为复合）大大增强。这时弧隙虽然仍处于电离状态，但阴极附近空间差不多立刻获得很高的绝缘强度。随后弧隙的电场强度又可能使之击穿，电弧重燃。但由于触头的迅速断开，电场强度的迅速降低，一般交流电弧经过若干周期的熄灭、重燃的反复，最终完全熄灭。因此交流电弧的熄灭，可利用交流过零时电弧要暂时熄灭这一特点，来加速电弧的熄灭。低压电器的交流电弧显然是比较容易熄灭的。具有较完善灭弧结构的高压断路器，交流电弧的熄灭一般只需几个周期；而真空断路器的灭弧只需半个周期，即电流第一次过零时就能使电弧熄灭。

三、现代开关电器中的灭弧方法

（1）迅速拉长、冷却电弧　迅速拉长电弧可使弧隙的电场强度骤降，降低电弧的温度可使电弧中的热游离减弱，导致带电粒子的复合迅速增强，从而加速电弧的熄灭。这是开关电器中普遍采用的灭弧方法。

（2）利用外力吹弧　利用气流、油流或电磁力来吹动电弧，使电弧加速冷却，同时拉长电弧，降低电弧中的电场强度，使带电粒子的复合和扩散增强，从而加速电弧的熄灭。

（3）将长弧分短　电弧的电压降主要落在阴极和阳极上（阴极电压降又比阳极电压降大得多）。如果利用多断口或钢栅片将长弧分隔成若干短弧，则电弧上的电压降将近似地增大若干倍。当外施电压小于电弧上的电压降时，电弧就不能维持而迅速熄灭。这种钢灭弧栅同时还具有电动力吹弧和铁磁吹弧的作用，钢片对电弧还有冷却作用。低压断路器就是采用钢栅片灭弧。

（4）利用狭缝灭弧　使电弧在固体介质所形成的狭缝中燃烧。由于电弧的冷却条件改善，从而使电弧的去电离增强；同时介质表面带电粒子的复合比较强烈，也使电弧加速熄灭。有些熔断器在熔管中充填石英砂，就是利用狭缝灭弧原理。

（5）采用真空灭弧或六氟化硫（SF_6）气体灭弧　灭弧原理在本章第三节介绍。

在现代的开关电器中，常常根据具体情况综合运用上述某几种灭弧方法来达到迅速灭弧的目的。

第三节　高 压 电 器

高压电器（High-voltage Apparatus）一般是指用于标称电压在1kV以上的电路中起关合、开断、保护、控制、变换和调节作用的电器。

一、高压断路器

（一）高压断路器的功能及类型

断路器（Circuit-breaker）是一种能关合、承载和开断正常回路电流，并能关合、在规定的时间内承载和开断规定的过载电流（包括短路电流）的开关设备。高压断路器除用来对高压电路进行正常关合、开断外，还可在与继电保护装置作用下自动跳闸，保护电路。

高压断路器按其采用的灭弧介质分，有油断路器、六氟化硫（SF_6）断路器、真空断路器、压缩空气断路器以及磁吹断路器等类型。目前110kV及以下供电系统中主要采用真空断路器和六氟化硫断路器。

（二）真空断路器

真空断路器（Vacuum Circuit-breaker）是利用“真空”（气压为 $10^{-2} \sim 10^{-6}$Pa）灭弧的一种断路器，其触头装在真空灭弧室内。由于真空中不存在气体电离的问题，所以这种断路器的触头断开时很难发生电弧。但是在感性电路中，灭弧速度过快，瞬间切断电流 i 将使 di/dt 极大，从而使电路出现截流过电压（$u_L = Ldi/dt$），这对供电系统是不利的。因此，这种“真空”不能是绝对的真空，实际上能在触头断开时因高电场发射和热电发射产生一点电弧，称为“真空电弧”，它能在电流第一次过零时，就因介质强度恢复的速度及峰值大于电弧恢复电压，从而熄灭。这样，既能使燃弧时间很短（至多半个周期），又不致产生很高的过电压。

目前，户内真空断路器多采用弹簧操动机构和真空灭弧室部件前后布置，组成统一整体的结构形式，以达到小型化、高性能、高可靠的要求。这种整体型布局，可使操动机构的操作性能与真空灭弧室开合所需的性能更为吻合，并可减少不必要的中间传动环节，降低了能耗和噪声。配用中间封接式陶瓷真空灭弧室，采用铜铬触头材料及杯状纵磁场触头结构。触头具有电磨损速率小、电寿命长、耐压水平高、介质绝缘强度稳定且弧后恢复迅速、截流水平低、开断能力强等优点。图 4-1 所示是国产 CV1 系列户内真空断路器的总体结构。

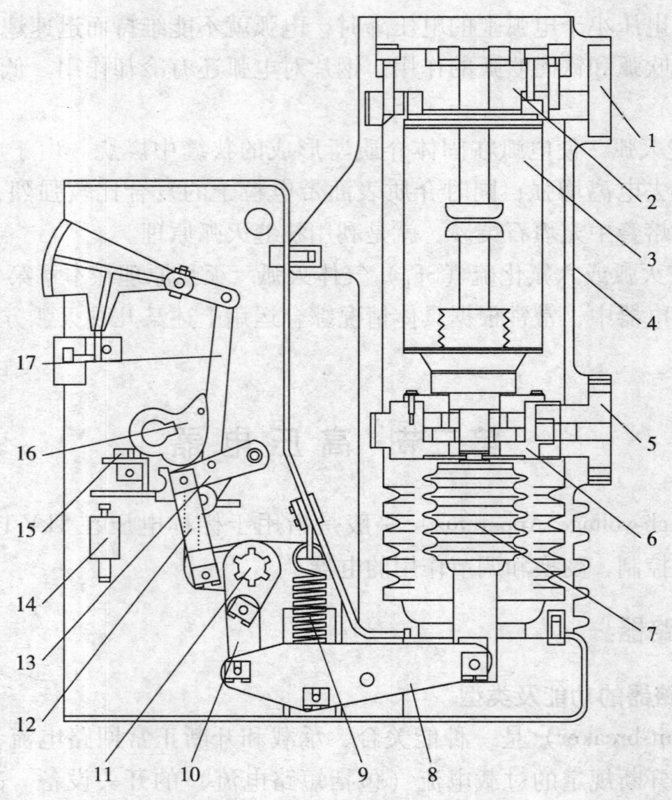

图 4-1　CV1 系列户内真空断路器的总体结构

1—上出线座　2—上支架　3—真空灭弧室　4—绝缘筒　5—下出线座　6—下支架
7—绝缘拉杆　8—传动拐臂　9—分闸弹簧　10—传动连板　11—主轴传动拐臂
12—分闸保持掣子　13—连板　14—分闸脱扣器　15—手动分闸顶杆　16—凸轮　17—分合指示牌连杆

CV1 系列户内高压真空断路器的主要技术参数见附录表 18。

（三）六氟化硫断路器

六氟化硫断路器（SF_6Circuit-breaker）是用 SF_6气体作为灭弧和绝缘介质的断路器，其触头在 SF_6气体灭弧室内关合、开断。SF_6气体是无色、无臭、不燃烧的惰性气体，它的密度是空气的 5.1 倍。SF_6分子有个特殊的性能，它能在电弧间隙的电离气体中吸附自由电子，在分子直径很大的 SF_6气体中，电子的自由行程是不大的，在同样的电场强度下产生碰撞电离机会减少了，因此，SF_6气体有优异的绝缘及灭弧性能，其绝缘强度约为空气的 3 倍，其绝缘强度恢复的速度约比空气快 100 倍。因此，采用 SF_6作电器的绝缘介质或灭弧介质，既可以大大缩小电器的外形尺寸，减少占地面积，又可利用简单的灭弧结构达到很大的开断能力。此外，电弧在 SF_6中燃烧时电弧电压特别低，燃弧时间也短，因而 SF_6断路器每次开断后触头烧损很轻微，不仅适用于频繁操作，同时也延长了检修周期。由于这些优点，SF_6断路器发展很快。

SF_6的电气性能受电场均匀程度及水分等杂质的影响特别大，故对六氟化硫断路器的密封结构、元件结构及 SF_6气体本身质量的要求相当严格。

六氟化硫断路器的灭弧原理大致可分为三种类型：压气式、自能吹弧式和混合式。压气式开断电流大，但操作功也大；自能吹弧式开断电流较小，但操作功也小；混合式是两种或三种原理的组合，主要是为了增强灭弧效能，增大开断电流，同时又能减小操作功。

（四）高压断路器的操动机构

操动机构（Operating Device）是操作开关设备使之合、分的装置。操动机构一般由合闸机构、分闸机构和保持合闸机构三部分组成。操动机构的辅助开关还可以指示开关设备工作状态及实现联锁作用。

1. 弹簧操动机构

弹簧操动机构是一种以弹簧作为储能元件的机械式操动机构。弹簧储能借助电动机通过减速装置来完成，并经过锁扣系统保持在储能状态。开断时，锁扣借助磁力脱扣，弹簧释放能量，经过机械传递单元驱使触头运动。作为储能元件的弹簧有压缩弹簧、盘簧、卷簧和扭簧等。

弹簧操动机构的操作电源可为交流也可为直流，对电源容量要求低，因而在中压供电系统中应用广泛。

2. 电磁操动机构

电磁操动机构是靠合闸线圈所产生的电磁力进行合闸的机构，是直接作用式的机构，其结构简单，运行比较可靠，但合闸线圈需要很大的电流，一般要几十安至几百安，消耗功率比较大。

电磁操动机构能手动或远距离电动分闸和合闸，便于实现自动化，但需大容量直流操作电源。

3. 永磁机构

永磁机构是一种用于中压真空断路器的永磁保持、电子控制的电磁操动机构。它通过将电磁铁与永久磁铁特殊结合，来实现传统断路器操动机构的全部功能：由永久磁铁代替传统的脱锁扣机构来实现极限位置的保持功能，由分合闸线圈来提供操作时所需要的能量。可以看出，由于工作原理的改变，整个机构的零部件总数大幅减少，使机构的整体可靠性有可能得到大幅提高。

永磁机构需直流操作电源，但由于其所需操作功很小，因而对电源容量要求不高。

二、其他高压电器

（一）高压熔断器

1. 熔断器的功能及熔体熔断过程

熔断器（Fuse）是一种当电流超过规定值一定时间后，以它本身产生的热量使熔体熔化而开断电路的电器。交流高压熔断器主要用来对交流高压线路和高压电气设备进行短路保护，有的也具有过负荷保护的功能。

熔断器开断故障时的整个过程大致可分为三个阶段：

（1）从熔体中出现短路（或过载）电流起到熔体熔断　此阶段时间称为熔体的熔化时间 t_1，它与熔体材料、截面积、流经熔体的电流以及熔体的散热情况有关，长到几小时，短到几个毫秒甚至更短。

（2）从熔体熔断到产生电弧　这段时间 t_2 很短，一般在毫秒以下。熔体熔断后，熔体先由固体金属材料熔化为液态金属，接着又汽化为金属蒸气。由于金属蒸气的温度不是太高，电导率远比固体金属材料的电导率低，因此，熔体汽化后的电阻突然增大，电路中的电流被迫突然减小。由于电路中总有电感存在，电流突然减小将在电感及熔体两端产生很高的过电压，导致熔体熔断处的间隙击穿，出现电弧。出现电弧后，由于电弧温度高，热电离强烈，维持电弧所需的电弧电压并不太高。t_1+t_2 称为熔断器的弧前时间。

（3）从电弧产生到电弧熄灭　此阶段时间称为燃弧时间 t_3，它与熔断器灭弧装置的原理和结构以及开断电流的大小有关。一般为几十毫秒，短的可到几毫秒。$t_1+t_2+t_3$ 称为熔断器的熔断时间。

2. 熔断器的保护特性

熔断器的保护特性（时间-电流特性）是在规定的动作条件下，时间（例如弧前时间或动作时间）与预期电流的函数曲线，如图 4-2 所示。每一种额定电流的熔体有一条自己的时间-电流特性。根据时间-电流特性进行熔体电流的选择，可以获得熔断器作过电流保护的选择性。

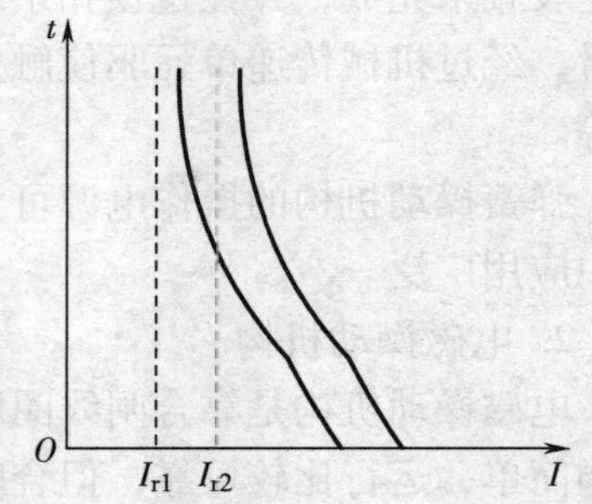

图 4-2　熔体的时间-电流特性

t—弧前时间　I—预期短路电流有效值

需要说明的是，熔断器的熔断时间为弧前时间与燃弧时间之和。在小倍数过载时，燃弧时间往往可以忽略不计，故熔断器的弧前时间-电流特性也就是保护特性。但当分断电流很大时，燃弧时间已不容忽略，同时电流在 20ms 或更短的时间内即分断，以正弦波的有效值来分析电流的热效应已不妥当。因此要通过积分形式 $\int_0^t i^2\mathrm{d}t$ 来表示，即 I^2t 特性。通常，熔断器在熔断时间小于 0.1s 时以 I^2t 特性表征其保护特性，在熔断时间大于 0.1s 后则以弧前时间-电流特性表征。

3. 高压限流熔断器

限流熔断器（Current-limiting Fuse）是指在规定电流范围内动作时，以它本身所具备的功能将电流限制到低于预期电流峰值的一种熔断器。高压限流熔断器的截断电流特性如图 4-3 所示，它能将预期短路电流限制在较小的数值范围内，使被保护设备免受大的电动力及热效应（I^2t）的影响。

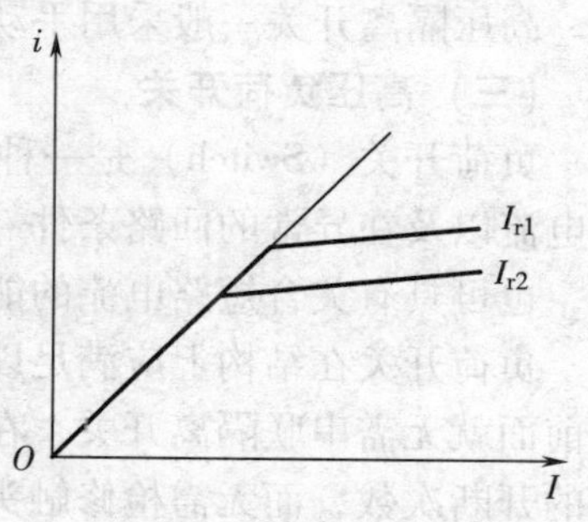

图 4-3　高压限流熔断器的截断电流特性

i—截断电流峰值

I—预期短路电流有效值

高压限流熔断器的结构图如图 4-4 所示。限流熔断器依靠填充在熔体周围的石英砂对电弧的吸热和电离气体向石英砂间隙扩散的作用进行熄弧。熔体通常用纯铜或纯银制作。额定电流较小时用丝状熔体，较大时用带状熔体，缠绕在瓷心柱上。在整个带状熔体长度中有规律地制成狭颈，狭颈处点焊低熔点合金形成冶金效应点，使电弧在各狭颈处首先产生。丝状熔体也可用冶金效应。熔体上会同时多处起弧，形成串联电弧，熄弧后的多断口，足以承受瞬态恢复电压和工频恢复电压。限流熔断器一端装有撞击器或指示器。在熔断器—负荷开关结构中，熔断器的撞击器对负荷开关直接进行分闸脱扣。触发撞击器可用炸药、弹簧或鼓膜。

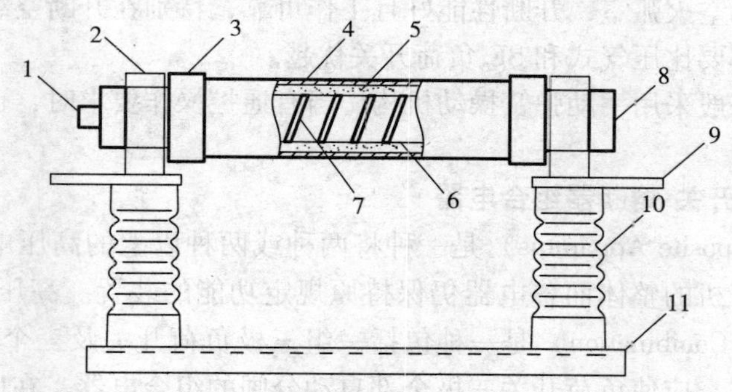

图 4-4　高压限流熔断器的结构图

1—撞击器　2—底座触头　3—金属管帽　4—瓷质熔管　5—石英砂
6—瓷心柱　7—熔体　8—熔体触头　9—接线端子　10—绝缘子　11—熔断器底座

附录表 19 列出了 XRNT3、XRNP3、XRNC3 型高压限流熔断器的主要技术参数。XRNT3-12 型为变压器保护用高压限流熔断器，适用于户内交流 50Hz、额定电压 10kV 的系统，可与负荷开关配合使用，作为变压器或电力线路的过载和短路保护。XRNP3-12 型为电压互感器保护用高压限流熔断器。XRNC3-12 型为电容器保护用高压限流熔断器。

（二）高压隔离开关

隔离开关（Switch-disconnector）是一种在分位置时触头间有符合规定要求的绝缘距离和明显的断开标志，在合位置时能承载正常回路条件下的电流及在规定时间内异常条件（例如短路）下的电流的开关设备。

高压隔离开关主要用来隔离高压电源以保证其他设备的安全检修。它没有专门的灭弧装置，因此不允许带负荷操作。但它可以用来通断一定的小电流，如励磁电流不超过 2A 的空载变压器、电容电流不超过5A的空载线路以及电压互感器和避雷器的电路等。

高压隔离开关一般采用手动操动机构，当有遥控操作要求时，也可配置电动操动机构。

(三) 高压负荷开关

负荷开关（Switch）是一种能够在正常的回路条件或规定的过载条件下关合、承载和开断电流以及在异常的回路条件（如短路）下在规定的时间内承载电流的开关设备。按照需要，也可具有关合短路电流的能力。

负荷开关在结构上应满足以下要求：在分闸位置时要有明显可见的间隙，这样，负荷开关前面就无需串联隔离开关，在检修电气设备时，只要开断负荷开关即可；要能经受尽可能多的开断次数，而无需检修触头和调换灭弧室装置的组成元件；负荷开关虽不要求开断短路电流，但要求能关合短路电流，并有承受短路电流的动稳定性和热稳定性的要求（对组合式负荷开关则无此要求）。

高压负荷开关的结构按不同灭弧介质可分为压缩空气、有机材料产气、SF_6气体和真空负荷开关四种。压气式负荷开关是用空气作为灭弧介质的，它是一种将空气经压缩后直接喷向电弧断口而熄灭电弧的开关。产气式负荷开关是利用触头分离，产生电弧，在电弧的作用下，使绝缘产气材料产生大量的灭弧气体喷向电弧，使电弧熄灭。在SF_6负荷开关中，一般用压气式熄弧，这是因为SF_6负荷开关仅开断负荷电流而不开断短路电流，用压气原理只要稍有气吹就能熄弧。此时，若用旋弧式或热膨胀式，则因电流小而难以开断。真空负荷开关的开关触头被封入真空灭弧室，开断性能好且工作可靠，特别在开断空载变压器、开断空载电缆和架空线方面都要比压气式和SF_6负荷开关优越。

高压负荷开关一般采用手动弹簧操动机构，当有遥控操作要求时，也可配置电动弹簧操动结构。

(四) 高压负荷开关-熔断器组合电器

组合电器（Composite Apparatus）是一种将两种或两种以上的高压电器，按电力系统主接线要求组成一个有机的整体而各电器仍保持原规定功能的装置。高压负荷开关-熔断器组合电器（Switch-fuse Combination）是一种包括一组三极负荷开关及三个带撞击器的熔断器，任何一个撞击器动作，应使负荷开关三极全部自动分闸的组合电器。在此组合电器中，熔断器与负荷开关协调配合，各司其职：当电路电流小于转移电流时，首相电流由熔断器开断，而后两相电流就由负荷开关开断；大于该值时，三相电流仅由熔断器开断。当电路电流小于交接电流时，熔断器把开断电流的任务交给带脱扣器触发的负荷开关承担。

高压负荷开关-熔断器组合电器主要用在环网供电单元、箱式变电站中，其原因有两个：一是结构简单，造价低；二是保护特性好。用它保护变压器比用断路器更为有效。短路试验表明，当变压器内部发生故障时，为使油箱不爆炸，必须在20ms内切除短路故障。限流熔断器可在10ms内切除故障，而断路器的全开断时间由三部分组成：继电保护动作时间、断路器固有动作时间、燃弧时间，一般需要三周波（60ms）。

附录表20列出了FL(R)N36B-12D型户内高压SF_6负荷开关、负荷开关-熔断器组合电器的主要技术参数。

三、气体绝缘金属封闭开关设备

气体绝缘金属封闭开关设备（Gas Insulated Metal-enclosed Switchgear，GIS）是一种至少

有一部分采用高于大气压的气体（如 SF_6气体）作为绝缘介质的金属封闭开关设备。它通常将断路器、隔离开关、接地开关、电流和电压互感器、避雷器和连接母线等封闭在充以 SF_6 气体的金属壳体内，构成封闭式组合电器。由于它既封闭又组合，故占地面积小，占用空间少，不受外界环境条件的影响，不产生噪声和无线电干扰，运行安全可靠且维护工作量少。

目前 GIS 多为三相封闭式（三相共筒式）结构。所谓三相共筒式，就是将主回路元件的三相装在公共的外壳内，通过环氧树脂浇注绝缘子支撑和隔离。GIS 每一功能单元又由若干隔室组成，如断路器隔室、母线隔室等。

与传统的敞开式高压配电装置相比，GIS 的占地面积仅为敞开式的 10% 以下甚至小许多，而占有的空间体积则更小。因此，GIS 特别适用于位于深山峡谷的水电站的升压变电站，以及城区高压电网的变电站。在上述情况下，虽然 GIS 的设备费较敞开式高，但如计及土建和土地的费用，则 GIS 有更好的综合经济指标。

GIS 从问世以来，一直向高电压、大容量、小型化方向发展，今后的发展方向则是结构复合化和二次现代化。目前，GIS 主要用于 66kV 及以上系统中。

四、高压开关柜

（一）高压开关柜的概念及分类

高压开关柜（High-voltage Switchgear）是高压开关与控制、测量、保护、调节装置以及辅件、外壳和支持件等部件及其电气和机械的连接组成的总称。金属封闭开关柜（Metal-enclosed Switchgear）则是除进出线外，其余完全被接地金属外壳封闭的开关柜。

高压开关柜按结构型式分有：①铠装式，即主要组成部件（例如每一台断路器、互感器、母线等）分别装在接地的用金属隔板隔开的隔室中；②间隔式，即与铠装式一样，其某些元件也分装于单独的隔室内，但具有一个或多个符合一定防护等级的非金属隔板；③箱式，即具有金属外壳，但间隔的数目少于铠装式和间隔式，隔板防护等级低或无隔板；④充气式（SF_6气体），即开关柜的隔室具有可控的、或封闭的、或密封的压力系统来保持气体压力。由于隔室的相间和相对绝缘采用了 SF_6气体，因而体积大大缩小。

高压开关柜按高压开关电器安装方式分有：①移开式，即高压开关（如断路器）采用手车结构，手车落地推入柜内或装于开关柜中部（中置式）；②固定式，即高压开关固定安装于柜内。

为防止误操作，保证人员与设备安全，高压开关柜还设置了可靠的机械联锁装置，并可根据需要装设电气联锁，从而具备五防功能：①防止误拉、合断路器；②防止带负荷拉、合隔离开关；③防止带接地开关（或接地线）送电；④防止带电合接地开关（或接地线）；⑤防止人员误入带电间隔。

（二）铠装式高压开关柜

目前铠装式高压开关柜的常见形式是采用中置式结构，简称中置柜。它不同于落地式手车，将断路器手车置于中部。其优点是：①手车的装卸在装载车上进行，手车的推拉在轨道上进行，这样避免了地面质量对手车推进和拉出的影响；②手车的推拉是在门封闭的情况下进行的，给操作人员以安全感；③断路器中置后，下面留下宽大的空间，使安装电缆更加方便，还可安置电压互感器和避雷器，以充分利用空间。

图 4-5 所示是国产 KYN28A-12 型中置式高压开关柜的结构图，该型开关柜的主开关可

选用性能优良的抽出式真空断路器。

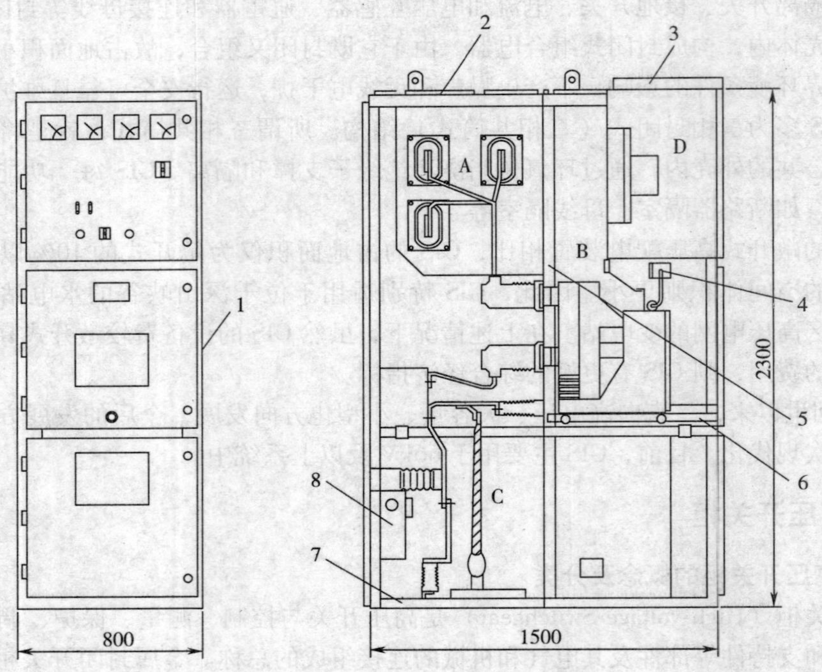

图 4-5 KYN28A-12 型中置式高压开关柜的结构图

A—母线室 B—断路器室 C—电缆室 D—继电仪表室

1—外壳 2—泄压装置 3—控制小母线 4—二次插件锁 5—中隔板（活门）

6—可抽出式水平隔板 7—底板 8—接地开关操动机构

（三）充气式高压开关柜

充气式高压开关柜简称为充气柜。目前使用的大多为 SF_6 绝缘的充气柜，这些充气柜均用较低压力的 SF_6 气体绝缘，但开断方式不同，有的用 SF_6 气体灭弧，而有的用真空灭弧。

此产品的高压元件诸如母线、断路器、负荷开关等封闭在充有较低压力（一般为0.02～0.05MPa）的壳体内。其主要优点有：①不受外界环境条件的影响，如凝露、污秽、小动物及化学物质等，可用在环境恶劣的场所；②由于使用性能优异的 SF_6 绝缘，大大缩小了柜体的外形尺寸，有利于向小型化方向发展，与采用空气绝缘的铠装式高压开关柜相比，SF_6 充气柜的安装面积为其 26%，体积为其 27%。

五、高压电器的选择

（一）高压电器选择的一般要求

高压电器的选择，必须贯彻国家的经济技术政策，达到技术先进、安全可靠、经济适用、符合国情的要求。除应满足正常运行、检修、短路和过电压情况下的要求（考虑远景发展）外，还应按当地使用环境条件校核。

1. 按正常工作条件选择

高压电器的选择应满足电压、电流、频率等方面的要求。

（1）额定电压　电器的额定电压（Rated Voltage）是指在规定的使用和性能条件下能连续运行的最高电压，并以它确定高压开关电器的有关试验条件。考虑到电网电压水平的变动，为使电器在系统最高运行电压下不会发生绝缘损坏，电器的额定电压不应低于所在系统的最高运行电压，即

$$U_r \geqslant U_m \tag{4-1}$$

式中　U_r——开关电器的额定电压（kV）；

U_m——系统的最高运行电压（kV）。

系统标称电压与设备最高电压值见第一章表1-1。

（2）额定电流　电器的额定电流（Rated Current）是指在规定的正常使用和性能条件下，高压开关电器能够连续承载的电流有效值。为使电器的正常发热不超过允许值，电器的额定电流应大于该回路在各种合理运行方式下的最大持续工作电流，即

$$I_r \geqslant I_c \tag{4-2}$$

式中　I_r——电器的额定电流（A）；

I_c——电器安装回路在各种合理运行方式下的最大持续工作电流（A）。

由于变压器短时过载能力很大，双回路出线、环式接线的工作电流变化幅度也较大，故其计算工作电流应根据实际需要确定。

（3）额定频率　电器的额定频率（Rated Frequency）是指在规定的正常使用和性能条件下能连续运行的电网频率数值，并以它和额定电压、额定电流确定高压电器的有关试验条件。我国电器的额定频率为50Hz。

2. 按短路情况校验动、热稳定性

高压电器在选定后应按最大可能通过的短路电流进行动、热稳定校验。校验电器动稳定、热稳定以及电器开断电流所用的短路电流，应采用系统最大运行方式下可能流经被校验电器的最大短路电流。短路点应选在被校验电器的出线端子上。

（1）热稳定性校验　对于一般电器，短路电流通过导体所产生的热效应 Q_t 只与电流及通过电流的时间有关。因此，其热稳定性可按下式校验：

$$I_t^2 t \geqslant Q_t \tag{4-3}$$

式中　I_t——电器的额定短时耐受电流（Short-time Withstand Current）有效值（kA），即在规定的使用和性能条件下，在规定的短时间内，开关设备和控制设备在合闸位置能够承载的电流的有效值，由产品样本提供；

t——电器的额定短路持续时间（s），即开关电器在合闸位置能承载额定短时耐受电流的时间间隔，由产品样本提供；

Q_t——短路电流在电器中引起的热效应，按式（3-33）或式（3-34）计算。确定短路电流热效应的计算时间，宜采用后备保护动作时间加相应断路器的开断时间。

（2）动稳定性校验　对于一般电器，因导体长度 l、导体间的中心距 D、形状系数 K_f 均为定值，故此电动力只与电流大小有关。所以，电器的动稳定通常用电器的额定峰值耐受电流（动稳定电流）来表示。满足动稳定的条件为

$$i_{max} \geqslant i_{p3} \tag{4-4}$$

式中　i_{max}——电器的额定峰值耐受电流（Peak Withstand Current）（kA），即在规定的使用和性能条件下，开关电器在合闸位置能够承载的额定短时耐受电流第一个大

半波的电流峰值。额定峰值耐受电流应该等于 2.5 倍的额定短时耐受电流，可由产品样本查得。

i_{p3}——电器出线端子上在系统最大运行方式下可能流经的最大三相短路电流峰值（kA）。

用熔断器保护的高压电器可不验算热稳定性。当熔断器有限流作用时，可不验算动稳定性。用熔断器保护的电压互感器回路，可不验算动、热稳定性。

3. 按环境条件校核

选择高压电器时，应按当地环境条件校核。使用环境条件包括环境温度、海拔、相对湿度、地震烈度、最大风速、污秽、覆冰厚度等。户内开关设备的正常使用条件为：

（1）环境温度　环境温度最高为 40℃，24h 平均值不超过 35℃；最低为 -5℃、-10℃、-25℃三级。

（2）海拔　海拔不超过 1000m。

（3）相对湿度　相对湿度不超过 90%。

（4）地震烈度　地震基本烈度 7 度及以下地区的电器可不采取防震措施。

当环境条件超出一般电器的基本使用条件时，应向制造部门提出补充要求，制订符合当地环境条件的产品或在设计运行中采取相应的防护措施。

另外，还需考虑高压电器工作时产生的噪声和电磁干扰等，以利于环境保护。

各种高压电器的选择校验项目见表 4-1。

表 4-1　各种高压电器的选择校验项目

序号	电器名称	额定电压	额定电流	额定容量	机械荷载	额定开断电流	短路稳定性		绝缘水平
							热稳定	动稳定	
1	高压断路器	√	√		√	√	√	√	√
2	隔离开关	√	√		√		√	√	√
3	敞开式组合电器	√	√		√		√	√	√
4	负荷开关	√	√		√		√	√	√
5	熔断器	√	√		√	√			√
6	电压互感器	√			√				√
7	电流互感器	√	√		√		√	√	√
8	限流电抗器	√	√		√		√	√	√
9	消弧线圈	√	√	√	√				√
10	避雷器	√			√				√
11	封闭电器	√	√		√	√	√	√	√
12	穿墙套管	√	√		√		√	√	√
13	绝缘子	√			√			√	√

注：1. 表中“√”表示必须校验；

2. 悬式绝缘子不校验动稳定性。

（二）高压断路器的选择

高压断路器除按上述一般要求选择外，还需校验有关操作性能的电气参数，主要有：

1. 额定短路开断电流

断路器的额定短路开断电流（Rated Short-circuit Breaking Current）是指在规定条件下，断路器能保证正常开断的最大短路电流（有效值），以触头分离瞬间电流周期分量有效值和非周期分量百分数表示。对远离发电机端处，短路电流的非周期分量不超过周期分量峰值的20%，额定短路开断电流可仅由周期分量有效值表征。电器的额定短路开断电流应不小于安装地点（断路器出线端子处）的最大三相对称开断电流（有效值），即

$$I_b \geqslant I_{b3} \tag{4-5}$$

式中　I_b——断路器的额定短路开断电流（kA），可查产品样本；

I_{b3}——安装地点（断路器出线端子处）的最大三相对称开断电流（有效值）（kA）。

2. 额定电缆充电开断电流

断路器的额定电缆充电开断电流（Rated Cable-changing Breaking Current）是指在规定条件下，断路器开断空载绝缘电缆时的开断电流。对10kV系统，断路器额定电缆充电开断电流为25A。

3. 额定短路关合电流

断路器的额定短路关合电流（Rated Short-circuit Making Current）是指在额定电压以及规定使用和性能条件下，断路器能保证正常关合的最大短路电流峰值。断路器的额定短路关合电流应不小于安装地点的最大三相短路电流峰值，即

$$i_m \geqslant i_{p3} \tag{4-6}$$

式中　i_m——断路器的额定短路关合电流（kA），可查产品样本。

i_{p3}——安装地点的最大三相短路电流峰值（kA）。

例4-1　试选择例3-1所示用户变电所高压进线侧的户内真空断路器的型号规格。已知高压母线三相短路时，设置的后备保护动作时间为0.8s。

解：本工程选用户内高压开关柜，高压断路器安装在开关内。查附录表18，选用CV1-12-630A/25kA型户内高压真空断路器，配用弹簧操动机构，二次设备电压为DC 110V。高压断路器的选择校验见表4-2，由表可知，所选断路器技术参数合格。

表4-2　高压断路器的选择校验

序号	选择项目	装置地点的技术参数	断路器的技术参数	结　论
1	额定电压	$U_n = 10\text{kV}, U_m = 12\text{kV}$	$U_r = 12\text{kV}$	$U_r = U_m$，合格
2	额定电流	$I_c = 2I_{1r.T} = \dfrac{2\times 1000\text{kV}\cdot\text{A}}{\sqrt{3}\times 10\text{kV}} = 115.5\text{A}$	$I_r = 630\text{A}$	$I_r > I_c$，合格
3	额定短路开断电流	$I_{b3} = 4.07\text{kA}$（最大运行方式）	$I_b = 25\text{kA}$	$I_b > I_{b3}$，合格
4	额定峰值耐受电流	$i_{p3} = 10.39\text{kA}$（最大运行方式）	$i_{max} = 63\text{kA}$	$i_{max} > i_{p3}$，合格
5	额定短时（4s）耐受电流	$Q_t = 4.07^2 \times (0.1+0.8+0.05)\,\text{kA}^2\cdot\text{s} = 17.44\,\text{kA}^2\cdot\text{s}$（断路器全开断时间取0.1s）	$I_t^2 t = 25^2 \times 4\text{kA}^2\cdot\text{s} = 2500\text{kA}^2\cdot\text{s}$	$I_t^2 t > Q_t$，合格
6	额定短路关合电流	$i_{p3} = 10.39\text{kA}$（最大运行方式）	$i_m = 63\text{kA}$	$i_m > i_{p3}$，合格
7	环境条件	华东地区室内变电所高压开关柜内	正常使用环境	满足条件

（三）高压熔断器的选择

高压熔断器应按正常工作条件选择，并应按环境条件校核，不需要校验动、热稳定性，但要校验开断电流能力。说明如下：

1. 额定电压

高压限流熔断器在限制和截断短路电流的动作过程中会产生过电压。此过电压的幅值与开断电流和熔体结构有关，而与工作电压关系不是很大。制造部门在设计熔断器的熔体结构时，往往需要采取措施（例如把熔体设计成锯齿形状），把熔断器熔断时产生的最大过电压倍数限制在规定的2.5倍相电压以内。此值并未超过同一电压等级电器的绝缘水平，所以正常使用时没有危险。但是，熔断器如果使用在工作电压低于其额定电压的电网中，过电压就有可能大大超过电器绝缘的耐受水平。因此，高压限流熔断器的工作电压要与其额定电压相等，不能使用在低于其额定电压的系统中。

2. 额定电流

熔断器的额定电流包括熔断器（支持件）额定电流和所安装的熔体额定电流两方面。为保证熔断器支持件不致在熔体熔断之前损坏，熔断器（支持件）额定电流应不小于所安装的熔体额定电流。即

$$I_n \geqslant I_r \tag{4-7}$$

式中 I_n——熔断器（支持件）额定电流（A），可查产品样本；

I_r——熔断器中安装的熔体额定电流（A）。

高压熔断器熔体额定电流的选择，与其熔断特性有关，应满足保护的可靠性、选择性和灵敏度的要求。当熔体额定电流选择过大时，将延长熔断时间，降低灵敏度；当选择过小时，则不能保证保护的可靠性和选择性。

（1）保护电力变压器　考虑到变压器的正常过负荷电流、低压侧电动机自起动引起的尖峰电流等因素，并保证在变压器励磁涌流（$10I_{1r.T}$ ~$12I_{1r.T}$）持续时间（可取0.1s）内不熔断，保护电力变压器的熔体额定电流I_r按变压器一次侧额定电流$I_{1r.T}$的1.5~2倍选择。在工程设计中，宜按制造厂家提供的熔体额定电流与变压器容量配合表选择，见附录表21。

（2）保护电压互感器　由于电压互感器正常运行时相当于处于空载状态下的变压器，因此，保护电压互感器的熔体额定电流I_r一般为0.5A或1A，应能承受电压互感器励磁电流的冲击。

（3）保护并联电容器　考虑到电容器可以在1.3倍额定电流下长期工作及其电容允许偏差等因素，保护并联电容器的熔体额定电流I_r按电容器回路额定电流$I_{r.C}$的1.37~1.50倍（保护单台电容器）选择。

3. 额定最大开断电流

熔断器的额定最大开断电流（Rated Maximum Breaking Current）是指熔断器在规定使用和性能条件下，在给定电压下能开断的最大预期电流值。对限流型熔断器，额定最大开断电流应大于安装地点（熔断器出线端子处）的最大三相对称短路电流初始值，即

$$I_b \geqslant I''_{k3} \tag{4-8}$$

式中 I_b——熔断器的额定短路开断电流（kA），可查产品样本；

I''_{k3}——安装地点（熔断器出线端子处）的最大三相对称短路电流初始值（kA）。

4. 额定最小开断电流

对于后备熔断器，除校验额定最大开断电流外，还应满足最小短路电流大于额定最小开断电流的要求。所谓最小开断电流（Minimum Breaking Current）是指在规定的使用和性能条件下，熔断器在规定的电压下所能开断的最小预期电流值。

要注意的是，选择熔体电流时，应保证两级熔断器之间、熔断器与电源侧继电保护之间以及熔断器与负荷侧继电保护之间动作的选择性。高压熔断器的保护选择性配合示例及动作特性整定要求见表 4-3。

表 4-3　高压熔断器的选择性配合示例及动作特性整定要求

序号	选择性配合示例	动作特性整定要求
1	上、下级均选用限流熔断器之间的配合 t　下级限流熔断器　上级限流熔断器　O　I	要求下级熔断器动作时，保持上级熔断器不受影响 1）对于小故障电流，上级熔断器的弧前时间-电流特性曲线与下级熔断器的熔断时间-电流特性曲线不相交且应在其右侧，并保证上级熔断器所承受的允许电流至少比下级熔断器大 20% 2）在短路电流很大、弧前时间小于 0.1s 时，除满足上述条件外，还需用 I^2t 值进行验证。要求上级熔断器弧前 I^2t 值大于下级熔断器 I^2t 值（40% 以上）
2	限流熔断器与其他上级或下级保护装置之间的配合 t　下级保护装置　限流熔断器　上级保护装置　a　O　I	要求通过比较弧前时间-电流特性曲线确定 1）当其他保护装置作为下级、熔断器为上级时，熔断器弧前时间-电流特性曲线与其他保护装置的动作时间-电流特性曲线有交点 a。为尽量扩大选择性范围，熔断器熔体电流应选择大些 2）当其他保护装置作为上级、熔断器为下级时，应使熔断器熔断时间-电流特性曲线与其他保护装置的动作时间-电流特性曲线不相交，并使两者最接近部分相差 1～3s 即可
3	限流熔断器和负荷开关或接触器之间的配合 t　限流熔断器　其他电器最大开断电流　O　I	此情况下，限流熔断器和低开断能力电器通过两种不同的时间-电流特性曲线动作 1）以曲线相交点为分界点，使限流熔断器承担大故障电流开断，而其他电器承担正常电流和小故障电流开断 2）如果其他电器不用熔断器撞击器脱扣，则相交点必须大于限流熔断器的最小开断电流 3）曲线相交点电流必须小于其他电器的开断能力 4）当用限流熔断器开断电路时，其他电器必须具有足够通过短路电流和关合短路电流的能力，并应与限流熔断器截止电流和 I^2t 值相适应

（四）高压负荷开关选择

高压负荷开关除按上述一般要求选择外，还须选择有关操作性能的电气参数，主要有：

1. 额定有功负荷开断电流

高压负荷开关的额定有功负荷开断电流（Rated Mainly Active Load-breaking Current）是指负荷开关在其额定电压下能够开断的最大有功负荷电流。负荷开关的额定有功负荷开断电流应大于负荷开关回路最大可能的过负荷电流，即

$$I_{b} \geqslant I_{ol.max} \tag{4-9}$$

式中 I_b——负荷开关的额定有功负荷开断电流（A），可查产品样本；

$I_{ol.max}$——负荷开关回路最大可能的过负荷电流（A）。

2. 额定电缆充电开断电流

高压负荷开关的额定电缆充电开断电流是指负荷开关在其额定电压下能够开断的最大电缆充电电流。使用高压负荷开断电缆线路的最大充电电流不应大于其额定电缆充电开断电流（10kV 系统：10A，6kV 系统：6A）。

3. 额定空载变压器开断电流

高压负荷开关的额定空载变压器开断电流（Rated No-load Transformer Breaking Current）是指负荷开关在其额定电压下能够开断的最大空载变压器电流。使用高压负荷开关开断的变压器空载电流应不大于其额定空载变压器开断电流（等于额定电流的1%），变压器容量一般不大于1250kVA。

4. 额定短路关合电流

高压负荷开关的额定短路关合电流是指负荷开关在其额定电压下能够关合的最大峰值预期电流。额定短路关合电流不应小于安装地点的最大三相短路电流峰值，即

$$i \geqslant i_{p3} \tag{4-10}$$

式中 i——负荷开关的额定短路关合电流（kA），可查产品样本。

对熔断器保护的负荷开关，可以考虑熔断器在短路电流的数值方面的限流效应。

（五）高压负荷开关-熔断器组合电器的选择

组合电器中的负荷开关和熔断器的参数选择除应分别满足相关的要求外，还应进行转移电流或交接电流的校验。

（1）转移电流　转移电流（Transfer Current）是指熔断器与负荷开关转移职能时的三相对称电流值。组合电器的实际转移电流应小于其额定转移电流，且不小于熔断器的额定最小开断电流。

（2）交接电流　交接电流（Take-over Current）为熔断器不承担开断、全部由负荷开关开断的三相对称电流值。组合电器的实际交接电流应小于其额定交接电流。

确定高压负荷开关-熔断器组合电器的实际转移电流和实际交接电流，取决于熔断器触发的负荷开关分闸时间和熔断器的时间-电流特性。对于给定用途的组合电器，其实际转移电流和最大交接电流可由制造厂家提供。

第四节　低压电器

低压电器（Low-voltage Apparatus）是指用于标称电压不超过1000V的交流工频电路或

标称电压不超过1500V 直流电路中起通断、保护、控制、转换和调节作用的电器。

一、低压断路器

（一）低压断路器的功能及类型

（机械的）断路器（Circuit-breaker（Mechanical））是一种能接通、承载以及分断正常电路条件下的电流，也能在所规定的非正常电路（例如短路）下接通、承载一定时间和分断电流的一种机械开关电器。低压断路器除用来对低压电路进行正常通断外，还可在其脱扣器或控制器的作用下自动跳闸，保护电路。

低压断路器按安装方式分有：固定式、插入式和抽屉式；按用途分有：配电用、电动机保护用、照明用和剩余电流保护用断路器。配电用低压断路器常用的有空气式、塑料外壳式和微型断路器等。

（二）低压断路器的保护特性

配电用低压断路器的保护特性有非选择型（A类）和选择型（B类）两类。非选择型断路器的脱扣器一般为热-电磁式，保护特性为过载长延时动作和（或）短路瞬时动作（0.02s以内），如图4-6a所示。选择型断路器的脱扣器一般为电子式或智能式，保护特性有两段式、三段式和四段式，如图4-6b、c、d所示。选择型断路器在短路情况下，具有一个用于选择性的人为短延时（可调节），可确保配电线路保护的选择性。两段式保护为过负荷长延时动作和短路短延时动作，三段式保护为过负荷长延时、短路短延时和短路瞬时动

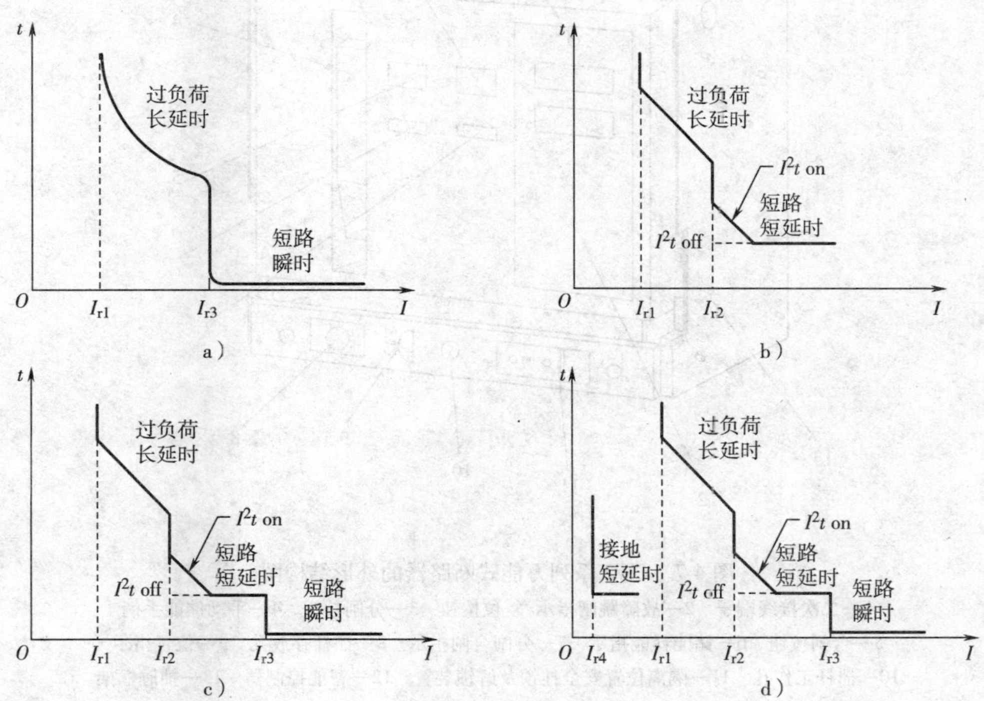

图4-6　低压断路器的保护特性

a）非选择型　b）选择型两段式　c）选择型三段式　d）选择型四段式

作，四段式保护在三段式保护的基础上增加了接地短延时动作功能。选择型断路器的保护动作电流整定值及动作时间现场可调，可确保配电线路保护的选择性。

（三）万能式断路器

万能式断路器（Conventional Circuit-breaker）是指触头在大气压力的空气中断开和闭合的断路器。它通常以具有绝缘衬垫的框架结构底座将所有构件组成一整体并具有多种结构变化方式、用途，所以，又称为空气断路器（Air Circuit-breaker）。万能式断路器通常采用电动弹簧储能操作机构，主要安装在低压配电柜中作为进线开关、母联开关和大电流出线开关，用于通断和保护低压配电回路。

目前比较先进的国产万能式断路器是以 CW2 系列为代表的智能断路器。其主要特点是：高分断能力、零飞弧、保护特性完善，具有智能化功能和隔离功能。断路器本体由触头系统、灭弧系统、操动机构、电流互感器、智能控制器和辅助开关、二次插接件、欠电压、分励脱扣器等部件组成。图 4-7 所示是 CW2 系列万能式断路器的外形结构图。

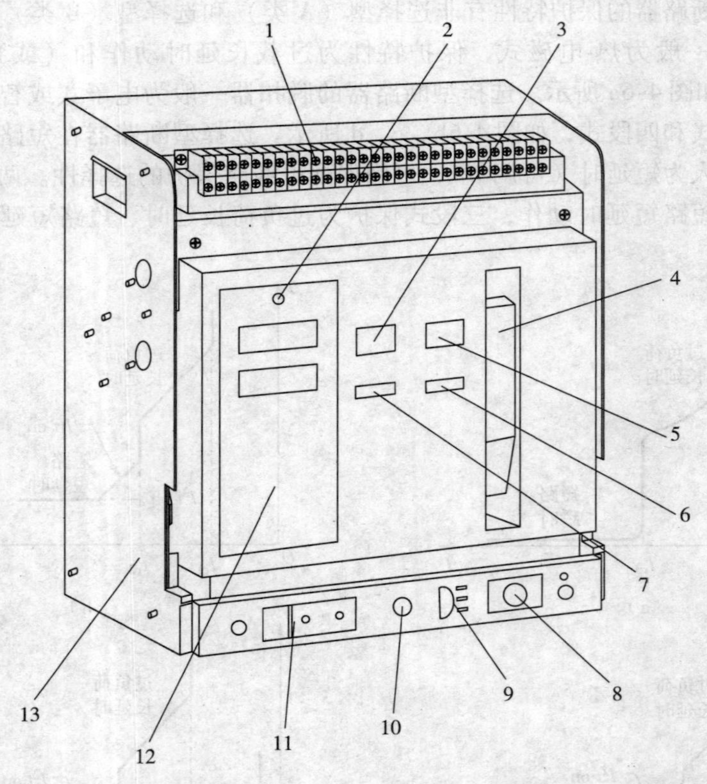

图 4-7 CW2 系列万能式断路器的外形结构图

1—二次接线端子 2—故障跳闸指示/复位按钮 3—分闸按钮 4—手动储能手柄 5—合闸按钮 6—储能释能指示 7—分闸合闸指示 8—摇杆存放孔 9—位置指示 10—摇杆工作孔 11—隔离位置安全挂锁及解锁装置 12—智能控制器 13—抽屉框架

CW2 系列断路器的每相触头安装在绝缘小室内，触头系统采用了多片触头并联形式的结构，减小了触头系统的惯性，保证了断路器的高分断能力。操作机构安装在断路器中央，与主电路隔离；断路器由弹簧储能机构进行闭合操作，闭合速度快。操作机构兼有电动及手动储能、闭合、断开。摇动抽屉座下部横梁上的手柄，可实现断路器的“连接”、“试验”、“分离”三个工作状态（手柄旁有位置指示）。

抽屉式断路器具有可靠的机械联锁装置，只有在连接位置和试验位置时才能使断路器闭合。相同额定电流的抽屉式断路器（包括本体和抽屉座）具有互换性。

CW2 系列断路器采用以微处理器为核心的智能控制器（智能脱扣器），智能控制器功能有：过负荷长延时反时限保护，短路短延时反时限保护，短路短延时定时限保护，短路瞬时保护，接地故障保护功能，过负荷保护功能，整定功能，试验功能，电流显示功能，触头损耗指示，自诊断功能，热模拟功能，故障记忆功能等，另外还有电压显示功能，负荷监控功能，谐波分析，通信功能等供选用。

附录表 22 列出了 CW2 系列智能型万能式断路器的主要技术参数。

（四）塑壳式断路器

塑料外壳式断路器（Moulded Case Circuit-Breaker，MCCB）是指具有一个用模压绝缘材料制成的外壳作为断路器整体部件的断路器，简称为塑壳式断路器。在塑壳式断路器的壳盖中央有一个操作手柄，该操作手柄可以直接操作，也可配以手动操作机构或电动操作机构。塑壳式断路器通常装设在低压配电装置中，作为配电线路或电动机回路的通断与保护开关。

塑壳式断路器的类型很多，目前国产比较先进的是 CM2（Z）系列塑壳式断路器，其主要特点是分断能力高、零飞弧、体积小并具有隔离功能。断路器本体由触头系统、灭弧系统、操作机构和过电流脱扣器等部件组成，根据需要可选配欠电压、分励脱扣器、辅助触头及报警触头等附件。图 4-8 所示是 CM2（Z）系列塑壳式断路器的外形结构图。

塑壳式断路器的接线方式分为板前接线、板后接线、插入式接线、抽出式接线四种。操作方式有手动直接操作、转动手柄操作和电动操作三种。断路器按照其额定短路分断能力的高低，分为 L 型（标准型）、M 型（较高分断型）、H 型（高分断型）三类。断路器可垂直安装，亦可水平安装。

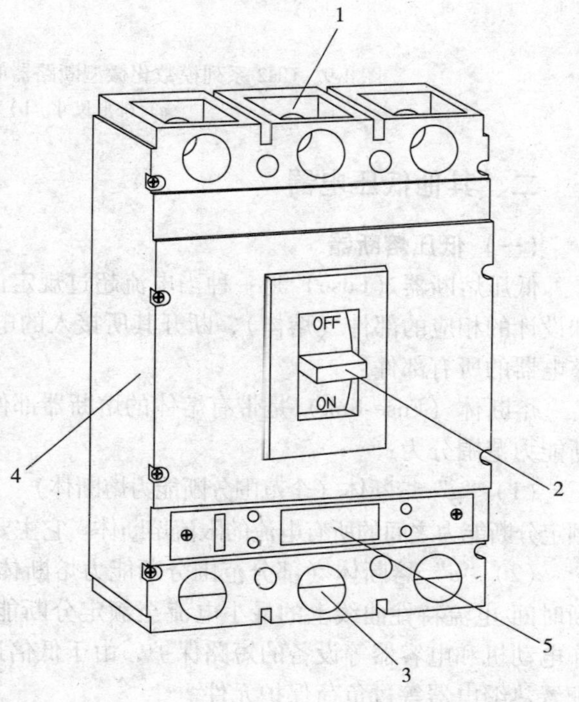

图 4-8　CM2（Z）系列塑壳式断路器的外形结构图
1—上接线端子　2—直接操作手柄　3—下接线端子
4—塑料外壳　5—整定值调节面板

CM2（Z）系列塑壳式断路器包括 CM2（热磁式可调）、CM2Z（智能式连续可调，可配通信模块）、CM2L（带剩余电流保护）等系列。

附录表 23 列出了 CM2（Z）系列塑壳式断路器的主要技术参数。

（五）微型断路器

微型断路器（Micro Circuit-Breaker，MCB）是用来作为住宅及其类似建筑物内的并供非熟练人员使用的断路器，其结构适用于非熟练人员使用，且不能自行维修，整定电流不能自行调节。微型断路器是组成模数化终端组合电器的主要部件之一，终端电器是指装于线路末端的电器，该处的电器对有关电路和用电设备进行配电、控制和保护等。

目前国产比较先进的是CH2系列微型断路器，它在结构上具有外形尺寸模数化（9mm的倍数）和安装导轨化的特点，单极断路器的模数宽度为18mm，凸颈高度为45mm，它安装在标准的35mm×15mm电器安装轨上，利用断路器后面的安装槽及带弹簧的夹紧卡子定位，装卸方便，如图4-9所示。断路器由操作机构、热脱扣器、电磁脱扣器、触头系统、灭弧室等部件组成，所有部件都置于一绝缘外壳中。产品备有报警开关、辅助触头组、分励脱扣器、欠电压脱扣器和剩余电流动作脱扣器等附件，供需要时选用。

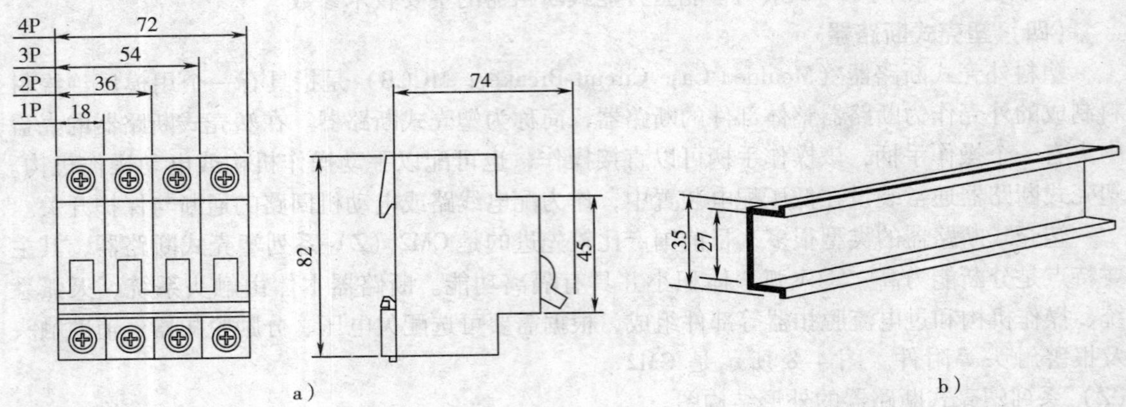

图4-9　CH2系列模数化微型断路器的外形尺寸和安装导轨示意图
a）外形尺寸　b）安装导轨

二、其他低压电器

（一）低压熔断器

低压熔断器（Fuse）是一种当电流超过规定值足够长的时间后，通过熔断一个或几个特殊设计的相应的部件（熔体），断开其所接入的电路并分断电源的电器。熔断器包括组成完整电器的所有部件。

熔断体（Fuse-link）是带有熔体的熔断器部件，在熔断器熔断后可以更换。熔断体按分断能力范围分为：

（1）"g"熔断体（全范围分断能力熔断体）　在规定条件下，能分断使熔体熔化的电流至额定分断能力之间的所有电流的限流熔断体。它主要用作配电线路的短路保护和过负荷保护。

（2）"a"熔断体（部分范围分断能力熔断体）　在规定条件下，能分断介于熔断体熔断时间-电流特性曲线上的最小电流至额定分断能力之间的所有电流的限流熔断体。它通常作电动机和电容器等设备的短路保护，由于低倍过负荷不能使这种熔断体熔断，故还需另外配置热继电器等过负荷保护元件。

按用途分，有G类——一般用途（线路）、M类——保护电动机回路用、Tr类——保护变压器用。

分断范围和使用类别可以有不同的组合，如“gG”、“gM”、“gTr ”、“aM” 等。

按结构型式分为：①刀形触头熔断器，如 NT、RT16、RT17 系列；②螺栓连接式熔断器，如 RT12、RT15 系列；③螺旋式熔断器，如 RL6、RL7 系列；④圆筒帽式熔断器，如 RT14、RT30 系列等。

低压熔断器的工作原理和保护特性与高压熔断器类似，其中 RT 系列、NT 系列有填料式熔断器均具有良好的限流特性。

附录表 24 列出了 NT 系列高分断熔断器的主要技术参数及其时间-电流特性。

（二）低压开关、隔离器、隔离开关和熔断器组合电器

（机械的）开关（Switch（Mechanical））是一种在正常电路条件下（包括规定的过负荷工作条件），能够接通、承载和分断电流，并在规定的非正常电路条件下（例如短路），能在规定时间内承载电流的机械开关电器。开关可以接通但不能分断短路电流。

隔离器（Disconnector）是一种在断开状态下能符合规定的隔离功能要求的机械开关电器。隔离功能要求是指满足距离、泄漏电流要求，以及具有断开位置指示可靠性和加锁等附加要求。隔离电器用来隔离低压电源以便于安全维护、测试和检修设备。可用作隔离电器的电器有：单极或多极隔离器、隔离开关或隔离插头；插头与插座；连接片；不需要拆除导线的特殊端子；熔断器；具有隔离功能的断路器等。

隔离开关（Switch-disconnector）是一种在断开状态下能符合隔离器的隔离要求的开关。它具有开关和隔离电器的功能。目前比较先进的低压隔离开关具有很高的介电性能、防护能力和可靠的操作安全性，操作机构为弹簧储能，瞬时释放的加速机构能瞬时接通与断开电路，与旋转操作手柄的速度无关，极大提高了熄灭电弧的能力，使得开关不仅具有电气隔离作用，而且能不频繁接通和分断电路，并具备一定的短路接通能力。

熔断器组合电器（Fuse-combination Unit）是一种由制造厂或按其说明书将机械开关电器与一个或数个熔断器组装在同一个单元内的组合电器。它包括开关熔断器组（开关的一极或多极与熔断器串联构成的组合电器）、熔断器式开关（用熔断体或带有熔断体载熔件作为动触头的一种开关）、隔离器熔断器组（隔离器的一极或多极与熔断器串联构成的组合电器）、熔断器式隔离器（用熔断体或带有熔断体的载熔件作为动触头的一种隔离器）、隔离开关熔断器组（隔离开关的一极或多极与熔断器串联构成的组合电器）、熔断器式隔离开关（用熔断体或带有熔断体的载熔件作为动触头的一种隔离开关）。

（三）自动转换开关电器

自动转换开关电器（Automatic Transfer Switching Equipment，ATSE）是一种用一个（或几个）转换开关电器和其他必需的电器组成，用于监测电源电路，并将一个或几个负载电路从一个电源自动转换至另一个电源的电器。

自动转换开关电器按功能分为：①PC 级，能够接通、承载、但不用于分断短路电流。如国产的 CAP1 系列自动转换开关，装置本体为积木式结构，体积小巧，触头系统采用单刀双掷结构，自身联锁。PC 级 ATSE 宜用于由放射式线路配电的重要负荷，当由树干式线路配电时需加装过电流保护电器。②CB 级，配备过电流脱扣器，它的主触头能够接通并用于分断短路电流。如国产的 CA1 系列自动转换开关，装置本体由 2 台带有电动操作机构的同壳架断路器、转换器及机械联锁机构组成。应用 CB 级 ATSE 时，需同时满足配电系统对过电流保护电器的特性要求。

CAP1 或 CA1 系列自动转换开关电器的控制器类型有基本型、电子型、智能型（可配通信接口）等，功能模式有常用-备用电源间的自投自复（R 型）、常用-备用电源间的自投不自复（S 型）、常用-发电机电源间的自投自复（F 型）等供设计选用。

（四）接触器

接触器（Contactor）有机电式接触器和半导体接触器两大类。它广泛用于需频繁操作的电动机、电容器、道路照明等主电路和较大容量的控制电路中。

（机械的）接触器是仅有一个休止位置，能接通、承载和分断正常电路条件（包括过负荷运行条件）下的电流的一种非手动操作的机械开关电器。机电式接触器按执行部件驱动力分，有电磁接触器、气动接触器、电气气动接触器等。

半导体接触器是依靠改变电路的导通状态和截止状态而完成电气操作的接触器。它主要利用半导体器件（晶闸管）具有可控导电性能来完成接触器的功能。半导体接触器可以实现电路接通、分断时刻的准确控制，可以消除接触器在接通、分断电路时产生的涌流和电弧。

三、低压开关柜

（一）低压开关柜的概念及类型

低压开关柜即低压成套开关设备和控制设备（Low-voltage Switchgear and Controlgear Assembly），是由一个或多个低压开关设备和与之相关的控制、测量、信号、保护、调节等设备，由制造商负责完成所有内部的电气和机械的连接，用结构部件完整地组装在一起的一种组合体。

低压成套开关设备按用途分类，有低压配电柜（屏）、动力配电（控制）箱、照明配电箱、住宅楼层配电（计量）箱、户用电表箱等。按开关（断路器）安装方式分类，有：①固定式，结构简单、价格便宜，但故障维修时容易影响其他回路；②抽屉式，操作安全、易于检修及维护，可以缩短停电时间；③插拔式，仅主要元件（断路器）采用抽出式或插入式安装，其他元器件固定安装；④组合式，采用抽屉、插拔组合的形式，小开关用抽屉式、大开关用插拔式。

（二）低压抽出式开关柜

我国目前应用的低压抽出式开关柜，主要有 GCL（K）、GCS、MNS 型等，可用作动力中心（PC）和电动机控制中心（MCC）。图 4-10 所示为 GCS 型低压抽出式开关柜的外形。

PC 柜内分成四个隔室：水平母线隔室（在柜的后部），功能单元隔室（在柜前上部或柜前左部），电缆室（在柜前下部或柜前右部），控制回路隔室（在柜前上部）。其隔离措施是：水平母线隔室与功能单元隔室、电缆隔室之间用三聚氰胺酚醛夹心板或钢板分隔。控制回路隔室与功能单元隔室之间用阻燃聚氨酯发泡塑料模制罩壳分隔。左边的功能单元隔室与右边的电缆隔室之间用钢板分隔。

MCC 柜内分成三个隔室，即柜后部的水平母线隔室、柜前部左边的功能单元隔室和柜前部右边的电缆隔室。水平母线隔室与功能单元隔室之间用阻燃发泡塑料制成的功能壁分隔。电缆室与水平母线隔室、功能单元隔室之间用钢板分隔。

（三）低压固定分隔式开关柜

低压固定分隔式开关柜的柜体分为功能单元小室、水平母线小室、电缆小室，各小室之间采用钢板进行分隔。功能单元小室亦是相互隔离的，限制了事故影响范围。功能单元的门

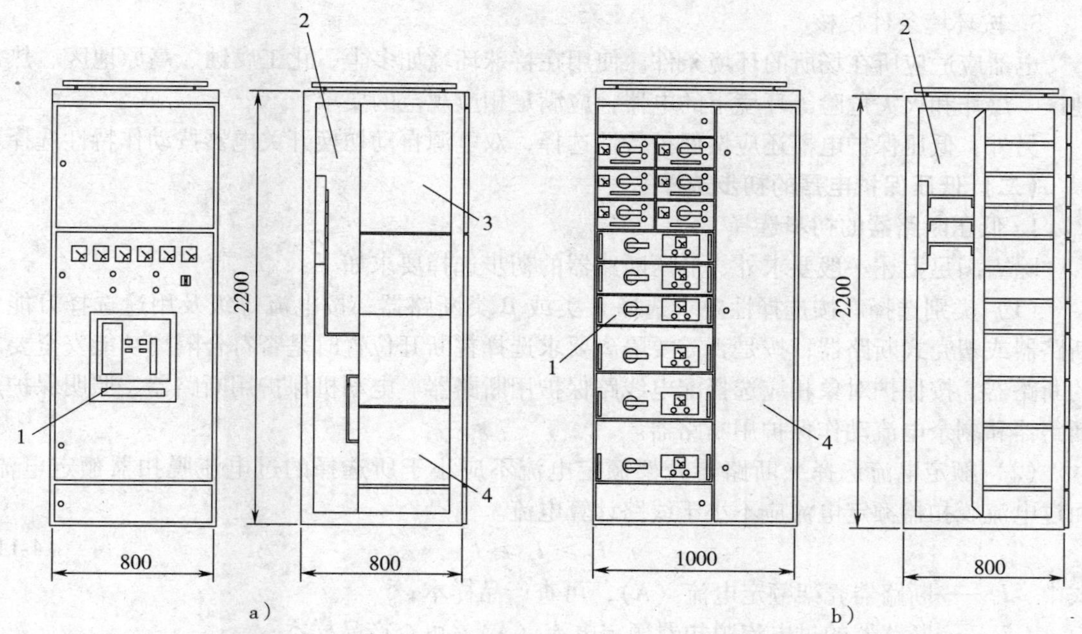

图 4-10　GCS 型低压抽出式开关柜的外形
a）PC 柜　b）MCC 柜
1—功能单元隔室　2—水平母线隔室　3—控制回路隔室　4—电缆室

均装有机械联锁机构，提高了防电击的安全性。与抽出式开关柜不同的是，所有电器元件均固定安装在功能单元小室内，只有主要元件（断路器）采用抽出式或插入式安装，以便于维护和检修。

国产低压固定分隔式开关柜的型号有 GLL(K)型等。

四、低压电器的选择

（一）低压电器选择的一般要求

低压配电设计所选用的电器，应符合国家现行有关标准的规定，并应符合下列要求：

1. 按正常工作条件选择

1）电器的额定频率应与所在回路的频率相适应。

2）电器的额定电压应不小于所在回路的标称电压。

3）电器的额定电流不应小于回路的计算电流。

2. 按短路情况校验

1）可能通过短路电流的电器（如隔离电器、开关、熔断器式开关、接触器等），应满足在短路条件下短时耐受电流和峰值耐受电流的要求。

2）断开短路电流的保护电器（如熔断器、低压断路器），应满足在短路条件下的分断能力要求。

3）应采用接通和分断时安装处的预期短路电流验算电器在短路条件下的接通能力和分断能力，当短路点附近所接电动机额定电流之和超过短路电流的 1% 时，应计入电动机反馈电流的影响。

3. 按环境条件校核

电器应适应所在场所的环境条件。使用在特殊环境如多尘、化工腐蚀、高原地区、热带地区、爆炸和火灾危险等环境下的电器，应满足相应规范的要求。

另外，低压保护电器还应按保护特性选择，双电源自动切换开关电器按动作特性选择。

（二）低压保护电器的初步选择

1. 低压断路器的初步选择

除需满足上述一般要求外，低压断路器的初步选择要求如下：

（1）类别选择　按选择性要求选择 A 类或 B 类断路器；按电流等级及用途选择万能式断路器或塑壳式断路器；按是否需要隔离要求选择在断开位置时是否符合隔离功能安全要求的断路器。按保护对象相应选择配电线路保护用断路器、电动机保护用断路器、照明保护用断路器和剩余电流动作保护用断路器。

（2）额定电流选择　断路器壳架额定电流不应小于所选择的过电流脱扣器额定电流，而过电流脱扣器额定电流应不小于线路计算电流。

$$I_u \geqslant I_n \geqslant I_c \tag{4-11}$$

式中　I_u——断路器壳架额定电流（A），可查产品样本；

I_n——断路器的过电流脱扣器额定电流（A），可查产品样本；

I_c——线路计算电流（A），应取线路在合理运行方式下的最大工作电流。

（3）分断能力选择　断路器的额定运行分断能力应大于其安装处的预期三相短路电流有效值。

$$I_{cs} > I_{k3} \tag{4-12}$$

式中　I_{cs}——断路器的额定运行分断能力（kA），可查产品样本；

I_{k3}——断路器安装处的预期三相短路电流有效值（kA）。

例 4-2　试初步选择例 3-2 所示用户变电所低压电源进线断路器和出线断路器的型号规格。已知该低压出线计算电流为 180A。

解：本工程选用 MNS-0.4 型低压户内抽出式开关柜，低压电源进线断路器和出线断路器均安装在柜内。查附录表 22、23，低压电源进线断路器选用 CW2 系列抽出式万能式断路器，出线断路器选用 CM2Z 系列塑壳式断路器，见表 4-4、表 4-5。

表 4-4　变电所低压电源进线断路器的初步选择

序号	选择项目	装置地点技术数据	断路器技术数据	结　论
1	类别选择	电源进线	抽出式万能式断路器，选择型三段保护，CW2-2000/3 M25	合格
2	极数选择	TN-C-S 系统	3P	合格
3	额定电流选择	$I_c = I_{2r.T} = \frac{1000\text{kV}\cdot\text{A}}{\sqrt{3}\times 0.4\text{kV}} = 1443.4\text{A}$	$I_u = 2000\text{A}, I_n = 2000\text{A}$	$I_u \geqslant I_n > I_c$，合格
4	分断能力选择	$I_{k3} = 21.65\text{kA}$	$I_{cs} = I_{cu} = 80\text{kA}$	$I_{cs} > I_{k3}$，合格
5	附件选择	标准附件配置	电操、电分、电合均为 AC 220，带合分辅助触头及脱扣器动作报警触头	满足要求

表 4-5　变电所低压出线断路器的初步选择

序号	选择项目	装置地点技术数据	断路器技术数据	结　论
1	类别选择	低压出线	塑壳式断路器，选择型三段保护，CM2Z-225M/3	合格
2	极数选择	TN-S 系统	3P	合格
3	额定电流选择	$I_c = 180\text{A}$	$I_u = 225\text{A}, I_n = 225\text{A}$	$I_u \geqslant I_n > I_c$，合格
4	分断能力选择	$I_{k3} = 20.43\text{kA}$	$I_{cs} = 50\text{kA}$	$I_{cs} > I_{k3}$，合格
5	附件选择	非消防用电回路断电及动作信号返回	电分 AC 220，带合分辅助触头及脱扣器动作报警触头	满足要求

2. 低压熔断器的初步选择

除需满足上述一般要求外，低压熔断器的初步选择要求如下：

（1）类别选择　按使用人员选择结构型式；按分断范围要求和保护对象选择“gG”、“gM”、“gTr ”、“aM”熔体。

（2）额定电流选择　熔断器额定电流不应小于所安装的熔体额定电流，而熔体额定电流应不小于线路计算电流。

$$I_n \geqslant I_r \geqslant I_c \tag{4-13}$$

式中　I_n——熔断器额定电流（A），可查产品样本；

I_r——熔断器的熔体额定电流（A），可查产品样本；

I_c——线路计算电流（A），应取线路在合理运行方式下的最大工作电流。

（3）分断能力选择　熔断器的分断能力应大于其安装处的预期三相短路电流有效值。

$$I_b > I_{k3} \tag{4-14}$$

式中　I_b——熔断器的分断能力（kA），可查产品样本；

I_{k3}——熔断器安装处的预期三相短路电流有效值（kA）。

（三）四极开关的应用

在三相四线制低压系统中，中性导体传导三相不平衡电流，起着将三相负荷中性点与电源系统中性点等电位的作用。如果中性导体在运行中意外断开，将导致三相不平衡负荷中性点的电位偏移，从而导致负荷较小的一相相电压过高而烧毁设备。因此，开关电器一般仅断开三个相导体，即采用三极开关。然而，为保证电气维修时的电气安全和电气装置发挥正常功能，在下列情况下，应采用具有中性极的开关电器即四极开关，实现带电导体的电气隔离。

1）为防止中性导体引入危险电位，TT 系统和 IT 系统（引出中性导体时）需装设四极开关保证电气维修安全。

在 TT 系统内，发生一相接地故障，故障电流在变电所接地极上产生电压降，使中性点和中性导体对地带危险电压。因此，为保证电气维修安全，避免危险电位沿中性导体引入，TT 系统应在建筑物电源进线处装用四极开关，作为隔离电器使用。

IT 系统一般不引出中性导体，原本不存在采用四极开关的问题。如果引出中性导体，当发生一相接地故障时，中性导体对地电压将上升为相电压 220V，电击危险甚大，因此需装设四极开关保证电气维修安全。

在TN-C-S系统和TN-S系统中，保护导体与中性导体是相联系的。当中性导体引入危险电位时，保护导体也引入该电位。由于在建筑物内设置总等电位联结，人处于等电位条件下，不会产生电击危险（详见第九章）。因此，TN-C-S系统和TN-S系统可不必装设四极开关。

2）为避免中性导体分流，保证电源转换的功能性开关电器应采用四极开关。

TN-C-S、TN-S系统中的电源转换开关，应采用切断相导体和中性导体的四极开关。如图4-11所示，QA4、QA5为电源转换开关，若在电源转换时不切断中性导体，则由于中性导体存在并联分路而产生分流（包括在中性导体流过的三次谐波及其他谐波），这种分流会使线路上的电流相量和不为零，以致在线路周围产生电磁场及电磁干扰。QA4、QA5采用四极开关可保证中性导体电流只会流经相应的电源开关的中性导体，避免中性导体产生分流和在线路周围产生电磁场及电磁干扰。

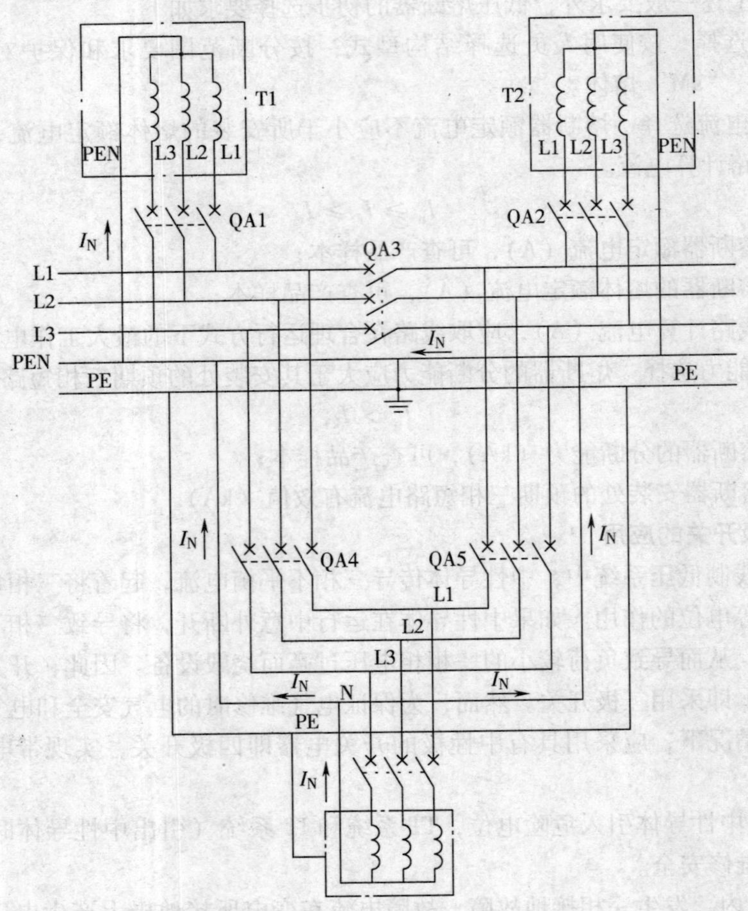

图4-11 电源转换开关采用四极开关可避免中性导体产生分流

同理，正常供电电源与备用发电机之间，若发电机中性点与变压器中性点未在同一点接地，为避免中性导体出现环流，其电源转换开关应采用四极开关。若正常供电电源为TN系统或TT系统，而发电机采用引出中性线的IT系统，为保证IT系统的中性点对地绝缘，其电源转换开关应采用四极开关。

另外，当装设有剩余电流动作的保护电器时，应能将其所保护的回路中所有带电导体断开，以防中性导体在故障情况下引入危险电位（详见第九章）。由于 PEN 导体兼起保护导体的作用，为确保其可靠，IEC 标准及我国标准均规定：在 TN-C 系统中，严禁断开 PEN 导体，不得装设开断 PEN 导体的任何电器。

第五节　互　感　器

互感器（Instrument Transformer）是一种为测量仪器、仪表、继电器和其他类似电器供电的特殊变压器。互感器的功能有两个：一是将二次电路及设备与高压一次电路隔离，保障了二次设备与人身安全；二是将任意高的电压变换成标准的低电压（如电压互感器）或将任意大的电流变换成标准的小电流（如电流互感器），以使二次侧的测量仪器、仪表、继电器等标准化。

一、电流互感器

（一）基本结构原理与类型

电流互感器（Current Transformer）是一种在正常使用条件下其二次电流与一次电流实际成正比、且在连接方法正确时其相位差接近于零的互感器。

电磁式电流互感器的基本结构如图 4-12 所示。电流互感器的结构特点是：一次绕组匝数很少（有的利用一次导体穿过其铁心，只有一匝），导体相当粗；而二次绕组匝数很多，导体较细。它接入电路的方式是：其一次绕组串联接入一次电路；而其二次绕组则与仪表、继电器等的电流线圈串联，形成一个闭合回路。由于二次仪表、继电器等的电流线圈阻抗很小，所以电流互感器工作时二次回路接近于短路状态。根据电磁感应原理，电流互感器一次、二次绕组电流之比与其绕组匝数之比成反比。二次绕组的额定电流一般为 5A（或 1A）。

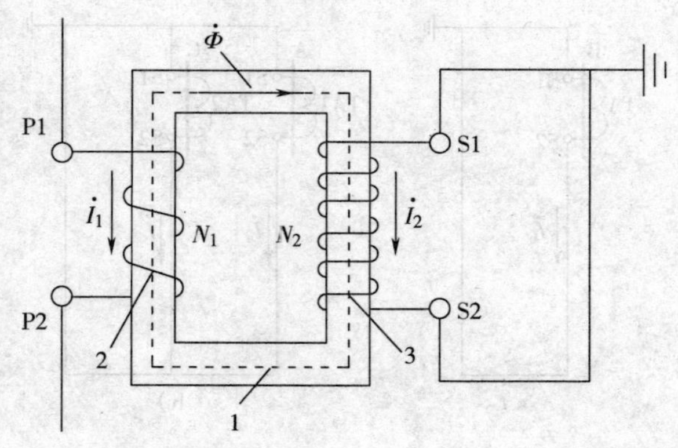

图 4-12　电磁式电流互感器的基本结构

1—铁心　2—一次绕组　3—二次绕组

电流互感器的一次电流 I_1 与其二次电流 I_2 之间有下列关系：

$$I_1 \approx \frac{N_2}{N_1} I_2 \approx K_i I_2$$

式中　N_1、N_2——电流互感器一次和二次绕组的匝数；

K_i——电流互感器的电流比，一般定义为 I_{1r}/I_{2r}，例如 200A/5A 等。

电流互感器的类型很多。按一次绕组的匝数分，有单匝式（包括母线式、心柱式、套管式）和多匝式（包括线圈式、线环式、串级式）。按一次电压高低分，有高压和低压两大类。按用途分，有测量用和保护用两大类。按准确度级分，测量用电流互感器的准确度级有

0.1、0.2（0.2S）、0.5（0.5S）、1、3、5 等级，110kV 及以下系统保护用电流互感器的准确度级有 5P、10P 等级。

高压电流互感器一般制成两个铁心和两个或多个二次绕组，其中准确度级高的二次绕组接测量仪表，其铁心易饱和，使仪表受短路电流的冲击小；准确度级低的二次绕组接继电器，其铁心不应饱和，使二次电流能成比例增长，以适应保护灵敏度的要求。

目前电流互感器都是环氧树脂浇注绝缘的，尺寸小，性能好，在高低压成套配电装置中广泛应用。附录表 25、26 列出了 LZZBJ12-10A 系列高压电流互感器及 BH-0.66 型低压电流互感器的主要技术参数。

（二）常用接线方案

电流互感器在三相电路中常用的接线方案有：

（1）一相式接线（见图 4-13a） 电流线圈通过的电流，反应一次电路对应相的电流。通常用在负荷平衡的三相电路中测量电流，或在继电保护中作为过负荷保护接线。

（2）两相不完全星形联结（见图 4-13b） 广泛用于中性点非有效接地的三相三线制电路中，常用于电能的测量及过电流继电保护。

（3）三相星形联结（见图 4-13c） 这种接线的三个电流线圈，正好反应各相电流，因此广泛用于中性点有效接地的三相三线制特别是三相四线制电路中，用于电流、电能测量或过电流继电保护等。

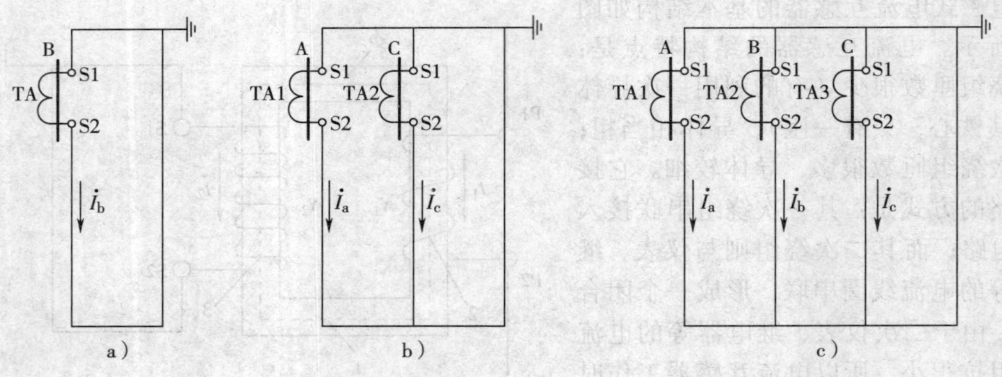

图 4-13 电流互感器的接线方案

a）一相式接线 b）两相不完全星形联结 c）三相星形联结

（三）使用注意事项

（1）电流互感器的二次侧在工作时不得开路 若电流互感器二次侧在工作时开路，则励磁电流 I_0 和励磁磁动势 I_0N_1 突然巨增几十倍，这样将产生如下的严重后果：①铁心因深度饱和而过热，有可能烧毁互感器，并且产生剩磁，大大降低准确度；②由于磁通波形将变为方波，因此会在二次侧感应出危险的高电压（尖顶脉冲），危及人员和调试设备的安全。所以电流互感器的二次侧在工作时绝对不允许开路。为此，电流互感器安装时，其二次接线一定要牢靠和接触良好，并且不允许串接熔断器和开关。

（2）电流互感器的二次侧有一端必须接地 这是为了防止电流互感器的一、二次绕组绝缘击穿时，一次侧的高电压窜入二次侧，危及人身和设备的安全。

（3）电流互感器在连接时，要注意其端子的极性 按规定电流互感器的一次绕组端子标以 P1、P2，二次绕组端子标以 S1、S2，P1 与 S1 及 P2 与 S2 分别为“同名端”或“同极性端”。如果端子极性搞错，其二次侧所接仪表、继电器中流过的电流就不是预想的电流，甚至可能引起事故。

（四）电流互感器的选择

1. 电流互感器的参数选择

（1）额定电压　额定电压（一次回路电压）U_r 与所在线路的标称电压 U_n 相符。设备最高电压不低于系统最高电压。

（2）额定一次电流　对测量、计量用电流互感器，额定一次电流（Rated Primary Current）I_{1r} 按线路正常负荷电流 I_c 的 1.25 倍选择，以保证测量、计量仪表的最佳工作，并在过负荷时使仪表有适当的指示。对保护用电流互感器，当与测量共用时，只能选用相同的额定一次电流；单独用于保护回路时，I_{1r} 宜按不小于线路最大负荷电流选择。

若继电保护采用 GL 型过电流继电器，电流互感器的额定一次电流 I_{1r} 的选择还考虑 GL 型过电流继电器的触点容量及瞬时动作电流整定限值的要求（见第七章）。

（3）额定二次电流　电流互感器的额定二次电流（Rated Secondary Current）I_{2r} 一般选为 5A。对于新建变电所，有条件时宜选用 1A，以降低二次线路损耗，增加传输距离。

（4）准确级　选择方法如下：

1）对测量、计量用电流互感器，按仪表对准确级的要求选择。一般测量用电流互感器选用 0.5 级，计量用电流互感器选用 0.2 级（对负荷变化范围较大时，宜选 S 型）。并校验实际二次负荷 S_2 是否小于对应于该准确级的额定值 S_{2r}。

2）对 110kV 及以下 P 类保护用电流互感器，标准准确级有 5P 和 10P 级，供过电流保护装置选用。并校验稳态短路情况下的准确限值系数能否满足保护要求。准确限值系数（Accuracy Limit Factor）是互感器能满足复合误差要求的最大一次电流值即额定准确限值一次电流（Rated Accuracy Limit Primary Current）与额定一次电流之比值。

（5）额定动稳定电流　电流互感器的额定动稳定电流（Rated Dynamic Current）是指在二次绕组短路的情况下，电流互感器能承受住其电磁力的作用而无电气或机械损伤的最大一次电流峰值。电流互感器的额定动稳定电流 i_{max} 不应小于使用地点的最大三相短路电流峰值 i_{p3}。

（6）额定短时热电流　电流互感器的额定短时热电流（Rated Short-time Thermal Current）是指在二次绕组短路的情况下，电流互感器能承受 1s 且无损伤的一次电流方均根值。电流互感器的额定短时热电流应满足条件 $I_t^2 t \geqslant Q_t$。短路电流热效应 Q_t 按保护电器（断路器或熔断器）的不同分别计算。

2. 测量、计量用电流互感器的实际二次负荷计算

测量、计量用电流互感器的实际二次负荷 S_2 按下式计算：

$$S_2 = \sum S_i + I_{2r}^2 (K_W R_W + R_{toh}) \tag{4-15}$$

式中　$\sum S_i$——互感器最大负荷相的测量、计量仪表在 I_{2r} 时的功率损耗之和（V·A），可查产品样本；

R_W——连接导线的每相电阻（Ω），$R_W = l/(\gamma A)$，这里 γ 为导线的电导率，铜线 $\gamma = 54.3\text{m}/(\Omega \cdot \text{mm}^2)$，$A$ 为导线截面积（一般取 2.5～4mm^2），l 为电流

互感器二次端子到仪表接线端子的单向长度（m）；

K_W——连接导线的接线系数，电流互感器二次侧为三相星形联结时，$K_W = 1$；电流互感器二次侧为两相不完全星形联结时，$K_W = \sqrt{3}$；电流互感器二次侧为单相式接线时，$K_W = 2$；

R_{toh}——导线接触电阻，一般取 0.05Ω。

3. P类保护用电流互感器的稳态性能验算

一般选择验算方法如下：

1）电流互感器的额定准确限值一次电流 I_{1al}（$I_{1al} = K_{al}I_{1r}$，K_{al} 为电流互感器的准确限值系数）应大于保护校验故障电流 I_{pc}。对过电流保护，I_{pc} 取保护区内末端故障时，流过互感器的最大短路电流。在保护安装点近处故障时，允许互感器误差超出规定值，但必须保证保护装置动作的可靠性和速动性。

2）电流互感器额定二次负荷阻抗 Z_{2r} 应大于电流互感器的实际二次负荷阻抗 Z_2。电流互感器的实际二次负荷阻抗 $Z_2 = \sum Z_i + K_W R_W + R_{toh}$，$\sum Z_i$ 为继电器的阻抗之和（Ω），继电器的阻抗可查产品样本；现代继电保护多采用三相三继电器式接线时，对三相和两相短路 $K_W = 1$；对单相短路 $K_W = 2$。

按上述一般选择验算条件选择的电流互感器可能尚有潜力未得到合理利用，如选用电子式仪表和微机保护装置时，经常遇到 K_{al} 不够但二次输出容量确有裕度的情况。因此，必要时可按电流互感器制造厂提供的实际准确限值系数曲线验算，以便更合理地选用电流互感器。

例 4-3　试选择例 3-1 所示用户变电所高压进线侧的户内电流互感器的型号规格。已知高压母线三相短路时，设置的后备保护动作时间为 0.8s。

解：本工程选用户内金属封闭开关设备，电流互感器安装在开关内，作继电保护及测量用。查附录表 25，选用 LZZBJ12-10A 型户内高压电流互感器。

（1）高压电流互感器的参数选择（见表 4-6）

表 4-6　高压电流互感器的参数选择

序号	选择项目	装置地点技术数据	互感器技术数据	结论
1	额定电压	$U_n = 10kV$	$U_r = 10kV$	$U_r = U_n$，合格
2	额定一次电流	$I_c = \frac{2 \times 1000kV \cdot A}{\sqrt{3} \times 10kV} = 115.5A$	$I_{1r} = 150A$	$I_r > I_c$，合格
3	额定二次电流		$I_{2r} = 5A$	合格
4	准确级及容量	测量/保护	0.5/10P（20V·A/15V·A）	合格
5	额定动稳定电流	$i_{p3} = 10.39kA$（最大运行方式）	$i_{max} = 112.5kA$（最小）	$i_{max} > i_{p3}$，合格
6	额定短时（1s）热电流	$Q_t = (4.07kA)^2 \times (0.1 + 0.8 + 0.05)s = 17.44 kA^2 \cdot s$（断路器全开断时间取 0.1s）	$I_t^2 t = (45kA)^2 \times 1s = 2025kA^2 \cdot s$	$I_t^2 t > Q_t$，合格
7	环境条件	华东地区变电所高压开关柜内	正常使用环境	满足条件
8	其他条件	测量与继电保护接线	三相星形接线	满足条件

（2）测量用电流互感器的实际二次负荷及其准确级校验　测量用电流互感器二次侧为

三相星形联结，电流表为电子式仪表，电流回路负荷 $S_i \leqslant 1\text{V}\cdot\text{A}$。已知二次回路铜导线截面积为 4mm^2，电流互感器二次端子到仪表接线端子的单向长度为 3m。则电流互感器的实际二次负荷为

$$S_2 = \sum S_i + I_{2r}^2(K_W R_W + R_{toh})$$
$$= 1\text{V}\cdot\text{A} + (5\text{A})^2 \times \left(\frac{3}{54.3 \times 4}\Omega + 0.05\Omega\right)$$
$$= 2.60\text{V}\cdot\text{A}$$

LZZBJ12-10 型电流互感器在 $I_{1r} = 150 \sim 200\text{A}$，0.5 级时的额定二次负荷 $S_{2r} = 20\text{V}\cdot\text{A} > S_2$，满足准确级要求。

（3）保护用电流互感器的稳态性能校验（采用一般选择验算条件）

1）查附录表 25，LZZBJ12-10A 型电流互感器的准确限值系数为 15，则额定准确限值一次电流 $I_{1al} = K_{al}I_{1r} = 15 \times 150\text{A} = 2250\text{A} = 2.25\text{kA}$。保护校验故障电流 I_{pc} 取保护区内末端（变压器低压母线）故障时流过互感器的最大短路电流，即 $I_{pc} = I''_{k3.max}/K_T = 24.67\text{kA}/25 = 0.98\text{kA}$。$I_{1al} > I_{pc}$，满足要求。

保护出口短路时，流过互感器的短路电流最小为 $I''_{k2} = 0.866 \times 4.07\text{kA} = 3.52\text{ kA}$，大于互感器的额定准确限值一次电流 2.25kA，互感器可能出现局部饱和，误差增大，互感器测量的短路电流将比实际值小，但远大于速断保护动作电流 1.8kA（参见第七章），仍在电流速断保护动作区内。

2）保护用电流互感器二次侧为三相星形联结，继电器为 JL-83C 无源静态电流继电器（参见第七章），继电器最大功耗为 $7\text{V}\cdot\text{A}$，阻抗 $\sum Z_i = 7\text{V}\cdot\text{A}/(5\text{A})^2 = 0.28\Omega$。已知二次回路铜导线截面积为 4mm^2，电流互感器二次端子到仪表接线端子的单向长度为 3m。则电流互感器的实际二次负荷阻抗为

$$Z_2 = \sum Z_i + K_W R_W + R_{toh}$$
$$= 0.28\Omega + 1 \times \frac{3}{54.3 \times 4}\Omega + 0.05\Omega$$
$$= 0.34\Omega$$

电流互感器额定二次负荷为 $15\text{V}\cdot\text{A}$，额定二次负荷阻抗 $Z_{2r} = 15\text{V}\cdot\text{A}/(5\text{A})^2 = 0.6\Omega$，$Z_2 < Z_{2r}$，满足要求。

二、电压互感器

（一）基本结构原理及其类型

电压互感器（Voltage Transformer）是一种在正常使用条件下其二次电压与一次电压实际成正比、且在连接方法正确时其相位差接近于零的互感器。常用的有电磁式电压互感器、电容式电压互感器等。

电磁式电压互感器（Inductive Voltage Transformer）的基本结构如图 4-14 所示。它的结构特点是：一次绕组匝数很多，而二次绕组匝数较小，相当于降压变压器。它接入电路的方式是：其一次绕组并联在一次电路中；而其二次绕组则并联仪表、继电器的电压线圈。由于二次仪表、继电器等的电压线圈阻抗很大，所以电压互感器工作时二次回路接近于空载状

态。根据电磁感应原理，电压互感器一次、二次绕组电压之比与其绕组匝数之比成正比。二次绕组的额定电压一般为100V或100/$\sqrt{3}$ V。

电压互感器的一次电压 U_1 与二次电压 U_2 之间有下列关系：

$$U_1 \approx \frac{N_1}{N_2}U_2 \approx K_u U_2$$

式中，N_1、N_2 为电压互感器一次和二次绕组的匝数；K_u 为电压互感器的电压比，一般定义为 U_{1r}/U_{2r}，例如10/0.1kV。

电磁式电压互感器广泛采用环氧树脂浇注绝缘的干式结构。其相数有单相式和三相式；其绕组数量有双绕组和多绕组等；测量用电压互感器的准确度等级有0.1、0.2、0.5、1、3等级，保护用电压互感器的准确度等级有3P、6P等级。

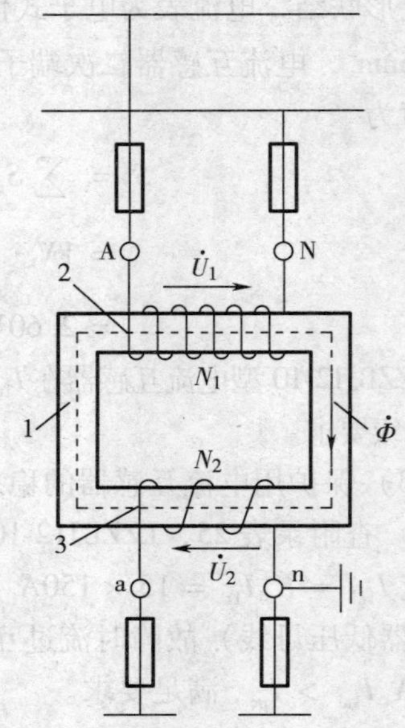

图4-14 电磁式电压互感器的基本结构

1—铁心 2—一次绕组 3—二次绕组

电容式电压互感器（Capacitor Voltage Transformer）是一种由电容分压器和电磁单元组成的电压互感器，多用于110kV及以上电力系统中。

附录表27列出了JDZ(X)12-10系列高压电压互感器的主要技术参数。

（二）常用接线方案

电压互感器在三相电路中常用的接线方案有：

（1）一个单相电压互感器的接线（见图4-15a） 可测量一个线电压。

（2）两个单相电压互感器接成Vv（见图4-15b） 可测量三相三线制电路的各个线电压，它广泛地应用于用户10kV高压配电装置中。

（3）三个单相三绕组电压互感器或一个三相五心柱三绕组电压互感器接成Yynd（见图4-15c） 接成Y的二次绕组可测量各个线电压及相对地电压，而接成开口三角形的剩余二次绕组可测量零序电压，可接用于绝缘监视的电压继电器或微机小电流接地选线装置。一次电路正常工作时，开口三角形两端的电压接近于零。当一次系统某一相接地时，开口三角形两端将出现近100V的零序电压，使电压继电器动作，发出信号。

（三）使用注意事项

（1）电压互感器的一、二次侧必须加熔断器保护 由于电压互感器是并联接入一次电路的，二次侧的仪表、继电器也是并联接入互感器二次回路的，因此互感器的一、二次侧均必须装设熔断器，以防发生短路烧毁互感器或影响一次电路的正常运行。

（2）电压互感器的二次侧有一端必须接地 这也是为了防止电压互感器的一、二次绕组绝缘击穿时，一次侧的高压窜入二次侧，危及人身和设备的安全。

（3）电压互感器在连接时要注意其端子的极性 按规定单相电压互感器的一次绕组端子标以A、N，二次绕组端子标以a、n，A与a及N与n分别为“同名端”或“同极性端”。三相电压互感器按照相序，一次绕组端子分别标以A、B、C、N，二次绕组端子则对应地标以a、b、c、n。这里A与a、B与b、C与c及N与n分别为“同名端”或“同极性端”。

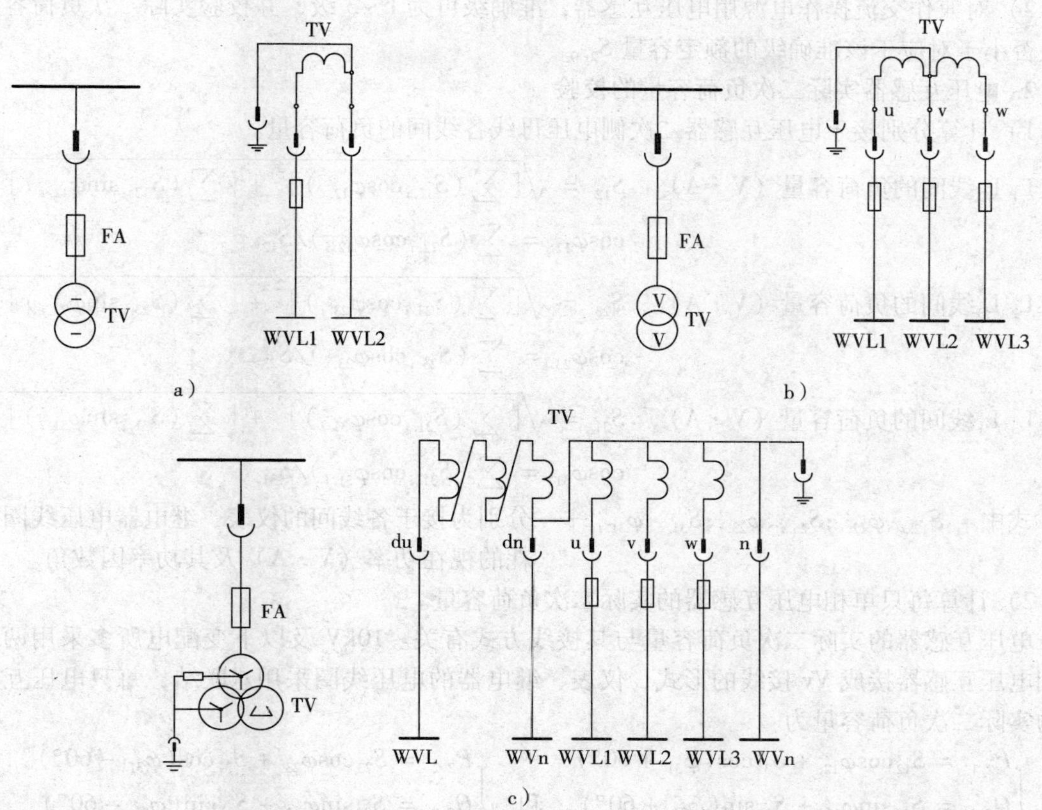

图 4-15　电压互感器的接线方案

a）一个单相电压互感器　b）两个单相电压互感器接成 Vv

c）三个单相三绕组电压互感器或一个三相五心柱三绕组电压互感器接成 Ynd

电压互感器连接时，端子极性不能弄错，否则可能发生事故。

（四）电压互感器的选择

1. 电压互感器的参数选择

（1）额定一次电压　普通双绕组电压互感器的额定一次电压（Rated Primary Voltage）U_{1r} 与所在线路的标称电压 U_n 相等；用于一次系统绝缘监视的三绕组电压互感器的额定一次电压 $U_{1r} = U_n/\sqrt{3}$。

（2）额定二次电压　普通双绕组电压互感器的额定二次电压（Rated Secondary Voltage）U_{2r}一般为 100V；用于一次系统绝缘监视的三绕组电压互感器的主二次绕组额定电压 $U_{2r.1} = 100/\sqrt{3}$V，剩余二次绕组额定电压 $U_{2r.2} = 100/3$V（中性点非直接接地系统）或 $U_{2r.2} = 100$V（中性点直接接地系统）。

（3）准确级及容量　选择方法如下：

1）对测量、计量用及保护用电压互感器，按仪表、保护装置及自动装置对准确级及容量的要求选择。一般测量和保护用电压互感器选用 0.5～1 级，计量用电压互感器选用 0.2 级，并校验实际二次负荷容量 S_2是否小于对应于该准确级的额定容量 S_{2r}。

2）对兼作交流操作电源用电压互感器，准确级可为1～3级，并校验实际二次负荷容量S_2是否小于对应于该准确级的额定容量S_{2r}。

2. 电压互感器实际二次负荷容量的校验

1）计算分别接于电压互感器二次侧电压母线各线间的负荷容量。

L_1 L_2线间的负荷容量（V·A） $$S_{12}=\sqrt{\left[\sum(S_{12.i}\cos\varphi_{12.i})\right]^2+\left[\sum(S_{12.i}\sin\varphi_{12.i})\right]^2}$$

$$\cos\varphi_{12}=\sum(S_{12.i}\cos\varphi_{12.i})/S_{12}$$

L_2 L_3线间的负荷容量（V·A） $$S_{23}=\sqrt{\left[\sum(S_{23.i}\cos\varphi_{23.i})\right]^2+\left[\sum(S_{23.i}\sin\varphi_{23.i})\right]^2}$$

$$\cos\varphi_{23}=\sum(S_{23.i}\cos\varphi_{23.i})/S_{23}$$

L_3 L_1线间的负荷容量（V·A） $$S_{31}=\sqrt{\left[\sum(S_{31.i}\cos\varphi_{31.i})\right]^2+\left[\sum(S_{31.i}\sin\varphi_{31.i})\right]^2}$$

$$\cos\varphi_{31}=\sum(S_{31.i}\cos\varphi_{31.i})/S_{31}$$

式中 $S_{12.i}$、$\varphi_{12.i}$；$S_{23.i}$、$\varphi_{23.i}$；$S_{31.i}$、$\varphi_{31.i}$——分别为接于各线间的仪表、继电器电压线圈消耗的视在功率（V·A）及其功率因数角。

2）计算每只单相电压互感器的实际二次负荷容量。

电压互感器的实际二次负荷容量与其接线方式有关。10kV及以下变配电所多采用两只单相电压互感器接成Vv接线的形式，仪表、继电器的电压线圈采用△联结，每只电压互感器的实际二次负荷容量为

$$\begin{cases}P_{2.1}=S_{12}\cos\varphi_{12}+S_{31}\cos(\varphi_{31}+60°)\\Q_{2.1}=S_{12}\sin\varphi_{12}+S_{31}\sin(\varphi_{31}+60°)\\S_{2.1}=\sqrt{P_{2.1}^2+Q_{2.1}^2}\end{cases}\quad 和\quad \begin{cases}P_{2.2}=S_{23}\cos\varphi_{23}+S_{31}\cos(\varphi_{31}-60°)\\Q_{2.2}=S_{23}\sin\varphi_{23}+S_{31}\sin(\varphi_{31}-60°)\\S_{2.2}=\sqrt{P_{2.2}^2+Q_{2.2}^2}\end{cases}$$

3）根据电压互感器的型号及准确级，查产品样本，确定电压互感器的额定二次负荷容量S_{2r}。

4）比较$S_{2.1}$（$S_{2.2}$）与S_{2r}，若$S_{2.1}$（$S_{2.2}$）$<S_{2r}$，表示电压互感器满足准确级及容量要求。

设计经验表明，用户变配电所电压互感器的二次负荷较小，一般均能满足准确级对应的负荷容量要求。

（五）电子式互感器简介

常规的电磁式互感器在运行中暴露出一系列缺点：如互感器的绝缘结构复杂、体积大、造价也高，电磁式互感器所固有的磁饱和、铁磁谐振、动态范围小等，已难以满足目前电力系统对设备小型化和在线检测、高精度故障诊断、数字传输等发展要求。

因此，国内外都在研制新型电子式互感器，并取得较大进展。电子式互感器（Electronic Instrument Transformer）由连接到传输系统和二次转换器的一个或多个电流或电压互感器组成，用于传输正比于被测量的量，以供给测量仪器、仪表和继电保护或控制装置。如适用于超高压系统的采用光—电变换或磁—光变换原理的光传感器，它具有抗电磁干扰、不饱和、测量范围大、体积小、质量小及便于数字传输等优点，现已开始进入商业运行；适用于GIS和开关柜用的新型互感器，如无铁心的空心线圈（罗戈夫斯基线圈）电流互感器，带铁心的低功率电流互感器、电阻分压或阻容分压的电压互感器等。这些互感器与常规互感器近

似，亦称半常规互感器。它们体积小、质量小、暂态响应和运行性能好，可靠性高，已开始在新型中、低压开关柜和 GIS 中使用。

第六节　电线电缆

一、电线电缆的分类与结构

电线电缆（Electric Wire and Cable）是指用以传输电能、信息或实现电磁能转换的线材产品。在供电系统中，传输电能用的电线电缆产品有裸导体、电力电缆、绝缘电线、封闭母线（母线槽）等。

（一）裸导体

裸导体（Bare Conductor）指没有绝缘层的导体，其中包括铜、铝、钢等各种金属和复合金属圆单线、各种结构的架空输电线用的绞线、软接线、型线材等。

裸绞线（铜绞线 TJ、铝绞线 LJ、钢芯铝绞线 LGJ 等）主要用于架空线路。架空线路（Overhead Line）是用杆塔、绝缘子将导线架设于地面上的电力线路。某些架空线路也有可能采用绝缘导线或绝缘电缆。架空线路的特点是投资省、易维护，但不美观、占空间，受气候条件和周围环境影响大，安全性、可靠性不高。它主要用于电力系统的输电网和城市郊区及农村配电网，工业与民用建筑供配电工程中已较少采用。

裸型线材属于硬导体，其截面形状有管形、矩形及其他异形。配电装置中的汇流母线采用的就是硬导体，利用支柱绝缘子或绝缘夹具固定并对地绝缘。

接地系统与等电位联结导体也多采用裸导体。

（二）电力电缆

电缆（Cable）是具有外护层并且可能有填充、绝缘和保护材料的一个或多个导体的组合体。用以传输和分配电能的电缆产品称为电力电缆（Power Cable），其中包括 1～330kV 及以上各种电压等级、各种绝缘的电缆。

1. 电力电缆的应用

地下电缆（Underground Cable）是由直接埋在地下或敷设在地下电缆沟、槽或管道内的电缆组成的电力线路。地下电缆的建设费用一般高于架空线路，但在一些特殊情况下，它能完成架空线不易或甚至无法完成的任务，例如跨越大江、大河或海峡的输电，以及直接将超高压线路引进城市和工业区中心等。与架空线相比，地下电缆具有美观、占地少，基本不占地面以上空间，传输性能稳定，可靠性高等优点。因此，电力电缆常用于城市的地下电网、发电厂的引出线回路、变配电所的进出线回路、工业与民用建筑内部配电线路，以及过江、过海峡等的水下输电线路。

2. 电力电缆的结构

电力电缆的结构主要包括导体、屏蔽层、绝缘层和包覆层及各种部件如图 4-16 所示。屏蔽层主要用于 6kV 级及以上产品，它是能够将电场控制在绝缘内部，同时能够使得绝缘界面处表面光滑，并借此消除界面处空隙的导电层（通常接地）。电缆线路中还必须配置各种中间连接盒和终端等附件。

导体通常采用多股铜绞线（或铝、铝合金）制成，根据电缆中导体的数目多少，电缆

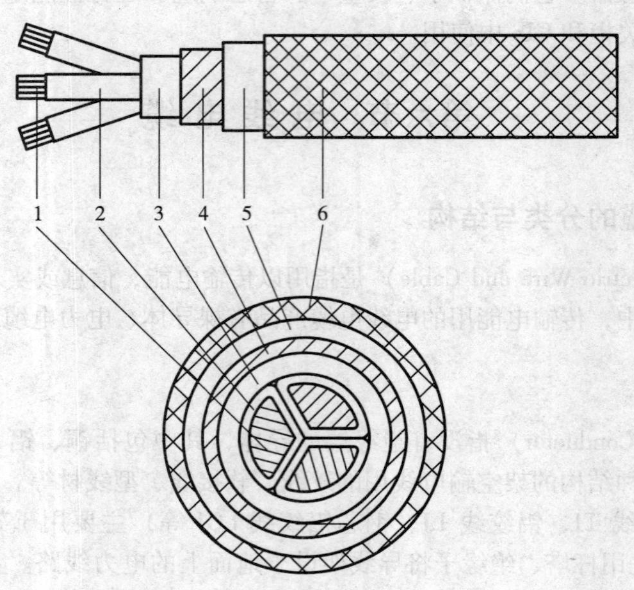

图 4-16 电力电缆的结构

1—导体 2—相绝缘层 3—带绝缘层 4—护套层 5—铠装层（可选） 6—外护套层

可分为单芯、三芯、四芯和五芯等种类。单芯电缆的导体截面为圆形，三芯、四芯、五芯电缆的导体截面通常为扇形或腰圆形。

电缆的绝缘层用来使导体与导体间及导体与保护层之间相互绝缘。一般电缆的绝缘层包括芯绝缘与带绝缘两部分，芯绝缘层包裹着导体芯；带绝缘层包裹着全部导体，空隙处填以充填物。

电缆的包覆层用来包覆绝缘物及芯线，分为内保护层和外保护层。内保护层用来增加电缆绝缘的耐压作用，并且防水、防潮。外保护层由衬垫层、铠装层（钢带、钢丝）及外被层组成，其作用是防止电缆在运输、敷设和检修过程中受到外界的机械力作用。

3. 预分支电缆

预分支电缆（Prefabricated Branched Cable）是电缆生产厂家在生产主干电缆时按用户设计图样预制分支线的电缆，是近年来的一项新技术产品。预分支电缆由三部分组成：主干电缆、分支线、起吊装置，并具有三种类型：普通型、阻燃型、耐火型。

电缆生产厂家在制作预分支电缆时，首先将成品电缆在指定的位置剥去护套及绝缘层，紧接着冷压分接头，最后二次注塑，全部过程都在车间内用专用设备加工，因此，可靠性较高。

预分支电缆有单芯和多芯拧绞型两类。在敷设条件不受限制时，宜优先选用单芯电缆。预分支电缆适用于低压配电系统采用树干式接线、分支部位有规律分布且固定不变的场合，如用于高层民用建筑电气竖井的垂直配电干线、隧道、机场、桥梁、公路等照明配电干线等。

（三）绝缘电线

绝缘电线（Insulated Wire）是导体及其绝缘层、屏蔽层（如具有）的组合体。具有护套层的绝缘电线称为护套绝缘电线。绝缘电线大量应用于低压配电线路及接至用电设备的末端线路。

（四）封闭母线（母线槽）

高压系统应用的封闭母线（Phase Bus）是用金属外壳将导体连同绝缘等封闭起来的组合体。封闭母线包括离相封闭母线、共箱（含共箱隔相）封闭母线和电缆母线，广泛用于发电机出线、变压器出线、高压开关柜母线联络及其他输配电回路。低压配电系统常用的封闭式母线干线，其结构是三相四线制母线封闭在走线槽或类似的壳体内，并由绝缘材料支撑或隔开，故又称为母线槽（Busway）。

母线槽按绝缘方式分有密集绝缘、空气绝缘和空气附加绝缘三种。密集绝缘母线槽（Closed Insulated Busway）将裸母线用绝缘材料覆盖后，紧贴通道壳体放置，有较好的热传导和动稳定性，大电流母线槽推荐首选密集绝缘式；空气绝缘母线槽（Air Insulated Busway）将裸母线用绝缘衬垫支承在壳体内，靠空气介质绝缘，价格低廉，绝缘不易老化，但散热性能不如密集绝缘好，阻抗较大；空气附加绝缘母线槽（Air Extreme Insulated Busway）将裸母线用绝缘材料覆盖后，再用绝缘垫块支承在壳体内的母线槽，类同于但优于空气绝缘母线槽。

母线槽按功能分有馈电式、插接式和滑接式三种。馈电式母线槽用来将电能直接从供电电源处传输到配电中心的母线槽，常用于发电机或变压器与开关柜的连接线路，或者开关柜之间的连接线路；插接式母线槽是用来传输电能并可引出配电分支线路的母线槽；滑接式母线槽用于移动设备的供电，如起重机、电动葫芦和生产线上。

母线槽按外壳形式分有表面喷涂钢板式、铝合金外壳式等。表面喷涂钢板式加工容易、成本较低，应用较广；铝合金外壳式内部结构为密集绝缘式，尺寸小、重量轻、装配精度高，可适合在室内外使用，而且外壳可作 PE 导体使用。一般母线槽防护等级为 IP3X ~ IP4X；防护式母线槽防护等级则为 IP52 ~ IP55，适用于室内；高防护式母线槽防护等级为 IP63 ~ IP66，适用于室内外有凝露或有水冲击的场合。

母线槽按防火要求分为普通型、耐火型两种。普通型母线槽用于一般场所；耐火型母线槽在火灾情况下的一定时间内仍保持正常运行特性，其规定的试验条件同耐火电缆，有逐步被矿物绝缘电缆所代替的趋势。

二、电线电缆的绝缘材料及护套

（一）普通电线电缆

普通电线电缆所用的绝缘材料一般有聚氯乙烯（PVC）、交联聚乙烯（XLPE）、橡胶等。

聚氯乙烯绝缘电线、电缆，其优点是制造工艺简便、重量轻、弯曲性能好，耐油、耐酸碱腐蚀，价格便宜；其缺点是对气候适应性能差，低温时变硬发脆。普通聚氯乙烯显然有一定的阻燃性，但在燃烧时，释放有毒烟气，故对于需要满足在着火燃烧时的低烟低毒要求的场合，如地下客运设施、地下商业区、高层建筑和特殊重要公共设施等人流较密集场所，或者重要性高的厂房，不宜采用聚氯乙烯绝缘或护套类电线、电缆，而应采用低烟低卤或无卤的阻燃电线、电缆。聚氯乙烯绝缘电线、电缆主要用于 1kV 及以下低压线路。

交联聚乙烯绝缘电线、电缆，介质损耗低，性能优良，结构简单、制造方便，外径小、重量轻、载流量大（耐热性能优于聚氯乙烯）、敷设方便，因而应用广泛。普通的交联聚乙烯不含卤元素，虽不具备阻燃性能，但在燃烧时不会产生大量毒气及烟雾，用它制造的电线、电缆称为“清洁电线、电缆”。交联聚乙烯对紫外线照射较敏感，通常采用聚氯乙烯绝缘护套。

橡皮绝缘电缆弯曲性能较好，能够在严寒气候下敷设，特别适用于水平高差大和垂直敷设的场合。普通橡胶耐热性能差，允许运行温度较低，故对于高温环境又有柔软性要求的回路，宜选用乙丙橡胶绝缘电缆。乙丙橡胶（EPR）具有耐氧、耐臭氧的稳定性和局部放电的稳定性，也具有优异的耐寒特性；此外，还具有优良的抗风化和光照的稳定性；特别是它不含卤元素，又有阻燃性，采用氯磺化乙烯护套的乙丙橡胶绝缘电缆，适用于要求阻燃的场所。

附录表28列出了常用绝缘材料的耐热分级及其极限温度。

（二）阻燃电线电缆

电线电缆的阻燃性（Flame Retardancy）是指在规定试验条件下，试样被燃烧，在撤去火源后，火焰的蔓延仅在限定范围内，且残焰和残灼能在限定时间内自行熄灭的特性。具有阻燃性的电线电缆称为阻燃电线电缆。

阻燃电线电缆的阻燃等级从高到低分为A、B、C、D四级。可根据要求选择，其中D级标准仅适用于绝缘电线。

阻燃电缆（Flame Retardant Cable）燃烧时烟气特性可分为一般阻燃型、无卤阻燃型等。一般阻燃电缆含卤元素，虽阻燃性能好价格又低廉，但燃烧时烟雾浓、酸雾及毒气大。无卤阻燃电缆烟少、毒低、无酸雾，但阻燃性能较差，大多为C级，而价格比一般阻燃电缆贵。

对于具有高阻燃等级、低烟低毒的场合，可采用聚氯乙烯或交联聚乙烯绝缘的隔氧层电缆，或采用聚烯烃绝缘、阻燃玻璃纤维填充、辐照交联聚烯烃护套的无卤低烟电缆，阻燃等级可达A级。

（三）耐火电线电缆

电线电缆的耐火性（Fire Resistance）是指在规定试验条件下，试样在火焰中被燃烧一定时间内能保持正常运行的性能。具有耐火性的电线电缆称为耐火电线电缆。

耐火电缆（Fire Resistant Cable）按绝缘材质可分为有机型和无机型两种。有机型主要采用耐高温800℃的云母带作为耐火层，外部采用聚氯乙烯或交联聚乙烯绝缘。无机型是矿物绝缘电缆，采用氧化镁绝缘、铜管护套，除了耐火性外，还有较好的耐喷淋及耐机械撞击性能；它允许在250℃的高温下长期正常工作，适合在冶金工业中应用。矿物绝缘电缆须防潮气侵入，必须配用各类专用接头及附件，施工要求也极严格。耐火电缆价格很高，且施工较困难，应严格控制其使用范围。

耐火电线电缆主要用于在火灾时仍需保持正常运行的线路，如工业及民用建筑的消防系统、应急照明系统、救生系统、火灾报警及重要的监测回路等。

三、线路电压损失计算

由于线路存在阻抗，所以线路通过电流时就会产生电压损失。按规定，高压配电线路的电压损失，一般不超过线路额定电压的5%；从变压器低压侧母线到用电设备受电端的低压配电线路的电压损失，一般不超过用电设备额定电压的5%。如线路的电压损失值超过了允许值，则应加大导线截面积或减小配电半径。

必须指出，配电线路的电压损失（Voltage Loss），是指配电线路始端电压与末端电压的代数差值，而不是两者电压的相量差值（电压降）。另外，为简化计算，忽略线路分布电容形成的电纳，并假设各相电抗相等。

（一）一个集中负荷线路的电压损失

带一个集中负荷的三相线路如图 4-17 所示，设每相电流有效值为 I(A)，线路带负荷时的电阻为 $R(\Omega)$，电抗为 $X(\Omega)$，线路线电压为 U_n(kV)，则每相电压损失（V）为

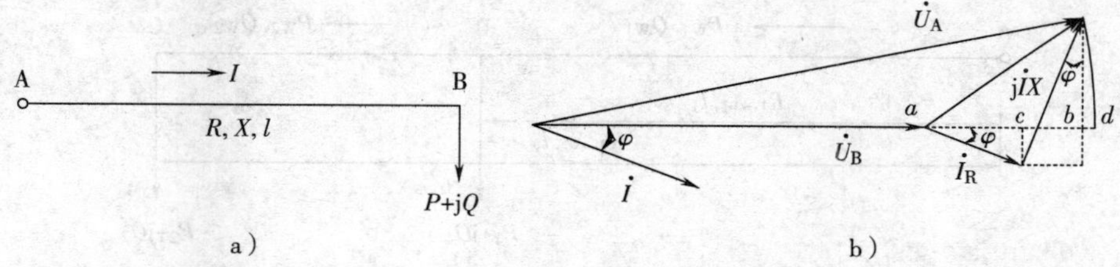

图 4-17　带一个集中负荷的三相线路

a）单线电路图　b）电压、电流相量图

$$\Delta U_{ph} = U_A - U_B = \overrightarrow{ad} \approx \overrightarrow{ab} = \overrightarrow{ac} + \overrightarrow{cb} = I(R\cos\varphi + X\sin\varphi)$$

线电压损失为

$$\Delta U = \sqrt{3}I(R\cos\varphi + X\sin\varphi)$$

在线路末端三相负载功率用有功功率 P（kW）表示时，有 $P = \sqrt{3}U_n I\cos\varphi$，则

$$\Delta U = \frac{P}{U_n\cos\varphi}(R\cos\varphi + X\sin\varphi) = \frac{PR}{U_n} + \frac{QX}{U_n} = \frac{1}{U_n}(PR + QX)$$

式中 φ——负载的功率因数角；

P、Q——负载的有功功率（kW）、无功功率（kvar）。

电压损失的百分值为

$$\Delta U\% = \frac{\Delta U}{U_n} \times 100$$

工程上负载有功功率以 kW 表示，无功功率以 kvar 表示，电压以 kV 表示时，电压损失百分值为

$$\Delta U\% = \frac{1}{10U_n^2}(PR + QX)$$

即

$$\Delta U\% = \frac{\sqrt{3}}{10U_n}(RI\cos\varphi + XI\sin\varphi)$$

$$= \frac{\sqrt{3}}{10U_n}(r\cos\varphi + x\sin\varphi)Il = \Delta u_I\% Il$$

或

$$\Delta U\% = \frac{1}{10U_n^2}(PR + QX) = \frac{r + x\tan\varphi}{10U_n^2}Pl = \Delta u_P\% Pl$$

式中　$\Delta u_I\%$、$\Delta u_P\%$——线路单位长度输送单位容量（A 或 kW）负荷的电压损失百分数，

它与线路电压等级、线路阻抗及线路负荷功率因数有关，在设计手册中，通常将 $\Delta u_I\%$ 、$\Delta u_P\%$ 预先计算出来制成表格，以方便工程设计查用。

（二）带多个集中负荷线路的电压损失

带两个集中负荷的线路如图 4-18 所示。当已知各负荷功率、线路电阻、电抗及额定电压时，各段线路的电压损失就可以计算出来，然后将它们相加就得到线路全长的电压损失。

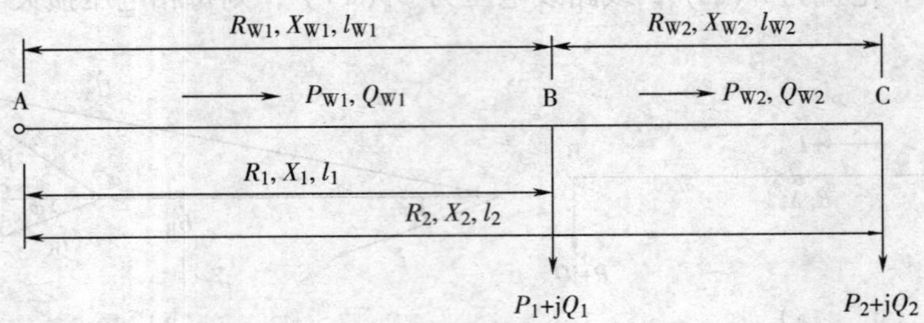

图 4-18　带两个集中负荷的三相线路

线段功率可有下述关系求得：

$$P_{W1}=P_1+P_2;\ Q_{W1}=Q_1+Q_2;\ P_{W2}=P_2;\ Q_{W2}=Q_2$$

线路各段的电压损失为

$$\Delta U_1=\frac{P_{W1}R_{W1}}{U_n}+\frac{Q_{W1}X_{W1}}{U_n};\ \Delta U_2=\frac{P_{W2}R_{W2}}{U_n}+\frac{Q_{W2}X_{W2}}{U_n}$$

线路全长电压损失为

$$\Delta U=\Delta U_1+\Delta U_2=\frac{P_{W1}R_{W1}}{U_n}+\frac{Q_{W1}X_{W1}}{U_n}+\frac{P_{W2}R_{W2}}{U_n}+\frac{Q_{W2}X_{W2}}{U_n}$$

同理，当有 n 段负荷线路时，可计算总的电压损失为

$$\Delta U=\sum_{i=1}^{n}\Delta U_i=\sum_{i=1}^{n}\left(\frac{P_{Wi}R_{Wi}}{U_n}+\frac{Q_{Wi}X_{Wi}}{U_n}\right)$$

电压损失百分数为

$$\Delta U\%=\frac{1}{10U_n^2}\sum_{i=1}^{n}(P_{Wi}R_{Wi}+Q_{Wi}X_{Wi})\tag{4-16}$$

式中　R_{Wi} 、X_{Wi} ——各段线路的电阻（Ω）、电抗值（Ω）；

P_{Wi} 、Q_{Wi} ——各段线路的有功功率（kW）、无功功率（kvar）。

式（4-16）是利用线段功率计算电压损失百分数的方法，比较适于各段线路导线截面或类型结构不相同时的线路电压损失计算。

若以各负荷功率来计算，则通过简单换算，就可得到线路全长的电压损失为

$$\Delta U=\sum_{i=1}^{n}\left(\frac{P_iR_i}{U_n}+\frac{Q_iX_i}{U_n}\right)$$

电压损失百分数为

$$\Delta U\%=\frac{1}{10U_n^2}\sum_{i=1}^{n}(P_iR_i+Q_iX_i)\tag{4-17}$$

式中　R_i 、X_i ——由各负荷点至供电首端部分线路的电阻（Ω）、电抗值（Ω）；

P_i、Q_i——各负荷的有功功率（kW）、无功功率（kvar）。

若线路全长采用同一截面积的电线或电缆，则式（4-17）可变换为

$$\Delta U\% = \frac{1}{10U_n^2}\left(r\sum_{i=1}^{n}P_il_i + x\sum_{i=1}^{n}Q_il_i\right) \tag{4-18}$$

式中　r、x——电线电缆单位长度的电阻及电抗值（Ω/km），可查附录表12；

l_i——各负荷点至供电线路首端的长度（km）。

可以证明，带有均匀分布负荷的三相线路，在计算其电压损失时，可将其分布负荷集中于分布线段的中点，按集中负荷来计算。

四、电线电缆导体截面积的选择

（一）导体截面积选择的条件

为了保证供配电线路安全、可靠、优质、经济地运行，供配电系统的电线电缆导体截面积的选择必须满足下列条件：

1. 发热条件（允许温升条件）

电线电缆导体在通过正常最大负荷电流（计算电流）时产生的发热温度，不应超过其正常运行时的最高允许温度。

2. 电压损失条件

电线电缆导体在通过正常最大负荷电流即线路计算电流时产生的电压损失，不应超过正常运行时允许的电压损失。对于用户内部较短的高压线路，可不进行电压损失校验。

3. 短路热稳定条件

对绝缘电线、电缆和母线，应校验其短路热稳定性。架空裸电线因其散热性很好，可不作短路热稳定校验。

4. 经济电流条件

10kV及以下电力电缆除应符合上述1~3款的要求外，尚宜按经济电流条件选择导体截面积。所谓经济电流是按电缆的初始投资与使用寿命期间的运行费用综合经济的原则确定的工作电流（范围）。

5. 机械强度条件

裸导线和绝缘导线截面积应不小于其最小允许截面积，如附录表29、30所列。多芯电力电缆导体最小截面积，铜导体不宜小于2.5mm^2，铝导体不宜小于4mm^2。

此外，低压电线电缆导体截面积还应满足过负荷保护配合的要求；TN系统中导体截面积的大小还应保证间接接触防护电器能可靠断开电路（见第九章）。

根据设计经验，对一般负荷电流较大的低压配电线路，通常先按发热条件选择导体截面积，然后再校验电压损失、机械强度、短路热稳定等条件；对负荷电流不大而配电距离较长的线路，通常先按电压损失条件选择导体截面积，然后再校验发热条件、机械强度、短路热稳定等条件；对给变压器供电的高压进线以及变电所所用电的电源线路，因短路容量较大而负荷电流较小，一般先按短路热稳定条件选择导体截面积，然后再校验发热条件；当电缆线路负荷较大和年最大负荷利用小时数较大时，宜按经济电流密度条件校核导体截面积。按上述经验选择计算，比较容易满足要求，较少返工。

（二）按发热条件选择电线电缆导体截面积

电流通过导体时，要产生能耗，使导体发热。裸导线的温度过高时，会使接头处氧化加剧，增大接触电阻，使之进一步氧化，如此恶性循环，最后可发展到断线。而绝缘导线和电缆的温度过高时，可使绝缘加速老化甚至烧毁，或引起火灾。因此，导体的正常发热温度不得超过附录表 31、32 所列的正常额定负荷时的最高允许温度。

按发热条件选择三相系统中的相线导体截面积时，应使其允许载流量 I_{al} 大于通过相线的计算电流 I_c，即

$$I_{al} > I_c \tag{4-19}$$

所谓电线电缆的允许载流量，就是在规定的环境温度条件下，电线电缆导体能够连续承受而不致使其稳态温度超过允许值的最大电流。这里所说的“环境温度”，是按发热条件选择电线电缆导体截面积的一种特定温度，如附录表 33 所列。

电线电缆的允许载流量可查附录表 34 ~ 42。如果电线电缆敷设地点的环境温度与电线电缆允许载流量所采用的环境温度不同，或有多根电线电缆并列敷设，导体的散热将会受到影响，此时电线电缆的实际载流量应乘以一个修正系数，见附录表 43 ~ 51。

按发热条件选择导线所用的计算电流 I_c，对配电变压器高压侧的导线，应取为变压器额定一次电流 $I_{1r.T}$。对电容器的引入线，由于电容器充电时有较大的涌流，因此其计算电流 I_c 应取为电容器额定电流 $I_{r.C}$ 的 1.35 倍。

（三）按短路热稳定条件选择电线电缆导体截面积

短路电流通过绝缘导线和电缆时，产生的热效应使其温度过高，将导致绝缘加速老化甚至烧毁，或引起火灾。因此，导体的最高温度不得超过附录表 31、32 所列的短路时的最高允许温度。

1. 高压绝缘导线和电缆的短路热稳定条件

对高压绝缘导线和电缆，满足短路热稳定的等效条件为

$$S \geqslant S_{min} = \frac{\sqrt{Q_t}}{K} \times 10^3 \tag{4-20}$$

式中 S——导体截面积（mm^2）；

S_{min}——满足热稳定的最小允许截面积（mm^2）；

K——导体的热稳定系数，取决于导体的物理特性，如电阻率、导热能力、热容量以及绝缘材料的耐热特性，可查附录表 31。

Q_t——短路电流在导体中引起的热效应，按第三章式（3-33）或式（3-34）计算。

计算短路电流热效应时，短路点应选取在通过回路最大短路电流可能发生处，如绝缘导线和电缆线路中间分支或接头处。对电动机等馈线的电缆，应取主保护动作时间计算。当主保护有死区时，应取对该死区起作用的后备保护动作时间，并应采用相应的短路电流值计算。对其他电缆，宜取后备保护动作时间，并应采用相应的短路电流值计算。

2. 低压绝缘电线和电缆的短路热稳定条件

1）当短路持续时间大于 0.1s 但不大于 5s 时，满足短路热稳定的等效条件为

$$S \geqslant \frac{I_k}{K}\sqrt{t} \tag{4-21}$$

式中 S——低压绝缘电线或电缆的导体截面积（mm^2）；

I_k——低压短路电流交流分量有效值（A）；

K——不同绝缘材料铜导体的热稳定系数，见附录表 32；

t——短路电流持续时间（s）。根据低压保护电器的动作特性确定（见第七节）。

2）当短路持续时间小于 0.1s 时，满足短路热稳定的等效条件为

$$K^2S^2 \geqslant I^2t \tag{4-22}$$

式中，I^2t 值可从低压保护电器的技术数据中查到。

例 4-4　某用户 10/0.38kV 变电所的计算负荷为 $P = 2400\text{ kW}$，$Q = 1100\text{kvar}$，距离上级地区变电所 3km，拟采用 $YJV_{22}-8.7/10$ 型 3 芯电缆直埋敷设供电。已知用户变电所 10kV 母线处三相短路电流为 $I''_{k3} = 13.5\text{kA}$，高压进线过电流保护动作时间为 0.8s，断路器全开断时间为 0.1s。线路全长允许电压损失为 5%。试选择该用户高压进线电缆截面积。

解：（1）先按短路热稳定条件选择电缆导体截面积　查附录表 31，$YJV_{22}-8.7/10$ 型电缆的热稳定系数 $K = 137\text{ A}\cdot\sqrt{\text{s}}/\text{mm}^2$，热稳定最小允许截面积为

$$S_{\min} = \frac{\sqrt{I''^2_{k3}(t_k + 0.05\text{s})}}{K}\times 10^3 = \frac{\sqrt{(13.5\text{kA})^2 \times (0.9 + 0.05)\text{s}}}{137\text{A}\cdot\sqrt{\text{s}}/\text{mm}^2}\times 10^3 = 96\text{mm}^2$$

初选高压电缆截面积为 120mm^2。

（2）按发热条件进行校验　线路计算电流为

$$I_c = \frac{\sqrt{P^2 + Q^2}}{\sqrt{3}U_n} = \frac{\sqrt{(2400\text{kW})^2 + (1100\text{kvar})^2}}{\sqrt{3}\times 10\text{kV}} = 152.4\text{A}$$

已知电缆直埋/穿管埋地 0.8m，环境温度为 25℃，查附录表 40 得电缆载流量为 245A。设同一路径有 2 根电缆有间距并列敷设，根据附录表 48 校正，电缆实际载流量为 $I_{al} = 245\text{A}\times 0.9 = 220.5\text{A} > I_c$，所选电缆截面积满足发热条件。

（3）按电压损失条件进行校验　查附录表 12，得 $YJV_{22}-8.7/10-3\times120$ 型电缆的 $r = 0.181\Omega/\text{km}$，$x = 0.095\Omega/\text{km}$。将参数代入式（4-18）可得

$$\begin{aligned}\Delta U\% &= \frac{1}{10U_n^2}(Prl + Qxl)\\ &= \frac{1}{10\times(10\text{kV})^2}(2400\text{kW}\times 0.181\Omega/\text{km}\times 3\text{km} + 1100\text{kvar}\times 0.095\Omega/\text{km}\times 3\text{km})\\ &= 1.62 < 5\end{aligned}$$

因此，所选电缆截面积也满足电压损失要求。

例 4-5　某 220/380V 的 TN-C 线路全长 150m，距线路首端 100m 处接有一个集中负荷，最大负荷为 50kW + j40kvar。线路末端接有一个集中负荷，最大负荷为 60kW + j 50kvar。线路采用 $YJV_{22}-0.6/1$ 型四芯等截面积的铜芯交联聚乙烯绝缘钢带铠装聚氯乙烯护套电力电缆穿管埋地敷设，环境温度为 20℃，允许电压损失为 5%。已知线路分支处三相短路电流为 10kA，线路首端安装的低压断路器短延时过电流脱扣器动作时间为 0.2s。试选择电缆截面积。

解：（1）先按发热条件选择电缆截面积　线路计算电流为

$$I_c = \frac{\sqrt{(P_1 + P_2)^2 + (Q_1 + Q_2)^2}}{\sqrt{3}U_n}$$

$$= \frac{\sqrt{(50\text{kW}+60\text{kW})^2+(40\text{kvar}+50\text{kvar})^2}}{\sqrt{3}\times 0.38\text{kV}}$$

$$= 215.9\text{A}$$

查附录表38，得 150mm^2 截面积的电缆在20℃的载流量为271A，设同一路径有3根电缆有间距并列敷设，根据附录表48校正，电缆实际载流量为 $I_{al} = 271\text{A}\times 0.85 = 230.4\text{A}$，大于215.9A，因此，选择 $\text{YJV}_{22}-0.6/1—4\times150$ 型电缆。

（2）按电压损失条件进行校验　查附录表12，得 $\text{YJV}_{22}-0.6/1—4\times150$ 型电缆的 $r=0.145\Omega/\text{km}$，$x=0.077\Omega/\text{km}$。将参数代入式（4-18）可得

$$\Delta U\% = \frac{r(P_1l_1+P_2l_2)+x(Q_1l_1+Q_2l_2)}{10U_n^2}$$

$$= \frac{0.145\Omega/\text{km}\times(50\text{kW}\times0.1\text{km}+60\text{ kW}\times0.15\text{km})+0.077\Omega/\text{km}\times(40\text{kvar}\times0.1\text{km}+50\text{kvar}\times0.15\text{km})}{10\times(0.38\text{kV})^2}$$

$$= 2.02 < 5$$

因此，所选电缆截面积满足电压损失要求。

（3）按短路热稳定条件进行校验

查附录表32，$\text{YJV}_{22}-0.6/1$ 型电缆的热稳定系数 $K=143\text{A}\cdot\sqrt{\text{s}}/\text{mm}^2$，热稳定最小允许截面积为

$$S_{\min} = \frac{I''_{k3}\sqrt{t}}{K} = \frac{10\text{kA}\times\sqrt{0.2\text{s}}}{143\text{A}\cdot\sqrt{\text{s}}/\text{mm}^2} = 31.3\text{ mm}^2 < 150\text{ mm}^2$$

因此，所选电缆导体截面积也满足热稳定要求。

（四）按电压损失条件选择电线电缆导体截面积

当先按电压损失条件选择电线电缆导体截面积时，由于截面积未知，故有两个未知数，即导体的电阻和电抗。由于导体电抗随截面积变化的幅度不大，可先假定一个单位长度的电抗值 x，然后再进行选择计算。

设线路允许电压损失为 $\Delta U_{al}\%$，则由式（4-18）可得

$$\frac{1}{10U_n^2}\left(r\sum_{i=1}^{n}P_il_i + x\sum_{i=1}^{n}Q_il_i\right) \leqslant \Delta U_{al}\% \tag{4-23}$$

对10kV架空线路可取 $x=0.35\Omega/\text{km}$，对10kV电力电缆可取 $x=0.10\Omega/\text{km}$，对1kV电力电缆可取 $x=0.07\Omega/\text{km}$。因此可由式（4-23）求出单位长度的电阻值 r 为

$$r \leqslant \frac{1}{\sum_{i=1}^{n}P_il_i}\left(10U_n^2\Delta U_{al}\% - x\sum_{i=1}^{n}Q_il_i\right)$$

于是，可导出满足电压损失要求的导线截面积 S 为

$$S \geqslant \frac{\rho}{r}$$

式中，ρ 是导线材料电阻率的计算值，铜取18.8，铝取31.7，单位为 $\Omega\cdot\text{m}\times10^{-9}$。

根据上式所得 S 值选出导线标称截面积后，再根据线路布置情况得实际 r 和 x 代入式（4-23）进行校验。若不符合要求，可重新试选并校验。

例 4-6　设有一回 10kV LJ 型架空线路向两个负荷点供电，线路长度和负荷情况如图 4-19 所示。已知架空线路线间几何均距为 1m，空气中最高温度为 40℃，允许电压损失 $\Delta U_{al}\% = 5$，试选择导线截面积。

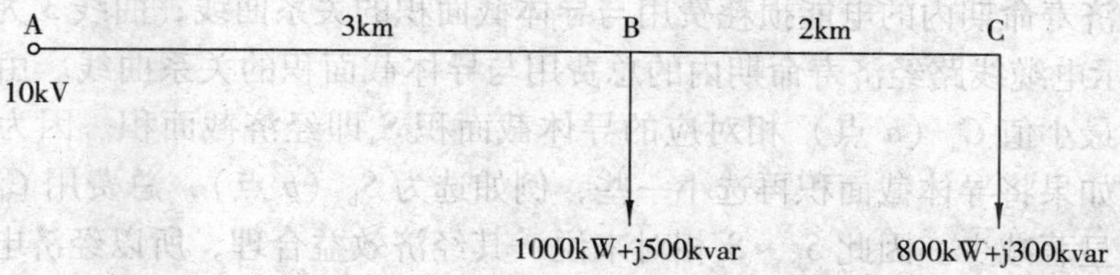

图 4-19　例 4-6 的线路

解　（1）先按电压损失条件选择导线截面积　设线路 AB 段和 BC 段选取同一截面积的 LJ 型铝绞线，初取 $x = 0.35\Omega/\text{km}$，则由式（4-18）有

$$\Delta U_{AC}\% = \frac{r(P_1 l_1 + P_2 l_2) + x(Q_1 l_1 + Q_2 l_2)}{10U_n^2}$$

$$= \frac{r(1000\text{kW} \times 3\text{km} + 800\text{kW} \times 5\text{km}) + 0.35\Omega/\text{km} \times (500\text{kvar} \times 3\text{km} + 300\text{kvar} \times 5\text{km})}{10 \times (10\text{kV})^2}$$

$$\leqslant 5$$

于是可得

$$r \leqslant 0.564\Omega/\text{km}$$

$$S \geqslant \frac{\rho}{r} = \frac{31.7}{0.564}\text{mm}^2 = 56.2\text{mm}^2$$

选取 LJ-70 导线，查附录表 12 可得：$r = 0.46\Omega/\text{km}$，$x = 0.344\Omega/\text{km}$。将参数代入式（4-23）可得

$$\Delta U_{AC}\% = 4.252 \leqslant 5$$

可见，LJ-70 导线满足电压损失要求。

（2）按发热条件进行校验　导线最大负荷电流为 AB 段承载电流，其值为

$$I_{AB} = \frac{\sqrt{(P_1 + P_2)^2 + (Q_1 + Q_2)^2}}{\sqrt{3}U_n}$$

$$= \frac{\sqrt{(1000\text{kW} + 800\text{kW})^2 + (500\text{kvar} + 300\text{kvar})^2}}{\sqrt{3} \times 10\text{kV}}$$

$$= 114\text{A}$$

查附录表 42，得 LJ-70 导线在 40℃条件下的载流量为 215A，大于导线最大负荷电流，满足发热条件。

（3）校验机械强度　查附录表 29，得 10kV 架空线路铝绞线的最小截面积为 35mm^2，因此，所选 LJ-70 导线也是满足机械强度要求的。

（五）按经济电流条件选择电缆导体截面积

按载流量选择电缆导体截面积时，只计算初始投资；按经济电流条件选择时，除计算初始投资外，还要考虑经济寿命期内导体电能损耗的费用，二者之和即电缆线路总费用应最

小。

图 4-20 所示是电缆线路总费用 C 与导体截面积 S 的关系曲线。其中曲线 1 表示电缆线路初始投资（电缆主材、附件投资及施工费用之和）与导体截面积的关系曲线；曲线 2 表示电缆线路经济寿命期内的电能损耗费用与导体截面积的关系曲线；曲线 3 为曲线 1 与曲线 2 的叠加，表示电缆线路经济寿命期内的总费用与导体截面积的关系曲线。由曲线 3 可以看出，与总费用最小值 C_a（a 点）相对应的导体截面积 S_a 即经济截面积。因为 a 点附近，曲线比较平坦，如果将导体截面积再选小一些，例如选为 S_b（b 点），总费用 C_b 增加不多，而导体截面积却显著减少。因此 $S_b \sim S_a$ 相对来说，其经济效益合理，所以经济电流通常是一个范围。

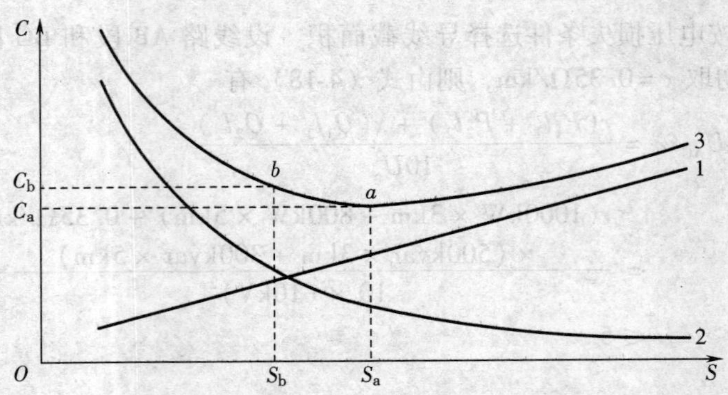

图 4-20 电缆线路总费用与导体截面积的关系曲线
C—总费用 S—导体截面积

经济截面积 S_{ec} 的计算公式为

$$S_{ec} = I_c / j_{ec}$$

式中 I_c——电缆线路的计算电流（A）；

j_{ec}——电缆线路的经济电流密度（A/mm²），可查设计手册或相关技术规定。

算出 S_{ec} 后，应选最接近的标准截面积（可取较小的标准截面积）。

（六）低压配电系统中性导体、保护导体、保护中性导体截面积的选择

1. 中性导体（N 导体）截面积的选择

对单相两线制线路，由于其中性导体电流与相导体电流相等，因此中性导体应和相导体具有相同截面积。

三相四线制线路中的中性导体，要通过不平衡电流或零序电流，因此中性导体的允许载流量不应小于三相系统中的最大不平衡电流，同时应考虑谐波电流（尤其是三次谐波电流）的影响。

对一般三相四线制线路，应符合下列规定：

1）相导体截面积不大于 $16mm^2$（铜）或 $25mm^2$（铝），中性导体应和相导体具有相同截面积。

2）相导体截面积大于 $16mm^2$（铜）或 $25mm^2$（铝），且满足以下全部条件，中性导体截面积可以小于相导体截面积，但不应小于相导体截面积的 50% 且不应小于 $16mm^2$（铜）

或 $25mm^2$（铝）：

①在正常工作时，中性导体预期最大电流（如有谐波电流应包括在内）不大于减少了的中性导体截面积的允许载流量；

②已按规定进行了过电流保护。

对存在谐波的三相四线制线路，需考虑谐波电流的效应，中性导体截面积应不小于相导体截面积。如以气体放电灯为主的照明线路、变频调速设备、计算机及直流电源设备等的供电线路。而且，确定选择电缆导体截面积的计算电流时，应符合下列规定：

1）当谐波电流小于33%时，可按相导体电流选择导体截面积，但计算电流应除以表4-6中的校正系数（导体载流量降低系数）。

2）当三次谐波电流超过33%时，它引起的中性导体电流超过相导体电流。此时，应按中性导体电流选择导体截面积，计算电流同样除以表4-7中的校正系数。

表4-7　4芯和5芯电缆存在谐波的校正系数

相导体电流中三次谐波含量（%）	校正系数	
	按相导体电流选择截面积	按中性导体电流选择截面积
0～15	1.00	—
15～33	0.86	—
33～45	—	0.86
>45	—	1.00

注：1. 三次谐波含量（%）是指相导体中三次谐波电流（有效值）相对于相导体基波电流（有效值）的百分值。

2. 表中数据适用于中性导体与相导体等截面积的4芯或5芯电缆及穿管绝缘电线，以3芯电缆或3根电线穿管的载流量为基础，把整个回路的导体视为一综合发热体考虑。

例4-7　设有一条三相四线制线路，三相负荷平衡，相导体基波电流为60A。当线路中含有10%、20%、40%、50%的三次谐波时，试确定中性导体和相导体载流量的最低要求。

解：1）当线路中含有10%的三次谐波时，相导体电流 $I=\sqrt{60^2+(60\times10\%)^2}\text{A}=60.3\text{A}$。中性导体电流为 $I_N=60\text{A}\times10\%\times3=18\text{A}$，小于相导体电流。因此，可按相导体电流选择导体截面积。由于中性导体电流不大，可以认为中性导体的发热不致导体载流量下降，计算电流的校正系数可取1，即中性导体和相导体载流量只需大于60.3A即可。

2）当线路中含有20%的三次谐波时，相导体电流 $I=\sqrt{60^2+(60\times20\%)^2}\text{A}=61.2\text{A}$。中性导体电流 $I_N=60\text{A}\times20\%\times3=36\text{A}$，小于相导体电流。因此，可按相导体电流选择导体截面积。由于中性导体电流较大，中性导体的发热会导致相导体载流量下降，须采用0.86校正系数，即计算电流为61.2A/0.86=71.2A，中性导体和相导体载流量须大于71.2A。

3）当线路中含有40%的三次谐波时，相导体电流 $I=\sqrt{60^2+(60\times40\%)^2}\text{A}=64.6\text{A}$。中性导体电流 $I_N=60\text{A}\times40\%\times3=72\text{A}$，大于相导体电流。因此，应按中性导体电流选择导体截面积。由于相导体电流较大，相导体的发热会导致中性导体载流量下降，须采用0.86校正系数，即计算电流为72A/0.86=83.7A，中性导体和相导体载流量须大于83.7A。

4）当线路中含有50%的三次谐波时，相导体电流 $I=\sqrt{60^2+(60\times50\%)^2}\text{A}=67.1\text{A}$。

中性导体电流 I_N = 60A ×50% ×3 = 90A，大于相导体电流。因此，应按中性导体电流选择导体截面积。考虑到三个相导体处于低负荷状态，三相导体的发热量减少，抵消了中性导体产生的热。因此，计算电流的校正系数可取 1。中性导体和相导体载流量只需大于 90A 即可。

2. 保护导体（PE 导体）截面积的选择

1）保护导体截面积要满足线路发生单相短路故障时的单相短路热稳定性和保护灵敏度的要求。当保护导体与相导体材质相同时，保护导体的最小截面积见表 4-8。若保护导体与相导体材质不同，保护导体截面积的确定要使其得出的电导与表 4-8 中保护导体截面积的电导相当。

表 4-8 保护导体（PE 导体）截面积选择

相导体截面积 S/mm^2	$S \leqslant 16$	$16 < S \leqslant 35$	$S > 35$
保护导体截面积$/\text{mm}^2$	S	16	$S/2$

2）电缆芯线以外的保护导体或与相导体不在同一外护物之内的保护导体，其截面积不应小于：有机械保护时，2.5mm^2（铜）或 16mm^2（铝）；无机械保护时，4mm^2（铜）或 16mm^2（铝）。

3）当两个或更多个回路共用一个保护导体时，对应于回路中的最大相导体截面积，按表 4-7 选择。

3. 保护中性导体（PEN 导体）截面积的选择

保护中性导体兼有中性导体和保护导体的双重功能，因此，其截面积选择应同时满足上述中性导体和保护导体的要求，取其大者，且应符合下列规定：

1）采用多芯电缆的干线，其保护中性导体截面积不应小于 4mm^2。

2）配电干线采用单芯电缆作保护中性导体和电气装置中固定敷设的保护中性导体，截面积不应小于 10mm^2（铜导体）；铝导体不应小于 16mm^2。

五、硬母线选择

传输大电流的场合可采用硬母线。硬母线分为裸母线和封闭母线（母线槽）两大类。

（一）裸母线截面积的选择

1. 按发热条件选择母线截面积

为保证母线的实际工作温度不超过允许值，按环境条件确定的母线载流量不应小于母线的计算电流。变压器高低压母线的计算电流宜分别取变压器高低压侧的额定电流。矩形涂漆裸铜母线的载流量见附录表 41。开关柜内的环境温度可取 40℃。一般地，高压开关柜内主母线的载流量宜与进线断路器额定电流相当；变压器低压侧与低压开关柜主母线的载流量应考虑变压器的过载系数（一般取 1.2～1.3），但也不宜大于变压器低压侧额定电流的 1.5 倍。

变压器低压侧与低压开关柜内的 N 母线、PE 母线的截面积不应小于相母线截面积的一半。

2. 按短路动、热稳定校验截面积

（1）工厂成套的高低压开关柜内母线的短路动、热稳定校验　工厂成套的高低压开关柜内母线是经过短路动、热稳定试验的，其产品样本中会给出母线的额定峰值耐受电流、母线的额定短时耐受电流及耐受时间（高压柜为4s、低压柜为1s）。

母线的额定峰值耐受电流 i_{max} 应不小于安装地点的最大三相短路电流峰值 i_{p3}。即

$$i_{max} \geqslant i_{p3} \tag{4-24}$$

母线的额定短时耐受电流 I_t 应满足的条件为

$$I_t^2 t \geqslant Q_t \tag{4-25}$$

式中　Q_t——短路电流热效应，见第四章第四节。计算时，短路点取在母线第一个分支处，并宜取主保护动作时间。当主保护有死区时，应取对该死区起作用的后备保护动作时间，并应采用相应的短路电流值。

（2）现场安装的高低压配电母线的短路热稳定校验　现场安装的高低压配电母线的短路热稳定条件为

$$S \geqslant \frac{\sqrt{Q_t}}{K} \times 10^3 \tag{4-26}$$

式中　S——母线截面积（mm^2）；

K——母线热稳定系数，见附录表31；

（3）现场安装的高低压配电母线的短路动稳定校验　现场安装的高低压配电母线的短路动稳定条件为

$$\sigma_c \leqslant \sigma_{al} \tag{4-27}$$

式中　σ_c——短路电流作用于母线的计算应力（Pa）；

σ_{al}——母线最大允许应力（Pa），硬铜为170MPa，硬铝为120MPa。

当跨数大于2时，母线的应力 σ_c（Pa）为

$$\sigma_c = 1.73 K_f i_{p3}^2 \frac{l_c^{\ 2}}{DW} \times 10^{-2} \tag{4-28}$$

式中　K_f——矩形截面导体的形状系数，可从图3-10中查得；

i_{p3}——母线的最大三相短路电流峰值（kA）；

l_c——绝缘子间跨距（m）；

D——相邻母线中心间距（m）；

W——母线截面系数（m^3）；母线竖放时，$W = 0.167hb^2$；母线平放时，$W = 0.167bh^2$。其中，b 为母线的厚度（m）；h 为母线的宽度（m）。

（二）封闭母线（母线槽）的选择

（1）额定电压的选择　封闭母线（母线槽）的额定电压不应小于系统的标称电压。低压母线槽的额定电压有交流380V、660V；高压封闭母线的额定电压有交流1～35kV。

（2）额定电流的选择　封闭母线（母线槽）的额定电流不应小于线路的计算电流。低压母线槽的额定电流等级见附录表52。高压封闭母线的额定电流等级可参考GB/T 8349—2000《金属封闭母线》。

（3）封闭母线（母线槽）的动、热稳定性校验　封闭母线（母线槽）是经过短路动、热稳定试验的，其产品样本中会给出封闭母线（母线槽）的额定峰值耐受电流 i_{max}、母线的额定短时耐受电流 I_t 及耐受时间 t。封闭母线（母线槽）的动、热稳定性校验条件同开关柜内的母线，见式（4-24）和式（4-25）。

(4) 电压损失的校验 对较长距离的封闭母线（母线槽）还应校验其电压损失是否满足要求。电压损失校验公式同电线电缆，见式（4-16）。封闭母线（母线槽）单位长度的阻抗可查厂家产品样本或附录表16。

六、配电线路的敷设

配电线路（Distribution Line）是用于供电系统两点之间配电的由一根或多根绝缘导体、电缆、母线及其固定部分构成的组合。建筑物电气装置中的配电线路又称为布线系统（Wiring System）。

配电线路的敷设应符合场所的环境特征、建筑物和构筑物的特征、人与布线之间可接近的程度、能承受短路可能出现的机电应力、能承受安装期间或运行中布线可能遭受的其他应力和导线的自重等条件。

配电线路的敷设，应避免因环境温度、外部热源、浸水、灰尘聚集及腐蚀性或污染物质等外部环境影响带来的损害，并应防止在敷设和使用过程中因受撞击、振动、电线或电缆自重和建筑物的变形等各种机械应力作用而带来的损害。

在同一根导管或槽盒（俗称线槽）内有几个回路时，为保障线路的使用安全及低电压回路免受高电压回路的干扰，所有绝缘电线和电缆都应具有与最高标称电压回路绝缘相同的绝缘等级。

为保证线路运行安全和防火、阻燃要求，布线用塑料导管、槽盒及附件必须选用非火焰蔓延类制品。布线用各种电缆、电缆桥架、金属槽盒及封闭式母线在穿越防火分区楼板、隔墙时，其空隙处应采用相当于建筑构件耐火极限的不燃烧材料填塞密实。

绝缘导线的布线方式有直敷布线、金属导管布线、可挠金属电线保护管布线、金属槽盒布线、刚性塑料导管或槽盒布线等方式。电力电缆布线方式有电缆埋地敷设、电缆在电缆沟或隧道内敷设、电缆在排管内敷设、电缆在室内敷设、电缆桥架布线等。电气竖井内布线是高层民用建筑中电力或配电及通信或信息垂直干线线路特有的一种布线方式。竖井内常用的布线方式为金属导管、金属槽盒、各种电缆或电缆桥架及封闭式母线等布线。各种类型配电线路的敷设应符合国家及行业相关设计（防火）规范的相关规定。

第七节 低压保护电器的选择

一、低压配电线路的保护

为了在发生电气故障时，防止电气线路损坏，根据 GB 50054—2011《低压配电设计规范》，低压配电线路应装设短路保护、过负荷保护，保护电器应能在故障造成危害之前切断供电电源或发出报警信号。为防范因接地故障引发的电气火灾，有些配电线路还应装设剩余电流保护。

配电线路装设的上下级保护电器，其动作应具有选择性，各级之间应能协调配合。随着我国保护电器的性能不断提高，实现保护电器的上下级动作配合已具备一定条件。但考虑到低压配电系统量大面广，达到完善的选择性还有一定困难。因此，对于非重要负荷的保护电器，可采用无选择性切断。

(一)短路保护

1. 对短路保护电器动作特性的要求

低压配电线路的短路保护电器(Short Circuit Protective Device, SCPD)一般采用断路器或熔断器。短路保护电器应在短路电流对导体和连接件产生的热作用和机械作用造成绝缘损坏、电气火灾等危害之前切断短路电流。因此,短路保护电器的动作应及时可靠,以保证绝缘导体、电缆、母线的短路热稳定满足要求。短路保护电器的动作特性应能满足式(4-21)和式(4-22)的要求。

短路保护电器应能分断其安装处的预期最大短路电流。短路保护电器应有足够的灵敏性,应能在规定时间内可靠切断被保护线路末端的最小短路电流。

2. 短路保护电器的装设

短路保护电器应装设在回路首端和回路导体载流量因截面面积、材料、敷设方式等发生变化而减小的地方。为了操作与维护方便,当短路保护电器不在上述地方时,应同时符合下述规定:

1)短路保护电器至回路首端或回路导体载流量减小处的这一段线路长度小于3m。

2)采取措施将该段线路的短路危险减至最小(如采取防机械损伤的保护)。

3)该段线路不靠近可燃物。

短路保护电器应装设在低压配电线路不接地的各相上,但对于中性点不接地且中性导体不引出的三相三线制配电系统(IT 系统),可只在两相上装设短路保护电器。

3. 并联导体的短路保护

对于多根并联导体组成的线路,其中任一根导体在最不利的位置处发生短路故障时,短路保护电器应能及时切断短路故障。若在线路首端采用一台保护电器,则应尽量避免在并联区段内发生短路的可能性。为此,应同时满足下列条件:

1)布线时所有并联导体的短路危险降至最低程度(如采取防机械损伤的保护)。

2)导线不靠近可燃物。

4. 可不设短路保护的线路

1)对于导体截面面积、材料、敷设方式等有变化的回路,当其发生短路时,离故障点最近的上一级保护能对其起到保护(指导体热稳定和保护灵敏度均满足要求),且该段线路敷设在不燃或难燃材料的管、槽内时,则该段线路可不设短路保护。

2)在以下情况下,如果采取措施将该布线的短路危险减至最小,同时确保布线不靠近可燃物,则该段回路可不设短路保护电器。

① 发电机、变压器、整流器、蓄电池与配电控制屏之间的连接线。

② 断电后会对电气装置的运行造成危害的回路,如旋转电动机的励磁回路、起重电磁铁的供电回路、电流互感器回路的二次回路等。

③ 某些测量回路。

(二)过负荷保护

配电线路短时间的过负荷(如电动机起动)并不对线路造成损害。长时间、不大的过负荷将对线路的绝缘、接头、端子造成损害。绝缘因长期超过允许温升将因老化加速缩短线路使用寿命。严重的过负荷(例如过负荷100%)将使绝缘在短时间内软化变形,介质损耗增大,耐压水平下降,最后导致短路,引发火灾和其他灾害。过负荷保护的目的在于防止长时间的过负荷对线路绝缘造成的不良影响。

1. 对过负荷保护电器动作特性的要求

过负荷保护电器（Overcurrent Protective Device）应采用反时限特性的保护电器，如 g 类熔断器、断路器的长延时动作脱扣器等，以便和被保护线路的热承受能力相适应，从而实现热效应的配合。过负荷保护电器应在过负荷电流引起的导体温升对线路的绝缘、接头、端子或导体周围的物质造成损害之前切断电源。过负荷保护电器的动作特性应同时满足以下要求：

$$I_c \leqslant I_r \leqslant I_{al} \tag{4-29}$$

$$I_2 \leqslant 1.45 I_{al} \tag{4-30}$$

式中 I_c——线路的计算电流（A）；

I_{al}——线路的允许载流量（A）；

I_r——保护电器熔断器的熔体额定电流（A）或断路器长延时过电流脱扣器整定电流（A）；

I_2——保证保护电器可靠动作的电流（A），即保护电器在标准规定的约定时间内的约定动作（熔断）电流，见附录表 53～55。

突然断电比过负荷而造成的损失更大的线路（如消防水泵、消防电梯等线路），其过负荷保护应作用于信号而不应作用于切断电路。因为线路短时间的过负荷并不立即引起灾害，在某些情况下可让导体超过允许温度，即使减少使用寿命也应保证对重要负荷的不间断供电。

配电线路宜采用同一保护电器作短路保护与过负荷保护。如果过负荷保护电器不用于切断短路故障，而电源侧已有短路保护电器，则分断能力可低于电器安装处的预期短路电流值，但应能承受通过的短路能量（应具有足够的热稳定性）。

2. 过负荷保护电器的装设

过负荷保护电器应装设在回路首端和回路导体载流量因截面积、材料、敷设方式等发生变化而减小的地方；如果过负荷保护电器与回路首端或回路导体载流量减小处之间没有引出分支线或插座回路，且满足以下两种情况之一，则过负荷保护电器可沿该段线路布线装设：

1）为了操作与维护方便，过负荷保护电器可设置在距离回路首端或回路导体载流量减小处不超过 3m 的地方，并采取措施将该段线路的短路危险减至最小，同时保证该段线路不靠近可燃物。

2）当被保护线路按照要求设置了短路保护时，过负荷保护电器距离回路或回路导体载流量减小处的线路长度可不受限制。

3. 并联导体的过负荷保护

多根并联导体组成的线路采用过负荷保护，若能做到各并联导体允许持续载流量相等，导体阻抗相等以使电流分配均衡，可采用一台保护电器保护所有导体，其线路的允许持续载流量为每根并联导体的允许载流量之和。为此并联导体应符合下列要求：

1）导体的型号、截面积、长度和敷设方式均相同。

2）线路全长范围内无分支线路引出。

3）线路的布置应使各并联导体的负载电流基本相等。

因此，大电流线路尽量采用多芯电缆并联。若不得不采用单芯电缆并联，则在施工时应尽量对称布置并在运行时监测其电流分配是否均衡。

4. 中性导体的过负荷保护

对于TT系统和TN系统，当电气装置中存在大量谐波电流时，会引起相导体及中性导体的过负荷，而中性导体的过负荷是最常见的。在三相四线制回路中，有时当相导体载流量在正常范围以内时，中性导体已经严重过负荷。所以中性导体应根据其载流量检测过电流，当检测到过电流时可动作于切断相导体，而不必切断中性导体。保护中性导体严禁断开。

若电气装置中没有谐波电流，在三相四线制回路中，中性导体流过的电流是三相导体电流的相量和，正常工作时通过中性导体的电流小于其载流量，即使中性导体截面积小于相导体截面积也不必检测其过电流；如果是单相两线制回路，中性导体截面积应等于相导体截面积，中性导体流过的电流也与相导体相等，相导体上的过负荷保护电器已能保护中性导体，中性导体同样不必检测过电流。

（三）接地故障电气火灾防护

接地故障（Earth Fault）是指带电导体和大地之间意外出现导电通路。它包括相导体与大地、保护导体、保护中性导体、电气装置的外露可导电部分、装置外可导电部分等之间意外出现的导电通路。导电路径可能通过有瑕疵的绝缘，通过结构物或通过植物，并具有显著的阻抗。

接地故障因接地通路存在显著的阻抗，故障电流要比单相对地短路电流小，但也需要及时切断电路以保证线路过电流时的热稳定。不仅如此，若未切断电路，它还具有更大的危害性，当发生接地故障的持续时间内，与它有关联的电气设备和管道的外露可导电部分对地和装置外的可导电部分间存在故障电压，此电压可使人身遭受电击，也可因对地的电弧或火花引起火灾或爆炸，造成严重生命财产损失。

接地故障电流的大小因接地通路阻抗的高低而异。有时接地点建立高阻抗的电弧，电流不大却能引燃周围可燃物。最新研究表明，接地电弧能量只要达到300mA以上就能引起火灾，显然过电流保护电器是不能满足接地故障电气火灾防护灵敏性要求的，而应采用高灵敏性的剩余电流保护装置。

所谓剩余电流（Residual Current）是指同一时刻在电气装置中的电气回路给定点处的所有带电导体电流（瞬时值）的代数和。对于三相四线制电路，剩余电流 $i_R = i_A + i_B + i_C + i_N$；对于三相三线制电路，剩余电流 $i_R = i_A + i_B + i_C$；对于由三相四线制电路分出的单相电路，剩余电流 $i_R = i_L + i_N$。在正常运行情况下，剩余电流为数值不大的线路及装置正常泄漏电流；当线路发生接地故障时，剩余电流中因接地相导体包含了接地故障电流，其数值将显著增大。

剩余电流（动作）保护器（Residual Current (Operated) Protective Device，RCD）是一种在规定条件下当剩余电流达到或超过整定值时能自动分断电路的机械开关电器或组合电器。RCD也可以由用来检测和判别剩余电流以及接通和分断电流的各种独立元件组成。常用的RCD按其功能分有剩余电流断路器、剩余电流动作保护继电器等。剩余电流断路器（Residual Current Circuit Breaker，RCCB）用于在正常工作条件下接通、承载和分断电流；以及在规定条件下，当剩余电流达到一个规定值时使触头断开。剩余电流动作保护继电器（Residual Current Operated Protective Relay）由剩余电流互感器来检测剩余电流，并在规定条件下，当剩余电流达到或超过给定值时使电器的一个或多个电气输出电路中的触头产生开闭动作。

RCD 按其故障脱扣原理分有电磁式和电子式两种，如图 4-21 所示。它们之间的区别是电磁式 RCD 靠剩余电流自身能量使 RCD 动作，动作功能与电源电压无关；电子式 RCD 则借 RCD 所在回路处的故障残压提供的能量来使 RCD 动作，动作功能与电源电压有关。如果回路处的故障残压过低，能量不足，电子式 RCD 就可能拒动。因此，电子式 RCD 不及电磁式 RCD 动作可靠，只能有条件地选用。

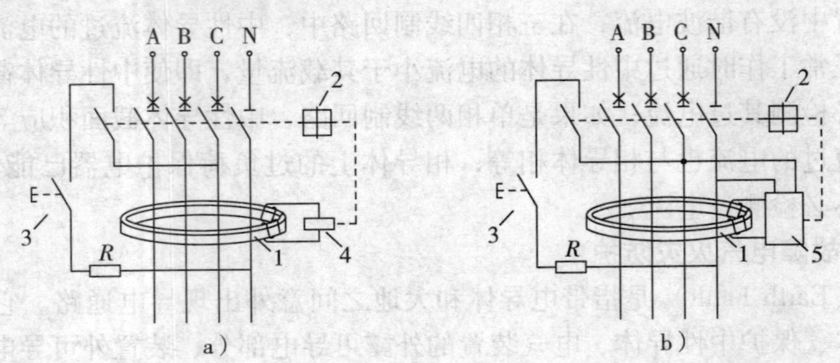

图 4-21　剩余电流保护器（RCD）的故障脱扣原理图

a）电磁式　b）电子式

1—剩余电流互感器　2—脱扣器　3—试验按钮　4—电磁元件　5—电子元件

为了防止线路绝缘损坏引起接地电弧火灾，至少应在建筑物电源进线处设置剩余电流保护，保护电器动作于信号或切断电源。设置在火灾危险场所（加工、生产、储存可燃物质以及多粉尘的场所）的剩余电流保护电器其动作电流不应大于 300mA，一般场所可不受此值限制。用于防火灾的剩余电流保护器动作于切断电源时，应能断开回路的所有带电导体，以防止中性导体因接地故障出现高电位带来的危害。至于在哪些建筑物电源进线处应设置剩余电流保护，则应符合相关设计规范的规定。

二、低压断路器的选择与整定

选择低压断路器时，应先按一般要求初步选择类别、极数、额定电流、分断能力及附件（见第四节），然后根据保护特性要求确定断路器过电流脱扣器的额定电流并整定其动作电流。

（一）断路器过电流脱扣器额定电流的确定

过电流脱扣器的额定电流 I_n 应不小于线路的计算电流 I_c，不大于断路器的壳级额定电流 I_u。

（二）过电流脱扣器动作电流的整定

1. 长延时过电流脱扣器的整定电流

1）对配电保护断路器，长延时过电流脱扣器的整定电流 I_{r1} 应不小于线路计算电流 I_c，即满足下列条件：

$$I_{r1} \geqslant I_c \tag{4-31}$$

2）对单台电动机保护断路器，当长延时脱扣器用作电动机过载保护时，其整定电流 I_{r1} 应接近但不小于电动机的额定电流 I_{rM}，通常

$$I_{r1} \geqslant I_{rM} \tag{4-32}$$

同时，长延时脱扣器在 7.2 倍整定电流下的动作时间应大于电动机的起动时间。

3）对照明线路保护断路器，长延时过电流脱扣器的整定电流 I_{r1} 按下式整定：

$$I_{r1} \geqslant K_1 I_c \tag{4-33}$$

式中　K_1——照明线路保护断路器长延时过电流脱扣器可靠系数，范围为 1～1.1，取决于电光源起动状况和断路器时间-电流特性，其值见附录表 56。

2. 短延时过电流脱扣器的整定电流及时间

1）短延时过电流脱扣器的整定电流 I_{r2} 应躲过线路短时出现的尖峰电流，即

$$I_{r2} \geqslant 1.2[I_{st.M} + I_{c(n-1)}] \tag{4-34}$$

式中　$I_{st.M}$——线路上最大一台电动机的起动电流周期分量有效值（A）；

$I_{c(n-1)}$——除这台电动机以外的线路计算电流（A）。

短延时过电流脱扣器的整定电流 I_{r2} 还应满足与下级线路保护电器的选择性配合要求。

2）短延时过电流脱扣器的整定时间通常有 0.1～0.5s 不等，根据选择性要求确定。

3. 瞬时过电流脱扣器的整定电流

1）对配电保护断路器，瞬时过电流脱扣器的整定电流 I_{r3} 应躲过线路中包含有最大一台电动机全起动电流的瞬时尖峰电流，即

$$I_{r3} \geqslant 1.2[I'_{st.M} + I_{c(n-1)}] \tag{4-35}$$

式中　$I'_{st.M}$——线路上最大一台电动机的全起动电流（A），包括起动电流周期分量与非周期分量（起动后第一个周期出现的），其值可取为该电动机起动电流周期分量有效值的 2 倍。

2）对单台电动机保护断路器，瞬时过电流脱扣器的整定电流 I_{r3} 应不小于电动机起动电流的 2～2.5 倍（取 2.2 倍），即

$$I_{r3} \geqslant 2.2 I_{st.M} \tag{4-36}$$

3）对照明线路保护断路器，瞬时过电流脱扣器整定电流 I_{r3} 按下式整定：

$$I_{r3} \geqslant K_3 I_c \tag{4-37}$$

式中　K_3——照明线路保护断路器瞬时过电流脱扣器可靠系数，一般范围为 4～7，取决于电光源起动状况和断路器时间-电流特性，其值见附录表 56。

对白炽灯、卤钨灯末端支线，宜选用交流 D 型脱扣特性的微型断路器作保护。对气体放电灯末端支线，则宜选用交流 C 型脱扣特性的微型断路器作保护。

（三）保护灵敏度的检验

要求满足下列条件：

$$I_{k.min}/I_{r3} \geqslant 1.3 \text{ 或 } I_{k.min}/I_{r2} \geqslant 1.3 \tag{4-38}$$

式中　$I_{k.min}$——断路器保护线路末端在系统最小运行方式下的最小短路电流。对 TN 系统和 TT 系统，为单相接地故障电流；对 IT 系统，当用电设备外露可导电部分为共同接地时为两相或相对中性线短路电流。

（四）与被保护线路的配合

为了不致发生因过负荷或短路引起导线或电缆过热起燃而低压断路器的脱扣器不动作的事故，低压断路器保护必须与线路配合。

1. 过负荷保护配合条件

从断路器反时限断开动作特性表可知，断路器在约定时间内的约定动作电流为 $1.3I_n$。因此，要满足式（4-31）条件，只需满足 $I_{r1} \leqslant I_{al}$ 即可。

2. 短路保护配合条件

断路器应能在短路电流对绝缘导体产生的热作用造成危害之前切断短路电流。可通过校验绝缘导体的热稳定来确定是否配合，校验公式见本章第六节。

如果不满足以上配合要求，则应改选过电流脱扣器的动作电流，或者适当加大绝缘导线和电缆的芯线截面积。

例 4-8 例题 3-2 变电所出线 WD 末端配电箱最大一条分支线路计算电流 $I_c = 90A$，线路中接有一台 22kW 的电动机，额定电流 $I_r = 42A$，直接起动电流倍数 $k_{st} = 7$；此线路分支处三相短路电流 $I_{k3} = 8kA$，末端金属性单相接地故障电流 $I_d = 1.5kA$。当地环境温度为 35℃。该线路拟用 YJV－0.6/1－3×50＋2×25 电缆，在有孔托盘桥架中单层敷设（另有 3 根其他回路电缆并行无间距排列）。线路首端低压断路器初选为 CM2-125L/3 型（非选择型两段保护）。试选择整定过电流脱扣器的额定电流及其动作电流。

解： 1）选择低压断路器过电流脱扣器的额定电流。

根据 $I_n > I_c = 90A$，查附录表 23，选择 CM2-125L/3 型配电用低压断路器过电流脱扣器的额定电流 $I_n = 125A$。满足 $I_u \geqslant I_n \geqslant I_c$ 条件。

2）过电流脱扣器动作电流整定。

断路器长延时过电流脱扣器动作电流按 $I_{r1} \geqslant I_c$ 要求，整定为 $I_{r1} = 0.8I_n = 100A$。

瞬时过电流脱扣器动作电流 I_{r3} 为

$$I_{r3} \geqslant K_3[I'_{st.M} + I_{c(n-1)}] = 1.2 \times [2 \times 7 \times 42 + (90 - 42)]A = 763.2A$$

整定为 $I_{r3} = 7I_n = 7 \times 125A = 875A$。

3）检验低压断路器保护的灵敏度。

$$\frac{I_{k.min}}{I_{r3}} = \frac{1500A}{875A} = 1.71 > 1.3$$

满足保护灵敏度要求。

4）校验断路器保护与电缆的配合。

查附录表 39，得 YJV－0.6/1－3×50＋2×25 型电缆在有孔托盘桥架中敷设，35℃时的允许载流量 $I_{al} = 184A$。查附录表 49，得桥架中单层电缆 4 根无间距排列时载流量的校正系数为 0.79，实际载流量 $I_{al} = 0.79 \times 184A = 145.4A$。而断路器长延时脱扣器动作电流 $I_{r1} = 100A < I_{al}$，满足过负荷配合条件。

已知 CM2－125L/3 型塑壳式断路器的瞬时脱扣全分断时间小于 0.1s，考虑到短路电流非周期分量的热效应，电缆短路热稳定应按式（4-22）校验。查附录表 23 图，CM2-125 断路器在预期短路电流为 8kA 时的允通容量 I^2t 值为 $0.8 \times 10^5\ A^2 \cdot s$，而交联聚乙烯绝缘导体的热稳定系数 $K = 143A \cdot \sqrt{s}/mm^2$，芯线截面积 $S = 50mm^2$，因此 $K^2S^2 = 143^2 \times 50^2\ A^2 \cdot s = 5.1 \times 10^7\ A^2 \cdot s$，满足 $K^2S^2 > I^2t$ 的短路配合条件。

三、低压熔断器的选择

选择低压熔断器时，应先按一般要求初步选择类别、额定电流、分断能力及附件（见

第四节），然后根据保护特性要求确定熔断器的熔体电流。

（一）熔体额定电流的确定

1. 按正常工作电流确定

配电线路保护熔体的额定电流 I_r 应不小于线路的计算电流 I_c，不大于熔断器的额定电流 I_n。

2. 按起动尖峰电流确定

1）配电线路的熔体电流按下式选取：

$$I_r \geqslant K_r[I_{r.M} + I_{c(n-1)}] \tag{4-39}$$

式中 K_r——配电线路熔体电流选择计算系数，取决于线路上最大一台电动机的起动情况、最大一台电动机的额定电流 $I_{r.M}$ 与线路计算电流 I_c 的比值及熔断器的时间-电流特性，其值见表 4-9。

表 4-9 K_r 值

$I_{r.M}/I_c$	≤0.25	0.25～0.4	0.4～0.6	0.6～0.8
K_r	1.0	1.0～1.1	1.1～1.2	1.2～1.3

2）照明配电回路的熔体电流 I_r 应按下式选择：

$$I_r \geqslant K_m I_c \tag{4-40}$$

式中 K_m——照明线路熔体选择计算系数，范围为 1～1.7，取决于电光源起动状况和熔断器时间-电流特性，其值见附录表 57。

3）对单台电动机回路，宜采用“aM”类熔断体，电动机的起动电流不超过熔体额定电流 I_r 的 6.3 倍时，只要 $I_r \geqslant I_{r.M}$ 即可；若采用“gG”类熔断体，宜按熔体允许通过的起动电流选择，见附录表 58。

（二）保护灵敏度的检验

要求满足下列条件：

$$I_{k.min}/I_r \geqslant K_i \tag{4-41}$$

式中 $I_{k.min}$——熔断器保护线路末端在系统最小运行方式下的最小短路电流。对 TN 系统和 TT 系统，为单相接地故障电流；对 IT 系统，当用电设备外露可导电部分为共同接地时为两相或相对中性线短路电流；

K_i——$I_{k.min}/I_r$ 的允许最小倍数，参见表 4-10。

表 4-10 检验熔断器保护灵敏度的最小值 K_i

K_i \ 熔体额定电流/A		4～10	16～32	40～63	80～200	250～500
最大熔断时间/s	5	4.5	5	5	6	7
	0.4	8	9	10	11	—

注：熔断时间要求根据 TN 系统中电气设备类型确定，见第九章。

（三）与被保护线路的配合

为了不致发生因线路过负荷或短路而引起绝缘导线或电缆过热甚至起燃而熔断器熔体不熔断的事故，熔断器保护必须与线路相配合。

1. 过负荷保护配合条件

熔断器在标准规定的约定时间内的约定熔断电流应不大于线路允许的最大过负荷电流，即满足式（4-31）条件。但此条件在实际工程设计时不便于操作，因此须作变换。查附录表55，得熔体电流在16A及以上时，$I_2=1.6I_r$，此是试验数据，在实际环境下须乘以温度补偿系数0.9，这样就可以将过负荷保护配合条件简化为$I_r \leqslant I_{al}$。

2. 短路保护配合条件

熔断器应能在短路电流对绝缘导体产生的热作用造成危害之前切断短路电流。可通过校验绝缘导体的热稳定来确定是否配合，校验公式见第六节。

如果选择的熔体电流不满足上述配合要求，则应改选熔断器的型号规格，或适当增大绝缘导线和电缆的芯线截面积。

例4-9 有一台异步电动机，其额定电压为380V，额定容量为55kW，额定电流为103A，起动电流倍数为7，一般轻载起动。现拟采用BV－450/750－3×50型绝缘导线穿钢管敷设，环境温度为25℃，采用NT1型熔断器（gG类）作短路保护。已知三相短路电流I_{k3}为8kA，金属性单相接地故障电流I_d为1.5kA。试选择整定熔断器及其熔体额定电流。

解： 1）选择熔体及熔断器的额定电流。

按满足$I_r \geqslant I_c=103A$条件，起动电流为7×103A＝721A和一般轻载起动，查附录表58，得NT1型熔断器$I_r=160A$的熔体最大允许通过750A的起动电流。故应选用$I_r=160A$的熔体，熔断器型号为NT1-250，熔断器额定电流$I_n=250A$。

2）校验熔断器的保护灵敏度。

$$\frac{I_{k.min}}{I_r}=\frac{1500A}{160A}=9.4>6$$

该熔断器也满足5s内切断故障电路的保护灵敏度要求。

3）校验熔断器保护与导线的配合。

本题熔断器仅作短路保护，只需校验短路配合条件即可。根据NT1-250型熔断器的时间-电流特性（见附录表24图），当$I_k=1500A$，$t=0.6s$时，聚氯乙稀绝缘热稳定系数$K=115A\cdot\sqrt{s}/mm^2$，得

$$\frac{I_k}{K}\sqrt{t}=\frac{1500}{115}\sqrt{0.6}=10.1\ mm^2<50\ mm^2$$

满足短路热稳定配合条件。

四、过电流保护电器的级间选择性配合

在线路发生故障时，为尽量缩小停电范围，提高供电可靠性，保护电器上、下级之间应有选择性的配合。为此，过电流保护电器的动作特性应符合下列基本要求：

1）要求配电线路末级保护电器以最快的速度切断故障电路，在不影响工艺要求的情况下最好采用瞬时切断。

2）上一级保护采用断路器时，宜设有短延时脱扣，并合理设定其整定电流和延时时间，以保证下级保护先动作。

3）上一级保护采用熔断器时，其反时限特性应与下级配合，可用过电流选择比给予保证。

过电流保护电器的级间选择性配合见表4-11。

表4-11　过电流保护电器的级间选择性配合

序号	保护电器级间选择性配合示例	动作特性整定要求
1	上、下级均选用选择型断路器 QA2　QA1　QA1　QA2　I_{k1} 0.1s~0.2s　t_1　t_2　O $I_{r1.2}$　$I_{r2.2}$　$I_{r3.2}$　$I_{r3.1} \geqslant 1.2I_{k1}$　I $I_{r1.1} \geqslant 1.2I_{r1.2}$ $I_{r2.1} \geqslant 1.2I_{r2.2}$	1）上级断路器长延时脱扣器的整定电流 $I_{r1.1}$ 不小于下级断路器长延时脱扣器整定电流 $I_{r1.2}$ 的1.2倍 2）上级断路器短延时脱扣器的整定电流 $I_{r2.1}$ 不小于下级断路器短延时脱扣器整定电流 $I_{r2.2}$ 的1.2倍，上级短延时动作时间 t_1 比下级短延时动作时间 t_2 长一个级差0.1～0.2s 3）上级断路器不宜设置瞬时脱扣器，以确保动作的选择性。若设置瞬时脱扣器，其整定电流 $I_{r3.1}$ 应可量整定得大些，至少不小于下级断路器出线端单相短路电流 I_{k1} 的1.2倍
2	上级选用选择型断路器，下级选用非选择型断路器 QA2　QA1　QA1　QA2　I_{k1} O　$I_{r1.2}$　$I_{r1.1}$　$I_{r3.2}$　$I_{r3.1} \geqslant 1.2I_{k1}$　I $I_{r2.1} \geqslant 1.2I_{r3.2}$	1）上级断路器短延时脱扣器整定电流 $I_{r2.1}$ 不应小于下级断路器瞬时脱扣器整定电流 $I_{r3.2}$ 的1.2倍 2）上级断路器短延时脱扣器整定时间无特别要求 3）上级断路器瞬时脱扣器整定电流 $I_{r3.1}$ 在满足灵敏度前提下应尽量整定大些，至少不小于下级断路器出线端单相短路电流 I_{k1} 的1.2倍
3	上级选用选择型断路器，下级选用熔断器 FA2　QA1　QA1　FA2 O　$I_{r.2}$　$I_{r1.1}$　$I_{r3.1}$　I $I_{r2.1} \geqslant (10\sim12)I_{r.2}$	1）过载时，只要熔断器的时间-电流特性与断路器的长延时脱扣器的动作特性不相交，且长延时脱扣器整定电流 I_{r1} 大于下级熔断器熔体额定电流 I_r（根据经验，可取其2倍），即能满足选择性要求 2）短路时，为保证下级熔断器熔体先于上级断路器动作前熔断，熔断器熔体额定电流 I_r 应尽量小，断路器瞬时脱扣器整定电流 I_{r3} 在满足灵敏度前提下应可量整定大些，短延时脱扣器可按下列要求整定： a. 上级断路器短延时动作时间应整定长些，至少要比熔断器的短路电流对应动作时间长0.15s b. 当短延时脱扣器的延时时间不大于0.5s时，其短延时脱扣器整定电流 $I_{r2.1}$ 值不宜小于下级熔断器熔体额定电流 $I_{r.2}$ 的12倍，当 $I_{r.2}$ 小于100A时可为10倍

（续）

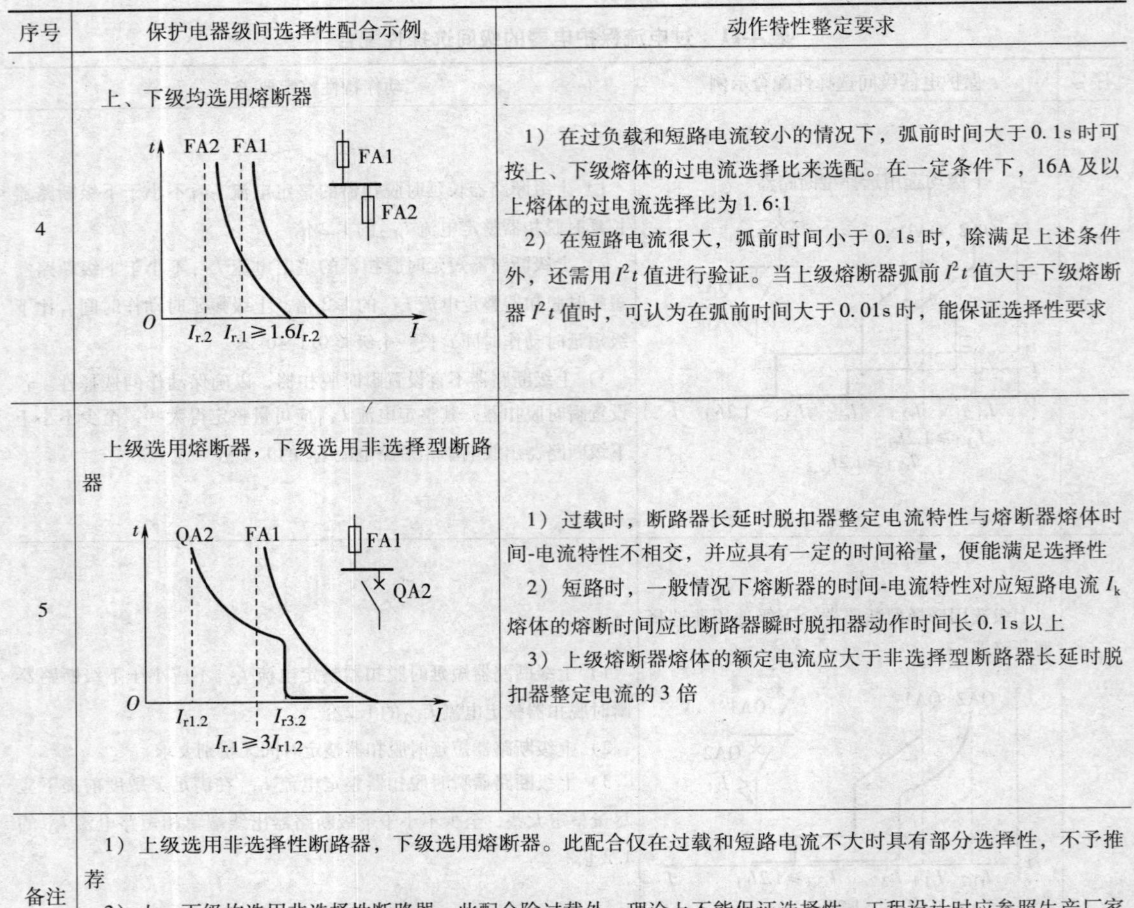

序号	保护电器级间选择性配合示例	动作特性整定要求
4	上、下级均选用熔断器 t FA2 FA1 FA1 FA2 O $I_{r.2}$ $I_{r.1}\geqslant 1.6I_{r.2}$ I	1）在过负载和短路电流较小的情况下，弧前时间大于0.1s时可按上、下级熔体的过电流选择比来选配。在一定条件下，16A及以上熔体的过电流选择比为1.6:1 2）在短路电流很大，弧前时间小于0.1s时，除满足上述条件外，还需用I^2t值进行验证。当上级熔断器弧前I^2t值大于下级熔断器I^2t值时，可认为在弧前时间大于0.01s时，能保证选择性要求
5	上级选用熔断器，下级选用非选择型断路器 t QA2 FA1 FA1 QA2 O $I_{r1.2}$ $I_{r3.2}$ I $I_{r.1}\geqslant 3I_{r1.2}$	1）过载时，断路器长延时脱扣器整定电流特性与熔断器熔体时间-电流特性不相交，并应具有一定的时间裕量，便能满足选择性 2）短路时，一般情况下熔断器的时间-电流特性对应短路电流I_k熔体的熔断时间应比断路器瞬时脱扣器动作时间长0.1s以上 3）上级熔断器熔体的额定电流应大于非选择型断路器长延时脱扣器整定电流的3倍
备注	1）上级选用非选择性断路器，下级选用熔断器。此配合仅在过载和短路电流不大时具有部分选择性，不予推荐 2）上、下级均选用非选择性断路器。此配合除过载外，理论上不能保证选择性。工程设计时应参照生产厂家产品样本中根据试验确定的级联配合表选配断路器动作电流，尽量减少越级跳闸	

例4-10 试选择和整定例3-2变电所低压配电干线WD保护断路器过电流脱扣器的额定电流和动作电流。变电所低压配电干线WD保护断路器初步选择见例4-2。配电干线WD末端最大一条分支线保护断路器选择和整定见例4-8。

解：（1）低压断路器过电流脱扣器的额定电流 根据例4-2所选结果知，变电所低压配电干线WD保护断路器CM2Z-225M/3为选择型三段保护塑壳式断路器。该断路器壳级额定电流$I_u=225A$，而线路计算电流$I_c=190A$，查附录表23，选择断路器过电流脱扣器的额定电流为$I_n=225A$。满足$I_u\geqslant I_n>I_c$条件。

（2）过电流脱扣器动作电流整定 长延时过电流脱扣器整定电流按$I_{r1}\geqslant I_c$要求，确定为$I_{r1}=210A$。

短延时过电流脱扣器整定电流按躲过线路短时尖峰电流及与下级线路保护电器配合要求整定，即

$$\begin{cases}I_{r2}\geqslant 1.2[I_{st.M}+I_{c(n-1)}]=1.2\times[7\times 42A+(190A-42A)]=530.4A\\ I_{r2}\geqslant 1.2I_{r3.2}=1.2\times 7\times 125A=1050A\end{cases}$$

查附录表23，短延时过电流脱扣器整定电流为 $I_{r2}=5I_{r1}=1050\text{A}$，满足上述要求。

由于下级分支线路短路时其保护电器瞬时动作，故本级断路器短延时过电流脱扣器动作时间按选择性要求整定为0.2s。

瞬时过电流脱扣器整定电流按躲过线路瞬时尖峰电流及与下级线路保护电器配合要求整定，即

$$\begin{cases} I_{r3} \geqslant 1.2[I'_{\text{st.M}} + I_{c(n-1)}] = 1.2 \times [2 \times 7 \times 42\text{A} + (190\text{A} - 42\text{A})] = 883.2\text{A} \\ I_{r3} \geqslant 1.2 I_{k1.2} = 1.2 \times 2490\text{A} = 2988\text{A} \end{cases}$$

查附录表26，CM2Z-225M/3 瞬时过电流脱扣器整定电流最大值为 $14I_{r1}=2940\text{A}$，基本满足上述要求。

（3）检验低压断路器保护的灵敏度　按线路末端发生金属性单相接地故障校验短延时过电流脱扣器动作灵敏性，即

$$\frac{I_{\text{k.min}}}{I_{r2}} = \frac{2490\text{A}}{1050\text{A}} = 2.37 > 1.3 \quad \text{满足要求}$$

按线路末端发生金属性两相短路故障校验瞬时过电流脱扣器动作灵敏性，即

$$\frac{I_{\text{k.min}}}{I_{r2}} = \frac{0.866 \times 8350\text{A}}{2940\text{A}} = 2.46 > 1.3 \quad \text{满足要求}$$

（4）校验断路器保护与电缆的配合　查附录表39，得 YJV－0.6/1－3×95＋2×50 型电缆在有孔托盘桥架中敷设，35℃时的允许载流量 $I_{al}=286\text{A}$。查附录表49，得桥架中单层电缆4根无间距排列时载流量校正系数为0.79，实际载流量 $I_{al}=0.79\times286\text{A}=225.9\text{A}$。而断路器长延时脱扣器动作电流 $I_{r1}=210\text{A}<I_{al}$，满足过负荷配合条件。

已知 CM2Z-225M/3 型塑壳式断路器的短延时脱扣动作时间为0.2s，电缆短路热稳定应按式（4-21）校验。即

$$S_{\min} = \frac{I''_{k3}\sqrt{t}}{K} = \frac{8.35\text{kA} \times \sqrt{0.2\text{s}}}{143\text{A} \cdot \sqrt{\text{s}}/\text{mm}^2} = 26.1\text{mm}^2 < 95\text{mm}^2$$

满足短路配合条件。

思考题与习题

4-1　电器在供电系统中的作用是什么？供配电系统对电器有哪些要求？表征这些要求的参数是什么？

4-2　电弧对电器的安全运行有哪些影响？开关电器中有哪些常用的灭弧方法？其中最常用最基本的灭弧方法是什么？

4-3　高压断路器有何功能？常用灭弧介质有哪些？

4-4　熔断器的主要功能是什么？熔体熔断大致可分为哪些阶段？

4-5　高压隔离开关有何功能？它为什么可用来隔离电源保证安全检修？它为什么不能带负荷操作？

4-6　高压负荷开关有何功能？它可装设什么保护装置？在什么情况下可自动跳闸？在采用负荷开关的高压电路中，采取什么措施来作短路保护？

4-7　高压负荷开关-限流熔断器组合电器与断路器相比，为什么比较适合用在环网供电单元和箱式变电站？

4-8　电流互感器和电压互感器具有何功能？各有何结构特点？

4-9　低压断路器有何功能？配电用低压断路器按结构型式分有哪两大类？各有何结构特点？

4-10　低压自动转换开关电器有何功能？

4-11 电流互感器常用的接线方式有哪几种？各用于什么场合？

4-12 接成 Ynd 联结的电压互感器应用于什么场合？

4-13 什么叫选择型低压断路器和非选择型低压断路器？

4-14 同一变电所内两台变压器的低压进线开关与母线联络开关是否采用四极开关？

4-15 试述架空线与电力电缆的结构特点，比较其线路电抗和对地分布电容的大小。

4-16 绝缘电线主要用于哪些场所？如何选择其绝缘材料？

4-17 何为电线电缆的阻燃性和耐火性？如何选择使用？

4-18 电线电缆导体截面积的选择应考虑哪些条件？

4-19 低压配电线路的 N 导体截面积与 PE 导体截面积应如何选择？

4-20 配电线路布线系统及敷设方式的确定主要取决于哪些因素？

4-21 低压配电线路应装设哪些保护措施？

4-22 低压配电系统的中性导体如何设置过电流保护？

4-23 什么是剩余电流？剩余电流保护电器的类型及其特点有哪些？

4-24 如何在建筑物内设置接地故障电气火灾防护？

4-25 如何选择和整定配电保护低压断路器过电流脱扣器动作电流？

4-26 如何选择和校验低压熔断器熔体电流？

4-27 配电线路装设的上下级保护电器如何保证其动作的选择性配合？

4-28 某用户的有功计算负荷为2000kW，功率因数为0.92。该用户10kV 进线上拟装设一台 CV1-12 型高压断路器，已知主保护动作时间为0.5s，断路器断路时间为0.05s，该用户 10kV 母线上的 I_{k3} =10kA。试选择此高压断路器的规格。

4-29 试初步选择习题 3-10 所示变电所的低压进线及出线上装设的低压断路器。已知该低压出线计算电流为105A。

4-30 习题4-28 的用户变电所与上级地区变电所距离为2km，拟采用一路10kV 电缆埋地敷设。环境温度为20℃，允许电压损失为5%。试选择此电缆的型号与规格。

4-31 某220/380V 的 TN-C 线路长100m，线路末端接有一个集中负荷，最大负荷为120kW + 100kvar。线路采用 YJV_{22} -0.6/1 型四芯等截面积的铜芯交联聚乙烯绝缘钢带铠装聚氯乙烯护套电力电缆直埋敷设，环境温度为20℃，允许电压损失为5%。已知线路末端三相短路电流为15kA，线路首端安装的低压断路器短延时过电流脱扣器动作时间为0.2s。试选择电缆截面积。

4-32 有一条线路计算电流 I_c =60A，线路中接有一台 11kW 的电动机，额定电流 I_r =21A，直接起动电流倍数 k_{st} =7；此线路分支处三相短路电流 I_{k3} =6kA，末端金属性单相接地故障电流 I_d =1.2kA。当地环境温度为35℃。该线路拟用 YJV -0.6/1 -3×35 +2×16 电缆，在有孔托盘桥架中单层敷设（另有3根其他回路电缆并行无间距排列）。线路首端低压断路器初选为 CM2-125L/3 型（非选择型两段保护）。试选择整定过电流脱扣器的额定电流及其动作电流。

4-33 有一台异步电动机，其额定电压为380V，额定容量为22kW，额定电流为42A，起动电流倍数为7，一般轻载起动。现拟采用 BV -450/750 -3×25 型绝缘导线穿钢管敷设，环境温度为25℃，采用 NT0 型熔断器（gG 类）作短路保护。已知三相短路电流 I_{k3} =6kA，金属性单相接地故障电流 I_d =1.2kA。试选择整定熔断器及其熔体额定电流。

4-34 试选择和整定习题4-29 变电所低压配电干线 WD 保护断路器过电流脱扣器的额定电流和动作电流。配电干线 WD 末端配电箱分支线路保护电器采用断路器，动作电流整定同习题4-32。

第五章　供电系统的一次接线

第一节　概　　述

一、一次接线概念

所谓一次接线（Primary Connection）是指由电力变压器、各种开关电器及配电线路，按一定顺序连接而成的用于电能输送和分配的电路，亦称主电路（Main Circuit）。一次接线是供电系统的主体，对系统的安全、可靠、优质、灵活、经济运行起着重要作用。一次接线包括变配电所电气主接线和高低压配电系统接线两方面。

一次接线的图形表示称为一次接线图，它是一种概略图（Overview Diagram），用国家标准电气简图用图形符号并按电流通过顺序排列，概略地表达供电系统、电气装置的基本组成和连接关系等全面特性的简图。工程上也称系统图。由于交流供电系统通常是三相对称的，故一次接线图一般绘制成单线图。

二、对一次接线的基本要求

概括地说，对一次接线的基本要求包括安全、可靠、优质、灵活、经济等方面。

安全包括设备安全及人身安全。一次接线应符合国家标准有关技术规范的要求，正确选择电气设备及其监视、保护系统，采取各种安全技术措施。

可靠就是一次接线应符合一、二级负荷对供电可靠性的要求。可靠性不仅和一次接线的形式有关，还和电气设备的技术性能、运行管理的自动化程度等因素有关，因此，对一次接线可靠性的评价应客观、科学、全面和发展。目前，对一次接线可靠性的评价不仅可以定性分析，而且可以进行定量的可靠性计算。

优质就是一次接线应保证供电电压偏差、电压波动和闪变、谐波、三相电压不平衡等技术参数不低于国家规定指标，满足用户对电能质量的要求（详见第十章）。

灵活是用最少的切换来适应各种不同的运行方式，如变压器经济运行方式、电源线路备用方式等。检修时操作简便，不致过多地影响供电可靠性。另外，还应能适应负荷的发展，便于扩建。

经济是一次接线在满足上述技术要求的前提下，尽量做到接线简化、占地少、总费用最小。一次接线的可靠性与经济性之间往往是一对矛盾，必须综合考虑，协调处理好两者之间的关系。

第二节　电力变压器的选择

电力变压器（Power Transformer）是供电系统中的关键设备，其主要功能是升压或降压以利于电能的合理输送、分配和使用，对变电所主接线的形式及其可靠性与经济性有着重要影响。所以，正确合理地选择变压器的型式、台数和容量，乃是主接线设计中的一个主要问题。

一、电力变压器的型式选择

电力变压器的型式选择是指确定变压器的相数、调压方式、绕组型式、绝缘及冷却方式、联结组标号等，并应优先选用技术先进、高效节能、免维护的新产品。

变压器按相数分，有单相和三相两种。用户变电所一般采用三相变压器。

变压器按调压方式分，有无励磁调压变压器（Off-circuit-tap-changing Transformer）（装有无励磁分接开关且只能在无励磁的情况下进行调压的变压器）和有载调压变压器（On-load-tap-changing Transformer）（装有有载分接开关能在负载下进行调压的变压器）两种。配电变压器（Distribution Transformer）（由较高电压降至最末级配电电压，直接做配电用的电力变压器）一般采用无励磁调压方式；35kV 总降压变电所的主变压器在电压偏差不能满足要求时和 110kV 总降压变电所的主变压器应采用有载调压方式。

变压器按绕组型式分，有双绕组变压器、三绕组变压器和自耦变压器等。用户供电系统大多采用双绕组变压器。

变压器按绝缘及冷却方式分，有油浸式变压器、干式变压器和充气式（SF_6）变压器等。油浸式变压器（Oil-immersed type Transformer）冷却方式有自冷式、风冷式、水冷式和强迫油循环冷却式等。干式变压器（Dry-type Transformer）冷却方式有自冷式和风冷式两种，采用风冷可提高干式变压器的过载能力。多层或高层主体建筑内的变电所，考虑到防火要求，应采用干式、气体绝缘或非可燃性液体绝缘的变压器。当干式变压器与高低压配电装置设在同一房间内时，还应具有不低于 IP2X 的防护外壳（电气设备外壳防护等级的分类代号见附录表 59）。

35～110kV 总降压变压器的联结组一般为 Ynd11。6～10kV 配电变压器有 Yyn0 和 Dyn11 两种常见联结组，其示意图如图 5-1 所示。由于 Dyn11 联结组变压器具有低压侧单相接地故

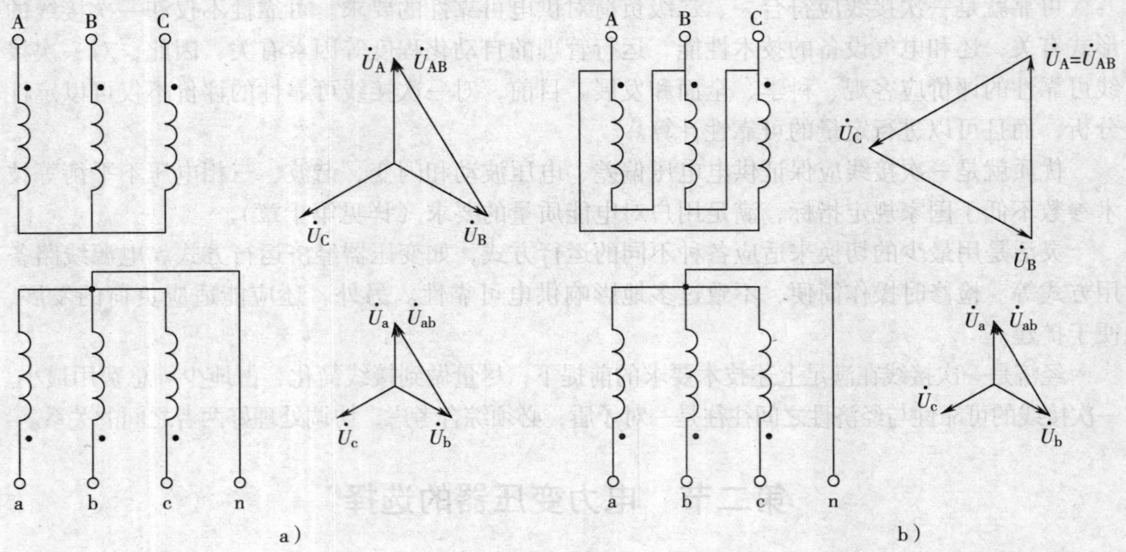

图 5-1 配电变压器联结组

a）Yyn0 联结组 b）Dyn11 联结组

障电流大（有利于接地故障切除）、承受单相不平衡负荷的负载能力强和高压侧三角形联结有利于抑制零序谐波电流注入电网等优点，从而在TN及TT系统接地型式的低压电网中得到越来越广泛的应用。对多雷地区及土壤电阻率较高的山区，考虑到防雷要求的提高，宜选用联结组标号为Yzn11的防雷变压器。

随着科技进步，变压器新产品不断涌现。如：为延长变压器使用寿命、做到免维护，油浸式变压器采用全密封结构；为降低空载损耗，变压器采用卷制铁心结构和非晶合金铁心；为提高抗短路冲击能力，变压器低压采用铜箔绕组等。

二、电力变压器的台数与容量选择

（一）台数选择

变压器的台数一般根据负荷等级、用电容量和经济运行等条件综合考虑确定。当符合下列条件之一时，宜装设两台及以上变压器：

（1）有大量一级或二级负荷　在变压器出现故障或检修时，多台变压器可保证一、二级负荷的供电可靠性。当仅有少量二级负荷时，也可装设一台变压器，但变电所低压侧必须有足够容量的联络电源作为备用。

（2）季节性负荷变化较大　根据实际负荷的大小，相应投入变压器的台数，可做到经济运行、节约电能。

（3）集中负荷容量较大　虽为三级负荷，但一台变压器供电容量不够，也应装设两台及以上变压器。

当备用电源容量受限制时，宜将重要负荷集中并且与非重要负荷分别由不同的变压器供电，以方便备用电源的切换。

在一般情况下，动力与照明宜共用变压器，以降低投资。但属下列情况之一时，可设专用变压器：

1）当照明负荷容量较大，或动力和照明采用共用变压器供电会严重影响照明质量及灯泡寿命时，可设专用变压器。

2）单台单相负荷容量较大时，宜设单相变压器。

3）冲击性负荷（如短路试验设备、大型电焊设备等）较大，严重影响供电系统的电压质量时，可设冲击负荷专用变压器。

（二）容量选择

1）变压器的容量S_{NT}首先应保证在计算负荷S_c下变压器能长期可靠运行。

对仅有一台变压器运行的变电所，变压器容量应满足下列条件：

$$S_{r.T} > S_c \tag{5-1}$$

考虑到节能和留有裕量，变压器的负荷率一般取60%~70%为宜，最大不宜超过85%。

对有两台变压器运行的变电所，通常采用等容量的变压器，每台容量应同时满足以下两个条件：

① 满足总计算负荷60%~70%的需要，即

$$S_{r.T} \approx (0.6 \sim 0.7) S_c \tag{5-2}$$

② 满足全部一、二级负荷$S_{c(\text{I}+\text{II})}$的需要，即

$$S_{r.T} \geqslant S_{c(\text{I}+\text{II})} \tag{5-3}$$

条件①是考虑到两台变压器运行时，每台变压器各承受总计算负荷的50%，负荷率为0.6~0.7，此时变压器效率较高。而在事故情况下，一台变压器承受总计算负荷时，只过负荷20%~40%，可继续运行一段时间。在此时间内，完全有可能调整生产，可切除三级负荷。条件②是考虑在事故情况下，一台变压器仍能保证一、二级负荷的供电。

当选用不同容量的两台变压器时，每台变压器的容量可按下列条件选择：

$$S_{r.T1} + S_{r.T2} > S_c \tag{5-4}$$

且

$$S_{r.T1} \geqslant S_{c(I+II)};\ S_{r.T2} \geqslant S_{c(I+II)} \tag{5-5}$$

2）变压器的容量应满足大型电动机及其他冲击负荷的起动要求。

大型电动机及其他冲击负荷起动时，会导致变压器配电母线电压下降，而下降幅度则与变压器容量及设备起动方式有关。一般规定电动机非频繁起动时母线电压不宜低于额定电压的85%，这就要求变压器容量应与起动设备容量及其起动方式相配合。

3）10(6)/0.4kV 单台变压器容量不宜大于1600kV·A。

这是基于两方面的考虑：一方面是选用1600kV·A及以下的变压器对一般用户的负荷密度来说更能接近负荷中心，另一方面低压侧馈线的保护电器的分断能力也容易满足。当用电设备容量较大、负荷集中且运行合理时，也可选用较大容量（2000~2500kV·A）的变压器。

4）应满足今后5~10年负荷增长的需要。

负荷总是在增长的，变压器容量应留有一定的裕量。

必须指出：电力变压器台数和容量的最后确定，应在对负荷资料进行分析、调整的基础上，结合一次接线方案的设计，作出合理选择。

例5-1 某工业企业拟建造一座10/0.38kV变电所，所址设在厂房建筑内。已知总计算负荷为1800kV·A，其中一、二级负荷共900kV·A，$\cos\varphi=0.8$。试选择其变压器的型式、台数和容量。

解：1. 选择变压器型式

考虑到变压器在厂房建筑内，故选用低损耗的SCB10型10/0.4kV三相干式双绕组电力变压器。变压器采用无励磁调压方式，分接头±5%，联结组标号为Dyn11，带风机冷却并配置温控仪自动控制，带IP2X防护外壳。

2. 选择变压器台数

因有较多的一、二级负荷，故选择两台主变压器。

3. 选择每台变压器的容量

变压器容量是根据无功补偿后的计算负荷确定的。由于负荷自然功率因数未达到供电部门的规定，故需采取低压无功补偿方式将功率因数提高到0.92，以使高压侧功率因数达到0.9。

无功补偿后的总计算负荷 $S_c=1800\text{kV}\cdot\text{A}\times0.8/0.92=1565\text{kV}\cdot\text{A}$，其中一、二级负荷 $S_{c(I+II)}=900\text{kV}\cdot\text{A}\times0.8/0.92=783\text{kV}\cdot\text{A}$。

每台变压器容量 $S_{r.T}\approx(0.6\sim0.7)\times1565\text{kV}\cdot\text{A}\approx939\sim1096\text{kV}\cdot\text{A}$，且 $S_{r.T}\geqslant783\text{kV}\cdot\text{A}$，因此选择每台变压器容量为1000kV·A。

三、电力变压器的过负荷运行

（一）变压器过负荷分析

1. 正常过负荷

变压器的绝缘寿命通常为20～30年，在此期间变压器可承受供电系统中的各种过电压、过电流和长时间运行电压。变压器绝缘的老化与负荷和冷却介质温度有密切的关系：变压器负荷高或冷却介质温度高，导致绝缘的温度高、绝缘老化加速、绝缘寿命缩短。变压器在运行中，负荷和冷却介质温度随着时间和季节的变化而波动。特别是负荷曲线上的高峰时段，有可能出现过负荷运行，过负荷运行时间一般较短。所谓正常过负荷，就是在正常周期性负载（一个周期通常是24 h）中，在某段时间内施加了超过额定负载的电流，此时绝缘寿命的过度损失可由其他时间内施加低于额定负载的电流所补偿。从热老化的观点出发，只要热老化率大于1的诸周期中的老化值能被热老化率低于1的老化值所补偿，那么，这种周期性负载可认为是与正常环境温度下施加额定负载时是等效的，变压器可长期安全运行。要说明的是，变压器在过负荷运行状态下，负载损耗增加，不利于节能。

2. 事故过负荷

供电系统中发生事故或并列运行的两台变压器因故障切除一台时，由于系统中的负荷重新分配，将有可能出现部分变压器的负荷严重超过额定值（短期急救负载）或过负荷持续较长时间（长期急救周期性负载）的情况。这时，为了向电力用户输送不间断的电力，变压器的绝缘寿命可能会有一个不长时间的加速损耗，但只要不导致变压器的故障，这种“加速损耗”是允许的。变压器的事故过负荷会牺牲绝缘的部分“正常寿命”，不能作为变压器的正常过负荷能力。

（二）变压器过负荷限值

1. 油浸式变压器

根据GB/T 1094.7—2008《电力变压器 第7部分：油浸式电力变压器负载导则》，各类负载状态下的负载电流和温度的限值见表5-1，当制造厂有关于超额定电流运行的明确规定时，应遵守制造厂的规定。实际工程中，在各类负载运行方式下，超额定电流运行时，具体允许的负载系数和时间，可按GB/T 1094.7—2008确定。

表5-1 油浸式变压器的负载电流和温度限值

负载类型		配电变压器	中型电力变压器	大型电力变压器
正常周期性负载	负载电流标幺值	1.5	1.5	1.3
	热点温度与绝缘材料接触的金属部件温度	140℃	140℃	120℃
	顶层油温	105℃	105℃	105℃
长期急救周期性负载	负载电流标幺值	1.8	1.5	1.3
	热点温度与绝缘材料接触的金属部件温度	150℃	140℃	130℃
	顶层油温	115℃	115℃	115℃
短期急救负载	负载电流标幺值	2.0	1.8	1.5
	热点温度与绝缘材料接触的金属部件温度	注2	160℃	160℃
	顶层油温		115℃	115℃

注：1. 表中温度与电流限值不同时适用。电流可比表中限值低一些，以满足温度限制的要求；相反地，温度可比表中限值低一些，以满足电流限制的要求。

2. 表中未规定短期急救负载的顶层油温和热点温度，是因为在配电变压器上控制急救负载的持续时间，通常是不现实的。应当注意到：当热点温度超过140℃时，可能产生气泡，从而使变压器的绝缘强度下降。

长期急救周期性负载下运行，将在不同程度上缩短变压器的寿命，应尽量减少出现这种运行方式的机会；必须采用时，应尽量缩短超额定电流运行的时间，降低超额定电流的倍数，有条件时（按制造厂规定）投入备用冷却装置。长期急救周期性负载运行时，平均相对老化率可大于1甚至远大于1。

短期急救负载下运行时，相对老化率远大于1，绕组热点温度可能大到危险程度〔在出现这种情况时，应投入包括备用在内的全部冷却器（制造厂有规定的除外），并尽量减小负载、减少运行时间。这种负载允许时间小于整个变压器的热时间常数，并且它也与过负载前的运行温度有关。一般来说，它小于半小时。

当变压器有较严重的缺陷（如冷却系统不正常、严重漏油、有局部过热现象、油中溶解气体分析结果异常等）或绝缘有弱点时，不宜超额定电流运行。

2. 干式变压器

根据 GB/T 17211—1998《干式电力变压器负载导则》，对正常周期性负载，干式变压器负载电流不超过1.5倍的额定值。干式变压器的温度限值见表5-2。

表5-2 干式变压器的温度限值

绝缘系统的温度等级/℃	绕组热点温度/℃		额定电流下绕组平均温升的限值/K
	额定值	最高允许值	
120（E）	110	140	75
130（B）	120	165	80
155（F）	145	190	100
180（H）	175	220	125
220（C）	210	250	150

干式电力变压器的正常周期性负载和急救负载的运行要求，遵循制造厂规定和相应导则的要求。

第三节 电气主接线的基本形式

变配电所的电气主接线（Main Electrical Connection）是以电源进线和引出线为基本环节，以母线为中间环节构成的电能输配电路。其基本型式按有无母线通常分为有母线的主接线和无母线的主接线两大类。

一、有母线的主接线

母线（Bus）是大电流低阻抗导体，可以在其上分开的各点接入若干个电路。母线在配电装置中起着汇集电流和分配电流的作用，又称汇流排。在用户变配电所中，有母线的主接线按母线设置的不同，又有单母线接线、分段单母线接线和双母线接线三种形式。

1. 单母线接线

典型的单母线接线（Single Bus Connection）如图5-2所示。图5-2a为一路电源进线的情况，图5-2b为两路电源进线一用一备（又称明备用）的情况。在这种接线中，所有电源进线和引出线都连接于同一组母线W上。为便于投入与切除，每路进出线上都装有断路器QA

并配置继电保护装置以便在线路或设备发生故障时自动跳闸。而且为便于设备与线路的安全检修，紧靠母线处都装有隔离开关 QB。高压系统中隔离开关与断路器必须实行操作联锁，以保证隔离开关“先通后断”，不带负荷操作。图 5-2b 采用两路电源进线，可以提高供电可靠性，但两个进线断路器必须实行操作联锁，只有在工作电源进线断路器断开后，备用电源进线断路器才能接通，以保证两路电源不并列运行。

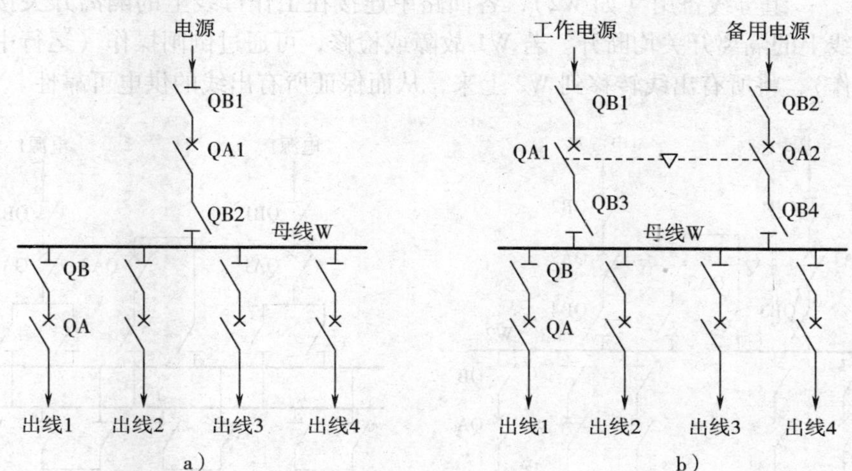

图 5-2　单母线接线

a）一路电源进线　b）两路电源进线

单母线接线的优点是简单、清晰、设备少、运行操作方便且有利于扩建，但可靠性与灵活性不高。如母线故障或检修，会造成全部出线停电。

单母线接线适于出线回路少的小型变配电所，一般供三级负荷，两路电源进线的单母线可供二级负荷。

2. 分段单母线接线

当出线回路数增多且有两路电源进线时，可用断路器将母线分段，成为分段单母线接线（Sectionalized Single Bus Connection），如图 5-3 所示，QA3 为母线分段断路器。母线分段后，可提高供电的可靠性和灵活性。在正常工作时，分段断路器可接通也可断开运行。两路电源进线一用一备时，分段断路器接通运行，此时，任一段母线故障，分段断路器与故障段进线断路器便在继电保护装置作用下自动断开，将故障段母线切除后，非故障段母线便可继续工作。而当两路电源同时工作互为备用（又称暗备用）时，分段断路器则断开运行，此时，任一电源（如电源 1）故障，电源进线断路器（QA1）自动断开，分段断路器 QA3 可自动投入，保证给全部出线或重要负荷继续供电。

如将图 5-3 接线中的母线分断断路器 QA3 取消，则构成不联络的分段单母线接线，两段母线各自独立运行。

分段单母线接线保留了单母线接线的优点，又在一定程度上克服了它的缺点，如缩小了母线故障的影响范围、分别从两段母线上引出两路出线可保证对一级负荷的供电等。

当变配电所具有三个及以上电源时，可采用多分段的单母线接线。

3. 双母线接线

双母线接线（Double Bus Connection）是针对单母线分段接线时母线故障造成部分出线停电的缺点而提出的。典型的双母线接线如图5-4所示。双母线接线与单母线接线相比从结构上而言，多设置了一组母线，同时每个回路经断路器和两组隔离开关分别接到两组母线W1、W2上，两组母线之间可通过母线联络断路器QA3连接起来。正常工作时一组母线工作（如W1），一组母线备用（如W2），各回路中连接在工作母线上的隔离开关接通，而连接在备用母线上的隔离开关均断开。若W1故障或检修，可通过倒闸操作（运行中变更主接线方式的操作），将所有出线转移到W2上来，从而保证所有出线的供电可靠性。

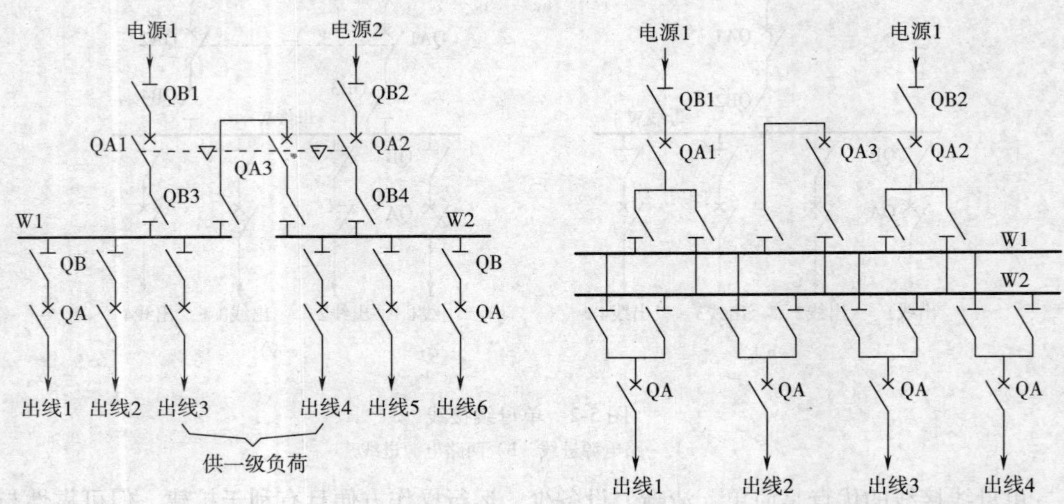

图5-3 分段单母线接线　　图5-4 双母线接线

双母线接线的优点是可靠性高、运行灵活、扩建方便，缺点是设备多、操作繁琐、造价高。一般仅用于有大量一、二级负荷的大型变电所。如35～66kV线路为8回及以上时，可采用双母线接线。110kV线路为6回及以上时，宜采用双母线接线。

二、无母线的主接线

无母线主接线的特点，是在电源与出线或变压器之间没有母线连接。在电力系统终端变电所和用户变电所中，无母线的主接线有线路-变压器组单元接线和桥式接线两种常见形式。

1. 线路-变压器组单元接线

图5-5所示为线路-变压器组单元接线（Line-transformer Unit Connection）的几种典型形式。其特点是接线简单、设备少、经济性好，适于一路电源进线且只有一台主变压器的小型变电所。

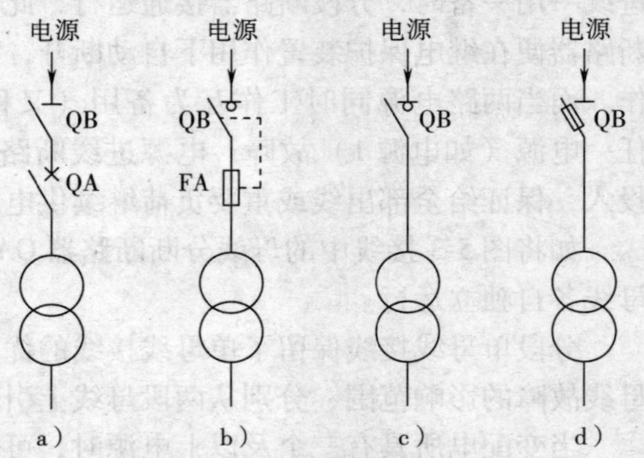

图5-5 线路-变压器组单元接线

图5-5a中，在变压器高压侧设置断路器

和隔离开关，当变压器故障时，继电保护装置动作于断路器 QA 跳闸。采用断路器操作简便，故障后恢复供电快，易与上级保护相配合，实现自动化。

图 5-5b 与图 5-5a 的区别在于，采用负荷开关与熔断器组合电器代替价格较高的断路器，变压器的短路保护则由熔断器实现。为避免因熔断器一相熔断造成变压器断相运行，熔断器配有熔断撞针可作用于负荷开关跳闸。负荷开关除用于变压器的投入与切除外，还可用来隔离高压电源以便于变压器的安全检修。所接变压器容量，对干式变压器不大于 1250kV · A，对油浸式变压器不大于 630kV · A。

图 5-5c 中变压器的高压侧仅设置负荷开关，而未设保护装置。这种接线仅适于距上级变配电所较近的车间变电所采用，此时，变压器的保护必须依靠安装在线路首端的保护装置来完成。当变压器容量较小时，负荷开关也可采用隔离开关代替，但需注意的是，隔离开关只能用来切除空载运行的变压器。

图 5-5d 是户外杆上变电台的典型接线形式，电源线路架空敷设，小容量变压器安装在电杆上，户外跌落式熔断器 FA 作为变压器的短路保护，也可用来切除空载运行的变压器。这种接线简单经济，但可靠性差。随着城市电网改造和城市美化的需要，架空线改为电缆线，户外杆上变电台逐步被预装式变电站或组合式变压器所取代。

线路-变压器组单元接线可靠性不高，只可供三级负荷。采用环网电源供电时，可靠性相应提高，可供少量二级负荷。

当有两路电源进线和两台主变压器时，可采用双回线路-变压器组单元接线，再配以变压器二次侧的分段单母线接线，则可靠性大大提高，如图 5-6 所示。正常运行时，两路电源及主变压器同时工作，变压器二次侧母联断路器 QA3 断开运行。一旦任一主变压器或任一电源进线故障或检修时，主变压器两侧断路器就在继电保护装置的作用下自动断开，母联断路器 QA3 自动投入，即可恢复整个变电所的供电。双回线路-变压器组单元接线可供一、二级负荷。35 ~ 110kV 变电所在其进线为两回及以下时，宜采用线路-变压器组单元接线。

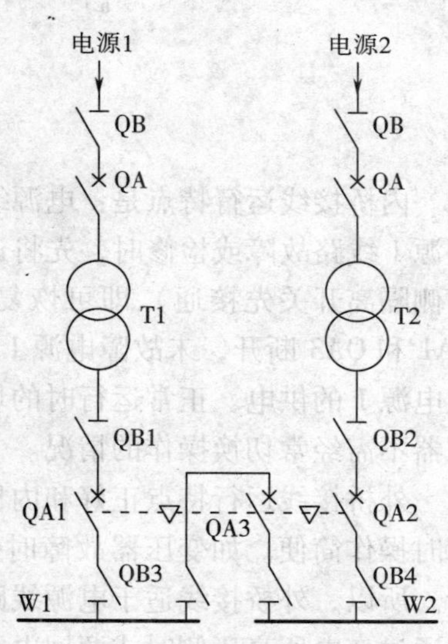

图 5-6　双回线路-变压器组单元接线

双回线路-变压器组单元接线的缺点是某回路电源线路或变压器任一元件发生故障，则该回路中另一元件也不能投入工作，即故障情况下，设备得不到充分利用。采用桥式接线可弥补这一缺陷。

2. 桥式接线

桥式接线（Bridge Connection）分内桥和外桥两种，如图 5-7 所示。其共同特点是在两台变压器一次侧进线处用一桥路断路器 QA3 将两回进线相连，桥路连在进线断路器之下靠近变压器侧称为内桥，连在进线断路器之上靠近电源线路侧称为外桥。两种桥式接线都能实现电源线路和变压器的充分利用，如变压器 T1 故障，可以将 T1 切除，由电源 1 和电源 2 并列（满足并列运行条件时）给 T2 供电以减少电源线路中的能耗和电压损失；若电源 1 线路故障，可以将电源 1 切除，由电源 2 同时给变压器 T1 和 T2 供电，以充分利用变压器并减少其能耗。

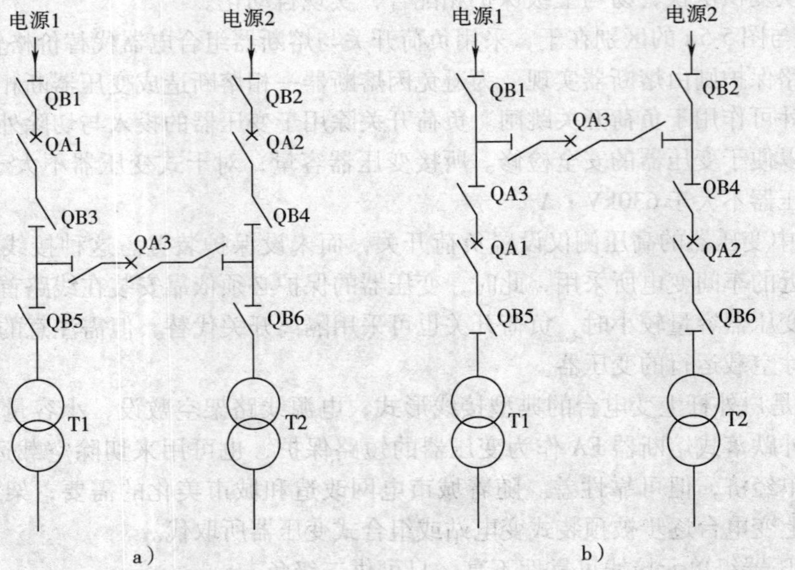

图5-7　桥式接线
a）内桥　b）外桥

内桥接线运行特点是：电源线路投入和切除时操作简便，变压器故障时操作较复杂。当电源1线路故障或检修时，先将进线QA1和QB3断开，然后将桥路断路器QA3接通（QA3两侧隔离开关先接通）即可恢复对变压器T1的供电。但当变压器T1故障时，则需先将QA1和QA3断开，未故障电源1供电受到影响，断开QB5后，再接通QA1和QA3，方可恢复电源1的供电。正常运行时的切换操作也是如此。所以，内桥接线适于电源线路较长、变压器不需经常切换操作的情况。

外桥接线运行特点正好和内桥接线相反，电源线路投入和切除时操作较复杂，变压器故障时操作简便。如变压器故障时仅其两侧断路器自动跳闸即可，不影响电源线路的继续运行。所以，外桥接线适于电源线路较短、变压器需经常切换操作的情况。当系统中有穿越功率通过变电所高压侧时或两回电源线路接入环形电网时，也可采用外桥式接线。

桥式接线简单，使用设备少（相对于分段单母线接线少用两台断路器），造价低，有一定的可靠性与灵活性，易扩展。35～110kV变电所在其进线为两回及以下时，宜采用桥式接线。当变电所具有三台主变时，可采用具有两个桥路的扩大桥式接线。

第四节　变配电所电气主接线示例

一、变配电所电气主接线的设计与绘制

1. 电气主接线的设计

变配电所电气主接线的设计是供电工程设计中一项最重要的内容，必须依据供电电源情

况、生产要求、负荷性质、用电容量和运行方式等条件综合确定，在满足安全可靠和灵活方便的前提下，做到经济合理；必须遵守现行国家标准 GB 50053—1994《10kV 及以下变电所设计规范》、GB 50059—2011《35～110kV 变电所设计规范》和电力行业管理的有关规定。主接线设计采用的电气设备，应符合国家或行业的产品技术标准，并应优先选用技术先进、经济适用和节能的成套设备和定型产品，不得采用淘汰产品。

变配电所电气主接线设计内容繁杂，为保证设计的有条不紊和方案的科学合理，一般应遵循下列步骤：

1）根据已知条件确定供电电源电压及其进线回路数。

2）根据负荷大小与性质选择主变压器的台数、容量及型式。

3）拟定可能采用的主接线形式。

4）考虑所用电与操作电源的取得。

5）由公用电网供电还需确定电能计量方式。

6）确定对负荷的配电方式和无功补偿方式。

7）选择高低压开关电器。

8）通过各方案的技术经济比较，确定最终方案。

9）确定相应的配电装置布置方案。

2. 电气主接线图的绘制

变配电所主接线中各进线、出线、测量（计量）、无功补偿等开关设备及其连接，通常作成标准高压开关柜和低压配电屏以供选用，因而主接线图的绘制应与柜、屏的实际布局相对应。绘制主接线图时，所有电气设备符号均表示处于不带电状态。

通常，变电所主接线图按主变压器的一次侧与二次侧分别绘制，当主接线较为简单或处于方案设计阶段时，也可绘制在一起。

二、10kV 变电所电气主接线示例

（一）由公共电网供电的 10kV 变电所

1. 一路外供电源，装有一台变压器

如图 5-8 所示，变压器一次侧采用线路-变压器组单元接线，二次侧采用单母线接线。

该方案高低压开关柜均采用固定式柜，变电所高压进线与低压出线均采用电缆。在高压侧设有电能计量柜并设置在电源进线主开关之前（也可设置在电源进线主开关之后，按当地供电部门的要求定），计量柜中设有专用的、精度等级为 0.2 级的电流互感器与电压互感器，且不得与保护、测量回路共用。变压器的控制及保护采用负荷开关与熔断器组合电器，而未采用高压断路器，以降低投资和简化二次接线。为测量高压侧电压和提供交流操作电源，高压侧还设置了电压测量柜。10kV 及以下变电所一般不设所用变压器，所用电（指变电所工作照明与检修用电、应急照明和操作电源用电等）电源直接由主变压器低压侧取得。该变电所负荷无功补偿除就地补偿外，还采用了低压母线集中补偿方式，选用低压成套三相共补无功自动补偿装置，可与低压配电屏并排安装，无功自动补偿控制器电流采样用电流互感器安装在低压进线柜中。低压进线总开关和低压出线开关均采用低压断路器（注：出线也可采用熔断器组合电器）。低压配电系统的接地型式采用 TN-C-S 制。限于篇幅，图中未注明高低压电器的型号规格。

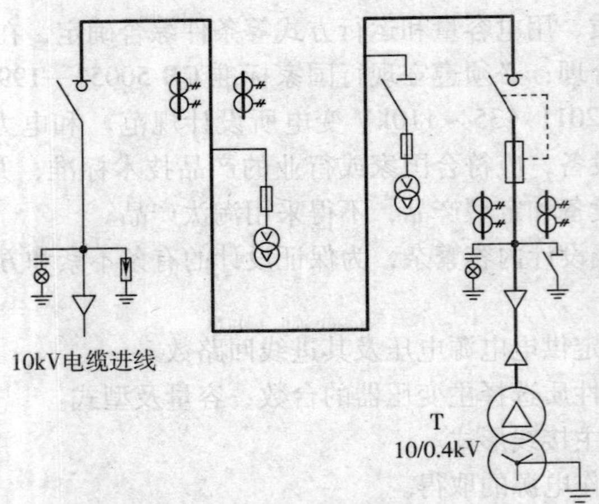

开关柜编号	AK1	AK2	AK3	AK4
开关柜型号	10kV固定式负荷开关柜			
用途	进线隔离	电能计量	电压测量	变压器保护
变压器容量/kV·A				干变≤1250 油变≤630
备注	电能计量柜的位置按当地供电部门要求确定。			

a）

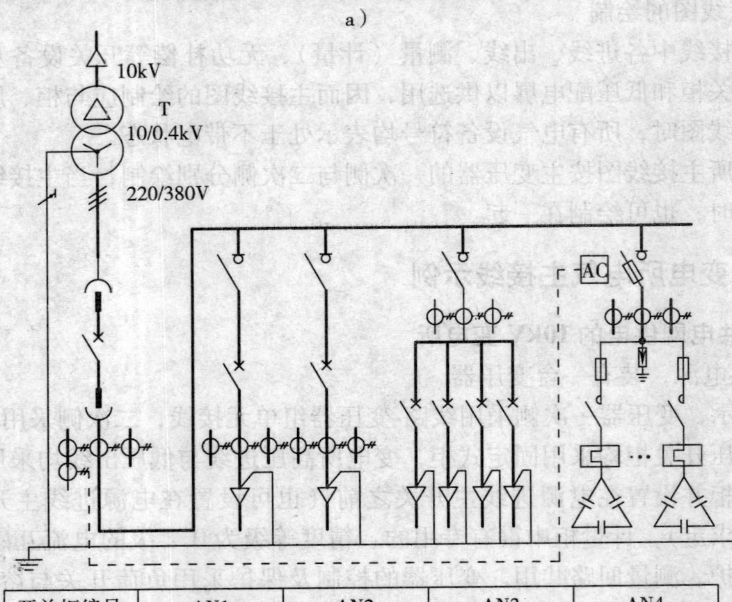

开关柜编号	AN1	AN2	AN3	AN4
开关柜型号	低压固定式开关柜			
用途	低压计量+进线	出线	出线	无功补偿
负荷容量/kV·A	工程设计定	工程设计定	工程设计定	
备注	低压配电系统的接地形式可采用TN-C-S、TN-S或TT制。			

b）

图 5-8　10kV 变电所电气主接线示例（一）

a）变压器一次侧电气主接线　b）变压器二次侧电气主接线

若变压器容量在400kV·A及以下，高压接线还可进一步简化，如将电能计量柜设置在变压器低压侧，可取消电压测量柜，此时，负荷开关采用手动操作，自动跳闸电源可取自变压器低压侧。

2. 一路外供电源，装有两台及以上变压器

如图5-9所示，变压器一次侧采用单母线接线，二次侧采用单母线分段接线。

该方案高压开关柜采用中置式手车柜，柜内配置真空断路器，低压配电屏采用抽出式柜，其插接头可起到隔离开关的作用。为测量高压侧电压和提供交流操作电源而设置的电压互感器，安装于进线隔离柜内（采用中置柜时也可安装于进线断路器柜体内，放置在进线断路器之前），以便在操作进线断路器时就提供操作电源。两台变压器为互为备用运行方式，正常运行时，低压母联断路器断开，当有一台变压器故障或因负荷较轻而退出运行时，断开其两侧的断路器，将低压母联断路器接通，此时由另一台变压器给重要负荷或全部轻负荷供电。至于电能计量柜的设置及要求、所用电取得等，同图5-8方案。所不同的是，本方案无功补偿选用低压成套三相共补+单相分补无功自动补偿装置，安装在低压进线柜中的无功自动补偿控制器电流采样需用3只电流互感器接成三相式接线。

（二）由用户总降压变电所或配电所直接供电的10kV变电所

由用户总降压变电所或配电所直接供电的10kV变电所的电气主接线相对简单。一是不由公共电网供电，不需装设专用电能计量装置。二是高压侧的开关电器、保护装置和测量仪表等一般都安装在高压配电线路的首端，即安装在总降压变电所或配电所的高压配电室内。采用高压放射式供电的10kV变电所，高压侧电气主接线一般为线路-变压器组接线，变压器一次侧一般只装设安全检修需要的隔离开关或负荷开关。采用高压树干式或环式供电的10kV变电所，高压侧一般装设负荷开关-熔断器组合电器来控制和保护变压器。当10kV变电所有重要负荷或变压器台数较多时，也可采用单母线或分段单母线接线。

三、10kV配电所电气主接线示例

以两路外供电源的配电所为例。如图5-10所示，配电所由两路外供电源供电，其中电源1容量可供全部负荷，电源2容量可供重要的一半负荷，故采用单母线分段接线。正常运行时，配电所由两路电源同时供电，母线分段断路器断开；当电源2线路故障或停电检修时，断开电源2进线断路器，接通母线分段断路器，由电源1给全部负荷供电；当电源1线路故障或停电检修时，断开电源1进线断路器，则由电源2给重要负荷供电；变电所采用直流操作电源，为监视两段母线上的电压，在两段母线上均安装有电压互感器。通常，用户10kV配电所与某个10kV变电所合建，所以，配电所的所用电电源由变电所主变压器低压侧提供。重要或规模较大的配电所，宜设所用变压器。

四、35～110kV总降压变电所电气主接线示例

用户35～110kV总降压变电所的电源线路一般为两回及以下，电气主接线常见形式为变压器一次侧采用线路－变压器组单元接线或桥式接线，二次侧采用单母线或单母线分段接线。

以35kV双电源进线、装有两台总降压变压器的总降压变电所为例。如图5-11所示，变压器一次侧采用内桥式接线，变压器二次侧采用分段单母线接线。

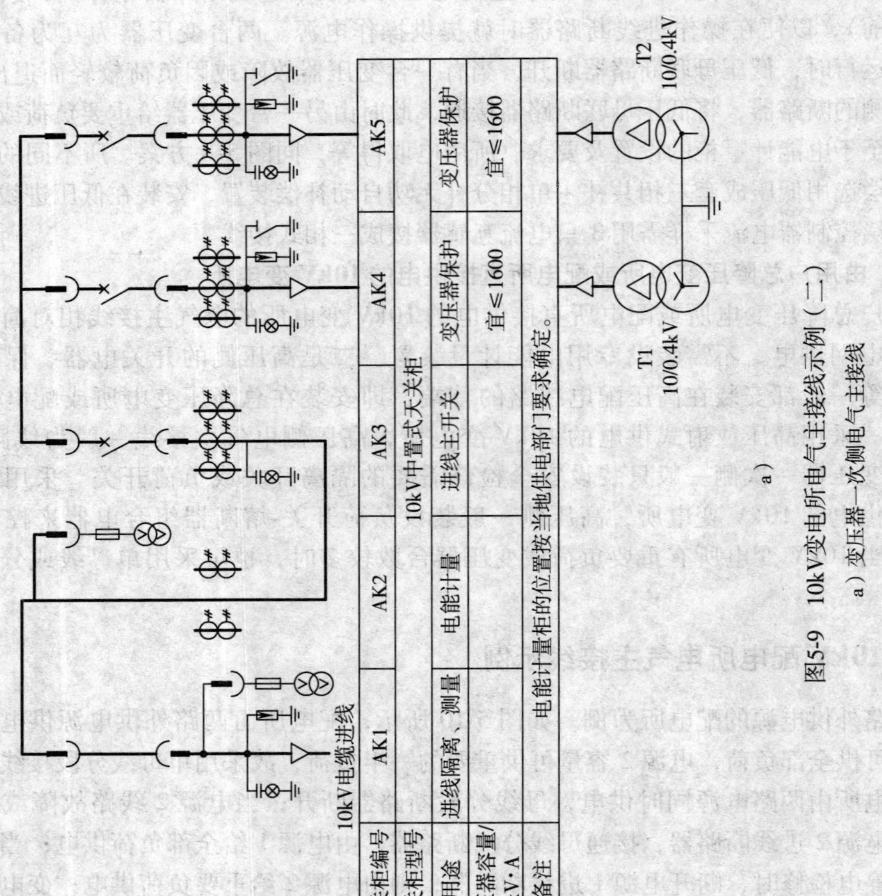

开关柜编号	AK1	AK2	AK3	AK4	AK5
开关柜型号	10kV中置式开关柜				
用途	进线隔离、测量	电能计量	进线主开关	变压器保护	变压器保护
变压器容量/kV·A				宜≤1600	宜≤1600
备注	电能计量柜的位置按当地供电部门要求确定。				

图5-9 10kV变电所电气主接线示例（二）

a）变压器一次侧电气主接线

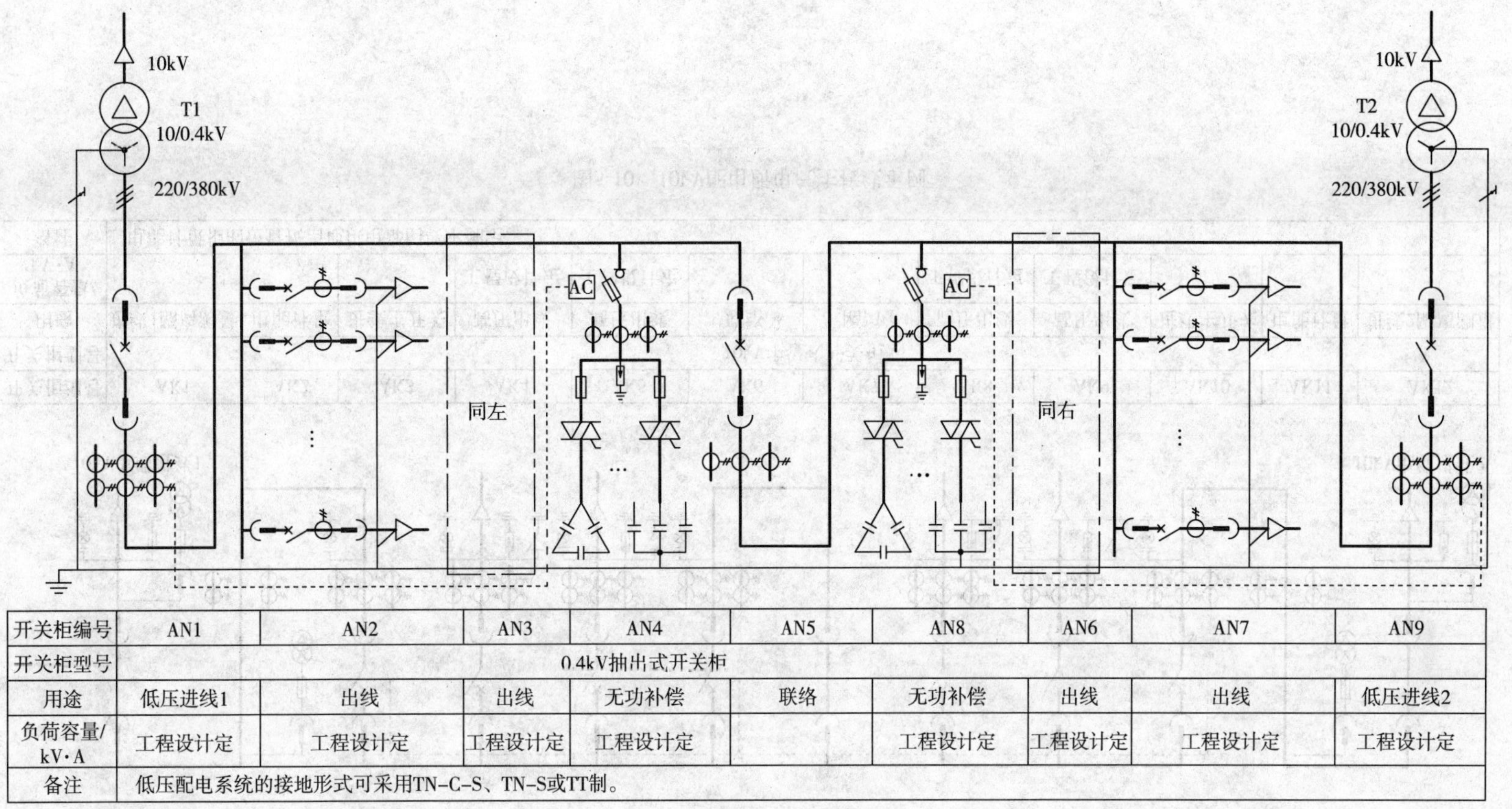

开关柜编号	AN1	AN2	AN3	AN4	AN5	AN8	AN6	AN7	AN9
开关柜型号	0.4kV抽出式开关柜								
用途	低压进线1	出线	出线	无功补偿	联络	无功补偿	出线	出线	低压进线2
负荷容量/kV·A	工程设计定	工程设计定	工程设计定	工程设计定		工程设计定	工程设计定	工程设计定	工程设计定
备注	低压配电系统的接地形式可采用TN-C-S、TN-S或TT制。								

b）

图5-9　10kV变电所电气主接线示例（二）（续）

b）变压器二次侧电气主接线

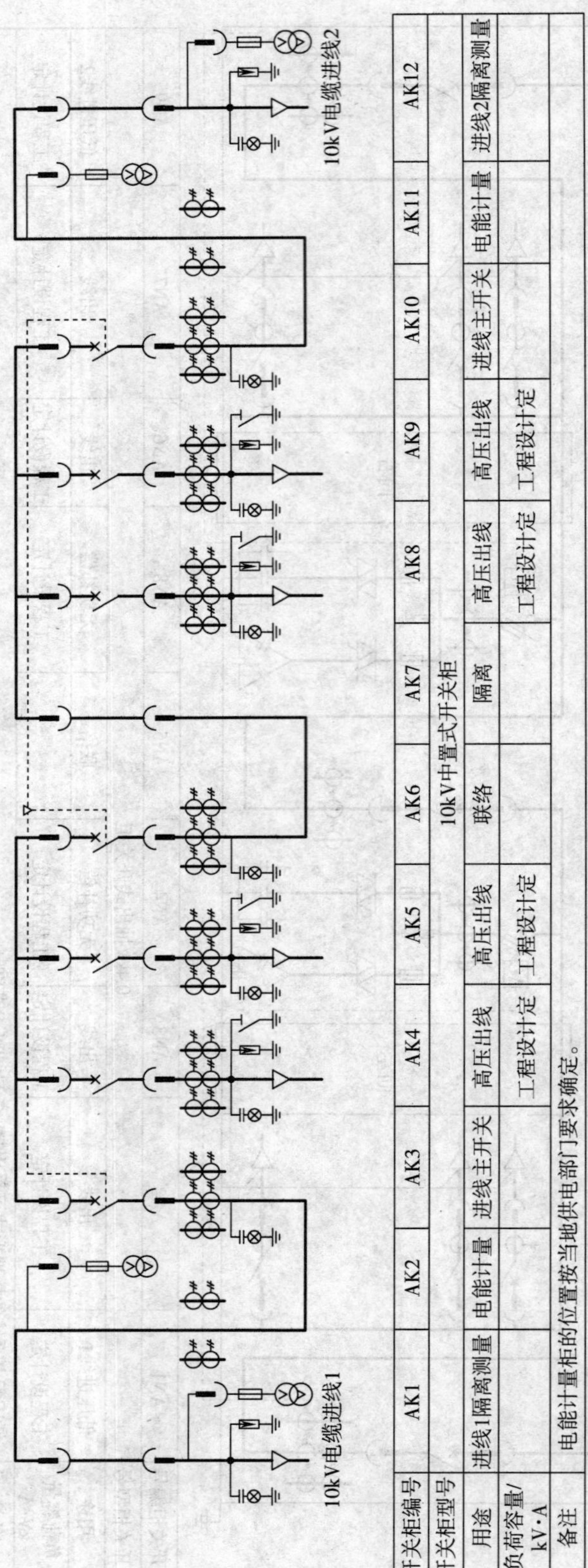

开关柜编号	AK1	AK2	AK3	AK4	AK5	AK6	AK7	AK8	AK9	AK10	AK11	AK12
开关柜型号	10kV中置式开关柜											
用途	进线1隔离测量	电能计量	进线主开关	高压出线	高压出线	联络	隔离	高压出线	高压出线	进线主开关	电能计量	进线2隔离测量
负荷容量/kV·A				工程设计定	工程设计定			工程设计定	工程设计定			
备注	电能计量柜的位置按当地供电部门要求确定。											

图5-10 10kV配电所电气主接线示例

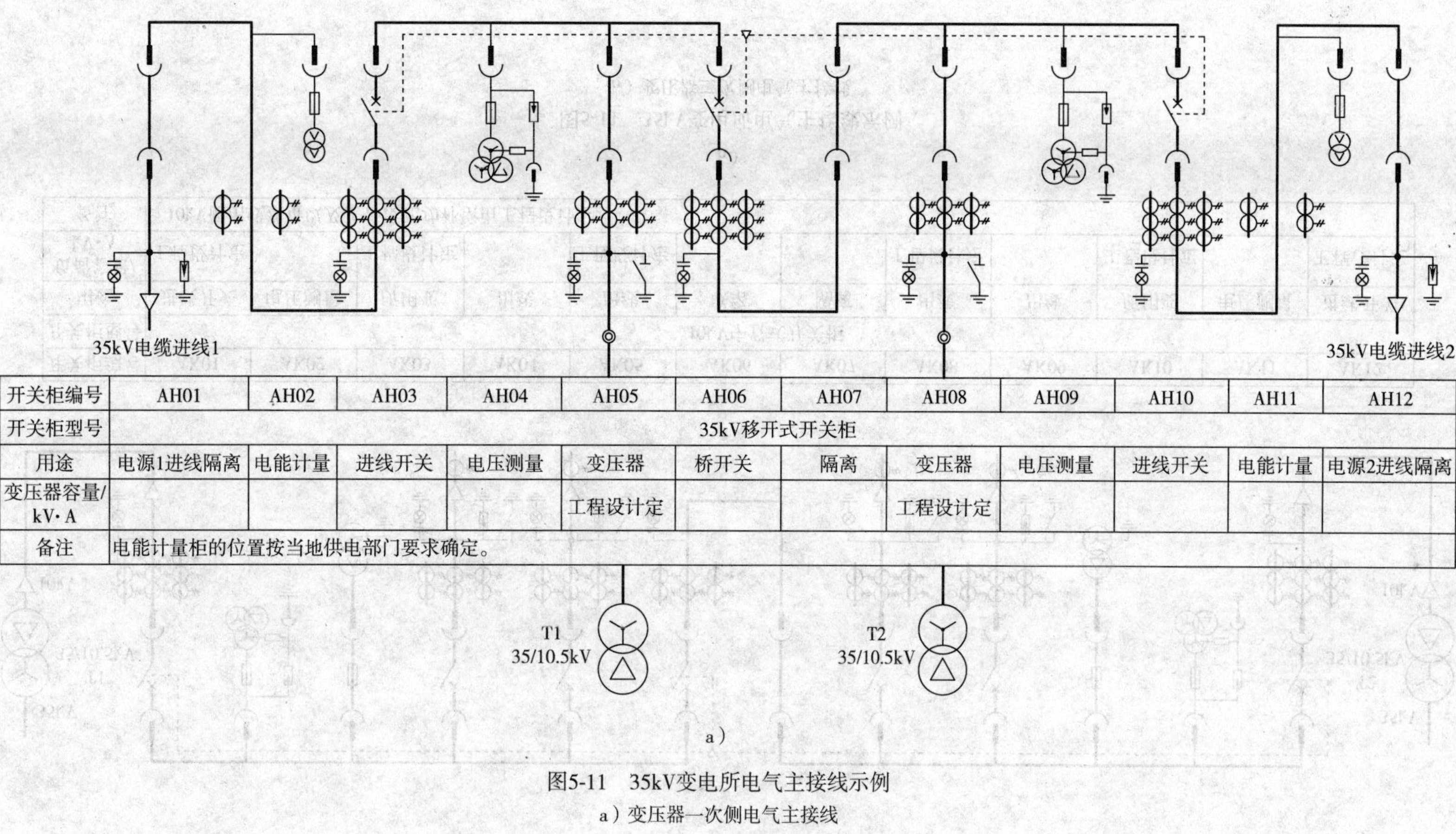

开关柜编号	AH01	AH02	AH03	AH04	AH05	AH06	AH07	AH08	AH09	AH10	AH11	AH12
开关柜型号	35kV移开式开关柜											
用途	电源1进线隔离	电能计量	进线开关	电压测量	变压器	桥开关	隔离	变压器	电压测量	进线开关	电能计量	电源2进线隔离
变压器容量/kV·A					工程设计定			工程设计定				
备注	电能计量柜的位置按当地供电部门要求确定。											

a）

图5-11 35kV变电所电气主接线示例

a）变压器一次侧电气主接线

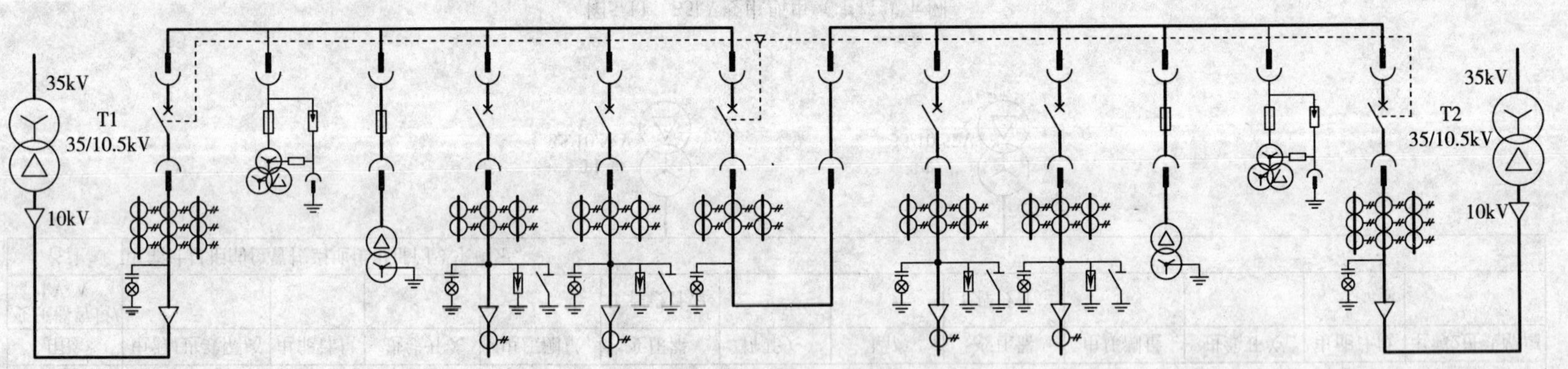

开关柜编号	AK01	AK02	AK03	AK04	AK05	AK06	AK07	AK08	AK09	AK10	AK11	AK12
开关柜型号	10kV中置式开关柜											
用途	进线开关	电压测量	所用变	出线	出线	联络	隔离	出线	出线	所用变	电压测量	进线开关
负荷容量/kV·A	工程设计定		工程设计定		工程设计定			工程设计定		工程设计定		工程设计定
备注	10kV侧出线数量以及是否设无功补偿由工程设计定。											

b）

图5-11 35kV变电所电气主接线示例

b）变压器二次侧电气主接线

主变压器选用35kV低损耗双绕组自冷型有载调压油浸式变压器，安装于户外（或变压器室内）。变压器联结组标号为Ynd11，电压比为（35±3×2.5%）/10.5kV，正常方式为分列运行以限制10kV线路的短路电流。35kV配电装置采用户内铠装移开式金属封闭开关柜，10kV采用户内中置式金属封闭开关柜，柜内均配置真空断路器。变电所设置两台10.5/0.4kV所用变压器。所用变压器安装在成套开关柜内，分别接于10kV两段母线上，并在其二次侧装设备用电源自动投入装置。

第五节　高低压配电系统

一、高压配电系统

高压配电系统（High-voltage Distribution System）是指从总降压变电所至配电变电所和高压用电设备受电端的高压电力线路及其设备，起着输送与分配高压电能的作用，又称为高压配电网。

（一）高压配电系统的接线形式

高压配电系统的接线形式有放射式（Radial Mode）、树干式（Tree Mode）和环式（Ring Mode）等。

1. 放射式

放射式接线的特点是每路馈线仅给一个负荷点单独供电，如图5-12所示。图5-12a为单回路放射式接线，图5-12b为双回路放射式接线。

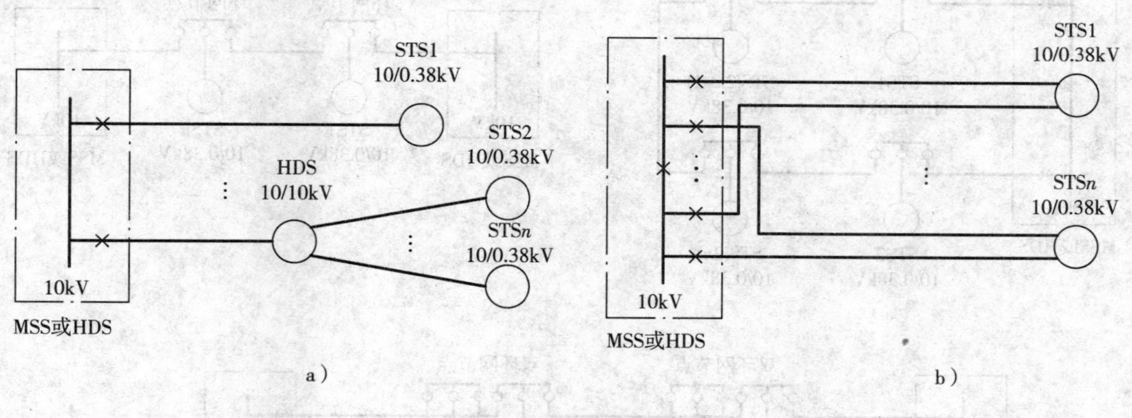

图5-12　放射式接线

a）单回路放射式　b）双回路放射式

MSS—总降压变电所　HDS—高压配电所　STS—配电变电所（车间变电所）

放射式线路故障影响范围小，因而可靠性较高，而且易于控制和实现自动化，适于对重要负荷的供电。单回路放射式接线一般供二、三级负荷或专用设备，供二级负荷时宜有备用电源；双回路放射式接线供电可靠性较单回路放射式接线大大提高，可供二级负荷，若双回路来自两个独立电源，还可供一级负荷。

2. 树干式

树干式接线是有分支的辐射网络，特点是每路馈线可给同一方向的多个负荷点供电，如

图5-13所示。图5-13a为单回路树干式接线，图5-13b为双回路树干式接线。高压电缆线路的分支通常采用专用电缆分支箱。

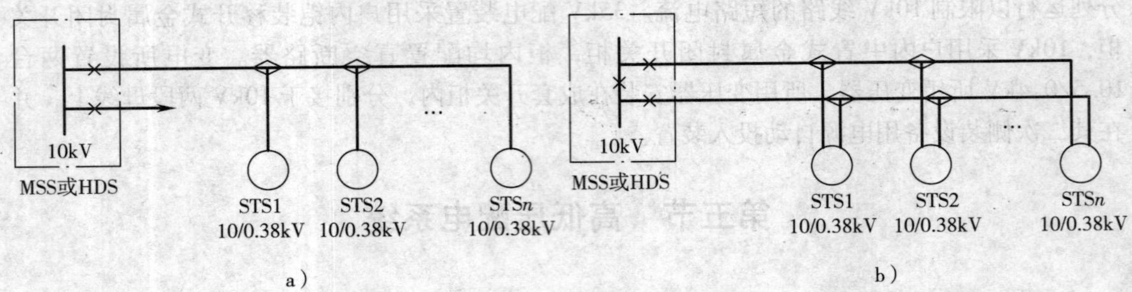

图5-13　树干式接线

a）单回路树干式　b）双回路树干式

树干式线路及其开关电器数量少，投资省，但可靠性不高，不便实现自动化。单回路树干式只可供三级负荷，双回路树干式可靠性有所提高，可供二级负荷。为减少干线故障时的停电范围，每回线路连接的负荷点数不宜超过5个，总容量一般不超过3000kV · A。

3. 环式

环式接线的特点是配电线路从一个供电点开始，接入许多负荷点后，返回至同一或不同的供电点，形成环网，如图5-14所示。环网线路的分支（环网单元，Ring-Main Unit）通常

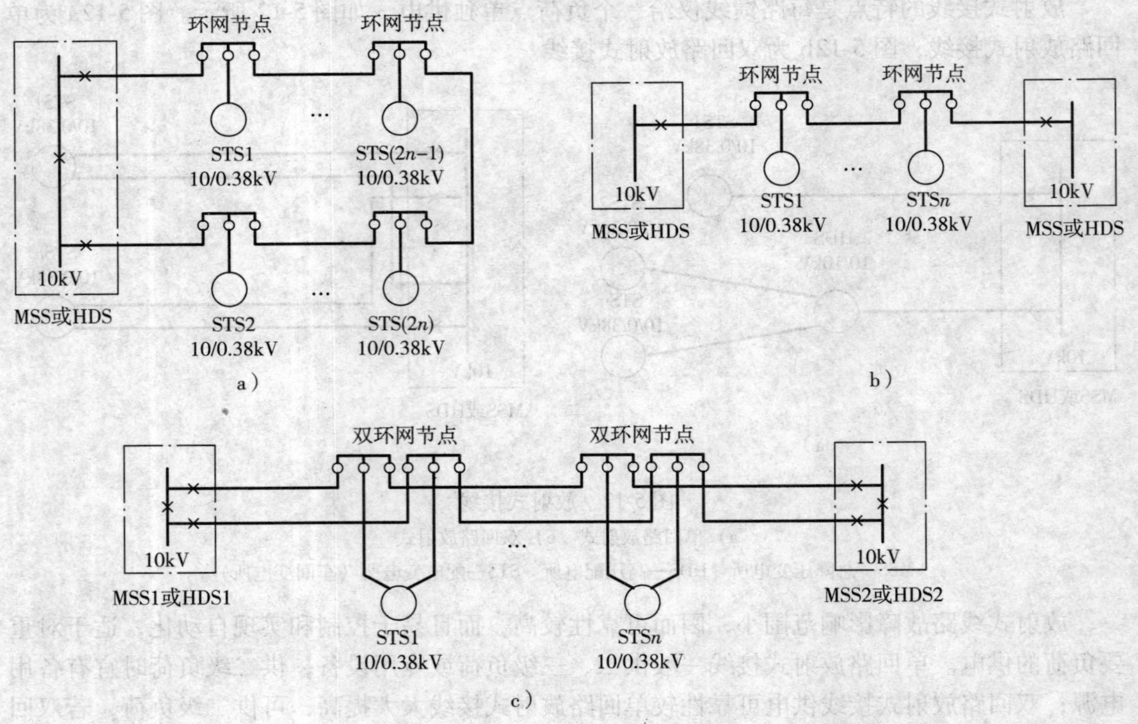

图5-14　环式接线

a）普通环式　b）拉手环式　c）双线拉手环式

采用由 SF_6 负荷开关（或电缆插头）组成的专用环网配电设备，用于高压电缆线路分段、联络及分接负荷。为避免环式线路故障时影响整个电网和简化继电保护，环式接线一般采用开环运行。开环点根据系统具体情况设置在环式线路的末端或中部负荷分界处。环式接线供电可靠性较高，目前在城市配电网中应用越来越广。

图 5-14a 为普通环式的结构，环式线路的两端接至同一变电所并宜分别接至两段母线上。当环中任一点发生故障时，只要查明故障点，经过短时“倒闸”操作，断开故障点两侧的负荷开关，即可恢复非故障部分的供电。普通环式可供二、三级负荷。

图 5-14b 为拉手环式的结构，环式线路的两端分别接至两个变电所的配电母线上。拉手环式比普通环式多了一侧电源，因而供电可靠性相应提高，可供二级负荷。

图 5-14c 为双线拉手环式的结构，是在拉手环式的基础上再增加一回线形成的。这种接线方式对重要负荷基本上可以做到不停电，可供一级负荷。

（二）高压配电系统的设计

高压配电系统的设计，应根据供电可靠性的要求、配电变电所配电变压器的容量、分布及地理环境等情况，相应选择某种接线形式或几种接线形式的组合。一般来讲，高压配电系统宜采用放射式，因为采用放射式供电可靠性高，便于管理，但线路和高压开关柜数量多。辅助生产区多属三级负荷，供电可靠性要求较低，可用树干式，线路数量少，投资也少。负荷较大的高层建筑，多属二级和一级负荷，可用分区树干式或环式，减少配电电缆线路和高压开关柜数量，从而相应少占用电缆竖井和减小高压配电室的面积。住宅区多属三级负荷，也有高层住宅二级和一级负荷，因此以环式或树干式为主，但根据线路路径等情况也可用放射式。

要注意的是，配电系统接线应力求简单，层次不能过多，否则，不仅浪费投资、维护不便，还会降低供电可靠性。因此，GB 50052—2009《供电系统设计规范》规定：“供电系统应简单可靠，同一电压等级的配电级数高压不宜多于两级。”例如，由二次侧为 10kV 的总降压变电所或地区变电所配电至 10kV 配电所为一级，再从该配电所以 10kV 配电给配电变压器或高压用电设备，则认为 10kV 配电级数为两级。

例 5-2　某工厂设有一座 35/10kV 总降压变电所 MSS 和 4 座 10/0.38kV 车间变电所 STS1 ~ STS4。已知车间变电所 STS1 设置两台变压器，一、二级负荷占总计算负荷的 70%；车间变电所 STS2 设置一台变压器，主要为三级负荷，其中二级负荷仅占总负荷的 10%；车间变电所 STS3 和 STS4 处于同一方位，均设置一台变压器，为三级负荷。试设计该工厂高压配电系统接线图。

解：车间变电所 STS1 设置两台变压器，一、二级负荷占总计算负荷的 70%。因此，从总降压变电所 MSS，采用 10kV 双回路放射式配电。

车间变电所 STS2 设置一台变压器，主要为三级负荷，其中二级负荷仅占总负荷的 10%。因此，从总降压变电所 MSS 采用 10kV 单回路放射式配电。为保证少量二级负荷的供电可靠性，可从车间变电所 STS1 处引来一路低压联络线，专供二级负荷。

车间变电所 STS3 和 STS4 处于同一方位，均设置一台变压器，为三级负荷。因此，从总降压变电所 MSS 采用 10kV 单回路树干式配电。

该工厂高压配电系统接线图如图 5-15 所示。

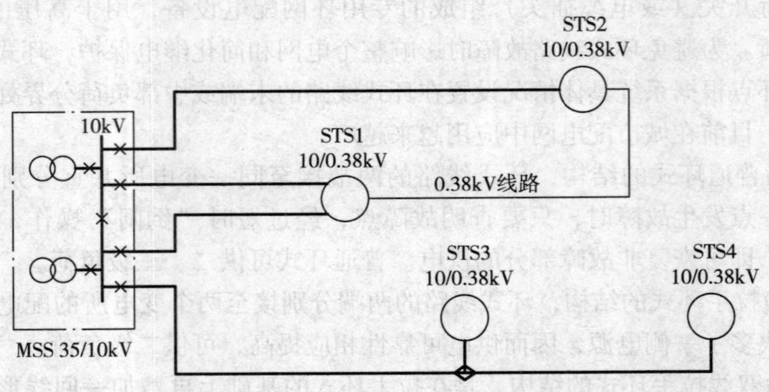

图 5-15　某工厂高压配电系统接线图

二、低压配电系统

低压配电系统（Low-voltage Distribution System）是指从配电变电所至低压用电设备受电端的低压电力线路及其设备，担负着直接向低压用电设备配电的任务，又称为低压配电网。

（一）低压配电系统的接线形式

低压配电系统的接线同高压配电系统一样，也有放射式、树干式、环式等基本形式。

1. 放射式

图 5-16a 为单回路放射式，图 5-16b 为双回路放射式，配电箱采用双电源自动切换。

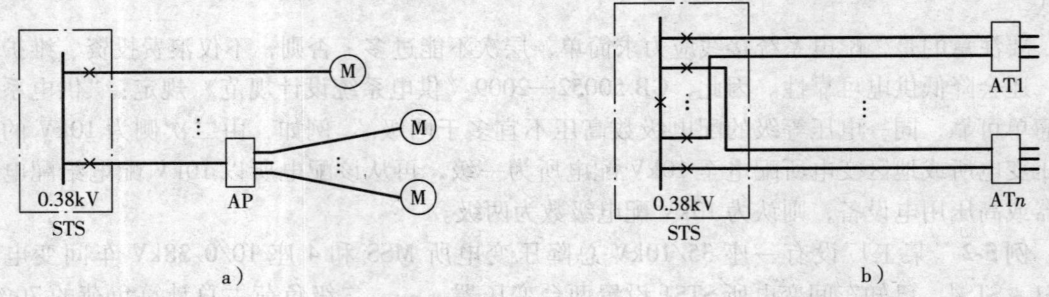

图 5-16　放射式接线

a）单回路放射式　b）双回路放射式

2. 树干式

图 5-17a 为单回路树干式，图 5-17b 为双回路树干式，配电箱采用双电源自动切换。

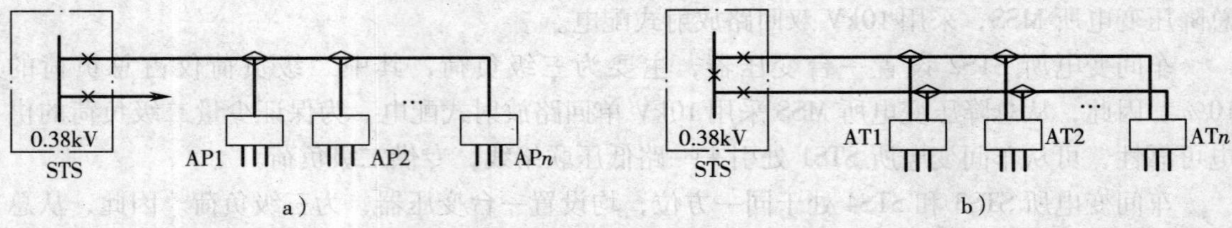

图 5-17　树干式接线

a）单回路树干式　b）双回路树干式

3. 环式

如图 5-18 所示，同高压环式一样，也采用开环运行。

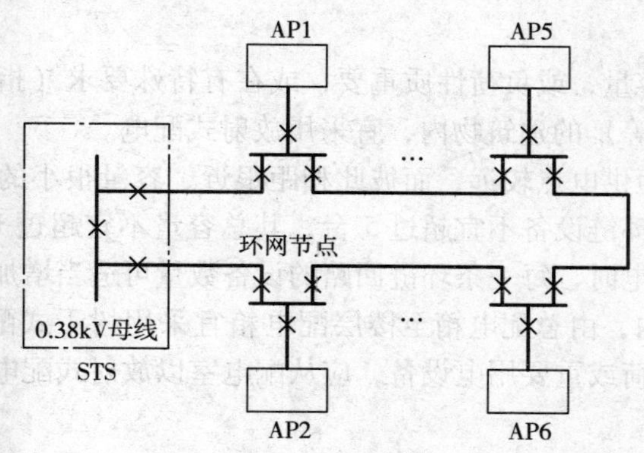

图 5-18　环式接线

4. 链式

如图 5-19 所示，链式（Chain Mode）是一种变形的树干式，适用于从配电箱对彼此相距很近、容量很小的次要用电设备的配电，如生产线上的一组小容量电动机、一组照明灯具、一组电源插座等。链式线路只在线路首端设置一组总的保护，可靠性低。

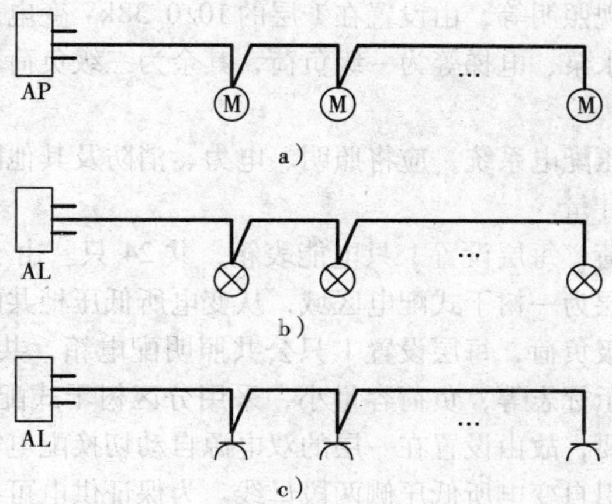

图 5-19　链式接线

a）链接电动机　b）链接灯具　c）链接插座

（二）低压配电系统的设计

低压配电系统的设计应满足用电设备对供电可靠性和电能质量的要求，同时应注意接线简单、操作方便安全，具有一定灵活性，能适应生产和使用上的变化及设备检修的需要。供电系统应简单可靠，同一电压等级的配电级数低压不宜超过三级。例如从配电变电所以低压配电至总配电箱为一级，再从总配电箱配电至分配电箱或低压用电设备，则认为低压配电级数为两级。根据 GB 50052—2009《供配电系统设计规范》的规定，低压配电系统的接线形式按下列原则确定：

1）正常环境的建筑物内，当大部分用电设备为中小容量，且无特殊要求时，宜采用树干式配电。

2）用电设备为大容量，或负荷性质重要，或在有特殊要求（指有潮湿、腐蚀性环境或有爆炸和火灾危险场所等）的建筑物内，宜采用放射式配电。

3）部分用电设备距供电点较远，而彼此相距很近、容量很小的次要用电设备，可采用链式配电，但每一回路环链设备不宜超过 5 台，其总容量不宜超过 10kW。容量较小用电设备的插座，采用链式配电时，每一条环链回路的设备数量可适当增加。

4）在多层建筑物内，由总配电箱至楼层配电箱宜采用树干式配电或分区树干式配电。对于容量较大的集中负荷或重要用电设备，应从配电室以放射式配电；楼层配电箱至用户配电箱应采用放射式配电。

在高层建筑物内，向楼层各配电点供电时，宜采用分区树干式配电；由楼层配电间或竖井内配电箱至用户配电箱的配电，应采取放射式配电；对部分容量较大的集中负荷或重要用电设备，应从变电所低压配电室以放射式配电。

5）平行的生产流水线或互为备用的生产机组，应根据生产要求，宜由不同的回路配电；同一生产流水线的各用电设备，宜由同一回路配电。

例 5-3 某高层住宅楼地下 1 层，地上 24 层，屋顶为局部机房层。用电负荷有：居民住宅用电、公共照明，地下室设有生活水泵、消防水泵、水处理设备，屋顶机房设有电梯、机房照明及空调，大楼景观照明等，由设置在 1 层的 10/0. 38kV 变电所配电。其中，住宅公共照明、生活水泵、消防水泵、电梯等为一级负荷，其余为三级负荷。试设计该高层住宅楼的低压配电系统接线图。

解：高层住宅的低压配电系统，应将照明、电力、消防及其他防灾用电负荷分别自成系统，以便控制、管理及计量。

住宅用电为三级负荷，每层设置 1 只电能表箱，共 24 只。由于其负荷容量较大，采用分区树干式配电，每 6 层为一树干式配电区域，从变电所低压柜共配出 4 路干线。

住宅公共照明为一级负荷，每层设置 1 只公共照明配电箱，共 24 只。公共照明包括楼梯、通道照明及疏散指示标志等，负荷容量小，采用分区树干式配电，每 12 层为一树干式配电区域。由于负荷重要，故由设置在一层的双电源自动切换配电箱配电。双电源自动切换配电箱的两路电源分别引自变电所低压侧两段母线。为保证供电可靠性，疏散指示标志可自带蓄电池应急电源。

消防水泵、电梯、生活水泵为一级负荷，容量集中，就地设置双电源自动切换配电箱及控制箱，由变电所低压柜采用双回路放射式配电，在末端配电箱进行双电源自动切换。

水处理设备、大楼景观照明为三级负荷，容量集中，采用单回路放射式配电，便于控制。

屋顶机房照明容量小，但负荷重要，故接入公共照明配电线路中。屋顶机房空调为三级负荷，故接入住宅用电配电线路中。

该高层住宅楼低压配电系统接线图如图 5-20 所示。

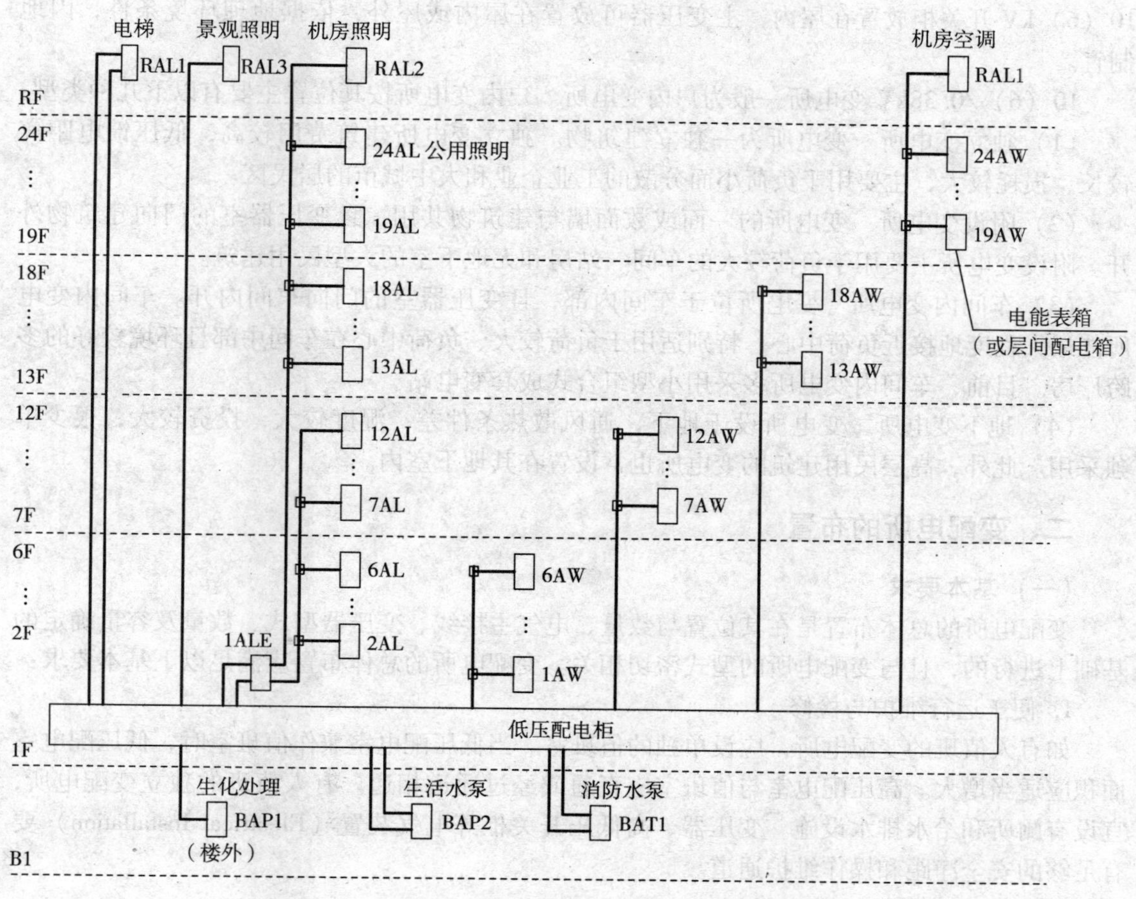

图 5-20　某高层住宅楼低压配电系统接线图

第六节　变配电所与箱式变电站

一、变配电所的所址与型式

变配电所（Substation and Distribution Station）是各级电压的变电所和配电所的总称。包括（35～110）/10（6）kV 总降压变电所、10（6）kV 配电所、10（6）/0.38kV 变电所及 35/0.38kV 直降变电所。10（6）/0.38kV 变电所在工业企业内称为车间变电所，用户 10（6）kV配电所通常和邻近的 10（6）/0.38kV 变电所合建又称为配变电所（Distribution Substation）。

变配电所的位置应接近负荷中心以减小低压供电半径、降低电缆投资、节约电能损耗、提高供电质量，同时还要考虑进出线方便、设备运输方便、接近电源侧；为确保变电所安全运行，应避开有剧烈振动或高温、有污染源、经常积水或漏水、地势低洼、易燃易爆等区域。

（35～110）/10（6）kV 总降压变电所一般为全户内或半户内独立式结构，即 35kV 和

10（6）kV 开关柜放置在屋内，主变压器可放置在屋内或屋外，依据地理环境条件，因地制宜。

10（6）/0.38kV 变电所一般为户内变电所。户内变电所按其位置主要有以下几种类型：

（1）独立变电所　变电所为一独立建筑物。独立变电所建筑费用较高，低压馈电距离较长、损耗较大，主要用于负荷小而分散的工业企业和大中城市的居民区。

（2）附设变电所　变电所的一面或数面墙与建筑物共用，且变压器室的门向建筑物外开。附设变电所主要用于负荷较大的车间、站房和无地下室的大型民用建筑。

（3）车间内变电所　变电所位于车间内部，且变压器室的门向车间内开。车间内变电所能最大程度地接近负荷中心，特别适用于负荷较大、负荷中心在车间中部且环境较好的多跨厂房。目前，车间内变电所多采用小型组合式成套变电站。

（4）地下变电所　变电所设于地下，通风散热条件差，湿度较大，投资较大，很少单独采用。此外，高层民用建筑的变电所也常设置在其地下室内。

二、变配电所的布置

（一）基本要求

变配电所的总体布置是在其位置与数量、电气主接线、变压器型式、数量及容量确定的基础上进行的，且与变配电所的型式密切相关。变配电所的总体布置应满足以下基本要求：

1. 便于运行维护与检修

如有人值班的变配电所，应设单独的值班室。当低压配电室兼作值班室时，低压配电室面积应适当增大。高压配电室与值班室应直通或经过通道相通。有人值班的独立变配电所，宜设有厕所和给水排水设施。变压器、高低压开关柜等电气装置（Electrical Installation）要有足够的安全净距和操作维护通道。

2. 便于进出线

如高压架空进线，则高压配电室宜位于进线侧。变压器低压出线电流较大，一般采用封闭母线桥，因此，变压器的位置宜靠近低压配电室，低压配电室宜位于出线侧。

3. 保证运行安全

低压配电装置的长度超过 6m 时，其柜（屏）后通道应设两个通向本室或其他房间的出口；两个出口间的距离超过 15m 时，尚应增加出口。值班室应有直接通向户外或通向走道的门。长度大于 7m 的配电室应设两个出口，并宜布置在配电室的两端。变配电所应设置防雨、防雪和防止蛇、鼠类小动物从采光窗、通风窗、门、电缆沟等进入室内的设施。另外，变配电所还应考虑防火、通风等要求。

4. 节约土地与建筑费用

室内变电所的每台油量为 100kg 及以上的三相油浸式变压器，应设在单独的变压器室内。而干式电力变压器只要具有不低于 IP2X 的防护外壳，就可和高低压配电装置布置在同一房间内。现代高压开关柜和低压配电屏均为封闭外壳，防护等级不低于 IP3X 级，两者可以靠近布置。

5. 适应发展要求

高低压配电室内，宜留有适当数量配电装置的备用位置。变压器室应考虑到扩建时有更换大一级容量变压器的可能。

（二）总体布置方案

变配电所的总体布置方案应因地制宜，合理设计。布置方案应通过几个方案的技术经济比较后确定，并采用布置图（Arrangement Drawing）表达出变配电所电气装置的相对或绝对位置信息。

图 5-21 所示为某用户 10/0.38kV 变电所平面布置图，变电所为独立建筑物，设有高压配电室、低压变配电室、值班室和工具室等，由于选用的变压器为干式且带 IP4X 防护外壳，故与低压配电屏并排放置。低压配电屏为双列布置，两者之间采用架空封闭母线桥连接。高压电源进出线及低压出线均采用电力电缆，变配电装置下方及后面设有电缆沟，用于电缆敷设。为便于操作维护的方便与安全，变配电装置前面留有操作通道，后面留有维护通道，通道的宽度符合规范要求。

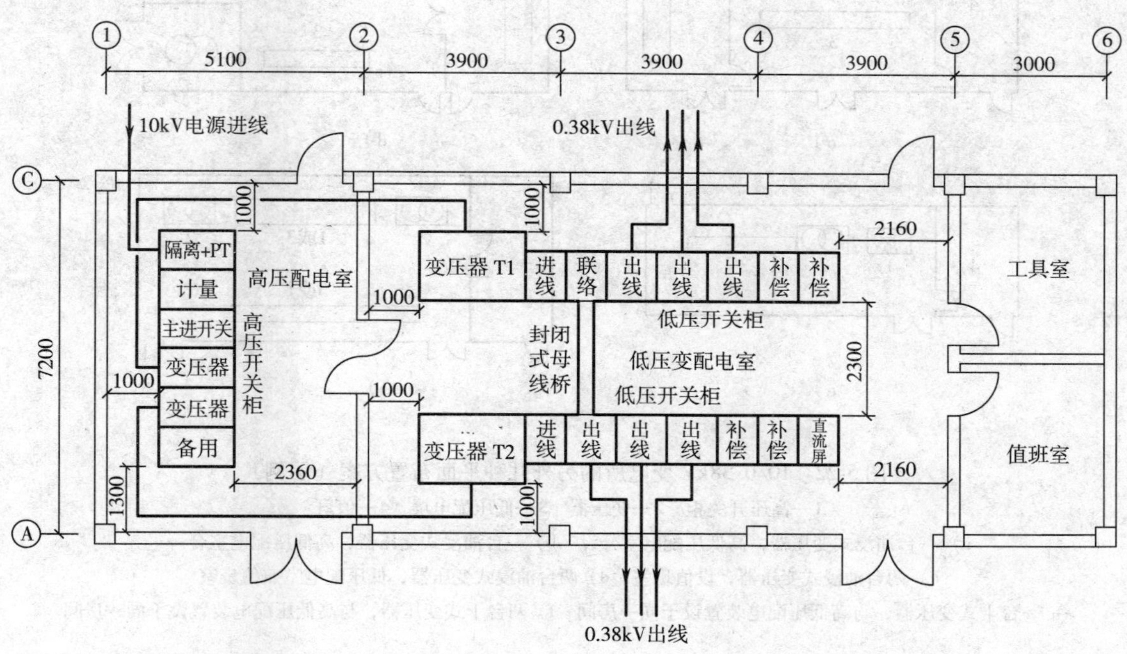

图 5-21 某用户 10/0.38kV 变电所平面布置图（示例）

注：为简化起见，图中略去变配电装置尺寸和电缆沟布置。

图 5-22 所示为 10/0.38kV 变电所的另外几种常见平面布置方案。

对于 10kV 变配电所，其布置方案也与图 5-21 和图 5-22 所示布置方案类似，只是高压开关柜数量较多，高压配电室相应大一些。当高压母线上接有无功补偿电容器时，还应设置单独的高压电容器室。

用户 35/10kV 变电所一般为独立建筑物，典型方案为二层楼结构。底层设置主变压器室（或主变压器场地）、10kV 配电室和 10kV 电容器室，二层设置 35kV 配电室、二次设备室及控制室。

在进行变配电所具体布置时，除了依据现行国家标准 GB 50053—1994《10kV 及以下变电所设计规范》和 GB 50059—2011《35～110kV 变电所设计规范》外，还应参考国家建筑标准设计图集 D201-1～4《变压器安装》和 D701-1～3《封闭式母线及桥架安装》。

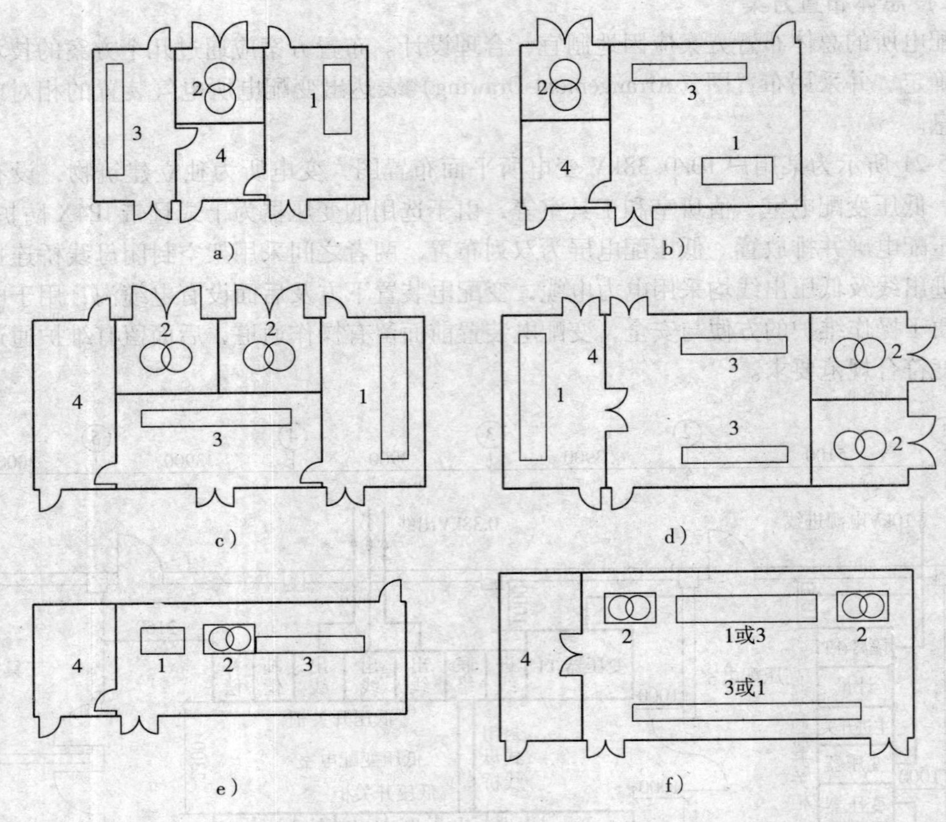

图5-22 10/0.38kV变电所的另外几种平面布置方案（示例）

1—高压开关柜 2—变压器 3—低压配电屏 4—值班

a）一台油浸式变压器，高低压配电室分设 b）一台油浸式变压器，高低压配电室合一

c）两台油浸式变压器，设值班室 d）两台油浸式变压器，低压配电室兼值班室

e）一台干式变压器，与高低压配电装置设于同一房间 f）两台干式变压器，与高低压配电装置设于同一房间

三、箱式变电站

箱式变电站又称预装式变电站，是由高压开关设备、电力变压器、低压开关设备、电能计量设备、无功补偿设备、辅助设备和连接件等组成的成套设备，这些元件在工厂内被预先组装在一个或几个箱壳内，用来从高压系统向低压系统输送电能。箱式变电站具有体积小、占地少、能最大程度地接近负荷中心、易于搬动、安装方便、送电周期短等优点，特别适用于负荷小而分散的公共建筑群、住宅小区、风景区旅游点和城市道路等场所。

箱式变电站的类型

我国目前生产的箱式变电站按结构型式分为两大类：一类是引进欧洲技术生产的预装式变电站（简称欧式箱变）；另一类是引进美国技术并按我国电网现状改进生产的组合式变压器（简称美式箱变）。目前，国内又生产了一种组合了欧式箱变与美式箱变优点的紧凑型变电站。

1. 预装式变电站

预装式变电站（Prefabricated Cubical Substation）一般为"目"字形结构，其外形及平面布置如图 5-23 所示。中间为变压器室，装有干式变压器或全密封油浸式变压器；一边为高压室，装有高压负荷开关柜（用于终端接线）或环网柜（用于环网接线）；另一边为低压室，装有低压配电屏（固定式或固定分隔式）及无功补偿屏，根据需要还可安装电能计量装置。预装式变电站环网接线典型方案如图 5-24 所示。从其接线与布置来看，预装式变电站与土建变电所类似，但体积小、结构紧凑。预装式变电站有户内型和户外型，户外型必须采取防腐蚀、防凝露及通风散热等措施。

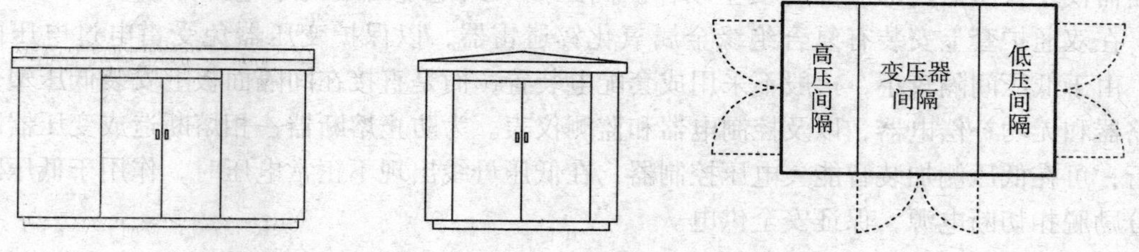

图 5-23　预装式变电站的外形及平面布置

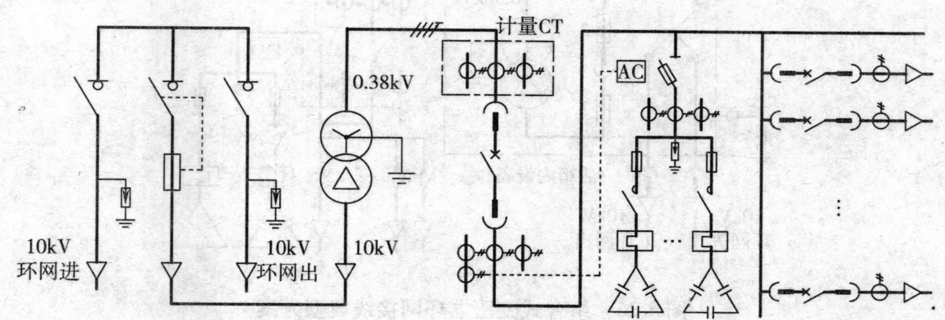

图 5-24　预装式变电站环网接线典型方案

2. 组合式变压器

组合式变压器（Composite Transformer）是将变压器本体、开关设备、熔断器、分接开关及相应辅助设备组合在一起的变压器。组合式变压器一般为"品"字形结构，其外形及平面布置如图 5-25 所示。装置前部为接线柜，高压间隔面板上布置着高压接线端子、高压

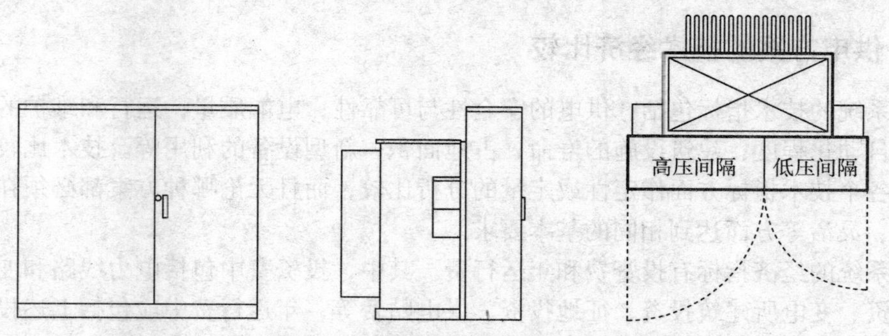

图 5-25　组合式变压器的外形及平面布置

负荷开关、插入式熔断器、高压分接开关等高压部件的外露部分；低压间隔面板上布置着低压端子及其他组件，根据需要可安装低压配电电器及无功补偿电器。装置后部为油箱及散热部分，变压器本体及高压部件等均放置在油箱内，由于高压采用油绝缘，大大缩小了绝缘距离，使组合式变压器整体体积明显缩小，约为预装式变电站的1/3。

组合式变压器也有终端接线和环网接线两种形式，环网接线典型方案如图5-26所示。负荷开关采用环网形4工位旋转操作，可将变压器由环网电源供电、或由电源1供电、或由电源2供电、或从电网中隔离开来。变压器由插入式熔断器和后备熔断器串联起来提供保护。插入式熔断器采用双敏熔丝，在二次侧发生短路故障、过负荷及油温过高时熔断，后备熔断器仅在变压器内部故障时发生动作。高压插入式电缆终端的带电部分被密封在绝缘体内，在双通护套上安装有复合绝缘金属氧化锌避雷器，以保护变压器免受雷电过电压的危害。由于低压间隔较小，一般不采用成套配电装置，而是直接在间隔面板上安装低压塑壳式断路器和无功补偿电器，以及控制电器和监测仪表。为防止熔断器一相熔断造成变压器断相运行，可在低压侧加装智能欠电压控制器，在低压母线出现不正常电压时，作用于低压断路器分励脱扣切断电源，保证安全供电。

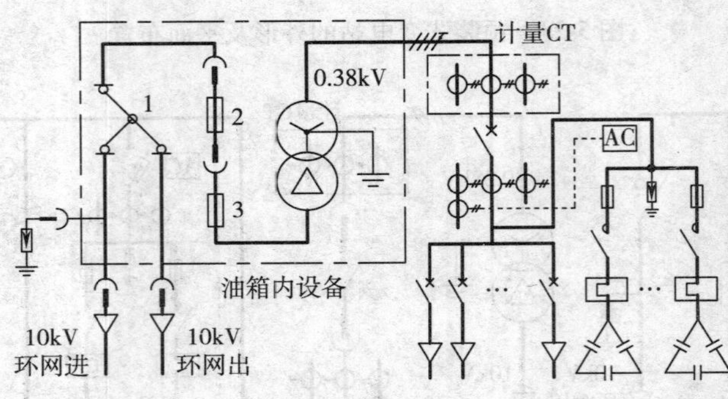

图5-26　组合式变压器环网接线典型方案

1—4工位负荷开关　2—插入式熔断器　3—后备熔断器

第七节　供电方案的技术经济比较

在设计供电系统时，往往可得到几个较为合理的设计方案，这时需要对它们进行技术经济比较，以确定最优方案。

一、供电方案的技术经济比较

供电系统的技术指标包括：供电的安全性与可靠性；电能质量；运行和维护的方便及灵活程度；自动化程度；建筑设施的寿命；占地面积；新型设备的利用等。技术比较应对每一个方案在各个技术指标方面作定性或定量的分析比较，而且无论哪种方案都必须在安全、可靠、优质、灵活等方面达到相同的基本要求。

供电系统的经济指标有投资费和年运行费。其中，投资费中包括电力线路和变配电设备的综合投资、变电所建筑投资、征地投资、供电贴费等；年运行费中应包括上述投资年折旧费、年维修管理费和年电能损耗费等。经济比较是两种方案之间的经济指标的综合比较。设方案 1 和方案 2 的综合投资费用分别为 $Z1$ 和 $Z2$，年运行费用分别为 $F1$ 和 $F2$，若 $Z1 < Z2$，$F1 < F2$，则采用方案 1；若 $Z1 > Z2$，而 $F1 < F2$，可计算投资回收期 $T = (Z1 - Z2) / (F2 - F1)$，若 $T \leqslant 5$ 年，则宜选方案 1，否则宜选方案 2。

二、配电变压器能效技术经济评价

配电变压器能效技术经济评价通过综合计算配电变压器设备的初始投资，以及经济使用期内各年空载损耗和负载损耗所产生的损耗费用等，对技术上可行的备选方案进行综合分析与比较，筛选推荐出技术可行、经济最优的方案（选用经济使用期内总拥有费用最小的变压器）。

按总拥有费用最小原则评价所选择变压器是一种科学的、经济的、合理的方法。总拥有费用法（TOC Method）综合考虑了变压器价格、损耗、负荷特点、电价等技术经济指标对变压器经济性的影响。

根据 DL/T 985—2005《配电变压器能效及经济技术评价导则》，配电变压器的总拥有费用（TOC_{EFC}）计算公式为

$$TOC_{\mathrm{EFC}} = CI + A\Delta P_0 + B\Delta P_{\mathrm{k}} \tag{5-6}$$

式中 CI——配电变压器初始费用（元），指变压器综合成本；

A——变压器经济寿命期间单位空载损耗的资本费用（元/kW）；

B——变压器经济寿命期间单位负载损耗的资本费用（元/kW）；

ΔP_0——变压器的空载有功损耗（kW）；

ΔP_{k}——变压器的短路有功损耗（kW）。

A 值除与变压器的寿命和此期间利率变化等有关外，还主要与电价有关，等值于初始的现值表达式为

$$A = k_{\mathrm{pv}}(E_{\mathrm{e}}T_{\mathrm{a}} + 12E_{\mathrm{c}}) \tag{5-7}$$

$$k_{\mathrm{pv}} = \{1 - [1/(1+i)]^n\}/i \tag{5-8}$$

式中 k_{pv}——贴现率为 i、经济寿命为 n 年的现值系数；

E_{e}——单位电度电费（元/kW·h）；

E_{c}——单位容量电费（元/kW·月），即两部电价制中按最大负荷需量收取的基本电费；

T_{a}——变压器年投运时间，可取 8760h。

B 值除与前述 A 值相关外，还与变压器所带负荷的特点有关。假定变压器在经济使用期内最大负荷不变，等值于初始的现值表达式为

$$B = k_{\mathrm{pv}}(E_{\mathrm{e}}\tau + 12E_{\mathrm{c}})\beta_{\mathrm{c}}^2 \tag{5-9}$$

式中 τ——变压器的年最大负荷损耗时间（h），见第二章。

β_{c}——变压器的负荷系数，即变压器的最大负荷（计算负荷）S_{c} 与额定容量 $S_{\mathrm{r.T}}$ 之比。

根据上述公式，可以计算出工程拟选用的不同类型、不同容量配电变压器的总拥有费用（TOC_{EFC}），然后，按总拥有费用最小原则选择变压器。

思考题与习题

5-1 什么是供电系统的一次接线？对一次接线有何基本要求？怎样绘制一次接线图？

5-2 电力变压器按绝缘及冷却方式分有哪几种型式？多层或高层主体建筑内变电所应选用哪种型式变压器？

5-3 10/0.4kV 配电变压器有哪两种常见联结组标号？在 TN 及 TT 系统接地型式的低压电网中，宜选用哪种联结组标号的配电变压器？为什么？

5-4 变电所中主变压器的台数和容量是如何确定的？

5-5 变压器过负荷运行对变压器的寿命有何影响？其过负荷能力与哪些因素有关？

5-6 变配电所电气主接线有哪些基本形式？各有什么优缺点？各适用于什么场合？

5-7 在进行变配电所电气主接线设计时一般应遵循哪些原则和步骤？

5-8 高低压配电系统的基本接线形式有哪些？为提高供电可靠性可采取什么措施？

5-9 在进行配电系统接线设计时，为什么要力求简单可靠、配电层次不宜超过两级？

5-10 变配电所所址选择应考虑哪些条件？变电所靠近负荷中心有什么好处？

5-11 变配电所总体布置应考虑哪些基本要求？变压器的型式对变电所布置有何影响？

5-12 预装式变电站和组合式变压器各有何特点？

5-13 供电方案的技术经济指标有哪些？应如何对配电变压器进行能效技术经济评价？

5-14 某高层建筑拟建造一座 10/0.38kV 变电所，所址设在地下室内。已知总计算负荷为 1200kV·A，其中一、二级负荷 400kV·A，$\cos\varphi=0.85$。试初选其主变压器的型式、台数和容量。

5-15 某工厂拟建造一座 10/0.38kV 独立变电所，已知总计算负荷为 2100kV·A，$\cos\varphi=0.8$，均为三级负荷，由地区变电所采用一回 10kV 线路供电。试初选主变压器并设计出该变电所电气主接线图。

5-16 对题 5-14 所述的变电所，由公用电网采用双回路电源供电，变压器高压侧采用双回线路-变压器组单元接线，低压侧采用单母线分段接线，供电部门要求电能计量柜在高压进线主开关之前，试将上述说明绘制成电气主接线图。

第六章　供电系统的二次接线

第一节　概　　述

一、二次接线概念

供电系统的二次接线（Secondary Connection）是指用来对一次接线的运行进行控制、监测、指示和保护的辅助电路，亦称二次回路。

二次回路按电源性质分，有直流回路和交流回路。交流回路又分交流电流回路和交流电压回路。交流电流回路由电流互感器供电，交流电压回路由电压互感器供电。

二次回路按其功能分，有操作电源回路、电气测量回路与绝缘监视装置、高压断路器的控制和信号回路、中央信号装置、继电保护回路以及自动化装置等。

虽然继电保护回路以及自动化装置属于二次接线的范畴，但由于其本身内容较多且已自成体系，故习惯上单独研究。

二、二次接线图分类

二次接线常用二次接线图（Secondary Connection Diagram）表示，二次接线图是指用国家标准规定的电气设备图形符号与文字符号绘制的表示二次回路元件相互连接关系及其工作原理的电气简图，包括原理电路图和安装接线图。

原理电路图按绘制形式又分集中式原理电路图和展开式原理电路图，较复杂的工程均绘成展开式原理电路图。展开式原理电路图的特点是，为阐明其逻辑关系将二次元件的部件如线圈和触点展开，然后按工作电源分别绘出回路，如交流电流回路、交流电压回路、控制回路、信号回路等，按照相序、动作时间先后等顺序，从左到右、从上到下，把各个回路排列起来，并采用标准的文字符号、标号和编号对回路元件进行统一标识。本教材所有二次电路图皆以此形式绘制。

安装接线图是制造厂家进行生产、加工和现场安装接线所用的图样，也是用户进行维护、检修、试验等工作的参考图样。安装接线图包括屏面布置图、屏背面接线图和端子接线图（表）等。安装接线图的依据是展开式原理电路图，图中所有二次元件均按实际位置和连接关系绘制。

第二节　操 作 电 源

一、操作电源概念

变配电所的操作电源（Operating Power Supply）是供高压断路器控制回路、继电保护回路、信号回路、监测装置及自动化装置等二次回路所需的工作电源。操作电源对变配电所的安全可靠运行起着极为重要的作用，正常运行时应能保证断路器的合闸和跳闸；事故状态下，在母线电压降低甚至消失时，应能保证继电保护系统可靠地工作，所以要求充分可靠，容量足够并具有独立性。

操作电源按其性质分，有直流操作电源和交流操作电源两大类。

二、直流操作电源

（一）直流操作电源的构成

目前在用户变配电所中使用的直流操作电源大多为带阀控式密封铅酸蓄电池的高频开关电源成套装置。

图 6-1 是一种智能高频开关电力操作电源系统原理图。它主要有交流输入部分、充电模块、电池组、直流配电部分、绝缘监测仪以及微机监控模块等几部分组成。交流输入通常为两路电源互为备用以提高供电可靠性。充电模块采用先进的移相谐振高频软开关电源技术，将三相 380V 交流输入先整流成高压直流电，再逆变及高频整流为可调脉宽的脉冲电压波，

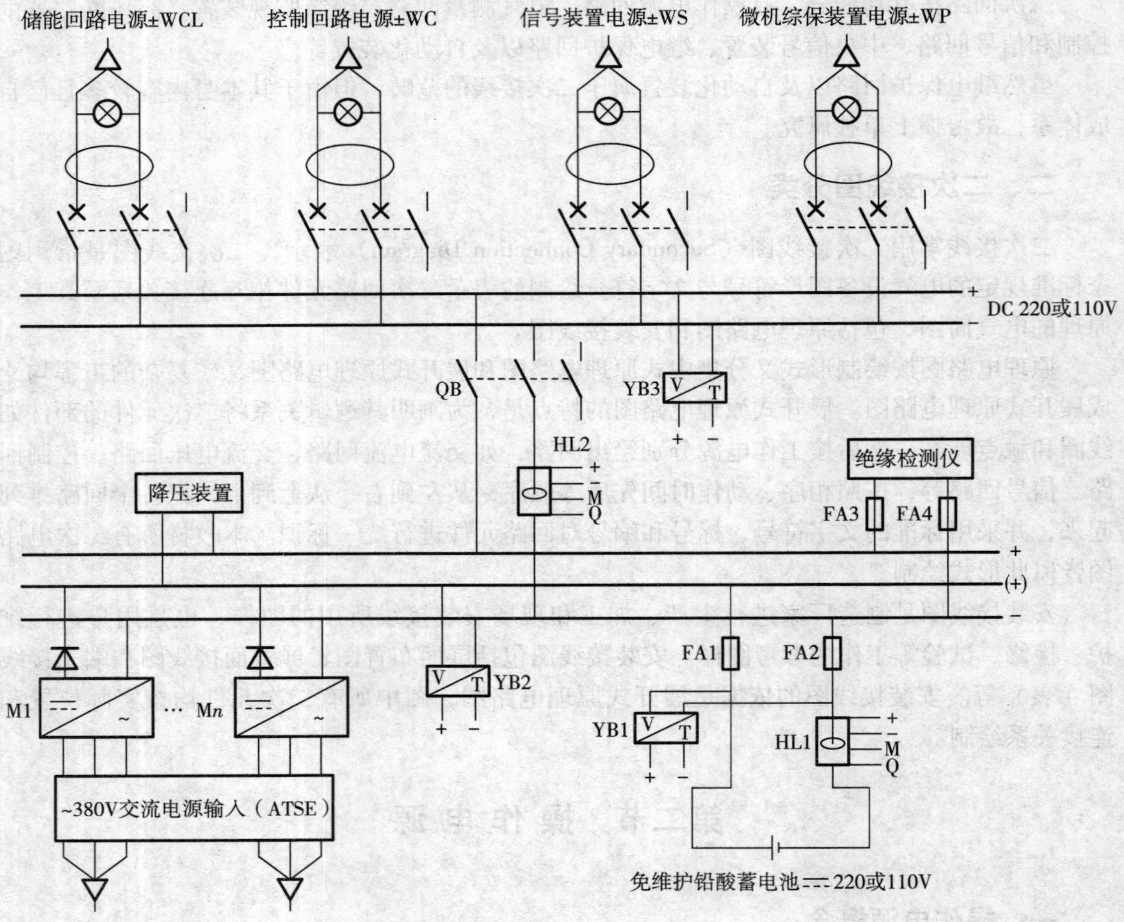

图 6-1 一种智能高频开关电力操作电源系统原理图

经滤波输出所需的纹波系数很小的直流电，然后对带阀控式密封铅酸蓄电池组进行均充和浮充。绝缘监测仪可实时监测系统绝缘情况，确保安全。该系统监控功能完善，由监控模块、配电监控板、充电模块内置监控等构成分级集散式控制系统，可对电源装置进行全方位的监视、测量、控制，并具有遥测、遥信、遥控等“三遥”功能。图中 YB1 ~3 为线性光耦元件用于直流母线电压检测，HL1 ~2 为霍尔元件用于直流充放电电流检测。

在一次系统电压正常时，直流负荷由开关电源输出的直流电直接或经降压装置后供电，而蓄电池组处于浮充状态用于弥补电池的自放电损失；当一次系统发生故障时，交流电压可能会大大降低或消失，使开关电源不能正常供电，此时，由蓄电池组向直流负荷供电，保证二次回路特别是继电保护回路及断路器跳闸回路工作可靠。

由于蓄电池组本身是独立的化学能源，因而具有较高的可靠性。直流操作电源适于较重要的和中、大型变配电所选用。

（二）电源电压与容量的选择

变配电所的直流操作电源电压一般为 220V 或 110V，可根据变配电所的规模大小及断路器配备的操动机构需要来选择。目前，用户变配电所多采用弹簧储能操动机构，其合闸功及合闸电流都比较小：一般当操作电源电压为 220V 时为 1. 25 ~2. 5A，当操作电源电压为 110V 时为 2. 5 ~5A。选用直流 110V 作为操作电源，与选用直流 220V 相比，蓄电池组容量几乎相同，而蓄电池数量却减少一半，既减小了直流屏的体积，又节省了投资。进行综合技术比较，采用弹簧操动机构时，宜选用 110V，相应二次回路元件电压也为 110V。对于采用电磁操动机构的变配电所，由于其合闸功及合闸电流都比较大：一般当操作电源电压为 220V 时为 75 ~120A，当操作电源电压为 110V 时为 150 ~240A，选用 110V 已无优势可言，故宜选用 220V，相应二次回路元件电压也为 220V。

蓄电池组容量的选择，应考虑交流系统或浮充电系统因故障停电时也能保证操动机构的分、合闸及各开关柜信号、继电保护等可靠工作，从而不影响变配电所的正常运行。具体选择方法可参照电力行业标准 DL/T 5044—2004《电力工程直流系统设计技术规程》。

三、交流操作电源

（一）交流操作电源的取得

小型 10kV 变电所一般采用弹簧操动机构，且继电保护也较简单，可以选用交流操作电源，从而省去直流电源装置，可降低投资。交流操作电源可以从所用变压器或电压互感器取得 220V 电压源，从电流互感器取得电流源。

图 6-2 是由一段母线电压互感器经 100/220V 中间变压器取得 220V 交流操作电压源的电路图。当变配电所有两路高压进线时，交流操作电源则应采用双电源切换装置，两路电源分别引自不同母线段的电压互感器经 100/220V 中间变压器供电，可互为备用自动切换。图中，电压互感器二次侧采用不接地系统，是为了防止二次回路接地影响操作电源的可靠性，当某点发生接地故障时，供电可不中断。平时可通过选择开关 SAC 和电压继电器 BE 来检查二次回路绝缘是否完好，一旦有接地故障，则接地检查继电器动作，发出信号，告知运行人员去检查排除。电压互感器二次侧通过击穿保险接地，是为了防止一、二次绕组绝缘击穿时，一次侧高电压窜入二次侧，危及人身和设备安全。

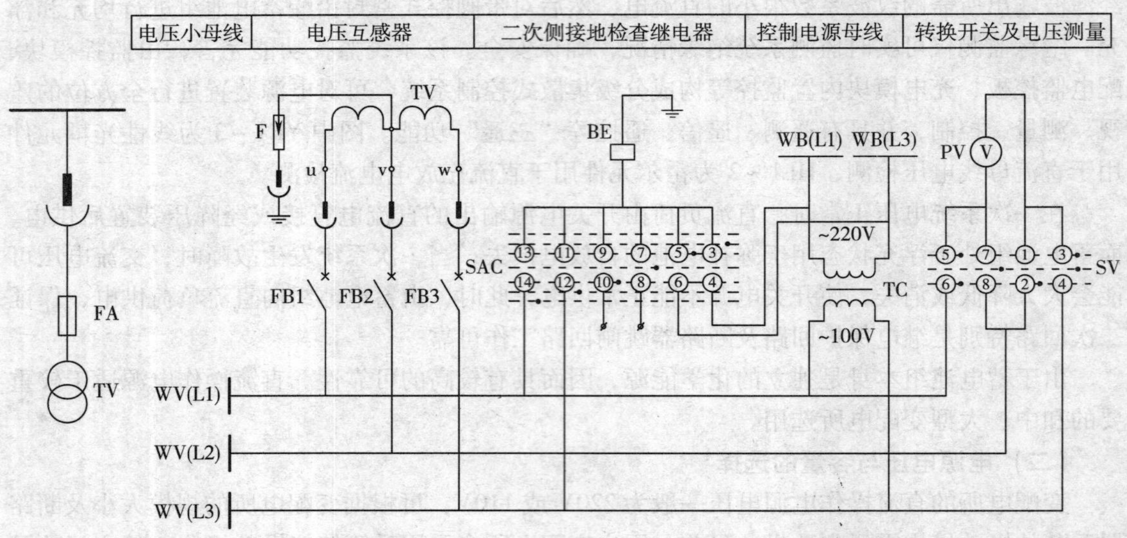

图 6-2 由电压互感器取得交流操作电源的电路图

（二）交流操作电源的可靠性

当一次系统发生故障时，交流电压可能会大大降低或消失，电压互感器二次侧电压也随之降低或消失，因此，用电压互感器作交流操作电源只能作为断路器正常跳合闸以及预告信号的工作电源。相反，电流互感器对于短路故障、过负荷都非常有效，可用它作为操作电源来实现过电流保护，作用于断路器操动机构上的电流脱扣器，使断路器自动跳闸。这种操作方式曾广泛应用。

近年来，也有采用不间断电源 UPS 作为交流操作电源的方案。由于提高了电压源的可靠性，可采用分励脱扣器跳闸的保护方式，而代替用电流脱扣器跳闸的方式，从而免去交流操作继电保护中特有的电流脱扣器可靠性校验和强力切换接点的容量校验，使继电保护趋于简单。UPS 方案一般适用于一次接线简单、断路器台数不多的变电所。值得注意的是：UPS 作为开关柜的控制、保护及信号电源，对配电装置的安全运行极为重要，特别是当供电系统发生故障时，它必须保证保护装置正确动作，尽快切除故障回路，因此，UPS 装置应为在线式，其本身的可靠性及运行维护的合理性非常重要。

第三节 电气测量回路与绝缘监视

一、电气测量回路

（一）电气测量的任务与要求

为了监视供电系统的运行状态和计量一次系统消耗的电能，保证供电系统安全、可靠、优质和经济合理地运行，在电气装置中必须装设一定数量的电气测量仪表（Electrical Measuring Meter）。

对电气测量仪表，要保证其测量范围和准确度满足电气设备运行监视和计量的要求，并力求外形美观，便于观测，经济耐用等。具体要求可参照 GB/T 50063—2008《电力装置的电测量仪表装置设计规范》。

为了安全和标准化、小型化，电气测量仪表一般通过电流互感器和电压互感器接入一次系统中，因此，其测量范围和准确度还需和互感器相配套。互感器的准确度等级应比测量仪表高一级，如1.0级的测量仪表应配置不低于0.5级的互感器，0.5级的专用计量电能表应配置不低于0.2级的互感器。

（二）电气测量仪表的配置

供电系统电气装置中各部分仪表的配置要求如下：

1）35～110kV线路，应装设电流表、有功功率表、无功功率表各1只。

2）35～110kV母线（每段母线）上，应装设电压表，测量主母线的1个线电压（可采用1只电压表和1只切换开关测量3个线电压）和监测绝缘的3个相对地电压。

3）（35～110）/10.5kV电力变压器，应装设电流表、有功功率表、无功功率表、有功电能表和无功电能表各1只，装在变压器哪一侧视具体情况而定。

4）10kV进线，应装设1只电流表。由树干式线路供电的或由公用电网供电的变电所，还应再装设有功电能表和无功电能表各1只。供电部门计费用的电能表装设在专用的计量柜中。

5）10kV母线（每段母线）上，必须装设1只电压表测量线电压。在中性点非有效接地的系统中，10kV配电所的每段母线上还应装设绝缘监视装置，并装设3只电压表测量相对地电压以判断哪一相发生接地。

6）10kV母线联络柜上，应装设1只电流表。

7）10/0.4kV配电变压器，应装设电流表、有功电能表各1只，如为单独经济核算单位的变压器，还应再装设1只无功电能表。

8）10kV出线，应装设电流表、有功电能表各1只，如为单独经济核算单位的线路，还应再装设1只无功电能表。

9）380V电源进线，应装设3只电流表测量每相电流，并宜装设有功功率表及功率因数表各1只。

10）380V母线联络柜上，应装设3只电流表。

11）380V出线，应装设1只电流表。若线路三相负荷不平衡率大于15%，则应装设3只电流表。如需计量电能，一般装设1只三相四线制有功电能表。

12）并联电力电容器组的回路，应装设3只电流表和1只无功电能表。

（三）电气测量回路示例

图6-3是10kV线路上装设的电气测量仪表展开式原理电路图。线路中除电流表PA外，还装设了1只三相两元件有功电能表PJ和1只三相两元件无功电能表PJR。电能表电压信号来自母线电压互感器二次侧。

图6-4是380V电源进线回路上装设的电气测量仪表展开式原理电路图。线路中除电流表PA和电压表PV外，还装设了1只三相两元件有功功率表PW和1只功率因数表PPF。

以上示例图中采用的仪表均为传统指针式仪表和数字显示仪表，测量准确度不高，灵敏度低，可靠性差，且测量功能单一。基于先进的数字信号处理和单片机技术的新型数字式智能表，集测量、显示、报警输出、参数设置和数据存储为一体，针对供电系统二次回路进行设计，使用直接交流采样原理，任意设定所配用的互感器变比，可直接指示一次侧被测参数

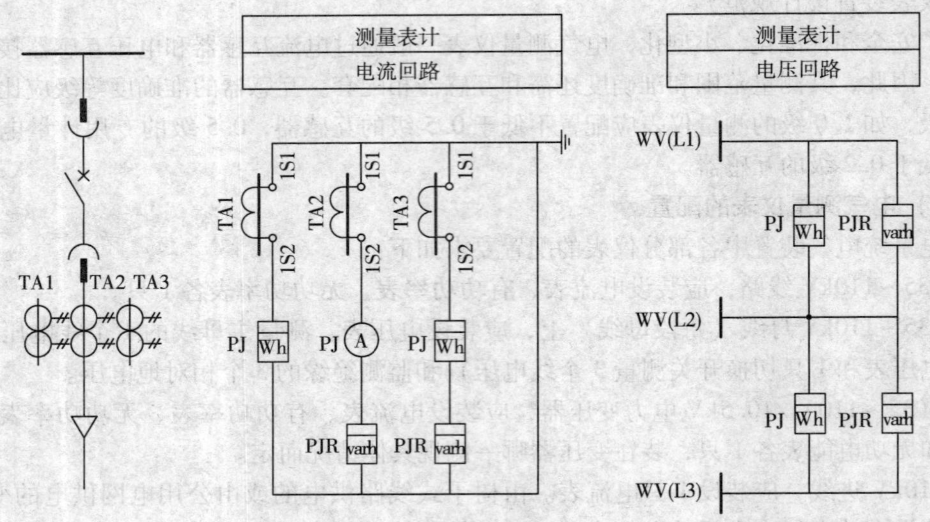

图 6-3 10kV 线路电气测量仪表原理电路图

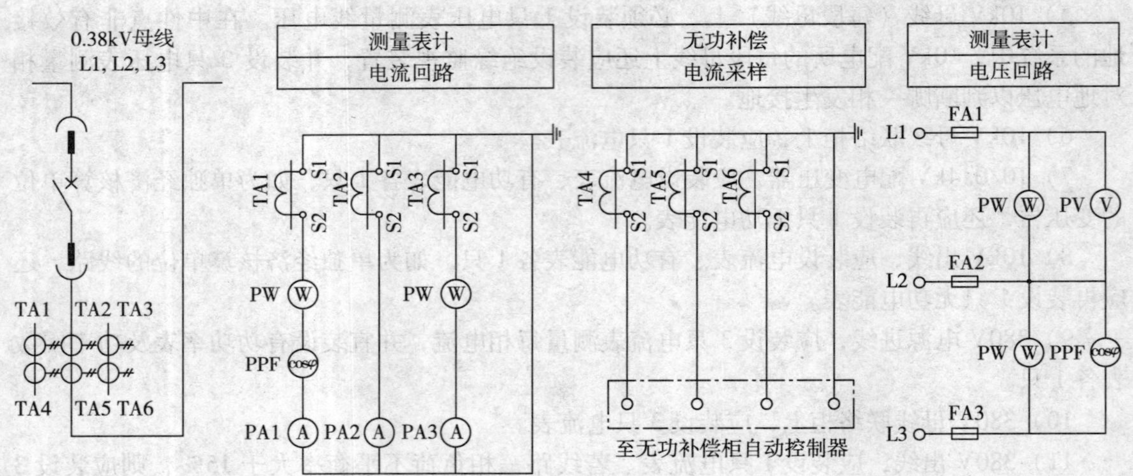

图 6-4 380V 进线电气测量仪表原理电路图

值。既有单一功能数字表，也有多功能综合表，且可根据需要配置 RS485 接口与计算机通信。该数字式智能表已逐步在重要的变配电所及其自动化工程中得到应用。图 6-5 是多功能综合数字式智能表的测量原理电路图，从图中可以看出，二次接线简单、清晰。

二、交流系统的绝缘监视

由第一章分析可知，中性点非有效接地的电力系统发生单相接地故障时，线电压值不变，而故障相对地电压为零，非故障相对地电压上升为线电压，出现零序电压。该故障并不影响供电系统的继续运行，但接地点会产生间歇性电弧以致引起过电压、损坏绝缘，发展成为两相接地短路，导致故障扩大。因此，在该系统中应当装设绝缘监视装置。

绝缘监视装置是利用一次系统接地后出现的零序电压给出信号。图 6-6 中，在 10kV 母

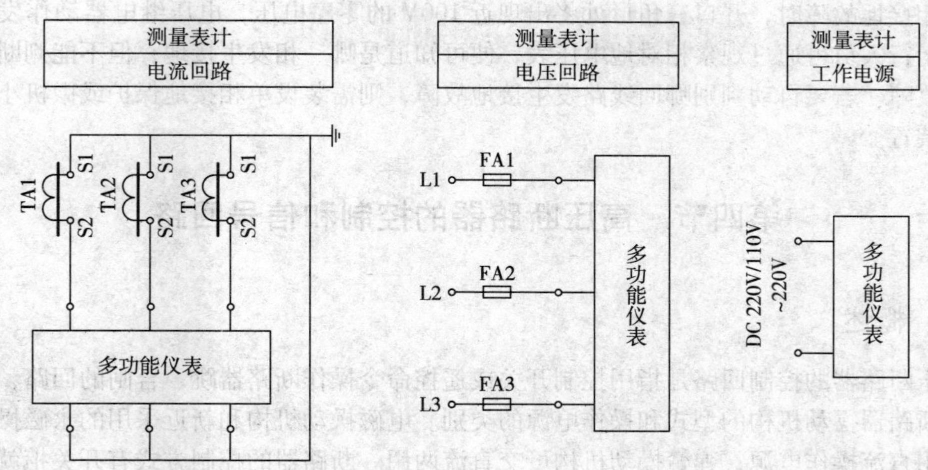

图 6-5　多功能综合数字式智能表的测量原理电路图

线上装有三个单相三绕组电压互感器或一个三相五心柱三绕组电压互感器，其二次侧的星形联结绕组接有三个监测相对地电压的电压表和一个监测线电压的电压表；另一个二次绕组接成开口三角形，接入接地信号装置如电压继电器 BE，用来反应一次系统单相接地时出现的零序电压。电压互感器采用五心柱结构是让零序磁通能从主磁路中通过，便于零序电压的检出。

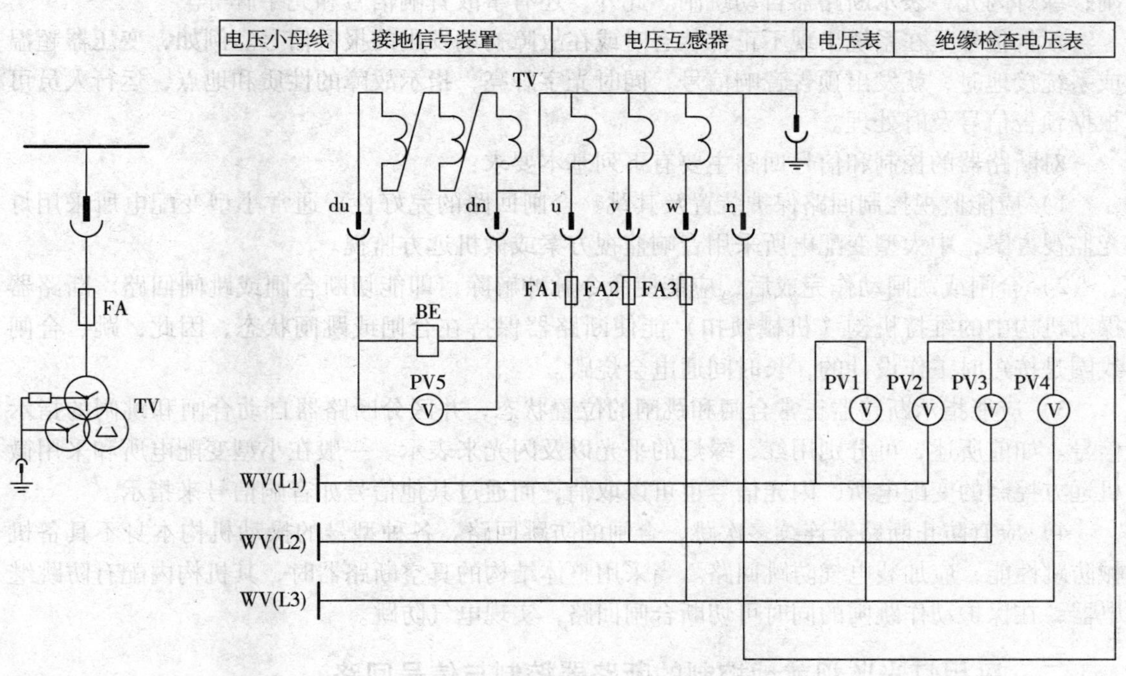

图 6-6　绝缘监视装置电路图

正常运行时，系统三相电压对称，开口三角形处出现的仅为由于电压互感器误差及谐波电压引起的不平衡电压，电压继电器的动作电压一般整定为 15V 便可躲过。当任一回线路发生单相接地故障时，开口三角形处将出现近100V的零序电压，电压继电器动作发出预告信号。运行人员可通过观察相对地电压表，便可知道是哪一相发生接地，但不能判断是哪一回线路故障。若要自动判别哪回线路发生接地故障，则需装设单相接地保护或微机小电流接地选线装置。

第四节　高压断路器的控制和信号回路

一、概述

高压断路器的控制回路是指用控制开关或遥控命令操作断路器跳、合闸的回路，它主要取决于断路器操动机构的型式和操作电源的类别。电磁操动机构和新近采用的永磁操动机构只能采用直流操作电源，弹簧操动机构可交直流两用。断路器的控制方式有开关柜就地控制和在控制室远方控制两种。

信号回路是用来指示一次系统设备运行状态的二次回路。信号按用途分，有位置信号、事故信号和预告信号等。

断路器位置信号用来显示断路器正常工作的位置状态，一般红灯亮，表示断路器处于合闸位置；绿灯亮，表示断路器处于跳闸位置。

事故信号用来显示断路器在事故情况下的工作状态。一般红灯闪光，表示断路器自动合闸；绿灯闪光，表示断路器自动跳闸。此外，还有事故音响信号和光字牌等。

预告信号是在系统出现不正常状态时或在故障初期发出的报警信号。例如，变压器超温或系统接地时，就发出预告音响信号，同时光字牌亮，指示故障的性质和地点，运行人员可根据预告信号及时处理。

对断路器的控制和信号回路主要有下列基本要求：

1）应能监视控制回路保护装置及其跳、合闸回路的完好性。通常小型变配电所采用灯光监视方案，中大型变配电所采用音响监视方案或微机远方监视。

2）合闸或跳闸动作完成后，应能使命令脉冲解除，即能切断合闸或跳闸回路。断路器操动机构中的维持机构（机械锁扣）能使断路器保持在合闸或跳闸状态，因此，跳、合闸线圈是按短时工作设计的，长时间通电会烧毁。

3）应能指示断路器正常合闸和跳闸的位置状态，并区分断路器自动合闸和跳闸的指示信号。如前所述，可分别用红、绿灯的平光以及闪光来表示。一般在小型变配电所和采用微机远方控制的变配电所，闪光信号也可以取消，而通过其他信号如音响信号来指示。

4）应有防止断路器连续多次跳、合闸的防跳回路。各种型号的操动机构本身不具备机械防跳性能，应加装电气防跳回路。当采用整体结构的真空断路器时，其机构内配有防跳继电器，在保护动作跳闸的同时可切断合闸回路，实现电气防跳。

二、采用灯光监视就地控制的断路器控制与信号回路

（一）控制开关

控制开关是开关柜就地控制断路器跳、合闸的主令元件。常用的控制开关是用手柄操作的，在手柄转轴上装有彼此绝缘的系列铜片触点（动触点），绝缘外壳的内壁上装有固定不

动的静触点。当手柄转动时，每个触点盒内动、静触点的通断状态发生相应变化。目前用户变配电所多采用 LW12 型万能转换开关作为控制开关。表 6-1 为 LW12－16D/49. 4636. 6 开关接点图表，表中“×”表示触点为接通状态，“－”表示触点为断开状态。

表 6-1　LW12－16D/49. 4636. 6 开关接点图表

触点号			1－2	3－4	5－6	7－8	9－10	11－12	13－14	15－16	17－18	19－20
手柄位置	跳闸后	←	－	×	－	－	－	－	×	－	－	×
	预备合闸	↑	×	－	－	－	×	－	－	－	×	－
	合闸	↗	－	－	×	－	－	×	－	×	－	－
	合闸后	↑	×	－	－	－	×	－	－	×	－	－
	预备跳闸	←	－	×	－	－	－	－	×	－	×	－
	跳闸	↙	－	－	－	×	－	－	×	－	－	×

这种控制开关有六个位置：两个预备操作位置（“预备合闸”和“预备跳闸”）、两个操作位置（“合闸”和“跳闸”）、两个固定位置（“合闸后”和“跳闸后”）。合闸操作的程序为：“预备合闸”→“合闸”→“合闸后”；跳闸操作的程序为：“预备跳闸”→“跳闸”→“跳闸后”。操作时，操作人员先把控制开关转至“预备位置”，再旋转至“操作位置”，并保持到确认断路器已完成合闸或跳闸动作时，松开手柄。这时，控制开关在弹簧作用下会自动回转到“固定位置”，整个操作过程完成。

（二）断路器控制与信号回路分析

图 6-7 是采用灯光监视就地控制的断路器控制与信号回路。此电路多用于小型变配电所中，断路器配用弹簧操动机构、交流操作电源。断路器操动机构中的合闸线圈 MB1、跳闸线圈 MB2、储能电动机 MA、弹簧行程开关 BGT 及断路器辅助触点 QA 与断路器本体一起安装在手车上，通过二次插头插座与固定设备相连。控制开关 SF 手柄的六个位置采用六条虚线表示，其中，“2”为“合闸”位置，内侧“1”为“预备合闸”位置，外侧“1”为“合闸后”位置；“4”为“跳闸”位置，内侧“3”为“预备跳闸”位置，外侧“3”为“跳闸后”位置。在每对触点右侧的一条虚线上有一个“·”，表示手柄在此虚线对应的位置时该触点接通。为便于读图，电路图上方还标有说明栏，对应每条回路相应说明其作用。

下面分析图 6-7 所示电路的工作原理。

1. 手动合闸

采用弹簧操动机构的断路器在首次合闸前需先储足能量，储能过程为：将主令开关 SFR 合上，储能电动机 MA 通电运行，拉伸或压缩弹簧储能；到位后，锁扣扣住弹簧，同时行程开关 BGT 常闭触点断开，电动机停车，BGT 常开触点闭合，储能位置指示灯 PGW 亮，表示合闸弹簧已储足能量，可以进行合闸操作。

将控制开关 SF 手柄旋转至“预备合闸”→“合闸”位置，触点 SF5-6 接通，因 BGT 常开触点闭合（合闸弹簧储足能量时此触点闭合，接通合闸回路）、断路器 QA 常闭触点接通，故合闸线圈 MB1 通电（全电压）动作，使锁扣系统脱扣，合闸弹簧释放能量，使断路器克服分闸弹簧的反作用力而合闸。合闸动作完成后，QA 常闭触点断开，切断合闸回路，绿灯 PGG 熄灭，QA 常开触点闭合，红灯 PGR 亮。

当操作人员松开手柄时，控制开关 SF 在弹簧作用下会自动回转到“合闸后”位置，整

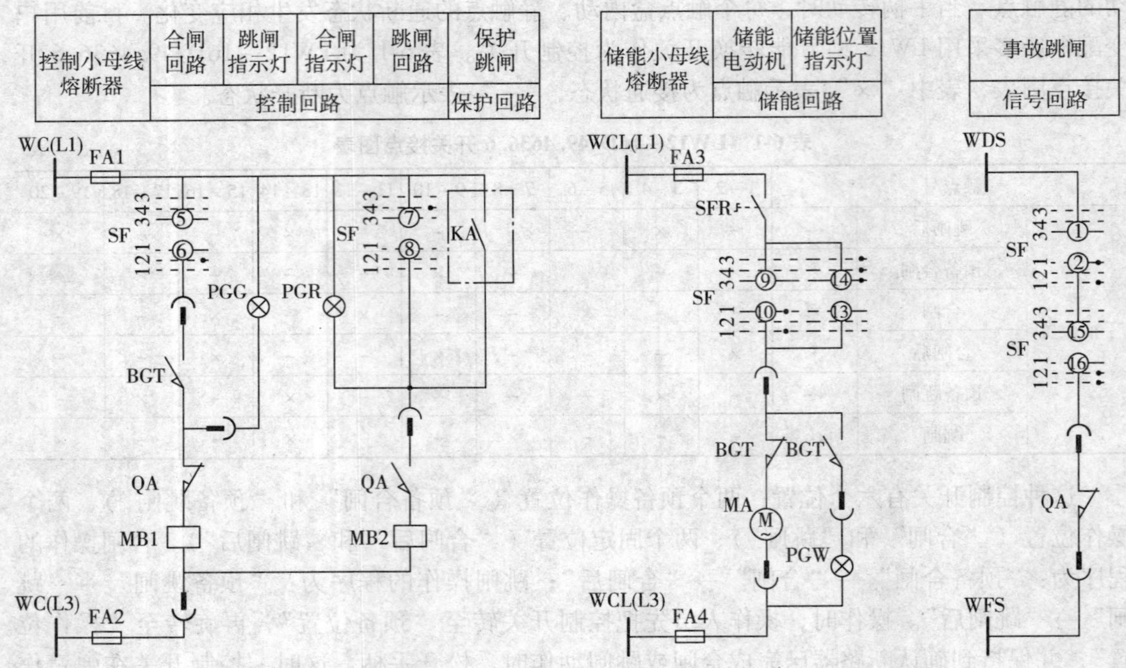

图 6-7 采用灯光监视就地控制的断路器控制与信号回路

个操作过程完成。此时，断路器跳闸线圈 MB2 虽然处于通电状态，但由于红灯 PGR 的分压作用，使跳闸线圈 MB2 上的电压降很小，不足以使其动作。红灯 PGR 亮表示断路器处于合闸状态，同时表明跳闸回路完好。

另外，合闸弹簧释放能量后，其行程开关触点自动返回，因 SFR 处于接通位置，弹簧会自动储足能量，为下次合闸做好准备。

2. 手动跳闸

将控制开关旋转至“预备跳闸”→“跳闸”位置，触点 SF7-8 接通，因断路器常开辅助触点 QA 闭合，故跳闸线圈 MB2 通电（全电压）动作，使合闸位置锁扣脱扣，断路器在分闸弹簧的作用下跳闸。松手后，SF 又自动回转到“跳闸后”位置。断路器跳闸动作完成后，QA 常开触点返回断开，红灯 PGR 熄灭，QA 常闭触点返回闭合，绿灯 PGG 亮，表示断路器处于跳闸状态，同时表明合闸回路完好。此时，断路器合闸线圈 MB1 虽然处于通电状态，但由于绿灯 PGG 的分压作用，使合闸线圈 MB1 上的电压降很小，不足以使其动作。

3. 自动跳闸

当一次系统发生故障时，继电保护装置动作，出口继电器触点 KA 闭合，接通跳闸回路，使跳闸线圈 MB1 通电（全电压）动作，断路器自动跳闸。随后 QA 常开触点断开，红灯 PGR 熄灭，QA 常闭触点闭合，绿灯 PGG 亮。为简化电路，这里未采用闪光信号表示断路器自动跳闸。断路器自动跳闸后，而控制开关 SF 仍处于“合闸后”位置，这种情况称为“不对应”关系。在此情况下，事故跳闸信号回路中的 QA 常闭触点闭合，而触点 SF1-2 和 SF15-16 闭合，所以事故跳闸信号回路接通，使中央信号装置发出事故音响信号。运行人员得知事故跳闸信号后，可将控制开关 SF 的手柄位置旋转至“预备跳闸”→“跳闸”→“跳闸后”位置，使控制开关 SF 与断路器恢复对应关系，事故信号随即解除。图中 WDS、WFS 为事故信号小母线。

4. 电气防跳

断路器的所谓“跳跃”，是指运行人员手动操作断路器于故障线路上合闸时，断路器被继电保护动作于自动跳闸，由于在一定时间内控制开关仍保持在“合闸”位置，则会引起断路器重新合闸。如此，可导致断路器多次“跳跃”，会使断路器烧坏，造成事故扩大，故必须采取防跳措施。考虑到小型变配电所无自动装置，故图 6-7 采用的防跳措施较为简单，只是在弹簧储能回路中串入控制开关 SF 的闭锁触点。其原理是：在控制开关处于“合闸”位置的同时，触点 SF9-10 和 SF13-14 断开切断储能回路，合闸弹簧未储能时行程开关 BGT 处于断开位置，从而切断断路器合闸回路，防止了断路器再次合闸。

三、采用微机远方监控的断路器控制和信号回路

图 6-8 是一种采用微机远方监控的断路器控制和信号回路。图中设置了“远方/就地”选择开关 SF2，它有三个位置：“1”为就地操作位置，“2”为远方操作位置，“0”为断开位置。当选择在“就地”位置时，断路器只能由控制开关 SF1 操作跳、合闸；当选择在“远方”位置时，断路器只能由遥控命令控制跳、合闸。为了远方监视控制回路的完好性，采用了断路器合闸位置继电器 KPC 和跳闸位置继电器 KPT，断路器位置信号就地指示仍为红绿灯。为了使遥控跳、合闸命令及保护跳闸命令能保持直到断路器完成合闸和跳闸动作，电路还采用了断路器合闸保持继电器 KHC 和跳闸保持继电器 KHT，KHT 具有电流起动线圈和电压保持线圈，还起着电气防跳的作用。断路器手车位置触点 BG1、BG2 串在合闸回路中，是为防误操作闭锁而设，即只有在手车处于工作位置时，断路器才能合闸。微机综合保护监控装置不仅能对一次系统实现各种保护，而且能对断路器进行遥控跳、合闸，能监视设备运行状态如断路器位置、手车位置、控制回路的完好性、远方/就地切换开关位置、合闸弹簧是否储能等，还具有事故信号和各种预告信号输出，并具有 RS485 标准接口，可与监控主计算机通信。

现将图 6-8 所示电路的工作特点分析如下：

（1）断路器的远方控制　将 SF2 转换开关旋至“远方”位置，此时，控制开关 SF1 不起作用，断路器的跳、合闸操作由微机综合保护监控装置发出的遥控跳、合闸命令实现。合闸操作之前，手车处于工作位置，BG1、BG2 触点闭合，弹簧已储能，BG 常开触点闭合，此时，发出合闸命令即遥控合闸输出触点闭合，断路器合闸线圈 MB1 得电动作，同时，合保继电器 KHC 得电动作自保持，直至断路器合闸动作完成。合闸后，断路器 QA 辅助触点断开，切断合闸电流。若未采用合闸自保持，如遥控合闸触点在断路器 QA 辅助触点未断开前就返回了，则没有完成合闸动作，而且由于被切断的合闸电流较大会烧坏遥控触点。采用合闸自保持后，使合闸电流在遥控合闸触点提前返回后，仍有通路，仍由 QA 触点切断合闸电流。跳闸自保持的工作原理与此相同。

（2）控制回路的完好性监视　在合闸回路中用跳闸位置继电器 KPT 代替绿灯 PGG，在跳闸回路中用合闸位置继电器 KPC 代替红灯 PGR。正常时只有一个位置继电器通电，一旦控制回路断线或熔断器熔断，继电器 KPC 和 KPT 的线圈将长期断电，利用两个位置继电器的常闭触点 KPC 和 KPT 相串联，接入微机综合保护监控装置的信号输入回路去发出预告信号。

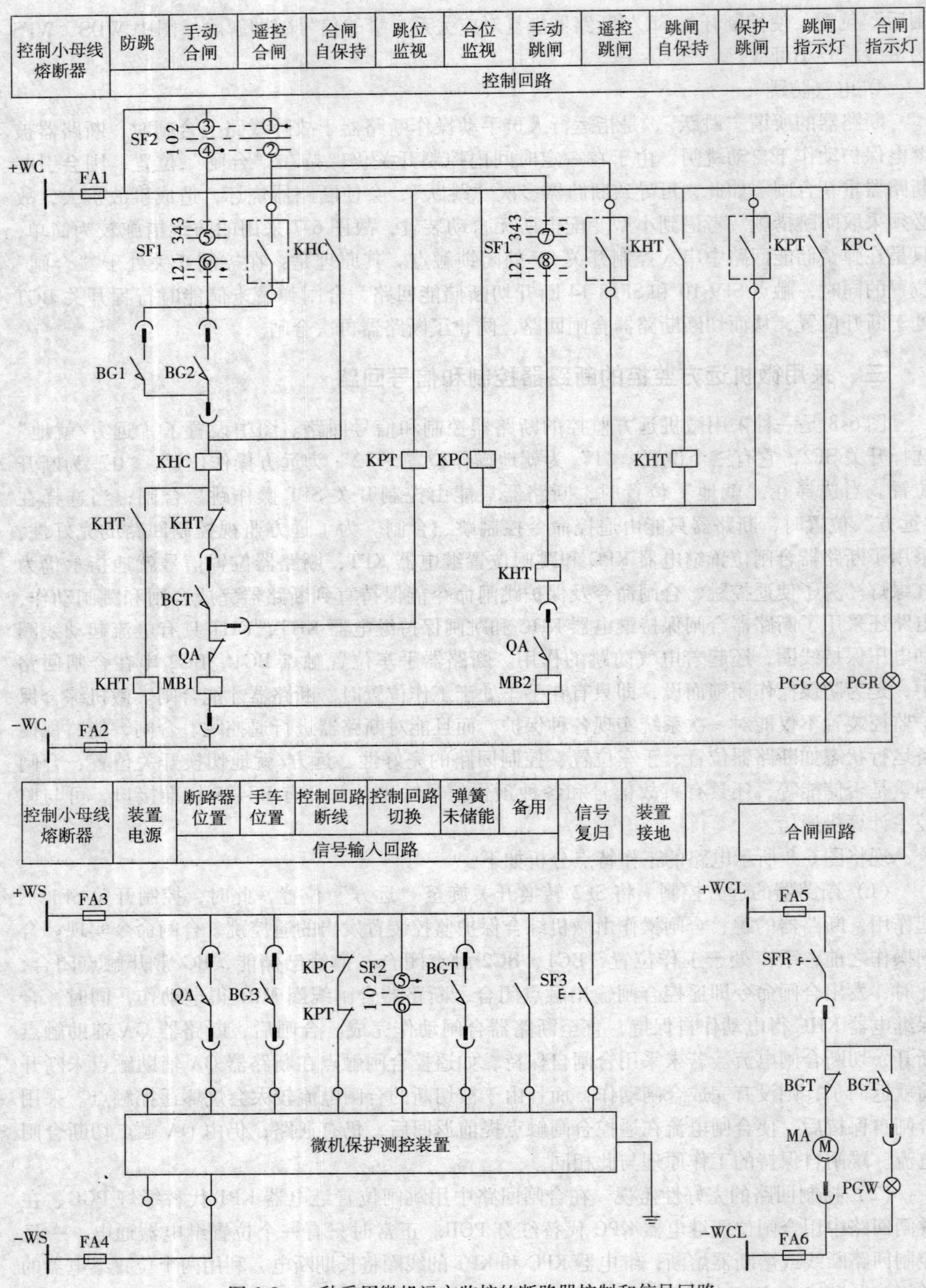

图 6-8 一种采用微机远方监控的断路器控制和信号回路

（3）电气防跳　跳保继电器KHT具有电流起动线圈和电压保持线圈，起着电气防跳的作用。在断路器合闸操作过程中，若就地控制开关手柄未松开或遥控合闸触点被焊住了，此时遇到线路故障，因保护动作，断路器自动跳闸并起动跳保继电器KHT，由于常开触点KHT已闭合，使KHT的电压线圈得电自保持，另一常闭触点KHT已断开，切断了合闸回路，这样就防止了断路器发生“跳跃”。当合闸脉冲消失后，KHT常开触点断开，电路复原。

第五节　中央信号装置

在有人值班的变配电所中，通常将事故信号（Fault Alarm）和预告信号（Abnormal Alarm）集中在值班室或控制室反映，它们是各种信号的中央部分，故称为中央信号（Central Signal）。中央信号按动作性能分，有能重复动作和不能重复动作两种。能重复动作是指一个信号发出后尚未处理复归前又来一个信号，中央信号仍能再次发出，适合于配电装置较多的中大型变配电所选用，由于能重复动作的中央信号回路元件较多，通常采用中央信号屏与直流屏、集中控制屏并排安装于控制室内。不能重复动作是指一次只能发出一个信号，等这个信号复归后才能接受第二个信号，适合于配电装置较少的小型变配电所选用。由于不能重复动作的中央信号回路元件较少，通常采用中央信号箱安装于值班室的墙上。

对中央事故信号装置的要求是：在任一断路器事故跳闸时，能瞬时发出音响信号，并在控制屏或配电装置上有表示事故跳闸的具体断路器位置的灯光指示信号。中央事故音响信号采用电笛，应能手动或自动复归。

对中央预告信号装置的要求是：当供电系统发生故障和不正常工作状态但不需立即跳闸的情况时，应及时发出音响信号，并有显示故障性质和地点的指示信号（光字牌指示）。预告音响信号通常采用电铃，应能手动或自动复归。

中央事故信号与预告信号装置有典型电路可供设计人员选用，读者可参见国家建筑标准设计图集D203-2《6～10kV变电所二次接线》（直流操作）。目前，在无人值班的自动化变配电所中，传统的能重复动作中央事故信号与预告信号装置已被微机监控系统所取代，如用多媒体电脑语音提示代替电笛和电铃报警，用电脑屏幕画面的动态显示和文字提示代替光字牌报警等。

思考题与习题

6-1　什么是供电系统的二次接线？包括哪些回路？

6-2　什么是变配电所的操作电源？对其有何要求？常用的直流操作电源有哪几种？有何特点？常用的交流操作电源有哪几种？有何特点？

6-3　对电气测量仪表有何要求？变配电装置中各部分仪表的配置有何规定？

6-4　为什么在中性点非有效接地的系统中，变电所10kV每段母线上应装设绝缘监视装置？

6-5　对断路器的控制和信号回路有何基本要求？通常是如何满足的？

6-6　变配电所中有哪些信号？各起哪些作用？

6-7　试分析图6-7所示断路器控制和信号回路的工作原理。

6-8　试分析图6-8所示断路器控制和信号回路的工作原理。

第七章 供电系统的继电保护

第一节 概 述

一、继电保护的基本原理与要求

（一）继电保护的基本原理

由于自然条件（如雷击等）、电气元件（如变压器、电力电容器、电动机、母线、电缆等）制造质量、运行维护诸方面因素，电力系统发生各种故障或异常运行状态是不可能完全避免的。因此，应设置必要的保护装置。保护就是在电力系统中检出故障或其他异常情况，从而切除故障、终止异常情况或发出信号或指示。因在其发展过程中曾主要用有触点的继电器来构成保护装置，所以延称继电保护（Relaying Protection）。

电力系统故障的一个显著特征是电流剧增，从电动力和热效应等方面损坏电气设备。反应电流剧增这一特征的继电保护就是过电流保护。故障的另一特征是电压锐减，相应的就有欠电压保护。同时反应电压降低和电流增加的一种保护原理就是阻抗（距离）保护，它以阻抗降低多少反应故障点距离的远近，决定动作与否。为了更确切地区分正常运行状况与故障（或异常）状态，可以利用正常运行时没有或很少而故障状态却很大的电气量，如负序或零序的电流、电压和功率。继电保护利用的不仅限于电气量，也包括其他的物理量，如变压器油箱内部发生故障时伴随产生的大量气体和油流速度的增大或油压强度的增高等。

保护装置（Protection Equipment）是一个或多个保护继电器和逻辑元件按需要结合在一起，完成某项特定保护功能的装置。大多数情况下，不管反应哪种物理量，保护装置一般由测量部分、逻辑部分、执行部分构成，如图7-1所示。

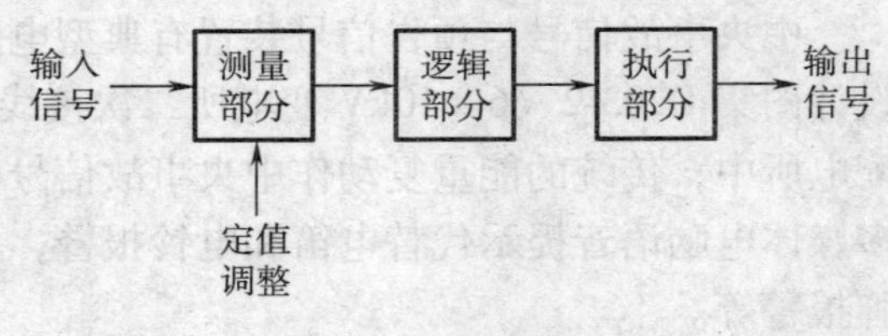

图 7-1　继电保护装置的原理框图

测量部分从被保护对象输入物理量，再与给定的整定值相比较，输出相关信号。逻辑部分根据测量部分各输出量的大小、性质、出现的顺序或它们的组合，按一定的逻辑关系确定保护应有的动作行为。最后，执行部分根据逻辑部分的指令发出报警信号或跳闸信号。

（二）保护分类

电力系统中的电力设备和线路，应装设短路故障和异常运行的保护装置。电力设备和线路短路保护应有主保护和后备保护，必要时可增设辅助保护。

主保护（Main Protection）是满足系统稳定和设备安全的要求，能以最快速度有选择地切除被保护设备和线路故障的保护。

后备保护（Backup Protection）是主保护或断路器拒动时，用以切除故障的保护。后备保护可分为远后备和近后备两种方式。远后备是当主保护或断路器拒动时，由相邻电力设备或线路的保护实现后备。近后备是当主保护拒动时，由该电力设备或线路的另一套保护实现后备的保护。

辅助保护（Supplemental Protection）是为补充主保护和后备保护的性能或当主保护和后备保护退出运行时而增设的简单保护。

（三）对保护性能的要求

保护装置应满足速动性、选择性、灵敏性和可靠性（简称“四性”）的要求。

1. 速动性

保护的速动性（Rapidity of Protection）是指保护装置应能尽快地切除短路故障，其目的是提高系统稳定性，减轻故障设备和线路的损坏程度，缩小故障波及范围，提高自动重合闸和备用电源或备用设备自动投入的效果等。

目前保护动作速度最快的约一个周期（0.02s），个别情况下也有半个周期的，包括断路器动作和灭弧在内的切除故障时间，最快约0.1s。

2. 选择性

保护的选择性（Selectivity of Protection）是指保护检出电力系统的故障区和/或故障相的能力。当系统出现故障时，首先由故障设备或线路本身的保护切除故障，当该保护或断路器拒动时，才允许由相邻设备、线路的保护切除故障。如图7-2所示的单端电源供电系统中，当线路WB2发生短路时，只允许保护装置BB2动作使断路器QA2跳闸来切除故障线路WB2。只有当某种原因造成BB2未动作或断路器QA2未跳闸时，相邻的上级线路WB1的保护装置BB1才能动作使断路器QA1跳闸。

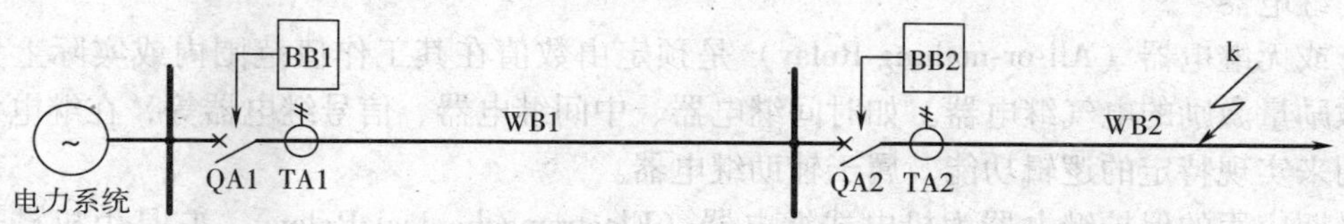

图7-2 继电保护选择性动作示意图

为保证选择性，对相邻设备和线路有配合要求的保护和同一保护内有配合要求的两元件（如起动与跳闸元件、闭锁与动作元件），其动作参数和/或延时时间应相互配合。

在某些条件下必须加速切除短路时，可使保护无选择动作，但必须采取补救措施，例如采用自动重合闸或备用电源自动投入来补救。

3. 灵敏性

保护的灵敏性（Sensitivity of Protection）是指在设备或线路的被保护范围内发生故障时，保护装置具有的正确动作能力的裕度，一般以灵敏度来描述。灵敏度应根据不利的正常（含正常检修）运行方式和不利故障类型（仅考虑金属性短路和接地故障）计算。

过电流保护装置的灵敏度用保护装置的保护区内在电力系统为最小运行方式（指电力系统处于短路阻抗为最大而短路电流为最小的状态的运行方式）时的最小短路电流$I_{k.min}$与保护装置一次动作电流（保护装置动作电流换算到一次电路的值）$I_{op.1}$的比值来表示，即

$$K_s = \frac{I_{k.min}}{I_{op.1}}$$

在 GB/T 50062—2008《电力装置的继电保护和自动装置设计规范》中，对继电保护装置的灵敏度都有一个最小值的规定，这将在后面讲述各种保护时分别介绍。

4. 可靠性

保护的可靠性（Reliability of Protection）是指在给定条件下的给定时间间隔内，保护能完成所需功能的概率。保护所需功能是当需要动作时便动作、当不需要动作时便不动作。

为保证可靠性，宜选用性能满足要求、原理尽可能简单的保护方案，应采用由可靠的硬件和软件构成的装置，并应具有必要的自动检测、闭锁、告警等措施，以及便于整定、调试和运行维护。

上述“四性”之间既有有机联系，又相互制约，特别是可靠性和灵敏性、选择性和速动性之间应统筹兼顾。

二、保护继电器及其特性

（一）保护继电器及其发展

电气继电器（Electrical Relay）是当控制该器件的输入电路满足一定条件时，在其一个或多个输出电路中会产生预定跃变的电气器件。电气继电器包括量度继电器和有或无继电器。

量度继电器（Measuring Relay）就是在规定的准确度条件下，当其特性量达到其动作值时即进行动作的电气继电器。保护继电器（Protection Relay）就是探测电力系统或电力设备的故障或异常情况的量度继电器，常用的有电流继电器、电压继电器、气体继电器等。量度继电器在继电保护装置中装设在第一级，用来反应被保护元件的特性量变化，属于主继电器或起动继电器。

有或无继电器（All-or-nothing Relay）是预定由数值在其工作值范围内或实际上为零的某一激励量激励的电气继电器。如时间继电器、中间继电器、信号继电器等，在继电保护装置中用来实现特定的逻辑功能，属于辅助继电器。

早期应用的保护继电器为机电式继电器（Electromechanical Relay），它是由机械部件相对运动产生预定响应的电气继电器。如电磁继电器，由电磁力产生预定响应，可以是电磁式的，也可以是感应式的。由于机电式继电器具有简单可靠、便于维修等优点，因此在我国小型用户供电系统中仍在应用。

之后又出现了由电子、磁、光或其他无机械运动的元件产生预定响应的静态继电器（Static Relay）。静态继电器具有动作灵敏、体积小、能耗低、耐振动、无机械惯性、寿命长等一系列优点，在中小型供电系统中正逐步取代机电式继电器。

常规的静态继电器主要由模拟信号处理获得动作功能，故又称为模拟式继电器（Analog Relay）。缺点是精度低、保护功能单一、没有故障显示，无法组网通信。随着微型计算机技术的进步和应用，便出现了数位式继电器（Digital Relay）（主要由数字信号处理获得动作功能的静态继电器）、数字式继电器（Numerical Relay）（由算法运算获得动作功能的数位式继电器）及微机保护装置（Microcomputer Protection Equipment）（多功能综合性的数字式继电器）。与传统的模拟式继电器相比，它们具有可靠性高、功能齐全、调试维护方便、性能价格比优等优点，已成为电力系统继电保护的更新换代产品，在中大型用户供电系统中逐步得到推广应用。

为便于分析和理解继电保护的基本原理，本节仍以传统的模拟式继电器为主进行讲述，对于微机保护原理将在本章第五节中介绍。

（二）电流继电器的继电特性

电流继电器的继电特性如图7-3所示。当继电器线圈通过的电流大于整定值时，继电器动作使其输出电路常开触点闭合。电流继电器动作后，若减小线圈电流到一定值，继电器返回初始位置，触点也相应返回。

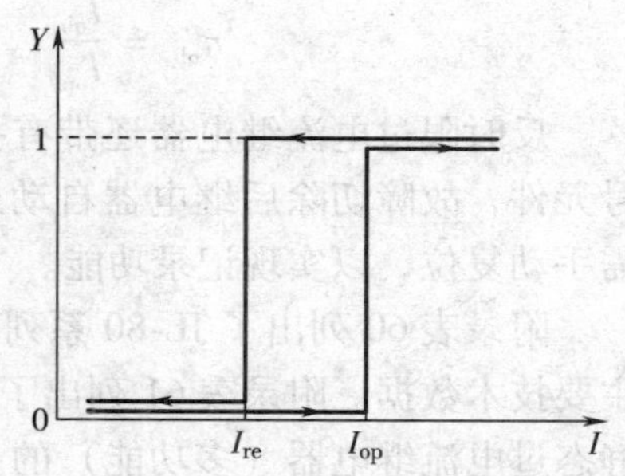

图7-3　电流继电器的继电特性
Y—常开触点状态（1—闭合，0—断开）
I—通入继电器线圈的电流

流入电流继电器线圈中的使继电器从初始状态进入动作状态的最小电流，称为电流继电器的动作电流，用I_{op}表示。

流入电流继电器线圈中的使继电器由动作状态返回到初始状态的最大电流，称为电流继电器的返回电流，用I_{re}表示。

电流继电器的返回电流与动作电流的比值，称为电流继电器的返回系数，用K_{re}表示，即

$$K_{re} = \frac{I_{re}}{I_{op}}$$

对于过电流继电器，K_{re}总小于1，一般为0.85～0.95。K_{re}越接近于1，说明继电器性能越好。如果过电流继电器的K_{re}过低，则可能使保护装置发生误动作，这将在后面讲过电流保护的电流整定时加以说明。

顺便说一下后面用到的电压继电器，其结构和原理与电流继电器极为类似，只是电压继电器的线圈为电压线圈，多做成欠电压（低电压）继电器。欠电压继电器的动作电压U_{op}，为其线圈上的使继电器动作的最高电压；其返回电压U_{re}，为其线圈上的使继电器由动作状态返回到初始状态的最低电压。

（三）过电流保护的时限特性

过电流保护（Overcurrent Protection）的时限特性有定时限特性和反时限特性两种。

不带时限的电流继电器的动作极为迅速，是一种瞬动继电器，通常和时间继电器、信号继电器、中间继电器等构成保护装置，从而获得图7-4所示的“定时限特性”。因为这种保护装置的动作时限与故障电流的大小无关，是由延时元件决定的，所以称为“定时限特性”。

过电流保护的反时限特性可由多功能的反时限过电流继电器获得，通常包括反时限和定时限两种元件，其特性曲线如图7-5所示。当继电器线圈中的电流大于反时限元件的动作值时，其动作时间与通入电流的平方成反比，通入的电流越大，动作时间越短，如图7-5所示abc曲线。当继电器线圈电流进一步增大到定时限元件的动作电流时，触点立即发生切换，即具有“电流速断特性”，如图7-5所示$bb'd$曲线。

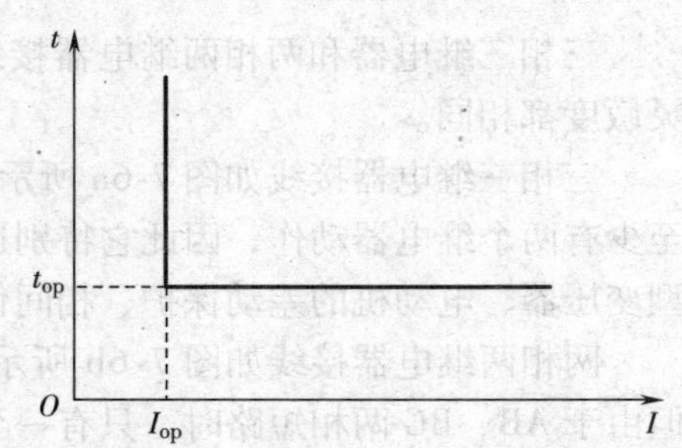

图7-4　过电流保护的定时限特性曲线

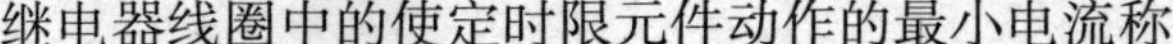

继电器线圈中的使定时限元件动作的最小电流称

为速断电流 I_{qb}。速断电流与动作电流之比称为速断电流倍数，即

$$n_{qb} = \frac{I_{qb}}{I_{op}}$$

反时限过电流继电器还带有指示保护动作的信号元件，故障切除后继电器自动返回，而指示信号需手动复位，以实现记录功能。

附录表60列出了JL-80系列静态电流继电器的主要技术数据。附录表61列出了JGL-2系列反时限静态过电流继电器（多功能）的主要技术数据。

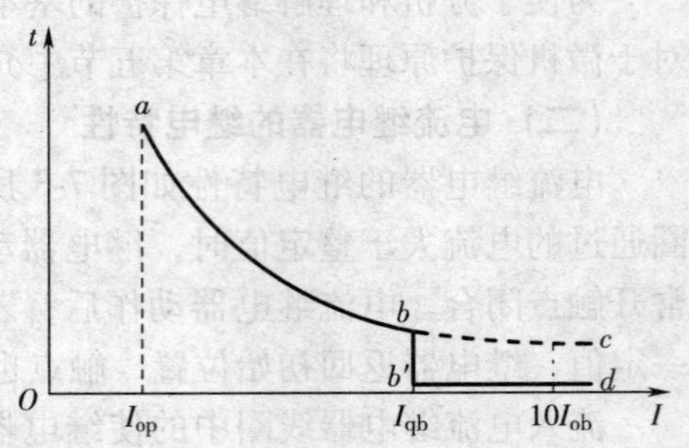

图7-5 过电流保护的反时限特性曲线

三、保护装置的接线形式与接线系数

保护装置的接线形式是指互感器与电流继电器之间的连接方式，目前常用的有三相三继电器和两相两继电器两种，如图7-6所示。为了表述继电器线圈电流 I_k 与电流互感器二次电流 I_2 的关系，引入一个接线系数 K_W，有

$$K_W = \frac{I_k}{I_2}$$

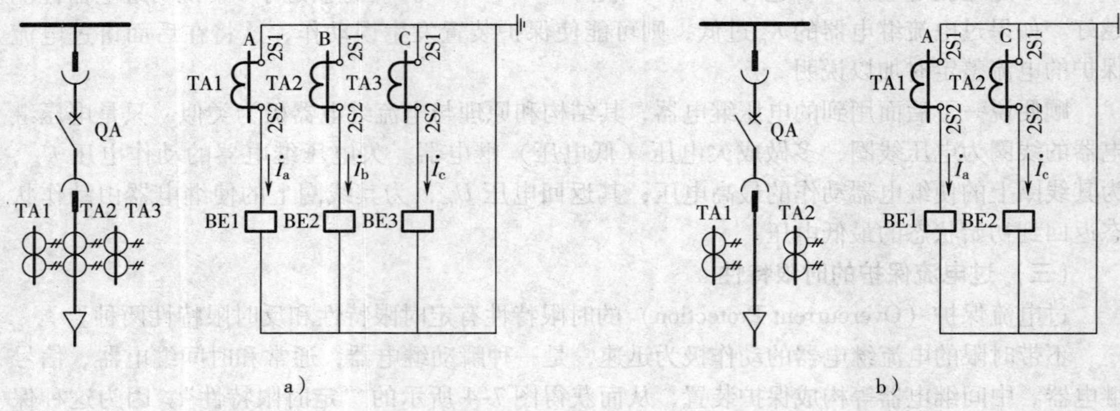

图7-6 保护装置的接线形式

a）三相三继电器 b）两相两继电器

三相三继电器和两相两继电器接线的接线系数 K_W 均是1，说明任何相间短路时保护的灵敏度都相同。

三相三继电器接线如图7-6a所示，可用于相间短路保护和单相短路保护，相间短路时，至少有两个继电器动作，因此它特别适用于中性点直接接地及经小电阻接地的系统，以及大型变压器、电动机的差动保护、相间保护和单相接地保护。

两相两继电器接线如图7-6b所示，曾广泛应用于中性点不接地系统的相间短路保护，但由于AB、BC两相短路时，只有一个继电器动作，因而可靠性不如三相三继电器式。

四、保护装置的操作方式

保护装置从它反应电力系统的故障或异常运行状态到作用于断路器跳闸或给出报警信号的整个过程中，要求其操作电源电压稳定可靠。因此，大中型变配电所的继电保护装置一般采用直流操作方式，此时，高压断路器采用电压脱扣器跳闸，跳闸能量来自直流电源。

另一种为交流操作方式，它具有投资少、运行维护方便及二次回路简单可靠等优点，在中小型变配电所中应用较广。但一般交流操作电源的电压受一次系统的影响很大，故不能用于过电流保护。此时，作用于断路器跳闸的能量通常来自于电流互感器，采用去分流跳闸操作方式，原理电路如图 7-7 所示（仅表示出一相）。正常运行时，反时限电流继电器 BE 的常闭触点将断路器的电流脱扣器 MB 短接，MB 无电流通过，所以断路器 QA 不会跳闸。而在一次电路发生短路时，BE 动作，其常闭触点断开，将短接 MB 的分流支路去掉，即所谓“去分流”，电流互感器的二次电流全部通过 MB，致使断路器 QA 跳闸，即所谓“去分流跳闸”。这种方式接线简单，但要求继电器的过渡转换触点的分断能力足够大才行。反时限电流继电器的过渡转换触点容量相当大，短时分断电流可达 150A，完全能满足去分流跳闸的要求。

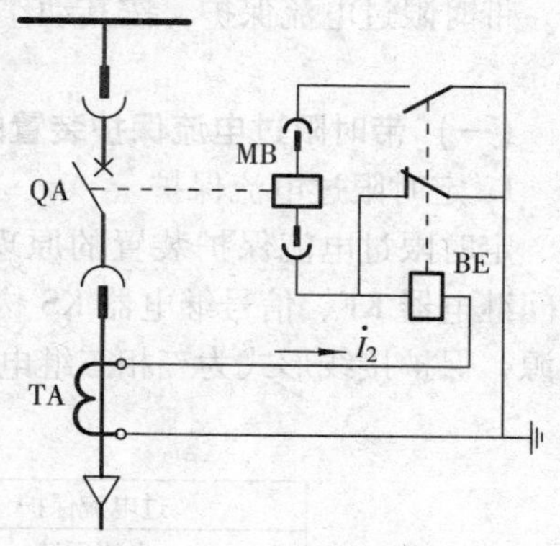

图 7-7　去分流跳闸操作方式的过电流保护原理电路

QA—断路器　TA—电流互感器
BE—反时限电流继电器
MB—断路器电流脱扣器

第二节　电力线路的保护

一、电力线路的故障形式与保护设置

一般电力用户的高压配电线路基本上是单侧电源配电网络（或开式环形网络），线路不是很长，容量不是很大，因此其继电保护装置通常比较简单。按 GB/T 50062—2008《电力装置的继电保护和自动装置设计规范》规定：对 3～10kV 电力线路，应装设相间短路保护、单相接地保护和过负荷保护。

对 3～10kV 单侧电源线路可装设两段过电流保护作主保护，第一段应为不带时限的电流速断保护，第二段应为带时限的过电流保护，可采用定时限或反时限特性的继电器。保护装置应装在线路的电源侧。对 3～10kV 变电所的电源进线，可采用带时限的电流速断保护，其后备保护采用远后备方式，由电源侧承担。相间短路保护应动作于断路器的跳闸机构，使断路器跳闸，切除短路故障线路。

3～10kV 单侧电源线路的单相接地保护有两种方式：①接地监视装置，装设在变配电所的高压母线上，动作于信号；②有选择性的单相接地保护（零序电流保护），亦动作于信号，但当危及人身和设备安全时，则应动作于跳闸。

对可能过负荷的电缆线路或电缆架空混合线路，应装设过负荷保护。保护装置宜带时限动作于信号，当危及设备安全时，可动作于跳闸。

二、带时限过电流保护

带时限过电流保护，按其动作时间特性分，有定时限过电流保护和反时限过电流保护两种。

（一）带时限过电流保护装置的构成与动作原理

1. 定时限过电流保护

定时限过电流保护装置的原理电路图如图 7-8 所示，由电流继电器 BE1、BE2、BE3、时间继电器 KF、信号继电器 KS 构成，通常采用直流操作电源或带有 UPS 装置的交流操作电源，保护接线形式为三相三继电器式。

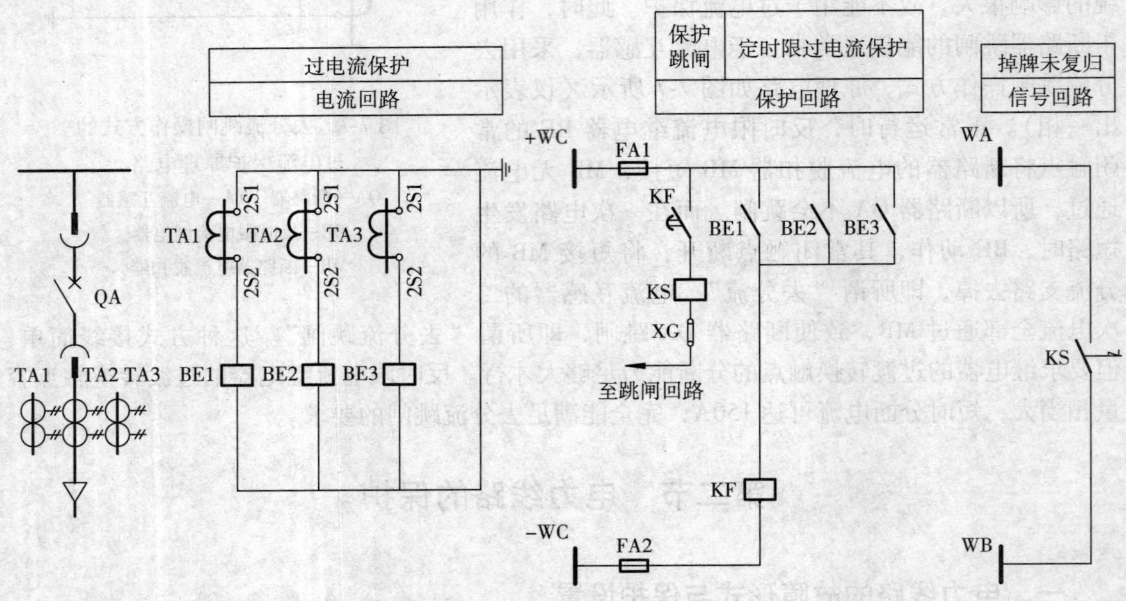

图 7-8　定时限过电流保护装置的原理电路图

当配电线路发生相间短路时，电流继电器 BE 瞬时动作，闭合其触头，使时间继电器 KF 动作，KF 经过整定的时限后，其延时触点闭合，使串联的信号继电器（电流型）KS 动作。KS 动作后，其指示牌掉下，同时接通信号回路，给出灯光信号和音响信号。KF 触点同时接通电压型跳闸线圈回路，使断路器 QA 跳闸，切除短路故障。在短路故障被切除后，继电保护装置除 KS 外的其他所有继电器均自动返回起始状态，仅 KS 需手动复位。

2. 反时限过电流保护

反时限过电流保护装置可由反时限电流继电器组成，其原理电路图如图 7-9 所示。图中电路采用交流操作去分流跳闸方式，保护接线形式为三相三继电器式。

当一次电路发生相间短路时，电流继电器 BE 动作，经过一定延时后（反时限特性），其常开触点闭合，紧接着其常闭触点断开（先合后断转换触点）。这时断路器因其电流脱扣器 MB 去分流而跳闸，切除短路故障。在电流继电器去分流跳闸的同时，其信号灯亮，指示保护装置已经动作。在短路故障被切除后，继电器自动返回，其动作信号需手动复位。

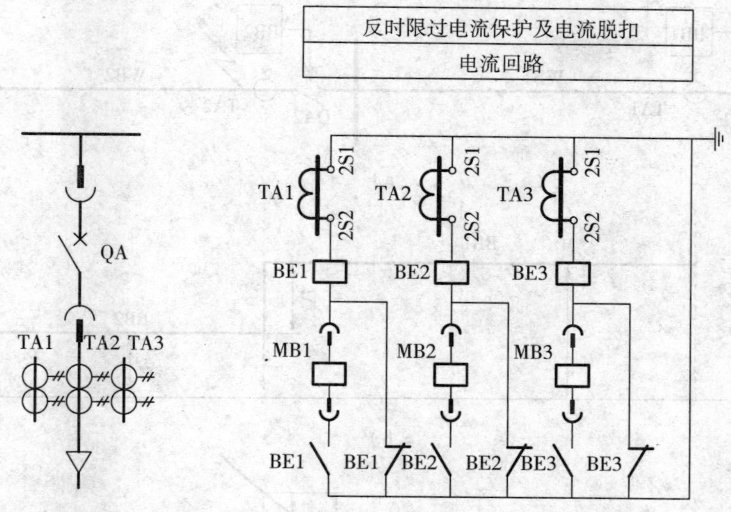

图 7-9　反时限过电流保护装置的原理电路图

当变配电所采用直流操作电源或 UPS 时，也可采用反时限静态电流继电器的动合触点、信号继电器、中间继电器构成反时限过电流保护。原理电路同图 7-8 类似，只要取消时间继电器即可。

（二）动作电流整定

带时限的过电流保护（包括定时限和反时限）的动作电流整定原则是：

1）动作电流 I_{op} 应躲过线路的最大负荷电流（包括正常过负荷电流和某些尖峰电流）$I_{L.max}$，以免保护装置在线路正常运行时误动作，即

$$I_{op.1} > I_{L.max} \tag{7-1}$$

式中　$I_{op.1}$——过电流保护一次动作电流。

2）保护装置的返回电流 I_{re} 也应躲过 $I_{L.max}$，否则，保护装置还可能发生误动作。为了说明这一点，以图 7-10a 为例来说明。

当线路 WB2 发生短路时，由于短路电流通常比各线路上的负荷电流大得多，所以沿线路的过电流保护装置包括 BB1、BB2 均要动作。但是，按照保护选择性的要求，应是靠近故障点 k 的保护装置 BB2 首先动作（其动作时限短一些），使断路器 QA2 跳闸，切除故障线路 WB2。故障线路 WB2 切除后，保护装置 BB1 应立即返回起始状态，不致使 QA1 跳闸。而 BB1 能否返回取决于故障线路 WB2 切除后，线路 WB1 上的电流是否小于 BB1 的返回电流。由于 WB1 供电的负荷线路除 WB2 外还有其他线路，因此 WB1 仍有负荷电流，而且母线电压恢复后其他非故障线路的电动机自起动时会引起很大的电流。如果 BB1 的返回电流小于线路 WB1 的最大负荷电流，即 BB1 的返回系数过低时，则在 BB2 动作并断开线路 WB2 后，BB1 可能不返回而继续保持动作状态，经过 BB1 所整定的时限后，断开断路器 QA1，造成 WB1 停电，扩大了故障停电范围。所以保护装置的返回电流 $I_{re.1}$ 也必须躲过线路的最大负荷电流 $I_{L.max}$，即

$$I_{re.1} > I_{L.max}$$

式中　$I_{re.1}$——BB1 的一次返回电流。

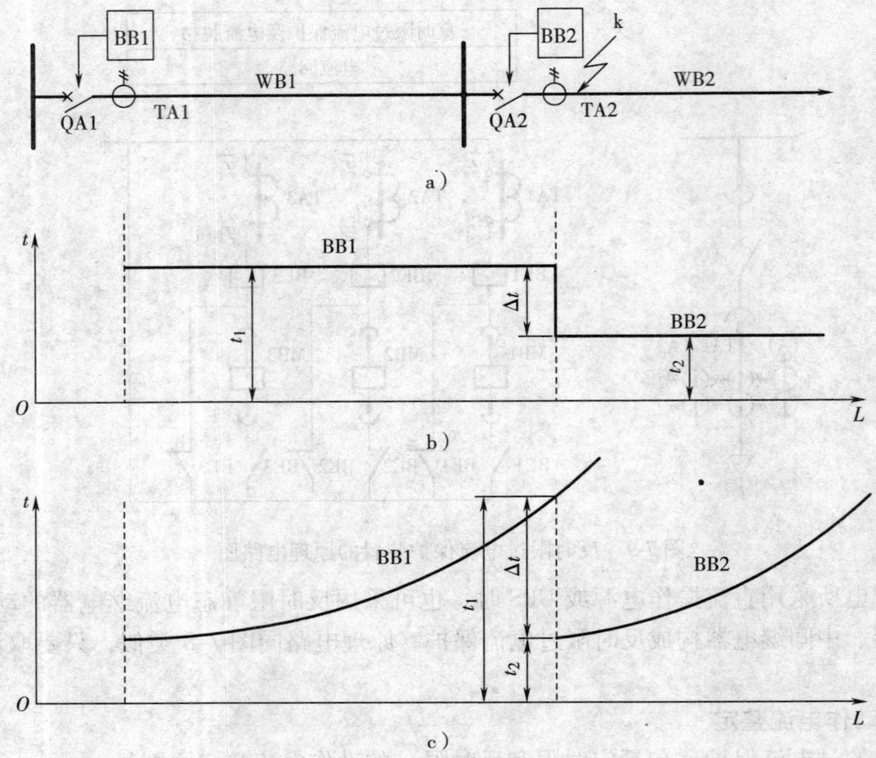

图 7-10　电力线路过电流保护原理与特性示意图

a）电路原理示意图　b）定时限过电流保护动作特性　b）反时限过电流保护动作特性

因保护装置的返回系数 $K_{re} = I_{re}/I_{op} = I_{re.1}/I_{op.1}$，所以该式又可写成

$$I_{op.1} > I_{L.max}/K_{re} \tag{7-2}$$

因为过电流继电器的 $K_{re}<1$，所以式（7-1）和式（7-2）所表达的两个条件中应取式（7-2）。

继电保护的整定最终要在继电器上调节出动作值，所以要将一次动作电流 $I_{op.1}$ 换算到继电器的动作电流 I_{op}。设电流继电器所接的电流互感器的电流比为 K_i，保护装置的接线系数为 K_W，则有 $I_{op} = (I_{op.1}/K_i)K_W$。将此式代入式（7-2），则有

$$I_{op} > I_{L.max}K_W/(K_i K_{re}) \tag{7-3}$$

引入可靠系数 K_{rel}，将式（7-3）写成等式，则得到带时限过电流保护装置动作电流的整定计算公式为

$$I_{op} = \frac{K_{rel}K_W}{K_{re}K_i}I_{L.max} \tag{7-4}$$

式中　K_{rel}——可靠系数，取 1.2～1.3；

K_W——保护装置的接线系数，对三相三继电器和两相两继电器式接线为 1；

K_{re}——继电器返回系数，取 0.85～0.95；

$I_{L.max}$——线路上的短时最大负荷电流，它由负荷性质和线路接线所决定，应考虑线路的计算电流、尖峰负荷电流（包括切除故障线路而母线电压恢复后其他非故

障线路上电动机的自起动电流），可取为计算电流 I_c 的（1.5~3）倍。

（三）动作时间整定

过电流保护的动作时间应按“阶梯原则”整定，以保证前后两级保护装置动作的选择性，也就是后一级线路首端（见图 7-10a 中 WB2 上的 k 点）发生短路时，前一级保护装置（BB1）的动作时间 t_1 应比后一级保护（BB2）中最长的动作时间 t_2 都要大一个时间级差 Δt，如图 7-10b、c 所示，即

$$t_1 \geqslant t_2 + \Delta t \tag{7-5}$$

这一时间级差 Δt，应考虑前一级保护动作时间 t_1 可能发生的负偏差（提前动作）Δt_1，及后一级保护动作时间 t_2 可能发生的正偏差（延后动作）Δt_2，还要考虑到保护装置动作时的惯性误差 Δt_3。为了确保前后保护装置的动作选择性，还应加上一个保险时间 Δt_4（可取 0.1~0.15s）。因此，前后两级保护动作时间的时间级差为

$$\Delta t = \Delta t_1 + \Delta t_2 + \Delta t_3 + \Delta t_4$$

Δt 在 0.5~0.7s 之间，对定时限过电流保护可取为 0.5s；对反时限过电流保护，可取为 0.7s。

定时限过电流保护的动作时间，利用时间继电器来整定，整定起来简单方便。

反时限过电流保护的动作时间整定是要从反时限电流继电器动作特性曲线簇中选取一条动作特性曲线。为满足选择性的要求，后一级保护装置所保护范围内任何地方发生短路时，前一级保护的实际动作时间至少要比后一级保护的实际动作时间长 0.7s。这就要求前后两级保护的反时限电流继电器的动作特性曲线配合好（见图 7-10c）。

（四）过电流保护灵敏性校验

过电流保护的灵敏度 $K_s = I_{k.min}/I_{op.1}$。对于线路过电流保护，$I_{k.min}$ 应取被保护线路末端在系统最小运行方式下的两相短路电流 $I_{2k2.min}$。而 $I_{op.1} = I_{op}K_i/K_W$，因此按规定过电流保护的灵敏度必须满足的条件为

$$K_s = \frac{K_W I_{2k2.min}}{K_i I_{op}} \geqslant 1.5 \tag{7-6}$$

如过电流保护作为相邻线路的远后备保护时，其灵敏度 $K_s \geqslant 1.2$ 即可。

三、电流速断保护

带时限的过电流保护有一个明显的缺点，就是越靠近电源线路的过电流保护，其动作时间越长，而短路电流则是越靠近电源，其值越大，危害也就更加严重。因此，在过电流保护动作时间超过 0.5~0.7s 时，还应装设电流速断保护装置。

（一）电流速断保护的构成

电流速断保护通常是一种瞬时动作的过电流保护，也称无时限电流速断保护。对于采用电流继电器的速断保护来说，就相当于定时限过电流保护中抽去时间继电器，直接接信号继电器和中间继电器，最后由中间继电器触点接通断路器的跳闸回路。图 7-11 是线路上同时装有定时限过电流保护和电流速断保护的电路图，其中 BE4、BE5、BE6、KF、KS1 构成定时限过电流保护，BE1、BE2、BE3、KS2 和 KA 构成电流速断保护。

如果采用反时限电流继电器，则利用该继电器的瞬动保护元件来实现电流速断保护，而其延时保护元件用来作反时限过电流保护，不需要再另外增加任何电路，因此非常简单经

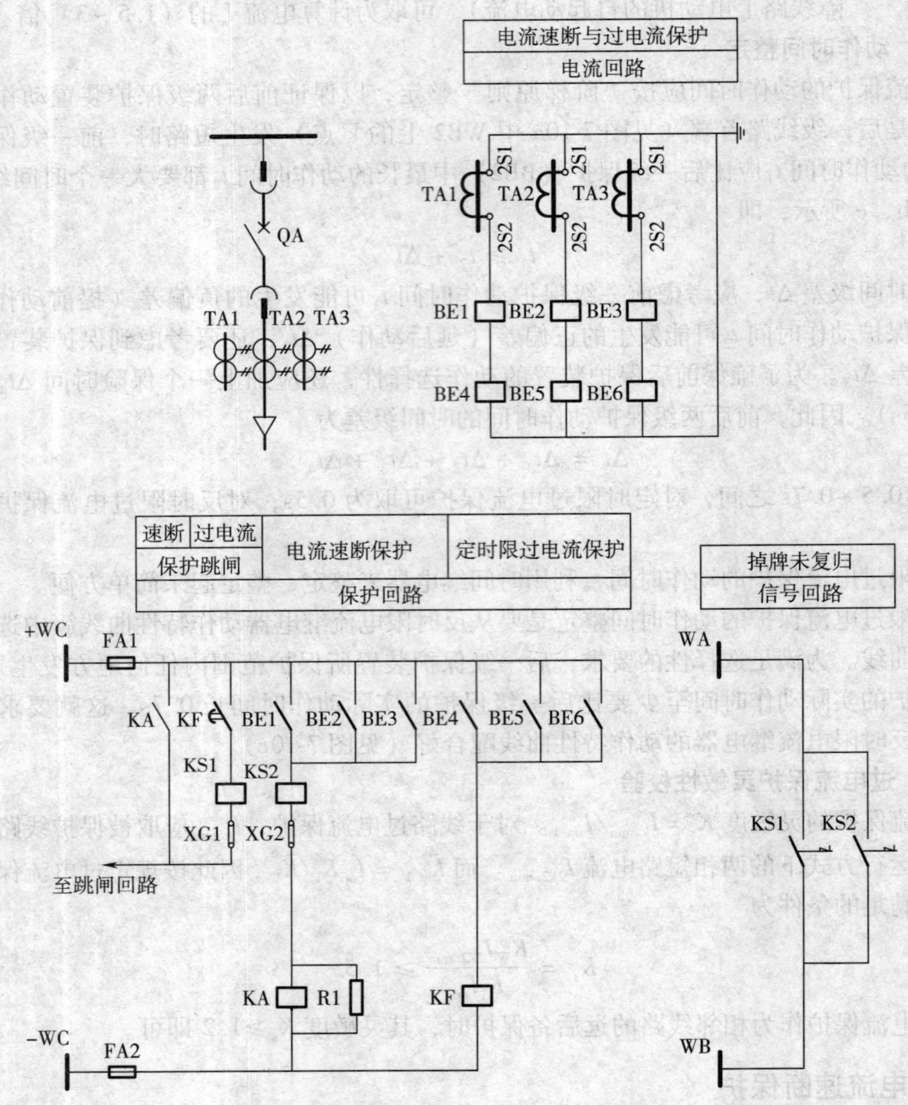

图 7-11　定时限过电流保护和电流速断保护

济。原理电路仍为图 7-10 不变。

（二）速断电流的整定

由于无时限电流速断保护是瞬时动作的，无法通过动作时限的配合来实现前后两级保护的选择性动作，因此只有依靠动作电流（速断电流）的特殊整定来实现选择性配合。如图 7-12 所示，BB1 的速断电流必须躲过（大于）线路 WB2 上的最大短路电流，即线路 WB2 首端 k-2 点的三相短路电流，以使得线路 WB2 任何一处发生短路时，BB1 都不会动作。实际上，WB2 首端 k-2 点的三相短路电流与 WB1 末端 k-1 点的三相短路电流几乎是相等的。因此，电流速断保护的动作电流（速断电流）I_{qb} 应躲过它所保护的线路末端在系统最大运行方式下的三相短路电流初始值 $I''_{2k3.max}$，其整定计算公式为

$$I_{qb} = \frac{K_{rel}K_W}{K_i}I''_{2k3.max} \tag{7-7}$$

式中　K_{rel}——可靠系数，取1.3～1.5。

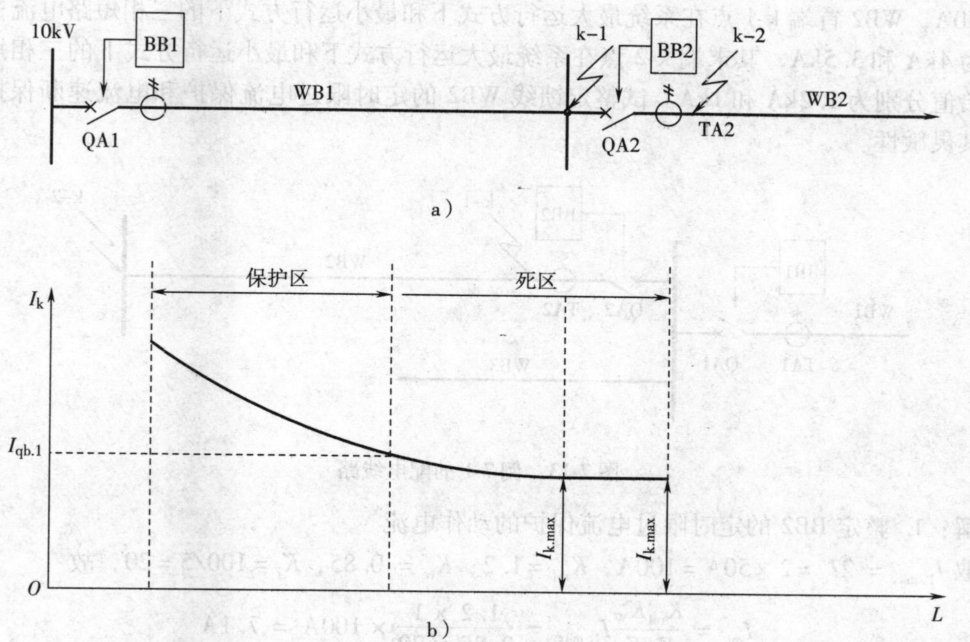

图7-12　线路电流速断保护整定说明图

（三）电流速断保护“死区”问题

由于电流速断保护的动作电流是按躲过线路末端的三相短路电流来整定的，并乘上了一个1.3～1.5的可靠系数，因此速断电流 I_{qb} 将大于这套保护装置所保护的线路靠近末端的一段线路上的短路电流，在这段线路上发生短路时，电流速断保护装置不会动作，即电流速断保护不可能保护线路的全长。这一电流速断保护不能保护的区域，称为保护“死区”，如图7-12所示。

在电流速断保护“死区”内，则由带时限的过电流保护实现主保护。

（四）电流速断保护灵敏性校验

电流速断保护的灵敏度按其安装处（线路首端）在系统最小运行方式下的两相短路电流初始值 $I''_{1k2.min}$ 作为最小短路电流来计算。因此，电流速断保护的灵敏度必须满足的条件为

$$K_s = \frac{K_W I''_{1k2.min}}{K_i I_{qb}} \geqslant 1.5 \tag{7-8}$$

对于较短的3～10kV配电线路，无时限电流速断保护的灵敏度往往不够，此时应采用带有短时限（一般为0.5s以下）的电流速断保护来代替。由于有了短延时，因此其动作电流不需躲过它所保护的线路末端的三相短路电流 I_{k3}，而只需大于下级线路的电流速断保护动作电流，即可获得保护的选择性。由于动作电流的减小，因而带时限电流速断保护能保护线路全长，可作为线路的主保护。带时限电流速断保护的原理电路与定时限过电流保护相同，只是时间继电器的整定值为0.5s以下。有关原理读者可参考其他书籍。

例7-1　某10kV变配电所的进出线如图7-13所示，进线WB1和馈线WB2均配有定时

限过电流保护和电流速断保护（其中 WB1 所配为带时限电流速断保护），均采用三相三继电器式接线，其电流继电器均为 JL-80 型，直流操作。已知 TA1 的电流比为 200/5A，TA2 的电流比为 100/5A。BB1 已经整定，其动作电流为 10A，动作时间为 1.0s。WB2 的计算电流为 50A，WB2 首端 k-1 点在系统最大运行方式下和最小运行方式下的三相短路电流初始值分别为 4kA 和 3.5kA，其末端 k-2 点在系统最大运行方式下和最小运行方式下的三相短路电流初始值分别为 1.2kA 和 1kA。试整定馈线 WB2 的定时限过电流保护和电流速断保护，并校验其灵敏性。

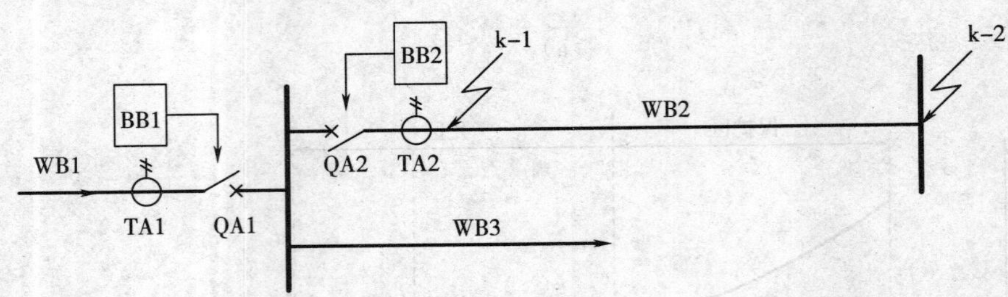

图 7-13　例 7-1 的配电线路

解： 1. 整定 BB2 的定时限过电流保护的动作电流

取 $I_{L.max} = 2I_c = 2\times50A = 100A$，$K_{rel} = 1.2$，$K_{re} = 0.85$，$K_i = 100/5 = 20$，故

$$I_{op} = \frac{K_{rel}K_W}{K_{re}K_i}I_{L.max} = \frac{1.2\times1}{0.85\times20}\times100A = 7.1A$$

查附录表 60，选用 JL-83 型静态电流继电器，动作电流整定为 7.1A。

2. 整定 BB2 的动作时间

BB1、BB2 均为定时限过电流保护，而 BB1 的动作时间已整定为 1.0s，故 BB2 的动作时间可整定为 0.5s。

3. BB2 定时限过电流保护的灵敏性校验

BB2 保护的线路 WB2 末端 k-2 点在系统最小运行方式下的两相短路电流为

$$I_{2k2.min} = 0.866I_{2k3.min} = 0.866\times1000A = 866A$$

因此，BB2 定时限过电流保护的灵敏度为

$$K_s = \frac{K_W I_{2k2.min}}{K_i I_{op}} = \frac{1\times866A}{20\times7.1A} = 6.1 > 2$$

由此可见，BB2 定时限过电流保护整定的动作电流满足保护灵敏性要求。

4. 整定 BB2 的速断电流 I_{qb}

$$I_{qb} = \frac{K_{rel}K_W}{K_i}I''_{2k3.max} = \frac{1.3\times1}{20}\times1200A = 78A$$

查附录表 60，选用 JL-84 型静态电流继电器，动作电流整定为 78A。

5. BB2 电流速断保护灵敏性校验

WB2 首端 k-1 点在系统最小运行方式下的两相短路电流初始值为

$$I''_{1k2.min} = 0.866I''_{1k3.min} = 0.866\times3500A = 3031A$$

故 BB2 的电流速断保护灵敏度为

$$K_s = \frac{K_W I''_{1k2.\min}}{K_i I_{qb}} = \frac{1 \times 3031\text{A}}{20 \times 78\text{A}} = 1.9 > 1.5$$

由此可见，BB2 电流速断保护整定的速断电流满足保护灵敏性要求。

四、单相接地保护

由第一章第三节可知，在中性点非有效接地的电力系统中，线路发生单相接地故障时，各相对地电压和电容电流均不对称，产生零序电压和零序电流。虽然线电压不变，系统可暂时继续运行，但不能长期运行。因此，在系统发生单相接地故障时，必须通过单相接地保护装置发出报警信号，以便运行值班人员及时发现和处理。

单相接地保护（Single Phase Earth-fault Protection）有零序电压保护（接地监视装置）和零序电流保护两种，以下分别予以介绍。

（一）零序电压保护

零序电压保护由 Yynd 联结的三个单相三绕组电压互感器或一个三相五心柱三绕组电压互感器和接地监视电压继电器等组成（原理见第四章第六节）。零序电压保护装设在变配电所的母线上，反应一次系统在发生单相接地故障后出现的零序电压，动作于信号。

零序电压保护简单经济，但没有选择性。在出线回路数不多，线路又不是特别重要，或装设零序电流保护也难以保证有选择性时，可采用依次断开线路的方法来寻找故障线路。若断开某线路时接地故障信号消失，该线路便是发生接地故障的线路。

（二）零序电流保护

1. 零序电流保护的基本原理

零序电流保护（Zero Sequence Current Protection）是利用单相接地故障线路的零序电流较非故障线路大的特点，实现有选择性地跳闸或发出信号。对架空线路采用图 7-14a 所示的零序电流过滤器，它是由三个同型号规格的电流互感器同极性并联所组成的。对电缆线路采用图 7-14b 所示的零序电流互感器。零序电流互感器的结构特点是：三相导体均穿过其环形铁心，在二次绕组中感应出零序电流。

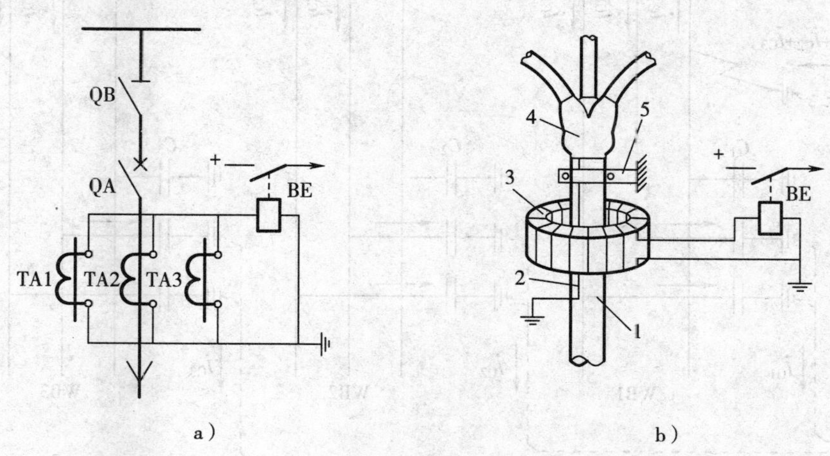

图 7-14 零序电流保护装置

a）架空线路用 b）电缆线路用

1—电缆 2—接地线 3—零序电流互感器 4—电缆头 5—固定支架

零序电流保护的原理说明如下（以电缆线路为例）：

图 7-15 所示的供电系统中，母线 WA 上接有三路出线 WB1、WB2 和 WB3，每路出线上都装设有零序电流互感器。现假设电缆线路 WB1 的 C 相发生接地故障，这时 C 相的电位为地电位，所以 C 相没有对地电容电流，只 A 相和 B 相有对地电容电流 $\dot{I}_{C1.A}$ 和 $\dot{I}_{C1.B}$。电缆 WB2 和 WB3 也只 A 相和 B 相有对地电容电流 $\dot{I}_{C2.A}$、$\dot{I}_{C2.B}$ 和 $\dot{I}_{C3.A}$、$\dot{I}_{C3.B}$。所有的对地电容电流 $\dot{I}_{C1}$、$\dot{I}_{C2}$、$\dot{I}_{C3}$ 都要经过接地故障点，其分布均如图 7-14 所示。由图可以看出，流经非故障线路 WB2 及其零序电流互感器 TA2 的零序电流为其对地电容电流 $\dot{I}_{C2}$，流经非故障线路 WB3 及其零序电流互感器 TA3 的零序电流为其对地电容电流 $\dot{I}_{C3}$，其方向均为由母线指向线路；而流经故障线路 WB1 及其零序电流互感器 TA1 的零序电流则是接地故障电流 $\dot{I}_{C\Sigma}-\dot{I}_{C.1}$，即为非故障线路对地电容电流之和，其方向均为由线路指向母线。

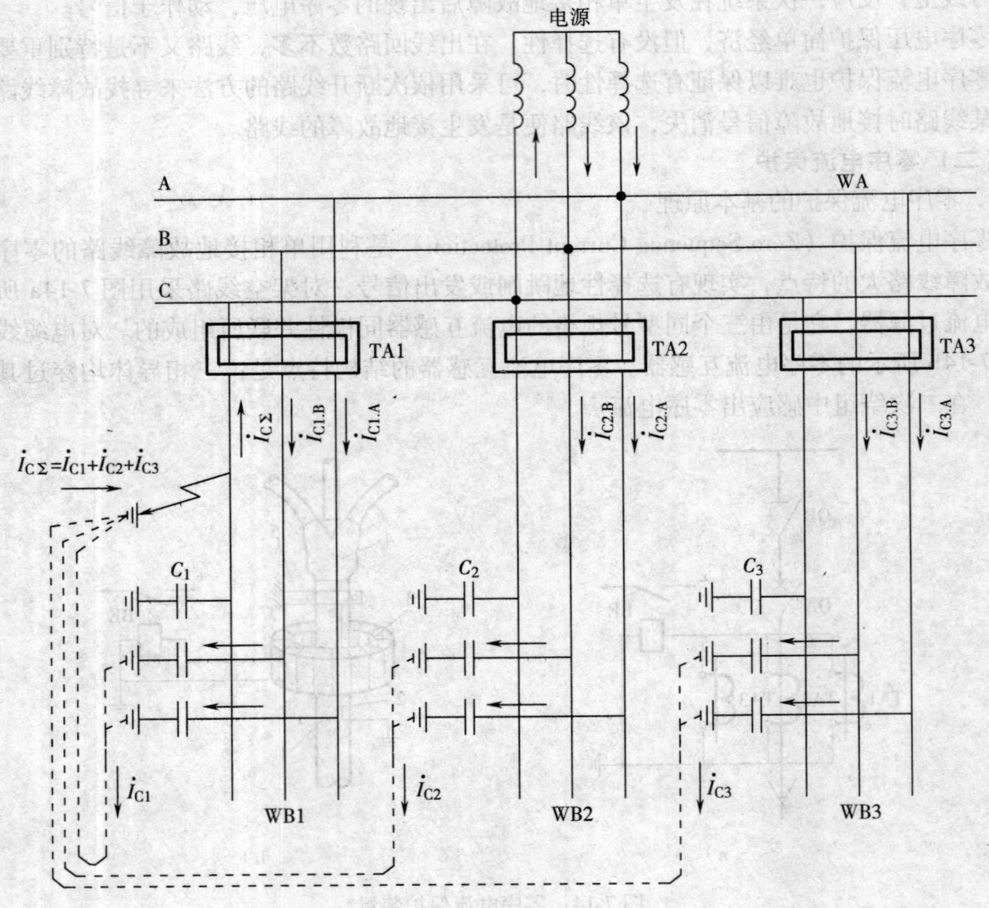

图 7-15 单相接地时线路电容电流的分布

零序电流将在零序电流互感器 TA 的铁心中产生磁通，在 TA 的二次绕组感应出电动势和电流，当零序电流大于其整定值时，就使接于二次侧的电流继电器 BE 动作，发出信号。而在系统正常运行时，由于三相对地电容电流之和为零，没有零序电流，所以继电器不动作。

还应指出：电缆头的接地线必须穿过零序电流互感器的铁心后再接地（见图 7-14b），否则电缆头发生接地故障时，接地保护装置不起作用。

2. 零序电流保护的整定

由图 7-15 可以看出，当供电系统中某一线路发生单相接地故障时，其他线路上都会出现不平衡的电容电流，而这些线路因本身是正常的，其接地保护装置不应该动作。因此，单相接地保护的动作电流 $I_{op(z)}$ 应该躲过在其他线路上发生单相接地时在本线路上引起的电容电流 I_C，即单相接地保护动作电流的整定计算公式为

$$I_{op(z)} = \frac{K_{rel}}{K_i} I_C \tag{7-9}$$

式中　I_C——其他线路发生单相接地时，在被保护线路产生的电容电流，可按式（1-1）估算，只是式中 l 应采用被保护线路的长度；

K_i——零序电流互感器的电流比；

K_{rel}——可靠系数，保护装置不带时限时，取为 4～5，以躲过被保护线路发生两相短路时所出现的不平衡电流；保护装置带时限时，取为 1.5～2，这时接地保护的动作时间应比相间短路的过电流保护动作时间大 Δt，以保证选择性。

单相接地的零序电流保护的灵敏度，应按被保护线路末端发生单相接地故障时流过接地线的不平衡电流作为最小故障电流来计算，而这一电容电流为与被保护线路有电联系的总电网电容电流 $I_{C\Sigma}$ 与该线路本身的电容电流 I_C 之差。灵敏度必须满足的条件为

$$K_s = \frac{I_{C\Sigma} - I_C}{K_i I_{op(z)}} \geq 1.25 \tag{7-10}$$

GB 50062—2008 规定，3～10kV 经低电阻接地单侧电源线路应装设两段零序电流保护，第一段为零序电流速断保护，时限宜与相间速断保护相同，第二段为零序过电流保护，时限宜与相间过电流保护相同。

第三节　电力变压器的保护

一、电力变压器的故障分析与保护设置原则

（一）电力变压器的常见故障与保护设置

电力变压器是供电系统中的重要设备，它的故障对供电的可靠性和用户的生产、生活将产生严重的影响。因此，必须根据变压器的容量和重要程度装设适当的保护装置。

变压器故障一般分为内部故障和外部故障两种。

变压器的内部故障主要有绕组的相间短路、绕组匝间短路和中性点直接接地或经小电阻接地侧的单相接地短路。内部故障是很危险的，因为短路电流产生的电弧不仅会破坏绕组绝缘，烧坏铁心，还可能使绝缘材料和变压器油受热而产生大量气体，甚至引起变压器油箱

爆炸。

变压器常见的外部故障有引出线上绝缘套管故障导致的引出线相间短路和中性点有效接地侧的单相对地短路、由于外部相间短路引起的过电流、中性点有效接地侧的电网中外部对地短路引起的过电流等。

变压器的不正常工作状态有过负荷、油面降低、油温过高、绕组温度过高、油箱压力过高、产生气体或冷却系统故障等。

针对变压器的故障种类及不正常运行状态，根据 GB/T 50062—2008，变压器应装设下列保护：

1）电流速断保护或纵联差动保护：作为变压器主保护，它能反应变压器内部故障和引出线的相间短路，瞬时动作于跳闸。

2）过电流保护：它能反应变压器外部短路而引起的过电流，带时限动作于跳闸，可作为上述保护的后备保护。对 110kV 降压变压器，相间短路后备保护用过电流保护不能满足灵敏度要求时，宜采用低电压闭锁的过电流保护或复合电压起动的过电流保护。

3）中性点直接接地或经小电阻接地侧的单相接地保护：它能反应变压器中性点直接接地或经小电阻接地侧的单相接地短路，带时限动作于跳闸。

4）过负荷保护：它能反应过负荷而引起的过电流，一般延时动作于信号。

5）气体保护：它能反应油浸式变压器油箱内部故障和油面降低，瞬时动作于信号或跳闸。

6）温度信号：它能反应变压器油温过高、绕组温度过高和冷却系统故障。

7）压力保护：它能反应密闭油浸式变压器的油箱压力过高。

（二）电力变压器二次侧故障在一次侧引起的故障电流分布

常用的 Yyn0 联结和 Dyn11 联结的降压变压器在低压侧发生各种形式短路时在高压侧引起的穿越电流值见表 7-1。

表 7-1 变压器低压侧短路时在高压侧引起的穿越电流值

联结组标号	三相短路	两相短路	单相短路
Yyn0	A B C；$\frac{\dot{I}_k}{K}$ $\frac{\dot{I}_k}{K}$ $\frac{\dot{I}_k}{K}$；$\dot{I}_k$ $\dot{I}_k$ $\dot{I}_k$；k3；a b c n	A B C；$\frac{I_k}{K}$ $\frac{I_k}{K}$；I_k I_k；k2；a b c n	A B C；$\frac{I_k}{3K}$ $\frac{2I_k}{3K}$ $\frac{I_k}{3K}$；I_k I_k；k1；a b c n

（续）

联结组标号	三相短路	两相短路	单相短路
Dyn11	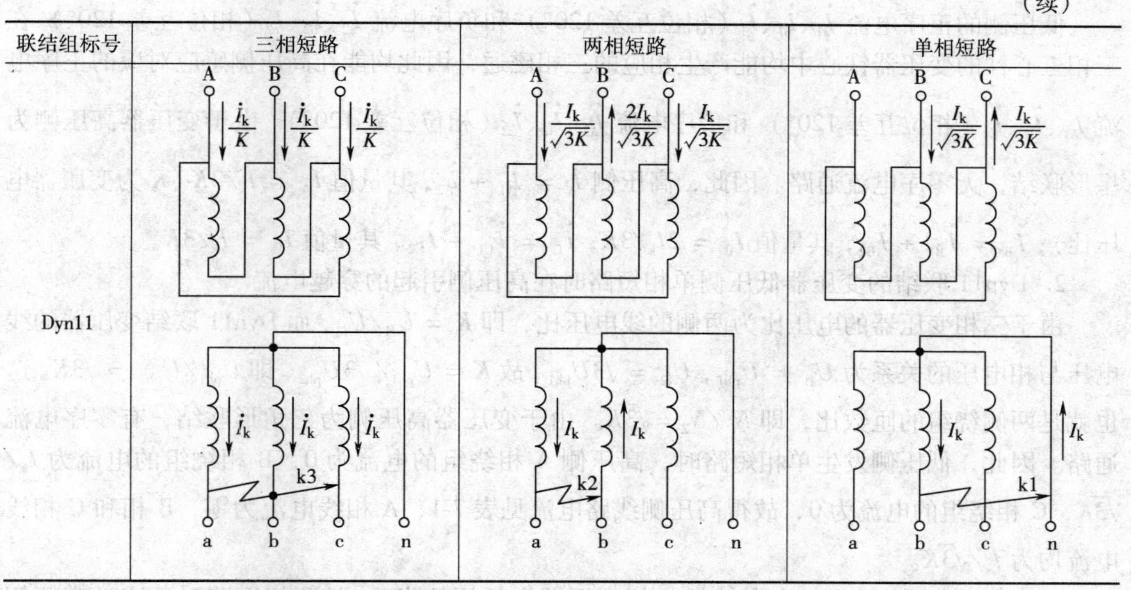		

注：I_k——短路电流；K——变压器电压比。

下面分别就 Yyn0 联结和 Dyn11 联结的降压变压器在低压侧发生各种形式短路时在高压侧引起的穿越电流的换算关系作一分析。

1. Yyn0 联结的变压器低压侧单相短路时在高压侧引起的穿越电流

如表 7-1 中有关接线图所示，假设是低压侧 b 相发生单相短路，其短路电流 $\dot I_k = \dot I_b$。根据对称分量法，这一单相短路电流 $\dot I_b$ 可分解为正序分量 $\dot I_{b1} = \dot I_b/3$，负序分量 $\dot I_{b2} = \dot I_b/3$，零序分量 $\dot I_{b0} = \dot I_b/3$。由此可绘出该变压器低压和高压两侧各序电流分量的相量图，如图 7-16 所示。

高压正序　高压负序　高压无零序　高压相电流

低压正序　低压负序　低压零序　低压相电流

图 7-16　Yyn0 联结的变压器低压侧 b 相短路时的电流相量分析

低压侧的正序电流 $\dot{I}_{a1}$、$\dot{I}_{b1}$、$\dot{I}_{c1}$（相位互差 120°）和负序电流 $\dot{I}_{a2}$、$\dot{I}_{b2}$、$\dot{I}_{c2}$（相位互差 120°）在三相三心柱的变压器铁心中均能产生相应的三相磁通，因此均能在高压侧感应对应的正序电流 $\dot{I}_{A1}$、$\dot{I}_{B1}$、$\dot{I}_{C1}$（相位互差 120°）和负序电流 $\dot{I}_{A2}$、$\dot{I}_{B2}$、$\dot{I}_{C2}$（相位互差 120°）。由于变压器高压侧为星形联结，无零序电流通路。因此，高压侧 $\dot{I}_A = \dot{I}_{A1} + \dot{I}_{A2}$，其量值 $I_A = I_k/3K$（K 为变压器电压比）；$\dot{I}_B = \dot{I}_{B1} + \dot{I}_{B2}$，其量值 $I_B = 2I_k/3K$；$\dot{I}_C = \dot{I}_{C1} + \dot{I}_{C2}$，其量值 $I_C = I_k/3K$。

2. Dyn11 联结的变压器低压侧单相短路时在高压侧引起的穿越电流

由于三相变压器的电压比为两侧的线电压比，即 $K = U_{l1}/U_{l2}$，而 Dyn11 联结变压器的线电压与相电压的关系为 $U_{l1} = U_{ph1}$，$U_{l2} = \sqrt{3}U_{ph1}$，故 $K = U_{ph1}/\sqrt{3}U_{ph2}$，即 $U_{ph1}/U_{ph2} = \sqrt{3}K$。这也就是两侧绕组的匝数比，即 $N_1/N_2 = \sqrt{3}K$。由于变压器高压侧为三角形联结，有零序电流通路。因此，低压侧发生单相短路时，高压侧 A 相绕组的电流为 0，B 相绕组的电流为 $I_k/\sqrt{3}K$，C 相绕组的电流为 0，故得高压侧线路电流见表 7-1，A 相线电流为零，B 相和 C 相线电流均为 $I_k/\sqrt{3}K$。

从表 7-1 中可知，Dyn11 联结的三相变压器在低压侧发生 ab 两相短路时，流过高压侧 A、C 两相的故障电流均为 $I_k/\sqrt{3}K$，而 B 相流过的故障电流为 $2I_k/\sqrt{3}K$。显然，保护接线采用三相三继电器式要比采用两相两继电器式，其灵敏度高一倍。所以，Dyn11 联结的三相变压器过电流保护接线应采用三相三继电器式。

二、过电流保护与电流速断保护

1. 过电流保护

变压器过电流保护的组成、原理与线路过电流保护的组成、原理完全相同，其动作电流整定计算公式与线路过电流保护基本相同，只是式（7-4）中的 $I_{L.max}$ 应为变压器一次侧短时最大过负荷电流，考虑电动机自起动时取（2～3）$I_{1r.T}$（$I_{1r.T}$ 为变压器的额定一次电流），当无电动机自起动时取（1.3～1.4）$I_{1r.T}$。其动作时间亦按"阶梯原则"整定，与线路过电流保护完全相同。但是对 3～10kV 终端变电所，其动作时间可整定为最小值（0.5s）。

变压器过电流保护的灵敏性，按变压器低压侧母线在系统最小运行方式下发生两相短路流过高压侧的穿越电流值来检验，要求灵敏度 $K_s \geq 1.5$。

2. 低电压闭锁的过电流保护或复合电压起动的过电流保护

过电流保护的动作电流是按躲过包括电动机起动电流在内的短时最大负荷电流整定的，在变压器低压侧母线上接有大容量电动机时，过电流保护的动作电流整定值将变大，导致保护灵敏性降低。实际上，供电系统出现短路故障时常伴随的现象是电流的增大和电压的降低，在保护中增加低电压元件，将电压互感器二次电压引入保护装置中，就构成低电压闭锁的过电流保护，只有在"电流的增大和电压的降低"这两个条件同时满足时保护才发出跳闸命令。在将过电流保护用于变压器的后备保护时，再增加一个负序电压元件，作为一个闭锁条件，这样就构成了复合电压起动的过电流保护，在后备保护范围内发生不对称短路时，有较高灵敏性。

采用低电压元件后，过电流保护的动作电流可以不再考虑可能出现的短时最大负荷电流，只需按躲过变压器额定电流整定，保护的灵敏度计算和动作时限整定同带时限过电流保护。由于动作电流整定值的减小，低电压闭锁的过电流保护灵敏性将有较大提高。

低电压元件的动作电压 U_{op} 按躲过正常运行中变压器母线上可能出现的最低工作电压 U_{min}（如电力系统电压降低、大容量电动机起动及电动机自起动时引起的电压降低，一般取 $0.7U_{r.T}$）整定，低电压元件的灵敏度按保护安装处的最大剩余电压校验，要求 $K_s \geqslant 1.5$。

3. 电流速断保护

按规定，如果变压器过电流保护的动作时间大于 0.5 ~ 0.7s，应装设电流速断保护。

变压器的电流速断保护，其组成、原理与线路的电流速断保护完全相同。变压器电流速断保护动作电流（速断电流）的整定计算公式也与线路电流速断保护基本相同，只是式（7-7）中的 $I''_{2k3.max}$ 为低压母线的三相短路电流初始值流过高压侧的穿越电流值，即变压器电流速断保护的速断电流按躲过低压母线三相短路来整定。

变压器电流速断保护的灵敏性，按保护装置装设处在系统最小运行方式下发生两相短路的短路电流来检验，一般要求灵敏度 $K_s \geqslant 2$。

变压器的电流速断保护，与线路电流速断保护一样，也存在保护“死区”，在其保护“死区”内，由带时限的过电流保护实现主保护。

考虑到变压器在空载投入或突然恢复电压时将出现一个冲击性的励磁涌流，为避免电流速断保护误动作，可在速断电流整定后，将变压器空载试投若干次，以检查电流速断保护是否误动作。

三、变压器低压侧的单相接地保护

对于 3 ~ 10kV 降压变压器，其低压绕组的中性点一般直接接地，由以上的分析可知，变压器低压侧的单相短路电流并不能完全反映到装在高压侧的保护装置中，这就使得过电流保护装置在保护变压器低压侧的单相短路故障时灵敏性较低。对 Dyn11 联结的变压器，由于其低压侧单相短路电流较大，可利用高压侧的过电流保护装置兼作低压侧的单相接地保护，但须校验其动作灵敏性。而对 Yyn0 变压器，由于其低压侧单相接地短路电流较小，高压侧的过电流保护装置的灵敏性达不到要求，需要在变压器低压侧中性点引出线上装设零序过电流保护，如图 7-17 所示。这种零序过电流保护的动作电流 $I_{op(z)}$ 按躲过变压器低压侧最大不平衡电流来整定，其整定计算公式为

$$I_{op(z)} = \frac{K_{rel}K_{dsq}}{K_i}I_{2r.T} \tag{7-11}$$

式中 $I_{2r.T}$——变压器的额定二次电流；

K_{dsq}——电流不平衡系数，一般取为 0.25；

K_i——零序电流互感器的电流比。

零序过电流保护的动作时间一般取 0.5 ~ 0.7s。其保护灵敏性，按低压母线（干线）末端发生单相短路来校验。对架空线路，$K_s \geqslant 1.5$；对电缆线路 $K_s \geqslant 1.25$。采用此种保护，灵敏性较好。

例 7-2 一台 Dyn11 联结的 SCB10-1600/10 型配电变压器配置了由静态电流继电器组成的定时限过电流保护和电流速断保护，采用三相三继电器式接线，直流操作。保护所连接的电流互感器电流比为 150/5A。变压器高压侧在系统最小运行方式下的两相短路电流

$I''_{1k2.\min}=5.1\text{kA}$；低压母线在系统最大运行方式下的三相短路电流 $I''_{k3.\max}=34.1\text{kA}$，在系统最小运行方式下的两相短路电流和单相接地短路电流分别为 $I_{k2.\min}=22.6\text{kA}$，$I_{k1.\min}=21.8\text{kA}$。试整定该定时限过电流保护和电流速断保护的动作电流，并校验其灵敏性，并讨论能否兼作低压侧的单相接地保护。

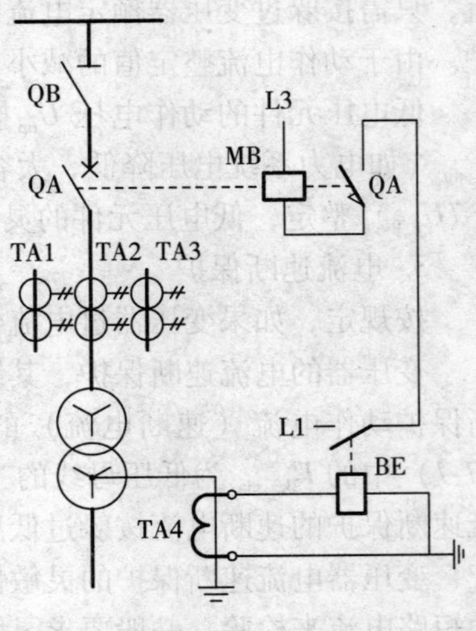

图 7-17 变压器的零序过电流保护

QA—高压断路器 TA4—零序电流互感器

BE—电流继电器 MB—跳闸线圈

解： 1. 过电流保护

（1）整定动作电流 设变压器低压侧无电动机自起动，变压器的最大负荷电流为

$$I_{L.\max}=1.4I_{1r.T}=1.4\times\frac{S_r}{\sqrt{3}U_{1n}}$$

$$=1.4\times\frac{1600\text{kV}\cdot\text{A}}{\sqrt{3}\times10\text{kV}}=129.3\text{A}$$

取 $K_{rel}=1.2$，$K_{re}=0.85$，$K_i=150/5=30$，故过电流保护的动作电流为

$$I_{op}=\frac{K_{rel}K_W}{K_{re}K_i}I_{L.\max}=\frac{1.2\times1}{0.85\times30}\times129.3\text{A}=6.1\text{A}$$

查附录表 60，选用 JL-83 静态电流继电器，动作电流整定为 6.1A。

（2）整定保护动作时间 对 10/0.4kV 配电变压器，其过电流保护动作时间整定为 0.5s。

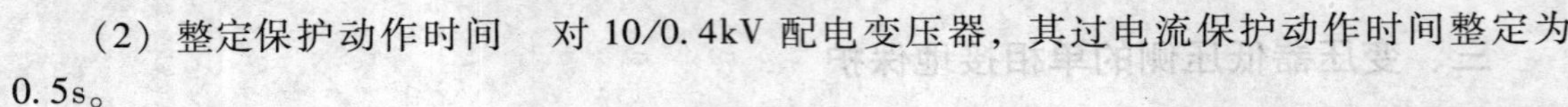

（3）校验灵敏性 变压器低压母线在系统最小运行方式下的两相短路电流流过高压侧的电流值为

$$I_{2k2.\min}=\frac{2}{\sqrt{3}K_T}I_{k2.\min}=\frac{2}{\sqrt{3}\times\left(\frac{10}{0.4}\right)}\times22.6\text{kA}=1044\text{A}$$

过电流保护的灵敏度为

$$K_s=\frac{K_W I_{2k2.\min}}{K_i I_{op}}=\frac{1\times1044\text{A}}{30\times6.1\text{A}}=5.7>1.5$$

满足保护灵敏性要求。

（4）校验能否兼作低压侧的单相接地保护 变压器低压母线在系统最小运行方式下的单相短路电流流过高压侧的电流值为

$$I_{2k1.\min}=\frac{1}{\sqrt{3}K_T}I_{k1.\min}=\frac{1}{\sqrt{3}\times\left(\frac{10}{0.4}\right)}\times21.8\text{kA}=503\text{A}$$

过电流保护的灵敏度为

$$K_s=\frac{K_W I_{2k1.\min}}{K_i I_{op}}=\frac{1\times503\text{A}}{30\times6.1\text{A}}=2.8>1.5$$

由此可见，Dyn11 联结变压器高压侧过电流保护能满足低压侧单相接地保护灵敏性的要求。

2. 电流速断保护

（1）整定速断电流 变压器低压母线在系统最大运行方式下的三相短路电流流过高压

侧的电流值为

$$I''_{2k3.\max} = \frac{1}{K_T} I''_{k3.\max} = \frac{0.4}{10} \times 34.1\text{kA} = 1364\text{A}$$

电流速断保护的动作电流（速断电流）为

$$I_{qb} = \frac{K_{rel}K_w}{K_i} I''_{2k3.\max} = \frac{1.3 \times 1}{30} \times 1364\text{A} = 59.1\text{A}$$

查附录表60，选用JL-84静态电流继电器，动作电流整定为60A。

（2）灵敏性的检验　按变压器高压侧在系统最小运行方式下的两相短路电流计算，电流速断保护灵敏度为

$$K_s = \frac{K_W I''_{1k2.\min}}{K_i I_{qb}} = \frac{1 \times 5100\text{A}}{30 \times 60\text{A}} = 2.8 > 2$$

满足保护灵敏性要求。

四、变压器的过负荷保护

变压器的过负荷保护（Overload Protection）一般只对并列运行的变压器或工作中有可能过负荷（如作为其他负荷的备用电源）的变压器才装设。由于过负荷电流在大多数情况下是三相对称的，因此过负荷保护通常采用一个电流继电器装于一相电路中。通常，保护装置动作于信号；对无人值班变电所，可动作于跳闸或切除部分负荷。为了防止变压器外部短路时变压器过负荷保护发出错误的信号，以及在出现持续几秒钟的尖峰负荷时不致发出信号，通常过负荷保护动作时限为10～15s。

变压器过负荷保护的动作电流 $I_{op(OL)}$ 可按下式计算

$$I_{op(OL)} = \frac{K_{rel}}{K_{re}K_i} I_{1r.T} = (1.2 \sim 1.3)\frac{I_{1r.T}}{K_i} \tag{7-12}$$

式中　$I_{1r.T}$——变压器的一次侧额定电流；

K_{rel}——可靠系数，一般可取1.05；

K_{re}——继电器返回系数；

K_i——电流互感器电流比。

当变压器低压侧电压为0.4kV时，一般不在高压侧装设过负荷保护，而是利用其低压侧总断路器兼作变压器的过负荷保护。

五、气体继电保护与温度保护

（一）油浸式变压器的气体继电保护与温度保护

气体继电保护又称瓦斯保护，是保护油浸式电力变压器内部故障的一种基本的保护装置。按GB 50062—2008规定，400kV·A及以上的车间内油浸式变压器和800kV·A及以上的一般油浸式变压器，以及带负荷调压变压器的充油调压开关，均应装设气体继电保护。

气体继电保护的主要元件是气体继电器。它装设在变压器的油箱与储油柜之间的连通管上，利用油浸式电力变压器内部故障时产生的气体进行工作。它有两个触点：一个是“轻瓦斯触点”，另一个是“重瓦斯触点”。在变压器正常运行时，气体继电器的两对触点都是断开的。当变压器油箱内部发生轻微故障或油面降低时，“轻瓦斯触点”接通，动作于信

号。当变压器油箱内部发生严重故障而喷出大量气体时，“重瓦斯触点”接通，动作于跳闸或信号。

容量在1000kV·A及以上的油浸式变压器还应装设温度保护。通常采用一个温度继电器安装在变压器的油箱壁上来测量油温，当油温超过允许值时，温度继电器的触点接通，去触发信号装置发出预告信号。

图7-18所示是油浸式变压器气体继电保护和温度保护的接线图。当变压器内部发生轻微故障（轻瓦斯）时，气体继电器的轻瓦斯触点KB1闭合，动作于报警信号。当变压器内部发生严重故障（重瓦斯）时，重瓦斯触点KB2闭合，通常是经中间继电器KA动作于断路器QA的跳闸机构，同时通过信号继电器KS发出跳闸信号。重瓦斯触点KB2闭合后，也可以利用切换片XG切换位置，串接限流电阻R2，只动作于报警信号。

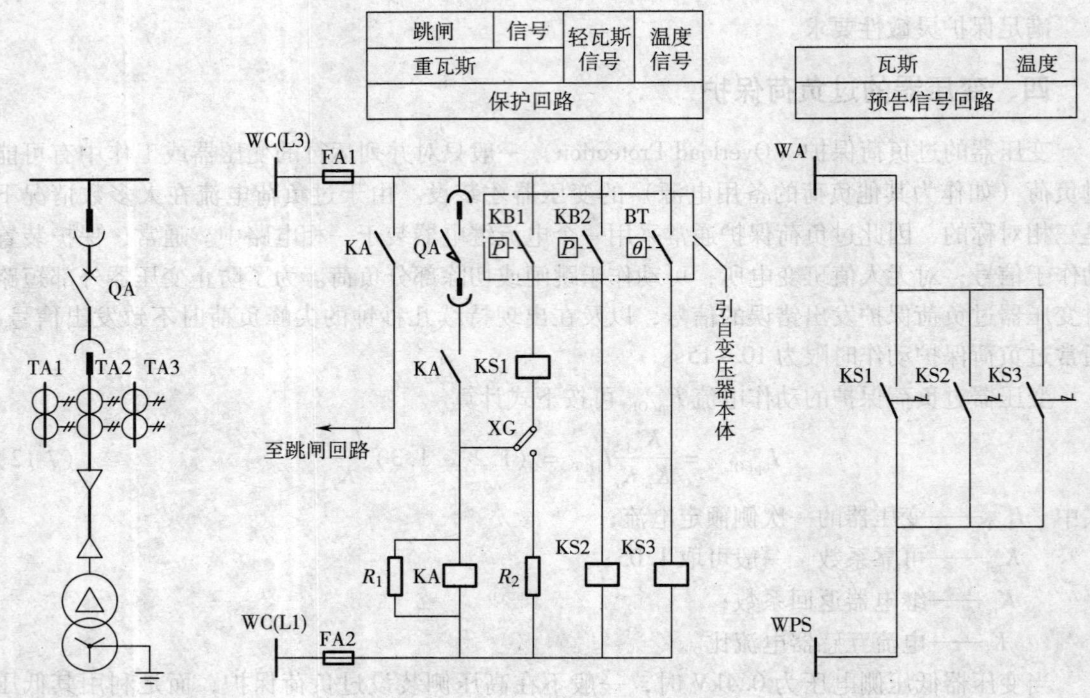

图7-18 变压器气体继电保护与温度保护的接线图

由于气体继电器重瓦斯触点KB2在重瓦斯故障时可能有“抖动”（接触不稳定）的情况，因此为了使断路器足够可靠地跳闸，这里采用中间继电器KA的常开辅助触点作“自保持”触点。只要KB2因重瓦斯动作一闭合，就使KA动作，并借其触点KA的闭合而自保持动作状态，同时其另一常开触点KA也闭合，使断路器QA跳闸。断路器跳闸后，其常开辅助触点QA断开跳闸回路，而其另一对常开辅助触点QA则切断中间继电器KA的自保持回路，使中间继电器返回。

当变压器油温过高时，温度继电器触点BT接通，信号继电器KS3通电动作，KS3触点闭合，触发预告信号装置发出信号。

（二）干式变压器的温度保护

干式变压器的安全运行和使用寿命，很大程度上取决于变压器绕组绝缘的安全可靠。绕组温度超过绝缘耐受温度使绝缘破坏，是导致变压器不能正常工作的主要原因之一，因此对变压器的运行温度的监测及其报警控制是十分重要的，现以 TTC-300 系列温控系统为例作一简介，其温显、温控系统原理框图如图 7-19 所示。

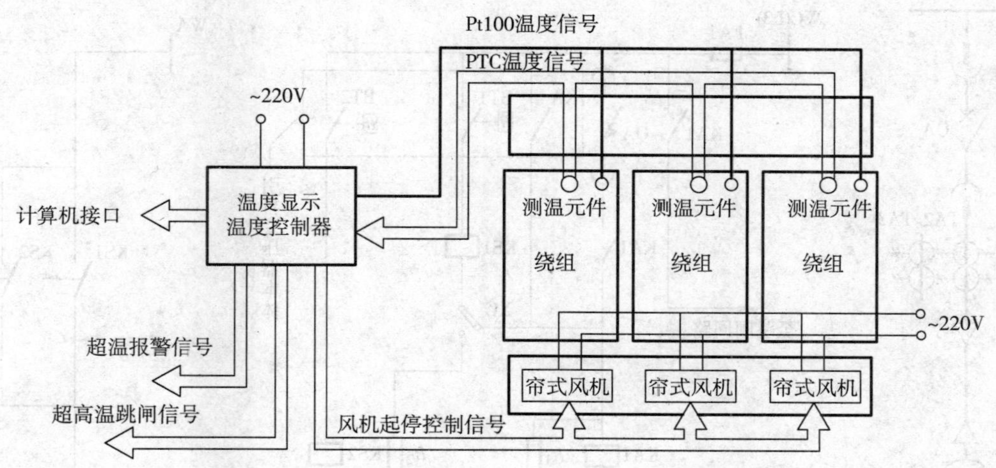

图 7-19　干式变压器温显、温控系统原理框图

1）风机自动控制：通过预埋在低压绕组最热处的 Pt100 热敏测温电阻测取温度信号。变压器负荷增大，运行温度上升，当绕组温度达 110℃时，系统自动起动风机冷却；当绕组温度低至 90℃时，系统自动停止风机。

2）超温报警、跳闸：通过预埋在低压绕组中的 PTC 非线性热敏测温电阻采集绕组或铁心温度信号。当变压器绕组温度继续升高，达到 155℃时，系统输出超温报警信号；若温度继续上升达 170℃，变压器已不能继续运行，则向保护回路输送超温跳闸信号，使变压器迅速跳闸。

3）温度显示系统：通过预埋在低压绕组中的 Pt100 热敏电阻测取温度变化值，直接显示各相绕组温度（三相巡检及最大值显示，并可记录历史最高温度），可将温度以 4～20mA 模拟量输出，若需传输至远方（距离可达 1200m）计算机，可加配计算机接口，1 只变送器，最多可同时监测 31 台变压器。系统的超温报警、跳闸也可由 Pt100 热敏传感电阻信号动作，进一步提高温控保护系统的可靠性。

干式变压器温度保护的原理接线图如图 7-20 所示，其动作原理读者可自行分析。另外图中还设置了干式变压器防护外壳检修门的联锁保护，用于防止检修人员在变压器未断电的情况下进入检修门，以保证人身安全。

六、差动保护

差动保护分纵联差动和横联差动两种形式，纵联差动保护（Longitudinal Differential Protection）多用于较大的变压器和旋转电动机，横联差动保护多用于并联运行的双回线路。这里以变压器为例介绍纵联差动保护。差动保护利用故障时产生的不平衡电流来动作，保护灵敏度很高，而且动作迅速。按 GB 50062—2008 规定：电压为 10kV 以上，容量在 10000kV · A及以上的单独运行变压器和 6300kV · A 及以上的并列运行变压器，应装设纵联

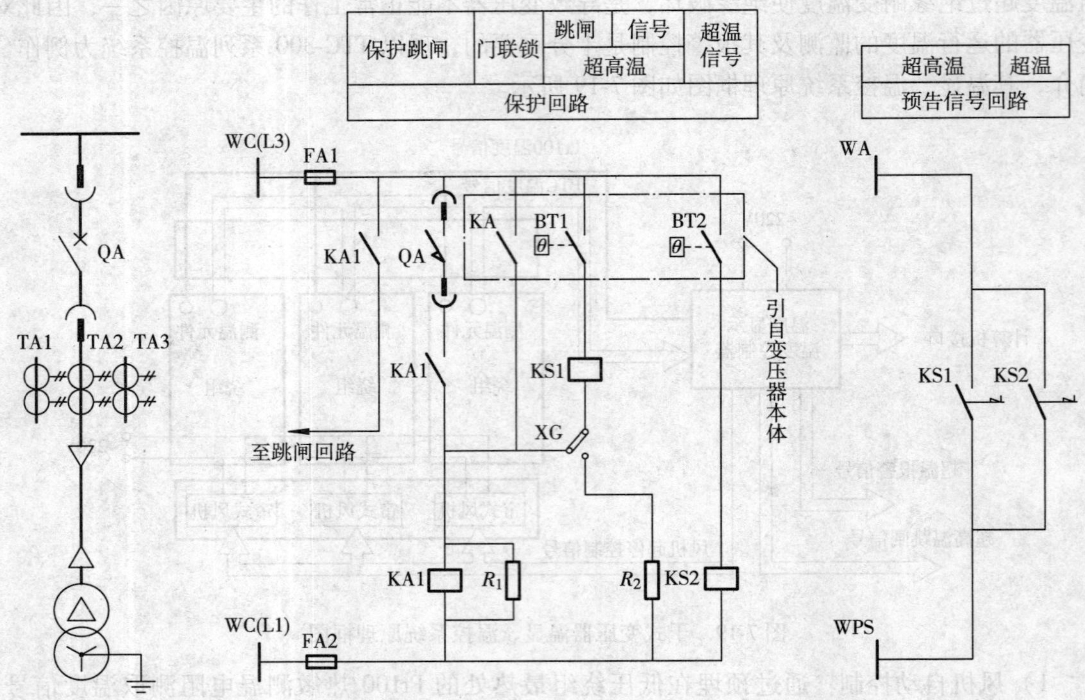

图 7-20　干式变压器温度保护的原理接线图

差动保护；容量小于 10000kV·A 单独运行的重要变压器，可装设纵联差动保护。电压为 10kV 的重要变压器或容量在 2000kV·A 及以上的变压器，当电流速断保护灵敏度不符合要求时，宜采用纵联差动保护。

（一）变压器差动保护的基本原理

变压器的差动保护，主要用来保护变压器内部以及引出线和绝缘套管的相间短路，并且用来保护变压器的匝间短路，其保护区为变压器一、二次侧所装电流互感器之间。

图 7-21 所示是变压器纵联差动保护的单相原理电路。在变压器正常运行或差动保护的保护区外 k-1 点发生短路时，如果 TA1 的二次电流 I_1' 与 TA2 的二次电流 I_2' 相等（或相差极小），则流入差动继电器 BB 的电流 $I_{BB}=I_1'-I_2'\approx0$，继电器 BB 不动作。而在差动保护的保护区内 k-2 点发生短路时，对于单端供电的变压器来说，$I_2'=0$，所以 $I_{KD}=I_1'$，超过继电器 BB 所整定的动作电流 $I_{op(D)}$，

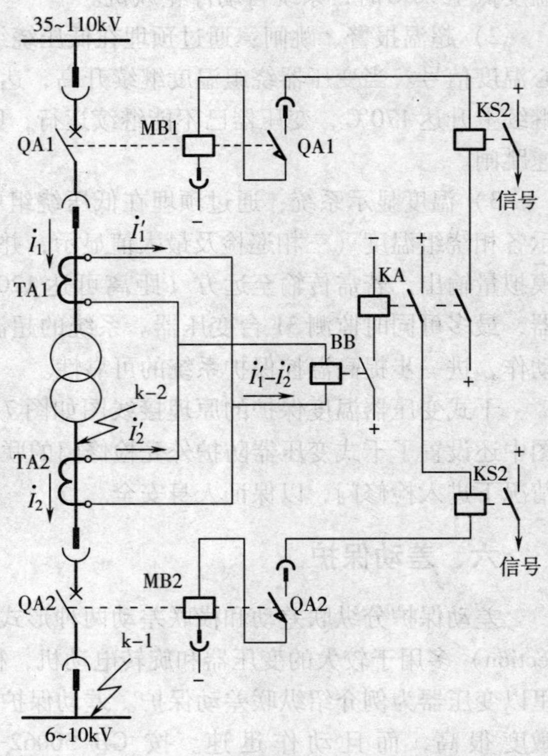

图 7-21　变压器纵联差动保护的单相原理电路

使 BB 瞬时动作，然后通过出口继电器 KA 使断路器 QA 跳闸，切除短路故障，同时由信号继电器 KS 发出信号。

（二）变压器差动保护中的不平衡电流及其减小措施

变压器差动保护是利用保护区内发生短路故障时变压器两侧电流在差动回路（即差动保护中连接继电器的回路）中引起的不平衡电流 I_{dsq}（$=I_1'-I_1'$）动作的一种保护。在变压器正常运行或保护区外部短路时，理想情况下是 $I_{dsq}=0$，但这几乎是不可能的。I_{dsq} 不仅与变压器及电流互感器的接线方式和结构性能等因素有关，而且与变压器的运行有关，因此只能设法使之尽可能地减小。下面简述不平衡电流产生的原因及其减小或消除的措施。

1. 由变压器接线而引起的不平衡电流及其消除措施

35kV 及以上电压等级的变压器通常采用 Yd11 联结组，这就造成变压器两侧电流有 30°的相位差。因此，虽然可以通过恰当选择变压器两侧电流互感器的电流比，使互感器二次电流相等，但由于这两个电流之间存在着 30°相位差，因此在差动回路中仍然有相当大的不平衡电流 $I_{dsq}=0.268I_2$（I_2为互感器二次电流）。为了消除差动回路中的这一不平衡电流 I_{dsq}，将装设在变压器星形联结一侧的电流互感器接成三角形联结，而变压器三角形联结一侧的电流互感器接成星形联结，如图 7-22a 所示。由图 7-22b 的相量图可知，这样即可消除差动回路中因变压器两侧电流相位不同而引起的不平衡电流。

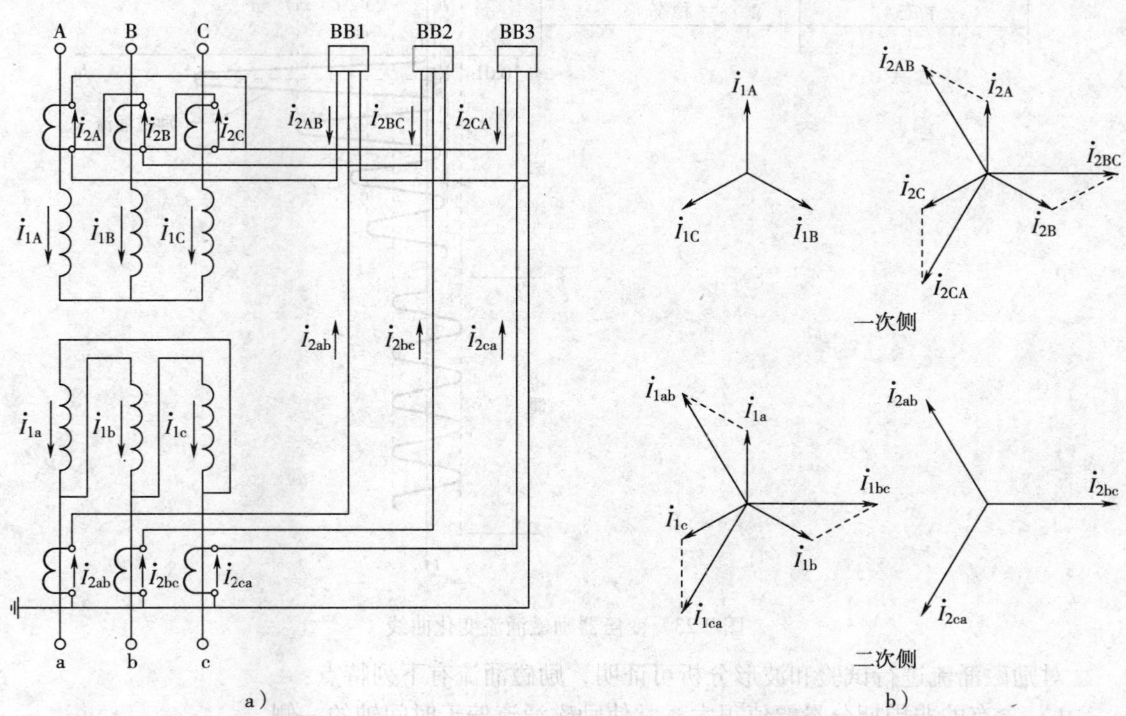

图 7-22　Yd11 联结变压器的纵联差动保护接线

a）两侧电流互感器的接线　b）电流相量分析（设变压器和互感器的匝数比均为 1）

2. 由两侧电流互感器电流比选择而引起的不平衡电流及其消除措施

由于变压器的电压比和电流互感器的电流比各有规格，因此不太可能使之完全配合恰当，从而不太可能使差动保护两边的电流完全相等，这就必然在差动回路中产生不平衡电流。为消除这一不平衡电流，可以在互感器二次回路接入自耦电流互感器来进行平衡，或利用速饱和电流互感器中的或专门的差动继电器中的平衡线圈来实现平衡，消除不平衡电流。

3. 由变压器励磁涌流引起的不平衡电流及其减小措施

正常运行时，变压器的励磁电流很小，一般不超过额定电流的2%～10%。当变压器空载投入时，其电源侧将流过数值很大的励磁涌流。当变压器空载投入时，铁心中剩余磁通与稳态磁通在大小和相位上可能都不一致，由于铁心中磁通不能突变，暂态中将产生很大的非周期磁通，造成铁心的严重饱和，励磁阻抗大幅下降，于是产生了励磁涌流，其变化曲线如图7-23所示。励磁涌流的数值最大可达到额定电流的6～8倍。这么大的电流流入差动回路，如果不采取措施消除其影响，差动保护将难以正常工作。

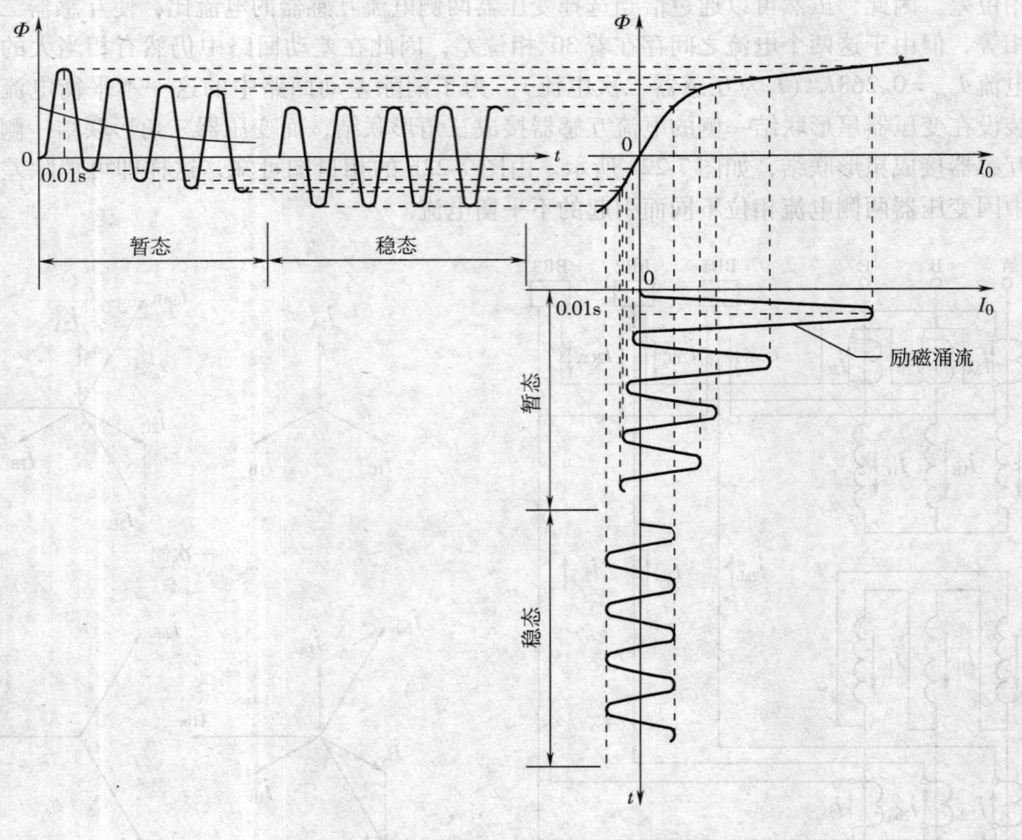

图7-23　变压器励磁涌流变化曲线

对励磁涌流进行试验和波形分析可证明，励磁涌流有下列特点：

1）含有的非周期分量幅值很大，常使励磁涌流偏于时间轴的一侧。

2）含有大量的谐波，尤其是二次谐波可达到15%以上。

3）波形间有明显的间断。

利用这些特点，变压器纵联差动保护可采取有效的措施减小或避免励磁涌流的影响，这些措施包括：

1）采用速饱和的中间变流器，以阻止励磁涌流流入差动继电器。

2）鉴别短路电流和励磁涌流的波形间断角，以分辨出励磁涌流。

3）用二次谐波构成制动量，在出现励磁涌流时制动差动保护。

此外，在变压器正常运行和外部短路时，由于变压器两侧电流互感器的型式和特性不同，因而也在差动回路中产生不平衡电流。变压器有载调压分接头的改变，改变了变压器的电压比，而电流互感器的电流比不可能相应改变，从而破坏了差动回路中原有的电流平衡状态，也会产生新的不平衡电流。总之，产生不平衡电流的因素很多，不可能完全消除，而只能设法使之减小。

目前，变压器的纵联差动保护均采用微机保护装置，详见第五节。

第四节　电力电容器与高压电动机的保护

一、电力电容器的保护

按 GB 50062—2008 规定：对电压为 6～10kV 的并联电容器组的下列故障及异常运行方式，应装设相应的保护装置：①电容器内部故障及其引出线短路；②电容器组和断路器之间连接线短路；③电容器组中某一故障电容器切除后所引起的剩余电容器的过电压；④电容器组的单相接地；⑤电容器组过电压；⑥所连接的母线失电压；⑦中性点不接地的电容器组，各相对中性点的单相短路。

1. 短时限的电流速断和过电流保护

对电容器组和断路器之间连接线的短路，可装设带有短时限的电流速断和过电流保护，动作于跳闸。

电流速断保护的动作电流 I_{qb}，按最小运行方式下，电容器端部引线发生两相短路时有足够灵敏度（一般取 2）整定，电流速断保护的动作时限应防止在出现电容器充电涌流时误动作，应大于电容器充电涌流时间 0.2s 及以上。

过电流保护的动作电流，按电容器组长期允许的最大工作电流（$1.3I_{r.C}$）整定，动作时间较电容器组的短时限电流速断保护动作时限长 0.5～0.7s，灵敏性按最小运行方式下电容器组端部两相短路电流校验，要求灵敏度 $K_s \geqslant 1.5$。

2. 专用熔断器保护

对电容器内部故障及其引出线的短路，宜对每台电容器分别外接专用的保护熔断器，熔体的额定电流根据电容器的允许偏差及长期允许的最大工作电流选择，根据 GB 50227—2008《并联电容器装置设计规范》规定，应为电容器额定电流的 1.37～1.5 倍。

3. 不平衡保护

当一组电容器中个别电容器损坏切除或内部击穿时，会导致电容器组三相电容不平衡，使串联的电容器之间的电压分布发生变化，剩余的电容器将承受过电压，危及电容器的安全运行。因此，并联电容器组应设置不平衡保护。保护方式根据电容器组接线可在下列方式中选取：

1）单星形联结电容器组，可采用开口三角电压保护（见图 7-24a）。电容器组各相上并联有作为放电线圈的电压互感器，其一次侧不接地，将其二次线圈接成开口三角形，接一电压继电器，当任一相中有电容器故障时，三相电容不对称，在开口三角中出现零序电压，使继电器动作。

2）单星形联结电容器组，串联段数为两段及以上时，可采用相电压差动保护（见图 7-24b）。利用作为放电线圈的电压互感器，每段一台，互感器的二次侧按差接接线。

3）单星形联结电容器组，每相能接成四个桥臂时，可采用桥式差动保护（见图 7-24c）。在两支路中部桥接一电流互感器，当任一桥臂中有电容器故障时，桥线两端出现不平衡电压，产生不平衡电流，使继电器动作。

4）双星形联结电容器组，可采用中性点不平衡电流保护（见图 7-24d）。将一组电容器分成容量相等的两个星形电容器组（特殊情况两个星形电容器组的容量也可不相等），在两个中性点间装设小电流比的电流互感器，当任一组任一相中有电容器故障时，会在两个中性点间出现不平衡电压，从而产生不平衡电流，使继电器动作。

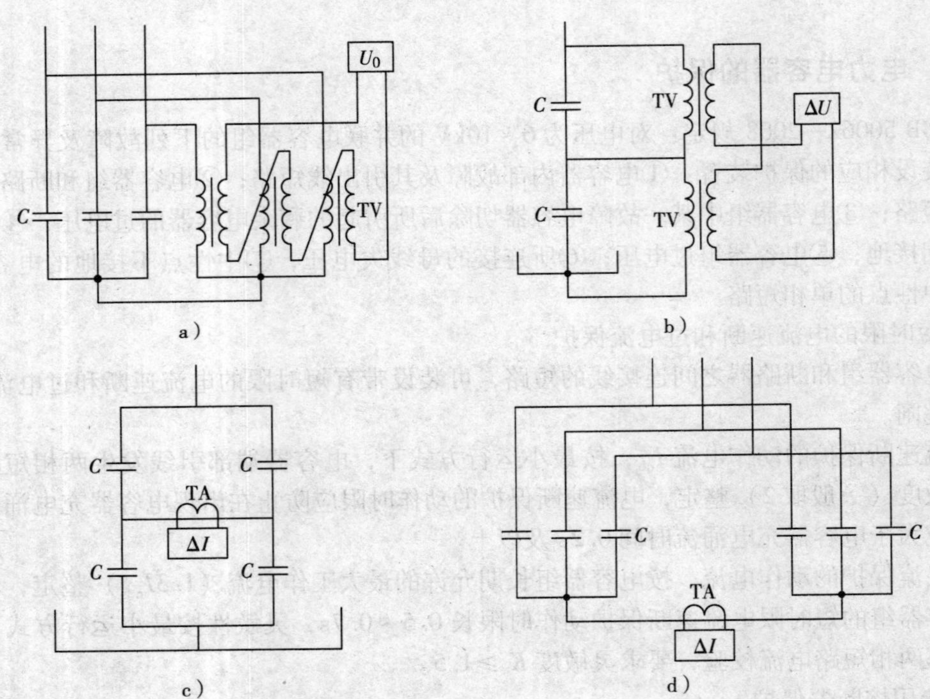

图 7-24 并联电容器组的不平衡保护原理接线

a）单星形电容器组开口三角电压保护 b）单星形电容器组相电压差动保护
c）单星形电容器组桥式差动保护 d）双星形电容器组中性点不平衡电流保护

电容器组台数的选择及其保护配置时，应考虑不平衡保护有足够的灵敏度，当切除部分故障电容器后，引起剩余电容器的过电压小于或等于额定电压的 105% 时，应发出信号；过电压超过额定电压的 110% 时，应动作于跳闸。

不平衡保护动作应带有短延时，防止电容器组合闸、断路器三相合闸不同步、外部故障等情况下误动作，延时可取 0.5s。

4. 单相接地保护

电容器组单相接地故障，可利用电容器组所连接母线上的绝缘监视装置检出；当电容器组所连接母线有引出线路时，可装设有选择性的接地保护，并应动作于信号；必要时，保护应动作于跳闸。安装在绝缘支架上的电容器组，可不再装设单相接地保护。

5. 过电压保护

装设过电压保护的目的是避免电容器在工频过电压下运行发生绝缘损坏。电容器组允许在1.1倍额定电压下长期运行。当电力系统电压超过电容器的最高容许电压时，内部电离增大，可能发生局部放电。过电压保护的电压继电器接于母线电压互感器，动作于信号或带3～5min时限动作于跳闸。

6. 失电压保护

设置失电压保护的目的在于防止所连接的母线失电压对电容器产生的危害。从电容器本身的特点来看，运行中的电容器如果失去电压，电容器本身并不会损坏。但运行中的电容器突然失电压可能产生以下问题：一是电容器装置失电压后立即复电（电源自动重合闸或备用电源自动投入）将造成电容器带电荷合闸，以致电容器因过电压而损坏；二是变电所恢复供电时，可能造成变压器带电容器合闸、变压器与电容器合闸涌流及过电压将使它们受到损害。此外，变电所失电后的复电可能造成因无负荷而使母线电压过高，这也可能引起电容器过电压。失电压保护的整定值既要保证在失电压后，电容器尚有残压时能可靠动作，又要防止在系统瞬间电压下降时误动作。一般电压继电器的动作值可整定为50%～60%的电网标称电压，略带时限（可取0.5～1.0s）跳闸。

二、高压电动机的保护

按GB 50062—2008规定：对电压为6～10kV的异步电动机和同步电动机的下列故障及异常运行方式，应装设相应的保护装置：①定子绕组相间短路；②定子绕组单相接地；③定子绕组过负荷；④定子绕组欠电压；⑤同步电动机失步；⑥同步电动机失磁；⑦同步电动机出现非同步冲击电流；⑧相电流不平衡及断相。

1. 电流速断保护或差动保护

对2000kW以下的高压电动机绕组及引出线的相间短路，宜采用电流速断保护。对2000kW及以上的高压电动机，或电流速断保护灵敏度不符合要求的2000kW以下的高压电动机，应装设纵联差动保护。保护装置采用两相或三相式接线，并应瞬时动作于跳闸。

在某些情况下，电动机回路电流超过额定电流（如1.2倍额定电流），差动保护不能反应，需要装设过电流保护作为其后备，延时动作于跳闸。

2. 单相接地保护

对电动机单相接地故障，当单相接地电流大于5A时，应装设有选择性的单相接地保护；当单相接地电流小于5A时，可装设接地监视装置；单相接地电流为10A及以上时，保护装置动作于跳闸；而10A以下时，可动作于跳闸或信号。

3. 过负荷保护

对生产过程中易发生过负荷的电动机，应装设过负荷保护。保护装置应根据负荷特性，带时限动作于信号或跳闸，一般可取10～15s。

对起动或自起动困难、需要防止起动或自起动时间过长的电动机，应装设过负荷保护，保护装置应动作于跳闸。

4. 欠电压保护

当电源电压短时降低或短时中断后又恢复时，需要切除一些次要电动机（为保证重要电动机的顺利起动）以及生产过程不允许或不需要自起动的电动机。为此，应装设欠电压保护，保护动作电压为额定电压的65%～70%，经0.5s时限动作于跳闸。

有备用自动投入机械的重要负荷电动机以及在电源电压长时间消失后须从电力网中自动断开的电动机，应装设欠电压保护，保护动作电压为额定电压的45%～50%，经9s时限动作于跳闸。

对2000kW及以上的高压电动机，可装设负序电流保护，反应相电流不平衡及断相，同时作为纵联差动保护的后备，保护动作于跳闸或信号。

对同步电动机的失步保护、失磁保护以及非同步冲击保护，限于篇幅，不再赘述。

第五节　微机保护及应用

一、概述

随着微型计算机技术的发展，人们成功地利用微型计算机系统采集和处理来自电力系统运行过程中的数据，并通过数值计算迅速而准确地判断系统中发生故障的性质和范围，经过严密逻辑过程后有选择性地发出各项指令。这种基于微型计算机系统的继电保护装置，就是微机继电保护，简称微机保护。

与机电式或电子元件构成的模拟式继电保护相比较，微机保护可充分利用和发挥计算机的储存记忆、逻辑判断和数值运算等信息处理功能，在应用软件的配合下，有极强的综合分析与判断能力，可以实现模拟式保护装置很难做到的自动识别，排除干扰，防止误动作，因此可靠性很高。另外，由于微机保护的特性主要是由软件决定的，所以保护的动作特性和功能可以通过改变软件程序以获取所需要的保护性能，具有较大的灵活性，因此保护性能的选择和调试都很方便。同时，具有较完善的通信功能，便于构成综合自动化系统，提高系统运行的自动化水平。

目前，微机保护在我国电力系统中应用广泛。在用户供电系统中，也逐步得到推广应用。

二、微机保护的硬件

微机保护的硬件主要由计算机系统、模拟量数据采集系统、开关量输入/输出系统、人机接口四部分组成，如图7-25所示。

电力系统的电气量（包括三相电流、电压和零序电流、电压等）通过互感器的变送和隔离，再经过电压形成、模拟滤波，转换为计算机设备所允许的电压信号（如±5V范围内的交流电压），然后在CPU控制下进行采样和A/D转换，读入内存中。

需要输入的开关量（如各种开关的状态等）经过隔离屏蔽，可以直接读入内存。需要输出的开关量（如保护跳闸出口以及本地和中央报警信号等）也经过光电隔离后输出。

计算机系统根据采集到的电力系统的数字化电气量和开关量，经过数字滤波（滤除不需要的随机干扰分量）和计算，判断所保护的设备所处的运行状态，如是否发生短路故障，

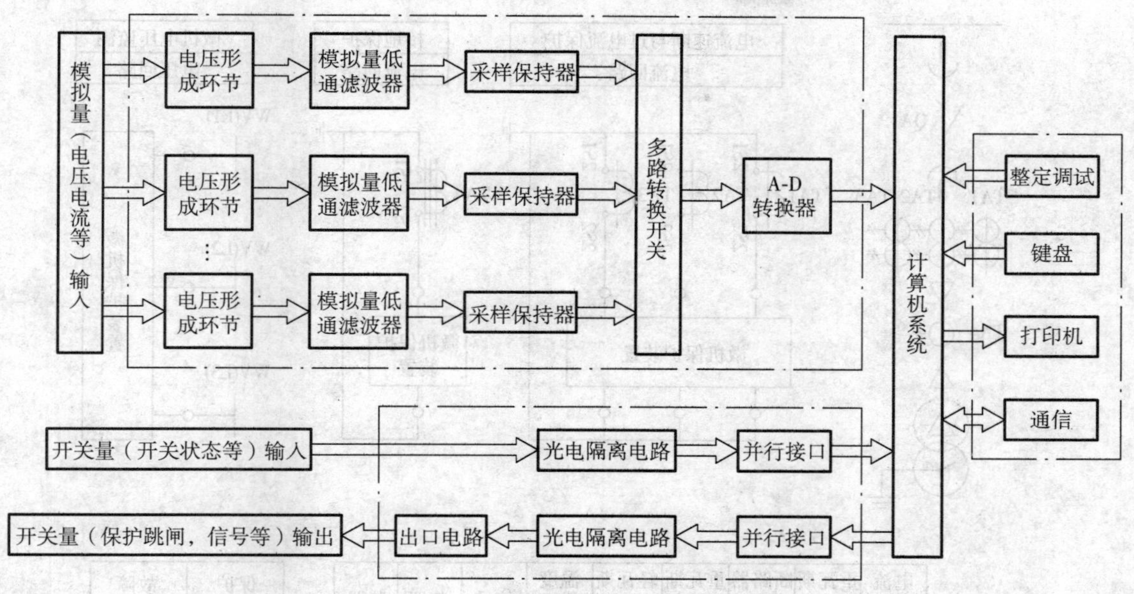

图 7-25　微机保护的硬件基本构成

并决定是否发出跳闸命令或进行重合闸等。这些是计算机系统的首要任务。计算机系统还要不断地进行自检和互检，以维持本身系统的稳定，及时发现装置出现的硬软件错误和故障。

人机接口用于实现机间通信、输入程序和整定值、操作调试系统等监控功能，以及显示、打印等信息输出功能。

计算机系统包括 CPU（MPU）、RAM、EPROM、E^2 PROM、I/O 接口等部分。其中，RAM 用于暂存数据、标志字等，EPROM 用于存放程序，E^2PROM 用于存放各种整定值，I/O 接口用于采集数据、开关量输入输出、通信以及扩展键盘、显示器、打印机等。CPU 主系统采用微处理器或单片机等，目前一般采用多 CPU 系统。

图 7-26 所示为配电变压器采用微机保护的一个实例接线图。该变压器装设有三相式电流保护、高压侧单相接地保护以及气体继电保护与温度保护等。

三、微机保护的软件

微机保护的软件以硬件为基础，通过算法及程序设计实现所要求的保护功能，包括监控程序和运行程序两部分。监控程序包括对人机接口键盘命令处理程序及为插件调试、整定设置显示等配置的程序。运行程序就是指保护装置在运行状态下所需执行的程序，主要包括主程序（包括初始化，全面自检、开放中断等）、采样中断服务程序（包括数据采集与处理、保护起动判定，完成多 CPU 之间的数据传送等）和故障处理程序（在保护起动后才投入，用以进行保护特性计算、判定故障性质等）。

运行程序中的保护算法是微机保护的核心，根据 A-D 转换器提供的输入电气量的采样数据进行分析、运算和判断，以实现各种继电保护功能。各种微机保护的功能和要求不同，其算法也不一样。

针对电力系统的特点，有些算法就假设输入量是正弦量，主要有半周最大值算法、半周积分算法、导数算法、采样值积算法等。电力系统短路故障时，各电气量中都会有大量暂态

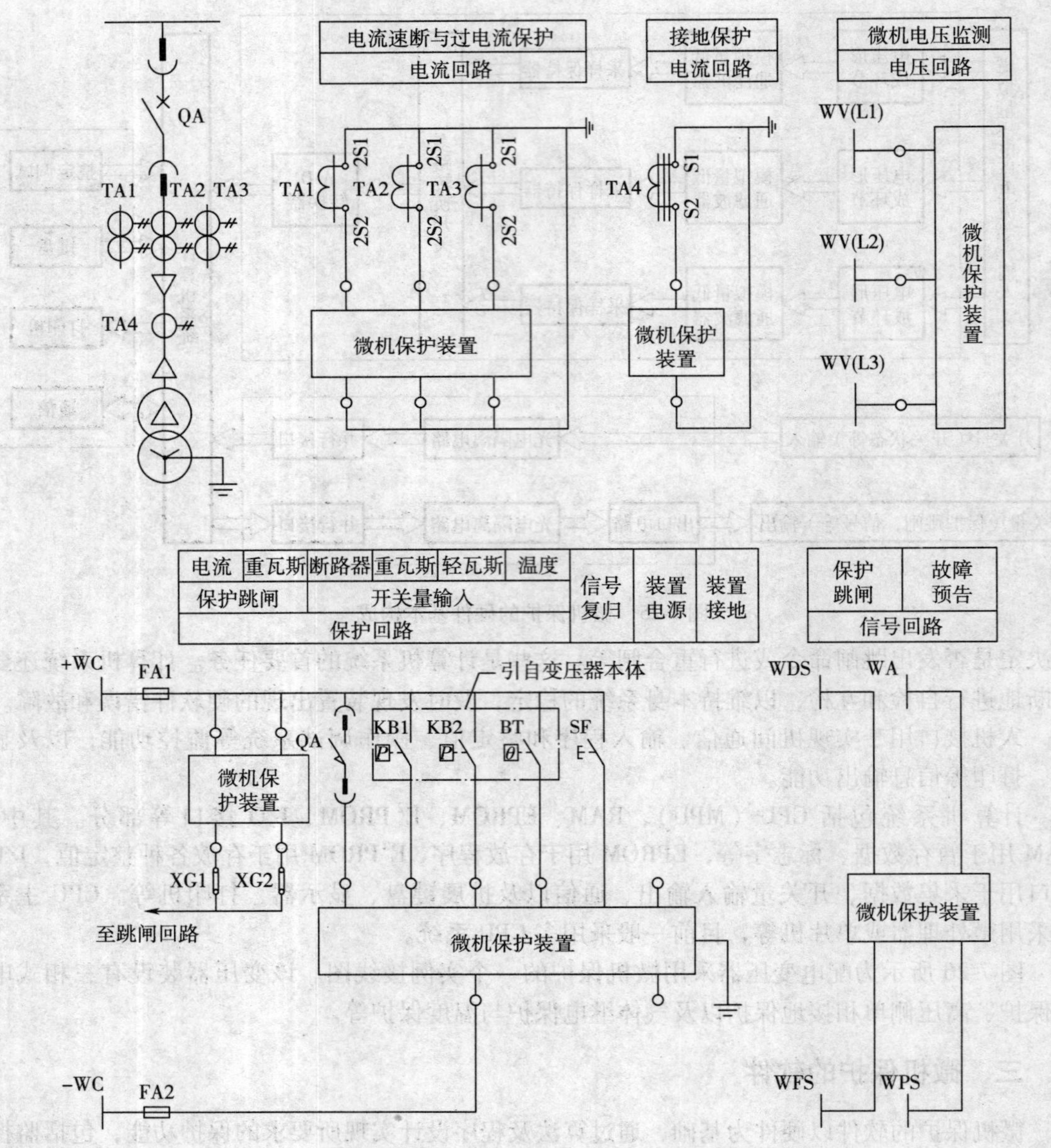

图 7-26 配电变压器采用微机保护的一个实例接线图

分量，使其不再是正弦波形。所以，这些算法对前置数字滤波器的要求较高，受输入信号的频率影响较大，误差也很大。

傅里叶算法来源于傅里叶级数，它假设输入量是一个周期时间函数，由直流分量、基波分量和整次谐波组成，对于不是周期函数的输入信号，近似处理为周期函数。它采用某一正交样品函数组，将待分析的时变函数进行积分变换，求出与样品函数频率相同的分量的实部和虚部的系数，由此求出待分析函数中该频率的谐波分量的模值和相位，如基波、三次谐波等。傅里叶算法本身具有很好的滤波功能。但傅里叶算法受电力系统频率变化的影响，数据窗为一个工频周期，保护动作时间也较长，同时，因存在大量乘法运算，使傅里叶算法不适合实时计算。快速傅里叶算法，还有用沃尔什函数代替正弦函数作为样品函数的沃尔什函数算法，可以把大部分乘法变为加法运算，加快计算速度。

微机保护还有一些常用算法，如最小二乘算法、卡尔曼算法以及小波变换等。具体算法详见有关微机保护专著，在此略。

四、微机电流保护的应用

（一）微机电流保护的功能原理

单侧电源辐射型线路的微机电流保护通常设置为三段式电流保护，即Ⅰ段电流保护（电流速断保护）、Ⅱ段电流保护（带时限电流速断保护）、Ⅲ段电流保护（可设为定时限过电流或反时限过电流保护）。有时为了增加保护的灵敏度可设置低电压闭锁的过电流保护。各种保护是否投入由保护装置的控制字决定。当控制字为高电平“1”时，表示改保护投入；当控制字为低电平“0”时，表示改保护退出，从而满足不同系统元件电流保护的需要，具有很好的灵活性。

1. Ⅰ段、Ⅱ段电流保护逻辑原理

Ⅰ段、Ⅱ段电流保护逻辑框图如图7-27所示。

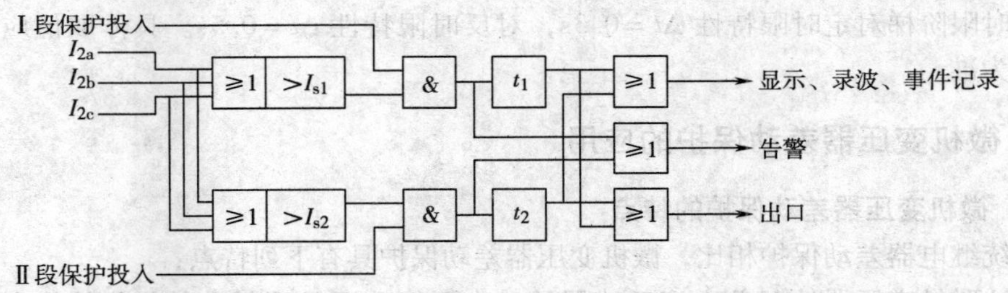

图7-27　Ⅰ段、Ⅱ段电流保护逻辑框图

动作条件为：在保护投入时，当任一相电流 I 大于整定值 I_s 时，保护动作。如 $I>I_{s1}$，保护经过整定时间 t_1（通常为0s）后动作，跳开断路器；$I>I_{s2}$，保护经过整定时间 t_2 后动作，跳开断路器。

2. Ⅲ段电流保护逻辑原理

Ⅲ段电流保护一般设定为定时限过电流保护，其逻辑框图如图7-28所示。

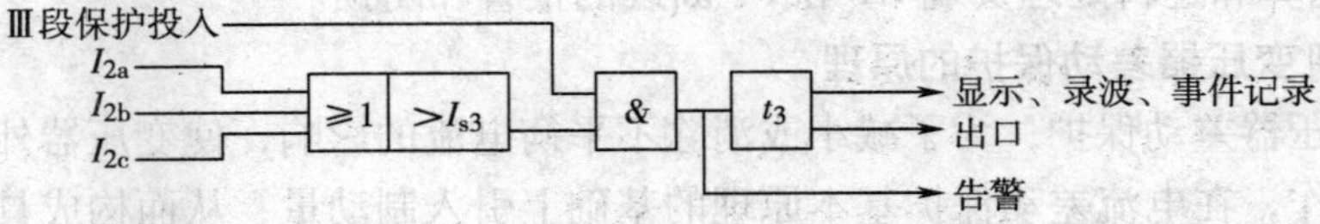

图7-28　Ⅲ段电流保护逻辑框图

动作条件为：在保护投入时，当任一相电流 I 大于整定值 I_s 时，保护动作。如 $I>I_{s3}$，保护经过整定时间 t_3 后动作，跳开断路器。

Ⅲ段电流保护也可通过控制字设定为反时限过电流保护。通常断路器闭合 t_y 时间后，反时限保护才会投入。t_y 时间取决于一次回路的负载类型，当为电动机时，可将 t_y 时间设定为电动机的起动时间，以免在电动机起动时装置告警。如不需要起动延时功能，可将 t_y 时间设定为0s。反时限过电流保护的逻辑框图如图7-29所示。

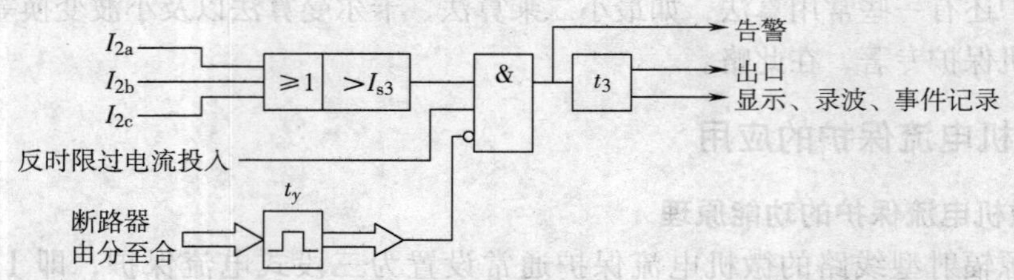

图7-29 反时限过电流保护的逻辑框图

动作条件为：根据通入电流 I 的大小不同，相应的动作时间也不同，电流越大，动作时间越短。根据设定的公式不同，相应的动作曲线也不同。常用曲线为IEC标准反时限特性曲线，具体有标准反时限、非常反时限和极端反时限等。

（二）微机电流保护的整定

在本章第二、三节中有关电流保护的整定计算在微机电流保护中均适用，其时限整定原则也相同。其中仅可靠系数 K_{rel}、返回系数 K_{re} 不同，一般取 $K_{rel}=1.05\sim1.2$，$K_{re}=0.85\sim0.95$，其时限阶梯对定时限特性 $\Delta t=0.3s$，对反时限特性 $\Delta t=0.5s$。具体取值应以厂家产品说明书为准。

五、微机变压器差动保护的应用

（一）微机变压器差动保护的特点

与传统继电器差动保护相比，微机变压器差动保护具有下列特点：

1）Yd联结变压器的Y侧电流互感器的二次侧仍采用Y联结，其相位补偿由数值计算（软件）来实现，消除了由于电流互感器的星三角变换在二次回路中带来的不平衡环流。

2）通过引入平衡调整系数进行二次侧电流差的数值计算，进一步减小因互感器变比和特性不同引起的不平衡电流，比采用平衡线圈更为合理有效。

3）利用比率制动原理准确区分内部故障和外部故障，利用二次谐波制动原理鉴别励磁涌流，大大提高差动保护的可靠性和灵敏性。

4）具有变压器内部严重故障加速保护功能（差动速断保护）。

5）采用运算和逻辑处理实现CT和PT断线的报警和闭锁。

（二）微机变压器差动保护的原理

对微机变压器差动保护，为了减小或消除不平衡电流的影响，使变压器外部短路时差动保护不致误动作，在电流差动保护基本原理的基础上引入制动量，从而构成具有制动特性的差动保护。由于变压器差动保护的不平衡电流随外部短路电流的增大而增大，因此，引入一个能够反应外部短路电流大小的制动量，使外部短路电流大时产生的制动作用大，保护动作电流也随着增大；外部短路电流小时产生的制动作用小，保护动作电流也减小。这种制动作用称为比率制动。在变压器内部短路，当短路电流较小时，应无制动作用，使之灵敏动作，为此制动特性是具有一段水平线的比率制动特性。

以图7-21所示差动保护及其电流正方向为例，差动量 I_d 和制动量 I_b 分别取为

$$I_d = |\dot{I}'_1 - \dot{I}'_2| \tag{7-13}$$

$$I_b = |\dot{I}'_1 + \dot{I}'_2|/2 \tag{7-14}$$

两段折线式比率制动差动保护的动作特性如图 7-30 所示，其动作判据表示为

$$I_d \geqslant \begin{cases} I_{d.min} & (I_b < I_{b1}) \\ K_1(I_b - I_{b1}) + I_{d.min} & (I_b \geqslant I_{b1}) \end{cases} \tag{7-15}$$

式中　$I_{d.min}$——不带制动时差动保护的最小动作电流值，应躲过变压器额定负载时的不平衡电流（包括电流补偿误差及变压器分接头位置变化产生的不平衡电流），且要保证变压器内部故障时有足够的灵敏度。通常整定为（0.2～0.4）I_{2r}，I_{2r}为变压器基准侧反映到电流互感器二次侧的额定电流；

I_{b1}——折线拐点对应的制动电流，通常整定为 I_{b1} =（0.6 ～ 1.0）I_{2r}；

K_1——折线斜率（比率制动系数），通常整定为 K_1 = 0.3～0.75。

当变压器外部短路电流最大也即不平衡电流最大时，保护的差动量为 $I_{d.max}$，也就是不具制动特性的差动保护速断电流，它应躲过变压器外部短路时的最大不平衡电流，一般整定为（5～6）I_{2r}。

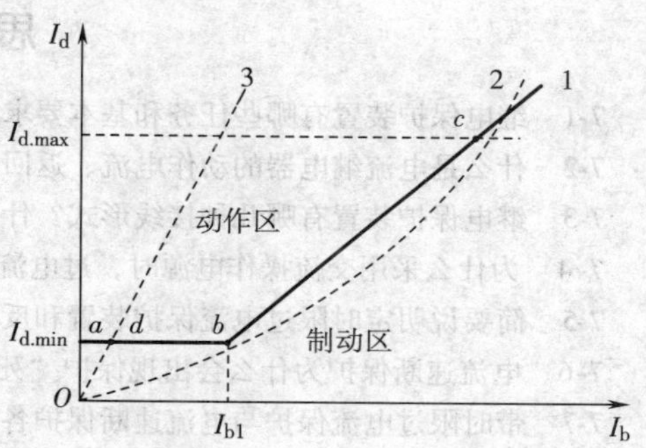

图 7-30　比率制动差动保护的动作特性

由图 7-30 可见，动作特性两折线 a-b-c 高于变压器正常情况与外部短路时的不平衡曲线 2，从而确保变压器在正常运行和外部短路时差动保护不动作。当变压器内部故障时，差动量与制动量的关系是 $I_d = 2I_b$，如图 7-30 中的虚线 3 所示，其与动作特性相交于 d 点，此时，差动量只要大于最小动作电流 $I_{d.min}$ 就可以使保护动作。而不具制动特性的差动保护的动作电流为固定的 $I_{d.max}$。可见，采用制动特性后，变压器在各种运行方式下的内部故障时动作电流将从原来的 $I_{d.max}$ 下降到 $I_{d.min}$ 及制动线，故差动保护的灵敏度大为提高。

另外，微机型变压器差动保护中还广泛采用二次谐波制动的方法来防止励磁涌流引起差动保护的误动。这是因为变压器励磁涌流中含有大量二次谐波分量而区别于短路电流，可以利用这个特点使差动保护在励磁涌流作用下闭锁，而只在短路电流作用下进行差动保护动作判据的判别。

二次谐波制动元件的动作判据为

$$I_{d2}/I_{d1} > K \tag{7-16}$$

式中　I_{d2}、I_{d1}——分别为三相差动电流中的二次谐波电流值和基波电流值；

K——二次谐波制动系数，通常整定为 0.2。

具有比率制动与二次谐波制动特性的差动保护逻辑框图如图 7-31 所示。

当 $I_d > I_{d.max}$ 时，差动速断保护动作，差动速断保护不受二次谐波闭锁和 CT 断线闭锁制约。

当 $I_b < I_{b1}$ 时，$I_d \geqslant I_{d.min}$，则差动保护动作；当 $I_b \geqslant I_{b1}$，$I_d < I_{d.max}$ 时，$I_d \geqslant K_1(I_b - I_{b1}) + I_{d.min}$，则差动保护动作。差动保护受到二次谐波制动及 CT 断线闭锁制约。

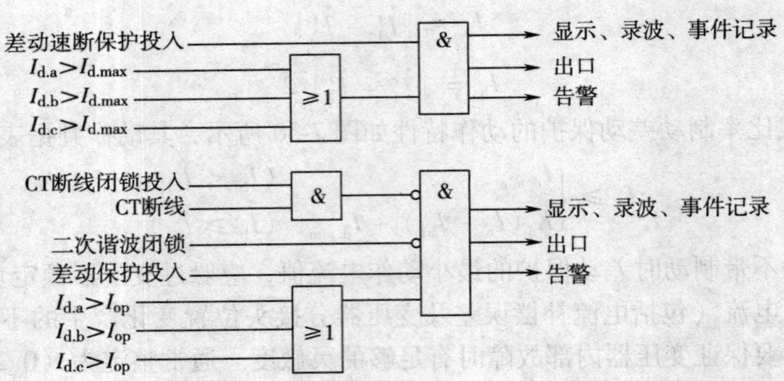

图 7-31 具有比率制动和二次谐波制动特性的差动保护逻辑框图

注：I_{op}为差动定值曲线上的电流值

思考题与习题

7-1 继电保护装置有哪些任务和基本要求？

7-2 什么是电流继电器的动作电流、返回电流、返回系数？如果返回系数太小，会出现什么问题？

7-3 继电保护装置有哪几种接线形式？什么是接线系数？

7-4 为什么采用交流操作电源时，过电流保护通常采用“去分流跳闸”方式？

7-5 简要说明定时限过电流保护装置和反时限过电流保护装置的组成特点、整定方法。

7-6 电流速断保护为什么会出现保护“死区”？如何弥补？

7-7 带时限过电流保护与电流速断保护各通过什么方法来保证上下级的选择性？

7-8 试分析电力线路定时限过电流保护与电流速断保护原理接线图（参见图 7-11），并说明当线路首端发生三相短路和线路末端发生三相短路时的保护动作过程。

7-9 在非有效接地的供电系统中，发生单相接地短路故障时，通常采取哪些保护措施？简要说明其基本原理。

7-10 根据变压器的故障种类及不正常运行状态，变压器一般应装设哪些保护？

7-11 简要说明干式变压器温度保护的基本原理。

7-12 对变压器中性点直接接地侧的单相短路，可采取哪种保护措施？

7-13 试绘制出电力变压器反时限过电流保护与电流速断保护原理接线图，并分析当变压器一次侧发生三相短路和二次侧发生 BC 两相短路时的保护动作过程。

7-14 试述变压器差动保护的基本原理，分析其产生不平衡电流的原因及抑制方法。

7-15 电力电容器要设置哪些保护？

7-16 电动机的电流速断保护和纵联差动保护各适用于什么情况？动作电流如何整定？

7-17 试述微机保护装置的硬件基本构成。

7-18 微机变压器差动保护装置有什么特点？

7-19 某 10kV 线路采用三相三继电器式接线的反时限过电流保护装置，电流互感器的电流比为 200/5A，线路的短时最大负荷电流（含尖峰电流）为 180A，线路首端的三相短路电流有效值为 2.8kA，末端的三相短路电流有效值为 1kA。试整定该线路定时限过电流保护的动作电流和速断电流倍数，并检验其保护灵敏度。

7-20 某供电系统如图 7-32 所示，①若在 QA 处设置定时限过电流保护，采用三相三继电器式接线，电流互感器电流比为 150/5A，试求其保护整定值；②若在 QA 处还设置电流速断保护，试进行整定计算。

按其整定值，若变压器低压母线发生三相短路，速断保护是否动作？为什么？

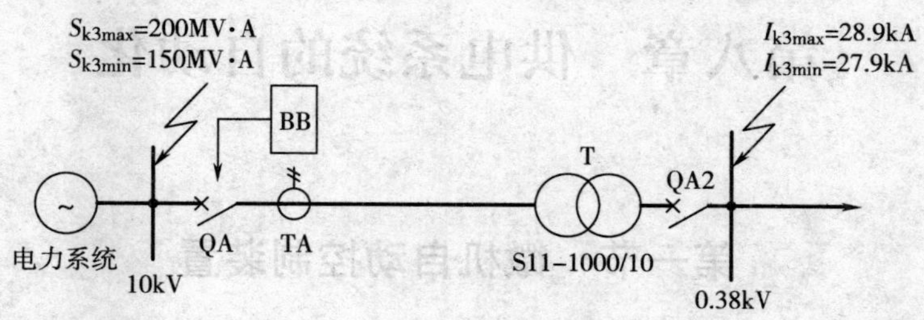

图 7-32 习题 7-20 供电系统示意图

第八章 供电系统的自动化

第一节 微机自动控制装置

为了提高供电系统的安全性、稳定性和可靠性，便于实现自动化，目前重要的变配电所中均采用了微机自动控制装置来取代传统的机电型自动装置。用户变配电所中常用的微机自动控制装置有备用电源自动投入装置（自动切换装置，Automatic Switching Equipment，ASE）、自动重合闸装置（Automatic Reclosing Equipment，ARE）、低频低压自动减负荷装置（Low-frequency and Low-voltage Automatic Load-shedding Equipment）等。本节主要讲述备用电源自动投入装置和自动重合闸装置，低频低压自动减负荷装置将在第十章介绍。

一、备用电源自动投入装置

（一）备用电源自动投入装置的作用与类型

在供电可靠性要求较高的变配电所中，通常设有两路及以上的电源进线。如果装设备用电源自动投入装置（ASE），则当工作电源线路突然断电时，在 ASE 作用下，自动将工作电源断开，将备用电源投入运行，从而大大提高供电可靠性，保证对用户的继续供电。

工作电源与备用电源的接线方式可分为两大类：明备用接线方式和暗备用接线方式。明备用方式是指在正常工作时，备用电源不投入工作，只有在工作电源发生故障时才投入工作，如图 8-1a 所示。暗备用方式是指在正常工作时，两电源都投入工作，互为备用，如图 8-1b 所示。

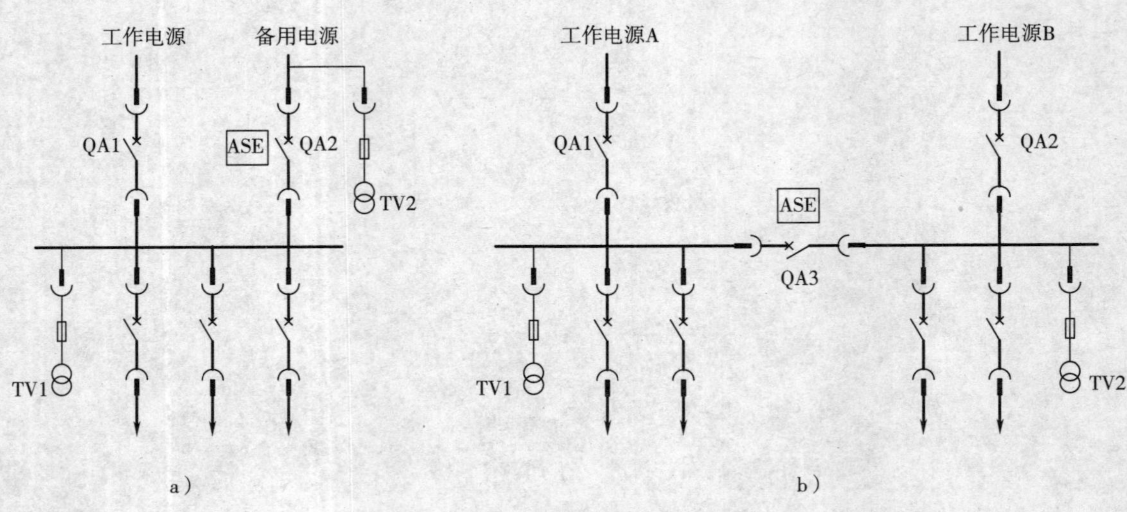

图 8-1 备用电源接线方式示意图
a）明备用 b）暗备用

在图 8-1a 中，ASE 装设在备用电源进线断路器 QA2 上。在正常情况下，断路器 QA1 闭合，QA2 断开，负荷由工作电源供电。当工作电源故障时，ASE 动作，将 QA1 断开，切除故障电源，然后将 QA2 闭合，使备用电源投入工作，恢复供电。

在图 8-1b 中，ASE 装设在母联断路器 QA3 上。在正常情况下，断路器 QA1、QA2 闭合，母联断路器 QA3 断开，两个电源分别向两段母线供电。若电源 A（B）发生故障，ASE 动作，将 QA1（QA2）断开，随即将母联断路器 QA3 闭合，此时全部负荷均由 B（A）电源供电。

（二）对备用电源自动投入装置的基本要求

1）应保证在工作电源断开后投入备用电源。

2）工作电源故障或断路器被错误断开时，自动投入装置应延时动作。

3）手动断开工作电源、电压互感器二次回路断线和备用电源无电压的情况下，不应起动自动投入装置。

4）自动投入装置动作后，如备用电源投到故障回路上，应使保护加速动作并跳闸。

5）应保证自动投入装置只动作一次，以免将备用电源重复投入永久性故障回路中。

6）自动投入装置中，可设置工作电源的电流闭锁回路。

（三）备用电源自动投入装置的原理

以图 8-1b 装设的备用电源自动投入装置为例，其动作逻辑框图如图 8-2 所示。

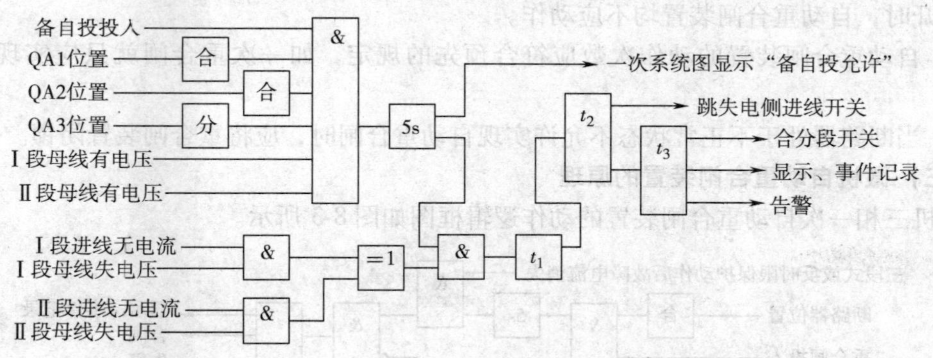

图 8-2　备用电源自动投入装置的动作逻辑框图

当装置检测到进线 1 开关 QA1、进线 2 开关 QA2 均在合闸位置时，Ⅰ、Ⅱ段母线均有电压（二次侧任一相电压大于失电压整定值），母线分段开关 QA3 在分闸位置，则备用电源自动投入装置经 5s 充电时间后，可以投入，液晶显示屏上“备自投闭锁”字样变为“备自投允许”。

当装置检测到某一段母线失去电压（二次侧三个相电压小于失电压整定值）且进线开关无电流（二次侧相电流小于整定值）时，备用电源自动投入装置经低压等待时间 t_1 后开始起动。先出跳失去电压侧进线开关，其整定时间为跳闸等待时间 t_2，然后再合母线分段开关，其整定时间为合闸等待时间 t_3。t_1、t_2、t_3 时间由用户自行整定（低电压等待时间 t_3 必须大于 40ms）。如变配电所进线开关有失电压保护跳闸的，应将备自投低电压等待时间 t_1 整定为小于进线失电压跳闸时间，才能保证装置检测到进线开关是由于失电压而跳闸的，备用电源自动投入装置可以动作。而由于过电流保护动作造成进线开关跳闸的，备用电源自动投入装置则会闭锁。当两段母线都失去电压时，备用电源自动投入装置也会闭锁。

备用电源自动投入装置动作后故障指示灯亮，人工复位后备用电源自动投入装置才能重新起动，保证只动作一次。

二、自动重合闸装置

（一）概述

运行经验表明，架空线路上的故障大多是暂时性的，这些故障在断路器跳闸后，多数能很快地自行消除。例如雷击闪络或鸟兽造成的线路短路故障，往往在雷闪过后或鸟兽烧死以后，线路大多能恢复正常运行。因此，如采用自动重合闸装置（ARE），使断路器自动重新合闸，迅速恢复供电，从而可大大提高供电可靠性，避免因停电而带来损失。

电力用户供电系统中采用的 ARE，一般都是三相一次重合式，因为一次重合式 ARE 比较简单经济，而且基本上能满足供电可靠性的要求。运行经验证明，ARE 的重合成功率随着重合次数的增加而显著降低。对于架空线路来说，一次重合成功率可达 60% ~90%，而二次重合成功率只有 15% 左右，三次重合成功率仅 3% 左右。

（二）对自动重合闸装置的基本要求

1）自动重合闸装置可由保护装置或断路器控制状态与位置不对应来起动。

2）手动或通过遥控装置将断路器断开或将断路器合闸投入故障线路上随即由保护跳闸将其断开时，自动重合闸装置均不应动作。

3）自动重合闸装置的动作次数应符合预先的规定，如一次重合闸就只应实现重合一次。

4）当断路器处于不正常状态不允许实现自动重合闸时，应将重合闸装置闭锁。

（三）微机自动重合闸装置的原理

微机三相一次自动重合闸装置的动作逻辑框图如图 8-3 所示。

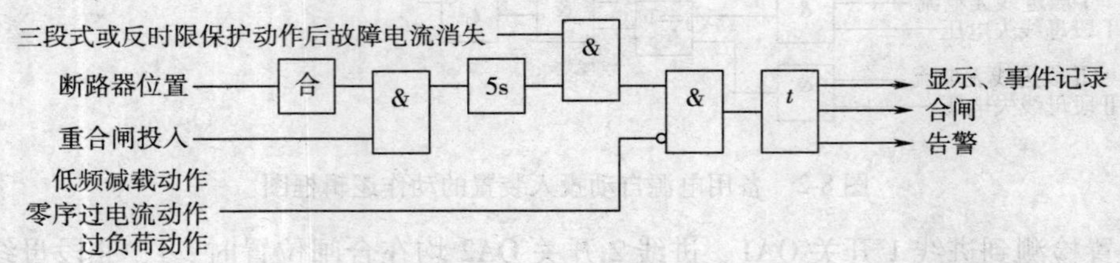

图 8-3　微机三相一次自动重合闸装置的动作逻辑框图

当装置检测到断路器已合闸，且重合闸功能在投入位置时，经 5s 后装置处于重合允许状态，在装置的“一次系统图”上会显示“重合闸允许”字样。当装置判断是电流故障跳闸后，经延时 t 后使断路器重合。

为了提高输电线路供电可靠性，装置可判断是否为电流故障跳闸（三段式电流保护或反时限过电流保护），如是电流故障跳闸，可在 0.5 ~5s 后重新合闸一次（时间定值由用户设定）且只重合一次。

当断路器重合于永久性故障时，为防止事故扩大，自动重合闸装置设有加速段保护跳闸（可设置动作整定值和动作时间）快速切除故障，之后不再重合；当后加速保护开放时间过后，闭锁加速段保护。加速段保护逻辑框图如图 8-4 所示。

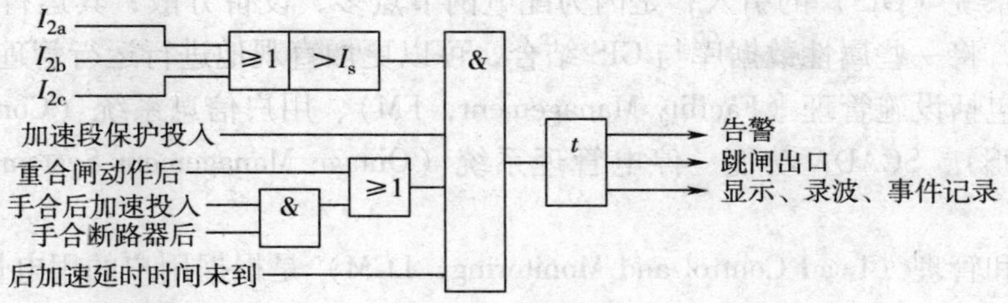

图 8-4　微机自动重合闸装置的加速段保护逻辑框图

第二节　配电自动化概述

一、配电自动化的主要内容

配电自动化是 20 世纪 80 年代末期逐步发展起来的，内容也在不断变化。通常将变电所自动化、馈线自动化、用户管理自动化三方面的内容称为配电自动化系统（Distribution Automation System，DAS）。它主要由计算机系统、通信系统以及远方终端设备组成，以实时的方式实行对配电网的远方监视、控制和操作，并与上一级的电力调度自动控制系统相联系，是一种可以使配电在远方以实时方式监视、协调和操作配电设备的自动化系统，主要包括配电网监视控制和数据采集（Supervisory Control and Data Acquisition，SCADA）系统、配电网地理信息系统（Distribution Geographic Information System，DGIS）和需方管理（Demand Side Management，DSM）等几个部分。

配电自动化系统包含如下几个方面：

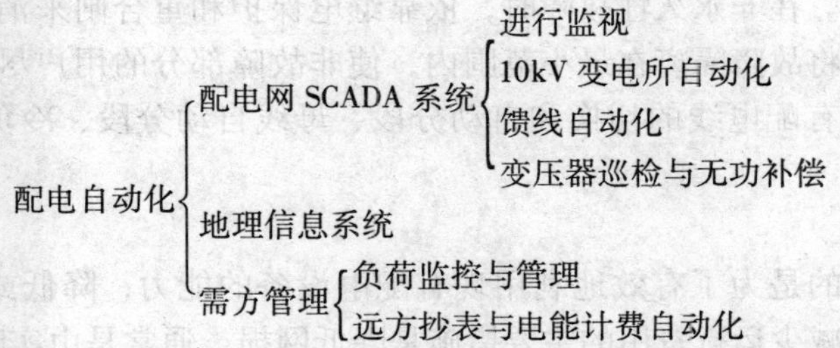

进线监视是指对配电网变电站进线的开关位置、母线电压、线路电流、有功和无功功率以及电量的监视。

变电所自动化（Substation Automation，SA）是实现对配电网中 10kV 配电所、小区变电所的开关位置、保护动作信号、小电流接地选线情况、母线电压、线路电流、有功和无功功率以及电度量等参数的远方监视、开关远方控制、变压器远方有载调压等。

馈线自动化（Feeder Automation，FA）是指在正常情况下，远方实时监视馈线分段开关与联络开关的状态和馈线电压、电流的情况，而且能完成线路开关的远方合闸和分闸操作，在发生故障时获取故障记录，并自动判别和隔离馈线故障区段以及恢复对非故障区域供电。

变压器巡检是指对配电网中变压器、箱式变电站的参数进行远方监视。无功补偿是指对补偿电容器的自动投切和远方投切等。

地理信息系统（GIS）的引入，是因为配电网节点多，设备分散，其运行管理工作常与地理位置有关，将一些属性数据库与GIS结合，可以更加直观地进行运行管理。配电自动化中的GIS主要包括设施管理（Facility Management，FM）、用户信息系统（Consumer Information System，CIS）、SCADA功能、停电管理系统（Outage Management System，OMS）等内容。

负荷监控和管理（Load Control and Monitoring，LCM）是根据用户的用电量、分时电价、天气预报以及建筑物内的供暖特性等进行综合分析，确定最优运行和负荷控制计划，对集中负荷及部分工厂用电负荷进行监视、管理和控制，并通过合理的电价结构引导用户转移负荷以及平坦负荷曲线。

远方抄表与计费自动化（Automatic Message Recording，AMR）是指通过各种通信手段读取远方用户电表数据，可传到控制中心，并自动生成电费报表和曲线等。

二、配电自动化的主要功能

1. 配电网的实时监视与控制

这种监视和控制功能与大电网的SCADA系统在原则上具有类似的功能，只是监视和控制的对象不同，其规模也较小。它必须随时了解配电网内各重要母线的电压，各配电线的有功功率的状况；反映系统结构变化后各种配电变压器、断路器及柱上开关的运行状态；重要用户负荷情况及其电力和电量表的信息等。这些信息必须连续地或周期性地被采集和不断地更新。反映这些信息的数据必须可靠、完整和具有一定的准确度等级，以便准确无误地实施各种控制和记录。

2. 安全性控制

安全性控制的目的是使配电网系统在发生故障后所造成的损失和影响最小。实现安全性控制首先是识别故障。在非永久性故障时，依靠继电保护和重合闸来消除故障和恢复供电。在永久性故障时，要将故障隔离在最小范围内，使非故障部分的用户尽可能快地恢复供电。安全性自动控制主要有配电线的切换和自动分段、母线自动分段、冷负荷起动三个方面内容。

3. 经济性控制

经济性控制的目的是为了有效地利用现有配电设备的能力，降低或推迟扩建资金的投入，减少运行费用。减少运行费用的主要措施是降低网损，通常是由实时潮流计算选择确定配电网的最佳运行方式，使有功功率网损最小。由于配电网中的负荷经常在变动，这种计算要花费较多的计算机运行时间。如果实时性计算不能满足要求，可以根据简单的配电线负荷分配规则实施次优的运行方式。例如，当两台以上变压器并联运行时，平衡变压器间的负荷就能减少有功功率损耗；在负荷很小时，可以切除几台变压器；在进行无功功率控制时，对变压器分接头位置的确定和补偿电容器的投入也可实行优化，以减少运行费用。

4. 质量控制

质量控制的目的是保证供电的电压和频率，当然，这二者与整个电力系统的运行控制的关系是十分密切的。配电网的电压和频率质量主要取决于整个电力系统有功功率和无功功率的供需平衡。但与该配电网的运行控制也有关系。在保证电压稳定方面，主要采取调整变压器分接头的位置和补偿电容器的投入量的方法。在保持频率稳定方面，主要通过负荷控制和低频减载措施。必要时采用适当降低电压来减小有功功率需求的措施，以缓解由于有功功率缺额而引起的频率下降。

5. 负荷控制

负荷控制是采用对用户负荷进行远方控制的方式，以抑制高峰负荷和提高负荷率。其目的是降低用户对电网的负荷需求，鼓励用户在低谷时多用电，在系统突然失去大电源时，缓解对电力系统的扰动，在停电后恢复供电时，减轻冷负荷起动时的冲击。因此，负荷控制对于保证电网的安全性和提高电网运行的经济性关系很大。

三、配电自动化的通信

（一）配电自动化的通信方式

配电自动化系统需要借助于有效的通信手段，将反映远方设备运行情况的数据信息收集到控制中心，并且将控制中心的控制命令准确传送到为数众多的远方终端。从目前的通信技术水平来看，还没有任何一种单一的通信手段能够全面地满足各种规模的配电自动化的需要，在实际工程中，通常将多种通信方式混合使用。配电自动化可能用到的各种通信方式见表 8-1。

表 8-1 配电自动化可能用到的各种通信方式

通信方式	传输媒介	传输速率	传输距离	主要用途
配电线载波	高压配电线	50～300bit/s	<10km	FTU、TTU 与区域工作站间通信
低压配电线载波	低压配电线	50～300bit/s	台区内	低压用户抄表
工频控制	配电线	10～300bit/s	较短	负荷控制
脉动控制	配电线	50～60bit/s	较短	负荷控制和远方抄表
电话专线	公用电话网	300～4800bit/s	较长	FTU 与区域工作站及区域工作站或 RTU 与控制中心通信
拨号电话	公用电话网	300～4800bit/s	较长	远方抄表与远方维护
CATV 通道	有线电视网	300～9600bit/s	有线电视网内	负荷控制
现场总线	屏蔽双绞线	几十波特率	<2km	FTU、TTU 与区域工作站间通信、分散电能采集、设备内部通信等
RS-485	屏蔽双绞线	9600bit/s	<2km	同上
多模光缆	多模光缆	<2Mbit/s	<5km	同上
单模光缆	单模光缆	<2Mbit/s	<50km	通信主干线
无线扩频	自由空间	<2Mbit/s	<50km	通信主干线
UHF 或 VHF 电台	自由空间	<128kbit/s	<50km	通信主干线
微波	自由空间	128bit/s	<50km	通信主干线
调幅或调频广播	自由空间	<1200kbit/s	<50km	负荷控制
卫星	自由空间	<1200kbit/s	全球	时钟同步

图 8-5 所示是一个典型的配电自动化系统的数据通信系统。

在配电网自动化系统中，常见的数据终端设备（Data Terminal Equipment，DTE）有配电自动化 SCADA 系统、站内远方终端（Remote Terminal Unit，RTU）、馈线远方终端（Feeder Terminal Unit，FTU）、变电台远方终端（Transformer Terminal Unit，TTU）、区域工作站、抄表集中器和抄表终端等；常见的数据传输设备（Data Communication Equipment，

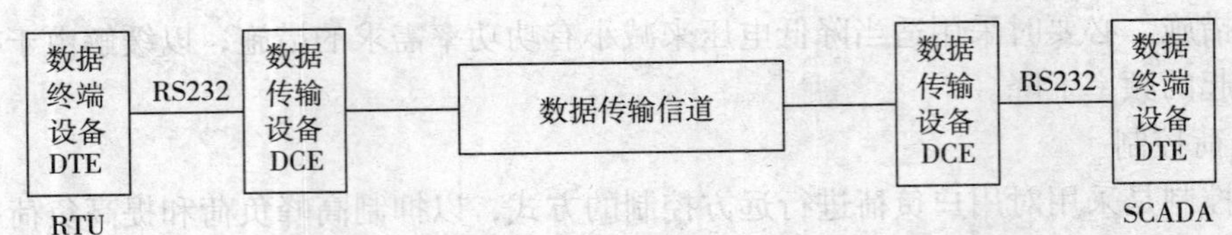

图 8-5 一个典型的配电自动化系统的数据通信系统

DCE）有调制解调器（MODEM）、复接分接器、数传电台、载波机和光端机等。按数据传输媒介的不同，数据传输信道可分为有线信道和无线信道两类；按数据传输形式的不同，数据传输信道可分为模拟信道和数字信道两类。

DCE 和 DTE 之间一般采用 RS232C 或 RS485 标准接口。

（二）配电自动化的通信规约

通信规约是调度端和执行端通信时共同使用的人工语言的语法规则及应答关系。调度端和执行端只有使用相同的通信规约，彼此才能明了对方发送信息的意义，通信才能正常进行。

目前普遍运用于电网调度自动化和变电站综合自动化的通信规约大致可以分为应答式规约（如 SC1801、μ4F 和 Modbus 等）、循环式规约（如部颁 CDT、DXF5 和 C01 等）和对等方式规约（如 DNP3.0）三类。

DNP 规约系分布式网络规约的缩写，它是美国电气和电子工程师协会在 IEC870-5 的基础上制订的美国国家标准。近年来逐渐被引进国内复杂的大规模远动系统中（如 GR90RTU 等）。

四、配电网的馈线自动化

馈线自动化就是监视馈线的运行方式和负荷。当故障发生后，及时准确地确定故障区段，迅速隔离故障区段并恢复健全区段供电。概括来说，馈线自动化主要有 4 个方面的功能：①运行状态监测；②远方与就地控制；③故障区隔离，负荷转供与恢复供电；④无功补偿与调压。

（一）基于重合器的馈线自动化

采用配电自动化开关设备的馈线自动化系统，不需要建设通信通道，只需恰当利用配电自动化开关设备的相互配合关系，就能达到隔离故障区段和恢复健全区段供电的功能。

目前，主要有三种典型的配电自动化开关设备的相互配合实现馈线自动化的模式，即重合器和重合器配合模式、重合器和电压-时间型分段器配合模式、重合器和过电流脉冲计数型分段器配合模式。

1. 重合器

重合器（Automatic Circuit Recloser）是一种能够按照预定的顺序，在导电回路中进行开断和重合操作，并在其后自动复位、分闸闭锁或合闸闭锁的自具（不需外加能源）控制保护功能的开关设备。

重合器的功能是当事故发生后，如果重合器经历了超过设定值的故障电流，则重合器跳闸，并按预先整定的动作顺序作若干次合、分的循环操作，若重合成功则自动终止后续动作，并经一段延时后恢复到预先的整定状态，为下一次故障做好准备。若重合失败则闭锁在分闸状态，只有通过手动复位才能解除闭锁。

2. 分段器

分段器（Sectionalizer）是一种能够自动判断线路故障和记忆线路故障电流开断的次数，并在达到整定的次数后在无电压或无电流条件下自动分闸的开关设备。某些分段器可具有关合短路电流（自动重关合功能）及开断、关合负荷电流的能力，但无断开短路电流的能力。发生永久性故障时，分段器在预定次数的分合操作后闭锁于分闸状态，从而达到隔离故障线路区段的目的。若分段器未完成预定次数的分合操作，故障就被其他设备切除了，则其将保持在合闸状态，并经一段延时后恢复到预先的整定状态，为下一次故障做好准备。

（二）基于 FTU 的馈线自动化

基于重合器的馈线自动化系统仅在线路发生故障时能发挥作用，而不能在远方通过遥控完成正常的倒闸操作，不能实时监视线路的负荷，因此，无法掌握用户用电规律，也难于改进运行方式；对于多电源的网格状网，当故障区段隔离后，在恢复健全区段供电，进行配电网重构时，也无法确定最优方案。

基于馈线 FTU 和通信网络的配电网自动化系统较好地解决了上述问题。馈线开关远程式终端（FTU）是 FTU 馈线自动化系统的核心设备。对 FTU 的性能要求有：遥信功能、遥测功能、遥控功能、统计功能、对时功能、事件顺序记录（Sequence Of Event，SOE）、事故记录、定值远方修改和召唤定值、自检和自恢复功能、远方控制闭锁与手动操作功能、远程通信功能、抗恶劣环境、具有良好的维修性和可靠的电源等。另有三种扩展功能可供选择：电能采集、微机保护和故障录波。

第三节　变电所综合自动化

一、概述

变电所在配电网中具有十分重要的地位，它既是上一级配电网的负荷，又是下一级配电网的电源。变电所综合自动化系统是配电自动化系统的重要组成部分，可根据需要作为配电自动化系统的主站或子站，其自动化程度的高低直接反映了配电自动化的水平。近年来变电所综合自动化发展十分迅速。

变电所综合自动化是将变电所的二次设备（包括测量仪表、信号系统、继电保护、自动装置和远动装置等）经过功能的组合和优化设计，利用先进的计算机技术、现代电子技术、通信技术和信号处理技术，实现对全变电所的主要设备和线路的自动监视、测量、自动控制和微机保护，以及与调度中心通信等综合性的自动化功能。

与常规变电所的二次系统相比，变电所综合自动化系统具有功能综合化、结构微机化、操作监视屏幕化、运行管理智能化等一系列优点，并为变电所实现无人值班提供了可靠的技术条件。

二、变电所综合自动化系统的基本功能

（一）微机远动功能

变电所综合自动化系统必须具有微机远动装置（RTU）的全部功能，应能集中收集变电所内的所有信息，同时可以接收上级控制调度中心的命令，输出开关控制信号，增减控制设

备信号或调节设备的整定值，并返回已完成操作的信息，归纳起来有如下功能：

1.“四遥”功能

（1）遥信　用于测量下列信号：开关的位置信号、变压器内部故障综合信号、保护装置的动作信号、通信设备运行状态信号、调压变压器抽头位置信号、自动调节装置的运行状态信号和其他可提供继电器方式输出的信号、事故总信号及装置上电源停电信号等。

（2）遥测　用于变压器的有功和无功采集；线路的有功功率采集；母线电压和线路电流采集；温度、压力、流量（流速）等采集；周波频率采集；主变压器油温采集和其他模拟信号采集。

（3）遥控　用于断路器的合、分和电容器、电抗器的投切以及其他可以采用继电器控制的功能。

（4）遥调　用于有载调压变压器抽头的升、降调节和其他可采用一组继电器控制的、具有分级升降功能的场合。

2. 事件顺序记录（SOE）

电网调度人员需要及时掌握电网事故发生时各断路器和继电保护的动作状况及动作时间，以区分事件顺序，作出运行对策和进行事故分析。

3. 系统对时

RTU 站间 SOE 分辨率是一项系统指标，它要求各 RTU 的时钟与调度中心的时钟严格同步。目前采用的措施有：①利用全球定分系统 GPS 提供的时间频率同步对时；②采用软件对时。

4. 电能采集（PA）

采集变电站各条进线和出线以及主变两侧的电能值，传统做法是通过记录脉冲电能表的脉冲数来实现，较先进的做法是通过与智能电能表通信获取电能值。

5. 自恢复和自检测功能

RTU 作为调度自动化系统的数据采集单元，必须确保不间断地完成与 SCADA 系统的通信，上报当前采集情况并接收 SCADA 系统下达的各项命令。但 RTU 处于一个具有强大电磁干扰的工作环境中，使用中难免发生程序受干扰而“跑飞”或通信瞬时中断等异常情况，甚至有时电源也会瞬时掉电。在上述情形下，若不加特殊处理，均可能造成 RTU 死机，SCADA 系统将因此无法收到变配电所的信息。因此要求 RTU 在遇到上述情形时，要能在较短的时间内自动恢复，重新从头开始执行程序。另外，为了维护方便，通常要求 RTU 含有自检程序。

6. 与 SCADA 系统通信

要求 RTU 将能采集的现场信息上报 SCADA 系统，并能接收 SCADA 系统下达的命令。

以上六项功能为 RTU 的基本性能要求，除此之外，一般还希望 RTU 具有下列功能：

（1）当地显示与参数整定输入　即在 RTU 上安装一个当地键盘和 LED 或液晶显示器，使得 RTU 的采集量在当地就可以显示在显示器上，也可通过小键盘输入遥测量的转换系数、修改电能底盘值和定义 SOE 点等。

（2）一点多收　有时一台 RTU 往往要向不同的上级计算机系统发布信息，有时通信规约还不相同，此时就要实现多规约转发。采用集中式结构的微机远动装置，实现一发三收很不容易，而分布式多 CPU 的 RTU，则可方便地解决这个问题。

（3）CRT 显示和打印制表 有的 RTU 还具有当地显示功能，并能将异常和事故报告打印出来。

（二）微机继电保护功能

微机继电保护是变电所综合自动化系统中的关键环节，主要包括线路保护、电力变压器保护、母线保护、电容器保护等。由于继电保护的特殊重要性，自动化系统绝不能降低继电保护的可靠性、独立性。通常微机继电保护应满足下列要求：

1）系统的微机继电保护按被保护的电力设备（间隔）分别独立设置，直接由相关的电流互感器和电压互感器输入电气量，保护装置的输出直接作用于相应断路器的跳闸机构。

2）保护装置设有通信接口，供接入变配电所内通信网，在保护动作后向变配电所层的微机设备提供报告，但继电保护的功能完全不依赖于通信网。

3）为避免不必要的硬件重复，以提高整个系统的可靠性和降低造价，对 35kV 及以下的变配电所，在不降低保护装置可靠性的前提下，可以给保护装置配置一些其他功能，如测量控制功能。

（三）自动控制装置功能

变电所综合自动化系统必须具有保证安全、可靠供电和提高电能质量的自动控制功能。因此，典型的变电所综合自动化系统都配置了相应的自动控制装置，如备用电源自动投入控制装置、自动重合闸装置、电压无功综合控制装置、小电流接地选线装置、自动低频低压减负荷装置等。同微机保护装置一样，自动控制装置也不依赖于通信网，设备专用的装置放在相应间隔屏上。

三、变电所综合自动化系统的结构

变电所综合自动化系统的体系结构，可以分为集中式和分布式两大类；从组屏方式上，可分为集中组屏和分散布置两类。

集中式系统主要特征为单 CPU、并行总线和集中组屏。随着变电所自动化的不断发展，要求能够采集更多的信息，能够进行更多路的遥控和遥调，能够与更多的调度主机建立联系，此外对事件顺序记录（SOE）的站内分辨率的要求也有提高的趋势。集中式系统因采用单微处理器，CPU 负荷过重往往不能满足上述要求，同时，采用并行总线的集中式远动装置也不便于采集不在同一现场的参数。而多 CPU 结构、各模块间以串行总线相互联系的分布式结构则能很好地实现以上功能。

根据结构上的不同，分布式系统又分为功能分布式（集中组屏）和结构分布式（分散布置）两大类。功能分布式系统把变电所综合自动化系统按其功能组装成多个屏，例如主变压器保护屏、线路保护屏、公用测控屏、自动装置屏等，集中安装在主控室中，适用于回路数不多、一次设备相对集中、分布面不大的 35～110kV 配电装置。结构分布式系统面向设备对象而设计，它能根据变电所实际情况将同一台设备或同一面开关柜所需要的四遥量布置在一个单元模块中，而该单元模块可以分散地布置在各开关柜中，节省空间，二次连线少，只需要几条 RS485 或现场总线连接就能满足要求，而且很容易将微机保护与监控部分合二为一，有利于实现综合自动化，特别适用于 10kV 及以下配电装置。

一个 10kV 变电所综合自动化系统的分布式结构如图 8-6 所示。系统结构分为三层：站控管理层、通信控制层和单元设备层。通信网络采用以太网或开放式现场总线。

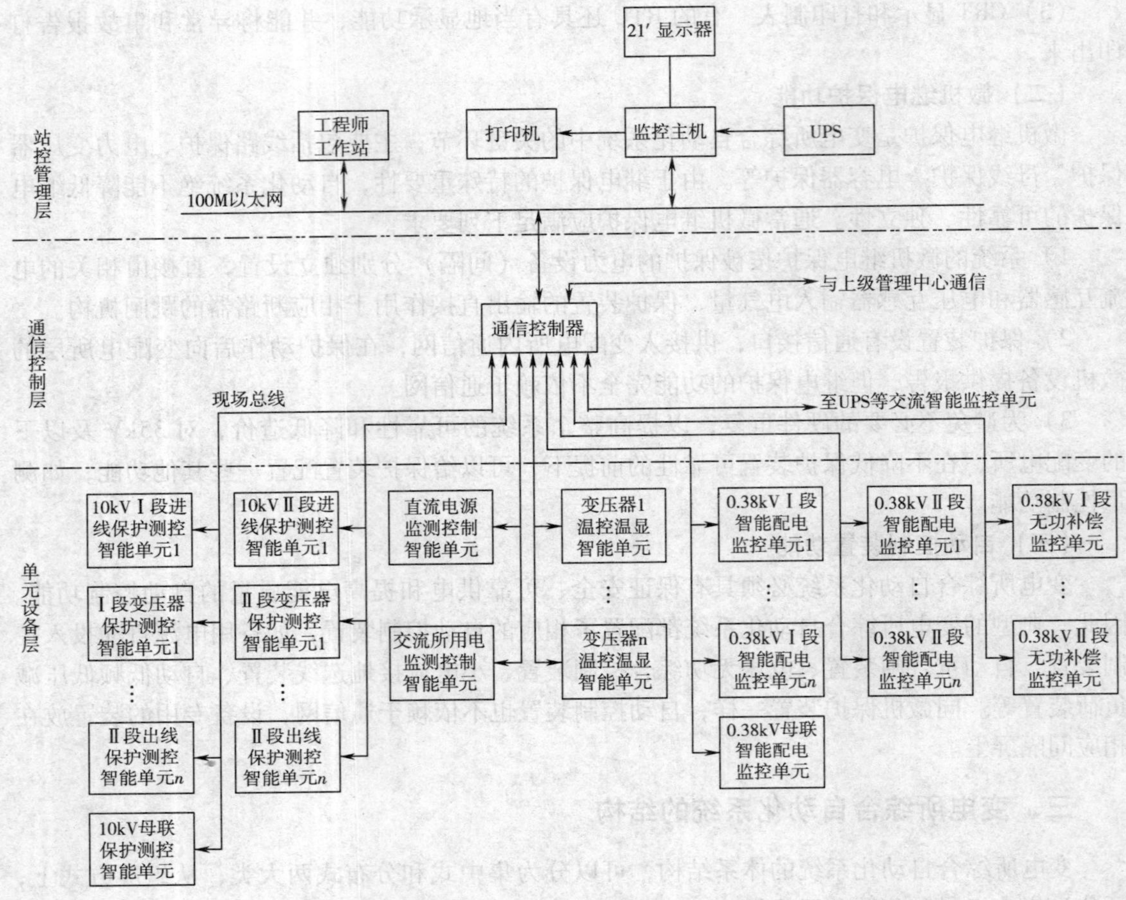

图 8-6　10kV 变电所综合自动化系统的分布式结构

站控管理层是针对系统管理人员的人机交互直接窗口，也是系统最上层部分。它主要由系统软件和必要的硬件设备，如计算机系统、打印机、UPS 等组成。计算机系统一般由主机(单机或双机)、工程师工作站、网络交换机等部分组成。系统软件应具有良好的人机交互界面，对采集的现场各类数据信息自动进行计算处理，并以图形、数显、声音等方式反应系统运行状况。

通信控制层主要由通信控制器及总线网络组成。通信控制器是变配电所综合自动化系统的信息中心，它支持不同的通信介质和通信规约，对变配电所内各种设备的信息进行采集处理，形成标准的信息通过数据通道传送到集控中心和配电自动化系统，同时转达上位机对现场单元设备的各种控制命令。通信控制器一般应至少具有两个以太网接口与站控层主机、上级管理中心通信，具有 8 个高速 RS485 串口与单元设备层的智能设备交换数据。同时，通信控制器应具备完善的 GPS 对时子系统，可使站内各智能设备时间保持统一。

单元设备层按一次设备单元分布式配置，10kV 及以下电力线路与设备微机保护和微机测控均采用一体化装置，分散就地安装于各单元开关柜上。直流系统的微机监测装置就地装设在直流电源屏上。交流所用电的微机监测装置可就地安装在交流配电屏上。10（6）kV 干式变压器可选择带有远方通信接口的温控温显装置。各单元相互独立，仅通过通信网互连，并与通信控制器通信。

第四节　负荷控制与用电管理自动化

一、负荷控制系统

负荷控制是对用户的用电负荷进行控制的技术措施。

电力负荷控制系统由负荷控制中心和负荷控制终端组成。电力负荷控制中心是可对各负荷控制终端进行监视和控制的站，也称主控站。电力负荷控制终端是装设在用户端，受电力负荷控制中心的监视和控制的设备，也称被控端。

负荷控制终端又可分为以下几类：

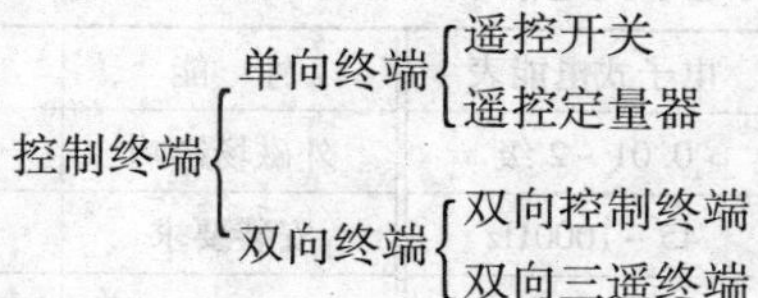

遥控开关是接收电力负荷控制中心的遥控命令，进行负荷开关的分闸、合闸操作的单向终端，遥控开关一般用于315kV · A 以下的小用户。

遥控定量器是接收电力负荷控制中心定值和遥控命令的单向终端。遥控定量器一般适用于装机容量为315～3200kV · A 的中等用户。

双向控制终端是能适时采集并向负荷中央控制机传送有功电力、无功电力等信息，并具有显示（或打印）、越限报警、当地和远方控制以及调整定值等功能的负荷控制终端。双向控制终端主要用于装机容量为3200kV · A 以上的电力用户。

三遥控制终端适时采集并向负荷中央控制机传送电流、电压、有功电力、无功电力和开关状态等信息，并具有当地显示打印、越限报警和实施当地及远方控制等功能的负荷控制终端。三遥控制终端主要用于变电站的小型远动装置，也可用于少数特大型电力用户。

图8-7 所示是一个典型的双向控制终端的组成框图。

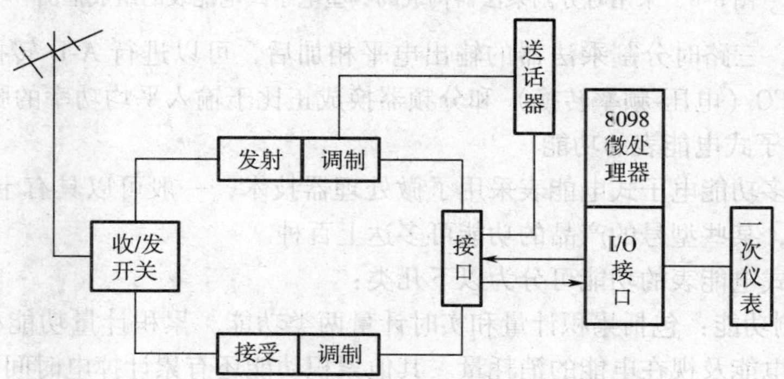

图8-7　一个典型的双向控制终端的组成框图

负荷控制终端的功能主要有：电能脉冲记录、最大需量统计、分时电量记录、电压采集、开关量采集、当地打印、当地显示、SOE、当地设置定值、远方设置定值、当地报警、远方控制等。

二、用电管理中的自动抄表与远程电能计费系统

配电及用电管理需要自动计量计费系统，还有直接记录各家各户的自动抄表系统，其内容涉及计量设备（仪表）、数据传输（通信）和计费，甚至涉及与费用结算部门（银行）之间的信息交换。

（一）多功能电子式电能表

1. 电子式电能表的性能及组成原理

目前在国内已有相当数量的各种类型的进口和国产电子式电能表投入电网使用。电子式电能表与机械式电能表的性能比较见表8-2。

表 8-2 电子式电能表与机械式电能表的性能比较

性 能	机械式电能表	电子式电能表	性 能	机械式电能表	电子式电能表
准确度	0.5~3级	0.01~2级	外磁场影响	较大	较小
频率范围	45~55Hz	45~1000Hz	安装要求	±3°	无特殊要求
过载能力	4倍	5~10倍	价格	低	高
功率消耗	大	小	维护	简单	复杂
电磁兼容	好	差	功能扩展性	差	好

电子式电能表在不断更新，图8-8所示为一种采用时分割乘法器构成的典型电子式电能表的组成框图。

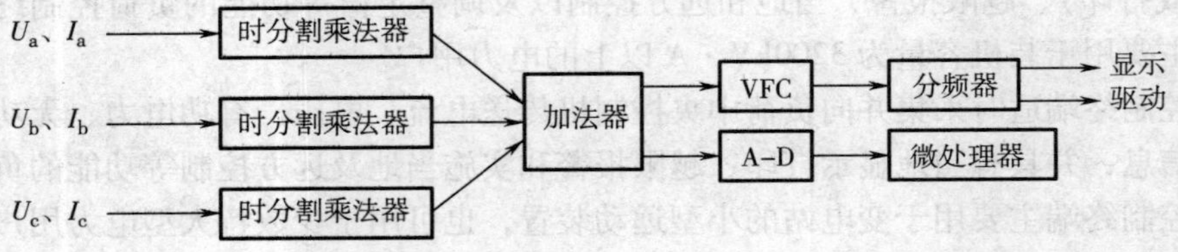

图 8-8 采用时分割乘法器构成的典型电子式电能表的组成框图

在图8-8中，三路时分割乘法器的输出电平相加后，可以进行A-D转换后进入微处理器，也可以经VFC（电压-频率转换）和分频器换成正比于输入平均功率的脉冲后输出。

2. 多功能电子式电能表的功能

由于大部分多功能电子式电能表采用了微处理器技术，一般可以具有十余种基本功能，再加上辅助功能，某些型号的产品的功能可多达上百种。

多功能电子式电能表的功能可分为以下几类：

1）用电计测功能：包括累积计量和实时计量两类功能。累积计量功能积算双向供电的有功电能、无功电能及视在电能的消耗量。其他累积功能还有累计掉电时间、累计掉电次数和累计超过功率时间等。实时计量包括实测各相电流、相电压及线电压和三相有功功率、无功功率、视在功率、功率因数及供电频率等。

2）监视功能：主要有最大需量监视和防窃电监视等。其他功能还涵盖断相指示、断电和恢复供电时间记录、电压异常报警等。

3）控制功能：主要包括复费率分时计费的时段控制，有的电能表还具有负荷控制功能。

4）管理功能：主要包括按时段/费率进行计费、抄表以及组网管理等，费率可根据季节、星期、日或特殊节假日及峰谷期而有所不同，费率由供电部门设定。

5）存储功能：将一段时间采集到的各项参数及事件打上进标存储在存储器中，并做到掉电不丢失。

6）自恢复与自检测：对于基于微处理器的多功能电能表，应加监视定时器（WDT），以确保其在程序出现异常导致死机后，能够及时复位电能表，同时还要尽可能地通过程序进行硬件部分的自检测。

（二）自动抄表技术

1. 自动抄表计费的几种方式

自动抄表电能计费一般有以下几种方式：

1）本地自动抄表方式：采用携带方便、操作简单可靠的抄表设备到现场完成自动抄表功能。它通过在配备有相应模块的电表和便携式计算机之间加入无线通信手段，达到非接触式数据传输的目的。依据所采用的无线通信种类的不同，又可分为红外线就地自动抄表、无线电自动就地抄表和超声波就地自动抄表等几类。

2）移动式自动抄表方式：利用汽车装载收发装置，以900MHz无线电波实现数据传输，抄表人员不必到达用户现场，在附近一定的距离内能自动抄回电能数据。

3）远程自动抄表方式：采用低压配电线、电话网、无线电、RS485或现场总线等多种通信媒体，结合电表上的软件和局域计算机系统，抄表人员不必外出就可抄回用户电能数据。

2. 预付费电能计量方式

预付费电能计量方式使用的核心设备是预付费电能表，按其执行机构的不同，可以分为投币式、磁卡式和IC卡式三种。投币式、磁卡式已逐步被淘汰，目前，推广应用的是IC卡式预付费电能表。

IC卡是一种具有微处理器和大容量存储器的集成电路芯片，嵌置在大小和普通信用卡相同的塑料卡片上，安全性能较高。典型的IC卡预付费复费率电能表的原理框图如图8-9所示。

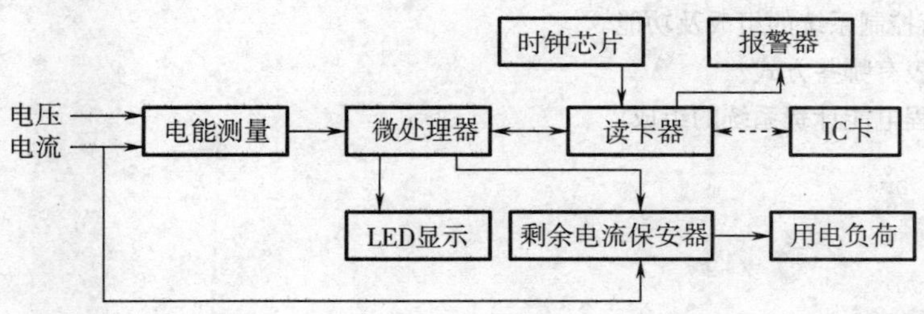

图8-9　IC卡预付费复费率电能表的原理框图

在图8-9中，电能测量部分完成电能采集，它将测量的功率转换成脉冲形式，功率-脉冲转换有两种模式：一种是全电子式，另一种是机电式。全电子式比较有发展前途，因为目前有许多电能表专用集成电路芯片问世，它实际上是一个模拟乘法器，电压信号经片内厚膜电阻分压，电流信号由片内锰钢电阻取样，然后与分压后的电压信号相乘，就得到与功率成正比的信号，再经 V/F（电压-频率）交换后，就得到一个与被测功率成正比的脉冲信号，该脉冲信号经分频后输出提供给微处理器的计数部分。

微处理器是 IC 卡式预付费电能表的核心部件，它主要完成脉冲计数，并与 E^2PROM 中存入的 IC 卡电量信息进行比较和相减得出剩余电量。当剩余电量不足 10kW · h，时，发出警告信号，提醒用户及时购买，在剩余电量为 0 时，即用户所购电量用完时，发出跳闸信号，通过表内的剩余电流保安器自动断电。剩余电流保安器除用作对用户限电和当用户所购电量用完时跳闸之外，还具有人身电击保护和电网剩余电流保护的作用。

IC 卡复费率电能表一般应具有的功能有：IC 卡预付电费，分时（峰、谷、平时段）计量有功电能和无功电能并计费，分时计量有功最大需量和无功最大需量，功率因数测量，提醒与跳闸，防窃电等。

（三）远程电能计费系统

建立准确及时、安全可靠的远程电能计费系统已成为电力市场当前的迫切需要。一个典型的远程电能计费系统主要由具有自动抄表功能的电能表、抄表集中器、抄表交换机和中央信息处理机等组成。抄表集中器是将多台电能表连接成本地网络，并将它们的用电量等数据集中处理的装置，其本身含有特殊软件，且具有通信功能。抄表交换机是当多台抄表集中器需再联网时采用的设备，它可与公用数据网接口，有时抄表交换机和抄表集中器也可合二为一。中央信息处理机是利用公共电话网络等公用数据网，将抄表集中器所集中的电表数据抄回并进行处理的计算机网络。

思考题与习题

8-1 备用电源自动投入装置和自动重合闸装置有何作用?

8-2 配电自动化系统涵盖哪些内容? 应具有哪些基本功能?

8-3 配电自动化系统中有哪些通信方式?

8-4 简述馈线自动化的作用与意义。

8-5 重合器的基本功能有哪些?

8-6 由 FTU 组成的馈线自动化系统中，FTU 有哪些功能?

8-7 简述变电所综合自动化系统的基本功能。

8-8 变电所综合自动化系统的结构形式有哪些? 它具有什么特点?

8-9 简述负荷控制系统的组成及功能。

8-10 自动抄表有哪些方式?

8-11 简述远程电能计费系统的组成。

第九章　接地与防雷

第一节　接地与等电位联结

一、接地的有关概念

（一）接地与接地装置

能供给或接收大量电荷可用来作为参考零电位的地球及其所有自然物质称为大地（Earth）。埋入土壤或特定的导电介质（例如混凝土或焦炭）中、与大地有电接触的可导电部分称为接地极（Earth Electrode）。大地与接地极有电接触的部分称为局部地（Local Earth），其电位不一定等于零。接地（Earth）就是指在系统、装置或设备的给定点与局部地之间进行电连接。

接地极有人工接地极和自然接地极之分。自然接地极是指兼作接地极用的直接与大地有电接触的可导电部分，如各种金属构件、金属管道、建（构）筑物和设备基础的钢筋等。人工接地极则是为了接地而专门装设的接地极，按敷设方式的不同，又可分为垂直接地极和水平接地极两种。若干接地极在地中相互连接组成的总体称为接地网（Earth-electrode Network）。在系统、装置或设备的给定点与接地极或接地网之间提供导电通路的导体称为接地导体（Earth Conductor）。系统、装置或设备的接地所包含的所有电气连接件和器件称为接地装置（接地配置，Earthing Arrangements），包括接地极或接地网、接地导体、总接地端子或总接地母线等。总接地端子或总接地母线用于多个接地导体的电气连接，也可兼作总等电位联结端子或母线。

（二）接地的分类

按电气系统与电气设备接地的目的来看，接地的类型有以下几种：

1. 功能接地

功能接地（Functional Earthing）是出于电气安全之外的目的，将系统、装置或设备的一点或多点接地。如电力系统的中性点接地（系统接地）。

2. 保护接地

保护接地（Protective Earthing）是为了电气安全，将系统、装置或设备的一点或多点接地。

（1）防电击保护接地　为间接接触防护（故障防护）而将电气装置或设备的外露可导电部分进行接地。电气装置或设备的外露可导电部分可通过保护导体或保护中性导体与系统中性点接地端相连接（如低压 TN 系统），也可单独直接接地（如低压 TT 系统、IT 系统）。通过保护接地，在电气装置的对地绝缘损坏时，可降低接触电压，同时形成接地故障电流通路，可使间接接触防护电器在规定时间内切断电源。

（2）防雷保护接地　为防止雷电过电压而将雷电流、电涌电流泄入大地而设置的接地。

（3）防静电接地　为消除静电危害将静电导入大地而设置的接地。

3. 电磁兼容性接地

电磁兼容性（Electromagnetic Compatibility，EMC）是指使电气系统或电气设备在其电磁环境中能正常工作且不对该环境中任何事物构成不能承受的电磁干扰的能力。为此目的所做的接地称为电磁兼容性接地，或称屏蔽接地。

（三）对地电压、接触电压和跨步电压

电气设备在发生接地故障时，入地故障电流 I_E 将以接地极为中心，以半球形向大地中散开，形成流散电场，如图 9-1 所示。在距离接地极越远的地方，半球的球面积越大，其散流电阻越小，相对于接地极处的电位就越低。试验表明，在距单根接地极或接地故障点 20m 左右的地方，散流电阻值已很小，此处电位接近参考零电位，称为参考地（Reference Earth）。

电气设备接地点和接地极与参考地之间的电压 U_E，称为电气设备接地故障时的对地电压。大地表面某一指定点与参考地之间的电压，称为地面对地电压。由图 9-1 可知，在接地故障点附近，地面对地电压分布不均匀。人若在接地故障点附近，将会因预期接触电压和跨步电压而遭受电击。所谓预期接触电压是指人体虽尚未触及但有可能被同时触及的可导电部分之间的电压。跨步电压则是指大地表面相距 1m（约为人的步距）的两点之间的电压（我国有关跨步电压的规范中，人的步距取 0.8m）。因此，在布置接地装置时，应采取等电位联结、电气绝缘等措施降低预期接触电压和跨步电压值。

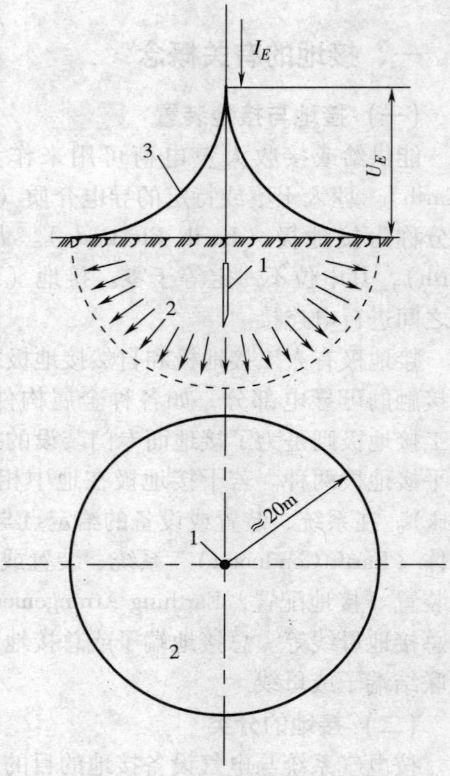

图 9-1　接地电流、对地电压示意图

1—接地极　2—流散电场　3—地面对地电压

二、接地电阻及要求

接地电阻（Resistance To Earth）是指在给定频率下，系统、装置或设备的指定点与参考地之间的电阻。包括接地导体、接地极（网）的电阻与接地极周围土壤的流散电阻。一般接地导体和接地极（网）的电阻值较小，可忽略不计。因此，接地电阻主要是接地极周围土壤的流散电阻，它与接地极（网）的形式及结构尺寸、土壤电阻率等有关。

决定土壤电阻率的因素主要有土壤的类型、含水量、温度、在土壤水分中化合物的种类和浓度、土壤的颗粒大小及分布、密集性和压力、电晕作用等。土壤电阻率一般应以实测值作为设计依据，也可参考附录表 62。

工频接地电流经接地极流入地中所呈现的接地电阻，称为工频接地电阻，用 R 表示；雷电流经接地极流入地中所呈现的接地电阻，称为冲击接地电阻，用 R_p 表示。需要指出，雷电流从接地极流入土壤时，接地极附近形成很强的电场，将土壤击穿并产生火花，相当于增加了接地极的截面积，减小了接地电阻，但雷电流有高频特性，导致接地极本身电抗增大，从总体上看，冲击接地电阻一般小于工频接地电阻。

通常，电力系统在不同情况下对接地电阻的要求是不同的。附录表 63、64 给出了独立变电所（A 类电气装置）和建筑物电气装置（B 类电气装置）的接地电阻要求。

三、接地装置的设计

（一）接地装置的布置

独立变电所的接地装置，除利用自然接地极外，应敷设以水平接地极为主的人工接地网。人工主接地网的外缘应闭合，外缘各角应呈圆弧形，圆弧的半径不宜小于均压带间距的一半。主接地网内应敷设水平均压带。主接地网均压带可采用等间距或不等间距布置，可构成长孔形或方孔形接地网。变电所接地网边缘经常有人出入的走道处，还应铺设砾石、沥青路面或在地下深埋两条与接地网相连的帽檐式均压带，以降低接触电位差与跨步电位差。防雷装置应设置集中接地装置，以便雷电流快速泄入大地。集中接地装置的布置应防止出现高电位反击。

建筑物电气装置的接地装置应优先利用其钢筋混凝土基础内的钢筋。有钢筋混凝土地梁时，宜将地梁内的钢筋焊接连成环形接地装置；无钢筋混凝土地梁时，可在建筑物周边的无钢筋的闭合条形混凝土基础内，直接敷设 $40\times4\mathrm{mm}^2$ 镀锌扁钢，形成环形接地。当利用建筑物钢筋混凝土基础内的钢筋、金属管道等作自然接地体时，应估算或实测其接地电阻。如接地电阻大于规定值，还应补设人工接地极。人工接地极宜采用以水平接地极为主的闭合环形接地网，敷设在建筑物四周基础槽坑外沿，并应在防雷引下线处与建筑物基础钢筋网相连接。

电气装置应设置总接地端子（总接地母线），并应与接地导体、保护导体、等电位联结导体相连接。为保证接地导体的连接牢固可靠，总接地端子（总接地母线）应不少于两根导体且在不同地点与接地网相连接，连接处采用焊接并做防腐。电气装置的每个接地部分应以单独的接地导体与总接地端子（总接地母线）相连接，严禁在一个接地导体中串接几个需要接地的部分，以避免因其中某部分接地不可靠而造成该部分以后的接地均不可靠。

在工程设计与施工时，应参照国家建筑标准设计图集 D501-3《利用建筑物金属体做防雷装置及接地装置安装》和 D501-4《接地装置安装》。

（二）人工接地装置的规格尺寸

水平敷设的人工接地极可采用圆钢、扁钢，垂直敷设的则可采用角钢、钢管等。所有人工接地极、接地导体均应采用镀锌件。按机械强度要求的接地装置导体尺寸应符合附录表 65 所列规格。

人工垂直接地极的长度宜为 2.5m，减小长度时，流散电阻增加较多，但增加长度时，流散电阻却减小较少。为减少相邻接地极的屏蔽作用（相互之间的磁场影响电流散流效果的现象），人工垂直接地极间的距离及人工水平接地极间的距离一般不宜小于 5m。为减少外界温度、湿度变化对流散电阻的影响，人工接地极在土壤中的埋设深度一般为 0.6～0.8m。

根据热稳定条件，未考虑腐蚀时，接地导体的最小截面积应按下式校验：

$$S_{\mathrm{E}} \geqslant \frac{I_{\mathrm{E}}}{K}\sqrt{t_{\mathrm{E}}} \tag{9-1}$$

式中 S_E——接地导体的最小截面积（mm^2）；

I_E——流过接地导体的短路电流稳定值（A）；

t_E——接地短路的等效持续时间（s），取后备保护动作时间与断路器开断时间之和；

K——接地导体材料的热稳定系数，对裸钢导体，取70；对裸铜导体，取210。对绝缘铜导体，见附录表32。

（三）接地电阻的计算

1. 人工接地极的工频接地电阻计算

人工接地极的工频接地电阻，可采用表9-1所列理论计算公式进行计算。工程应用时，也可采用表9-3所列公式简易计算人工接地极的工频接地电阻。

表9-1 人工接地极工频接地电阻的理论计算

<table>
<tr><th>接地极类型</th><th>接地电阻（Ω）理论计算式</th><th>符号说明</th></tr>
<tr><td>单根垂直接地极</td><td>$R_v=\frac{\rho}{2\pi l}\left(\ln\frac{8l}{d}-1\right)$</td><td rowspan="3">$R_v$——垂直接地极的接地电阻（Ω）
l——垂直接地极的长度（m）
d——接地极的直径或等效直径（m），对扁钢为其宽度的1/2，对等边角钢 d 为其边长的0.84
ρ——土壤电阻率（Ω·m）
R_h——水平接地极的接地电阻（Ω）
L——水平接地极的总长度（m）
h——水平接地极的埋设深度（m）
K——水平接地极的形状系数，见表9-2
R——任意形状边缘闭合接地网的接地电阻（Ω）
R_e——等值（等面积、等水平接地极总长度）方形接地网的接地电阻（Ω）
S——接地网的总面积（m^2）
L_0——接地网的外缘边线总长度（m）</td></tr>
<tr><td>不同形状水平接地极</td><td>$R_h=\frac{\rho}{2\pi L}\left(\ln\frac{L^2}{hd}+K\right)$</td></tr>
<tr><td>水平接地极为主边缘闭合的复合接地极（接地网）</td><td>$R=a_1R_e$
$a_1=\left(3\ln\frac{L_0}{\sqrt{S}}-0.2\right)\frac{\sqrt{S}}{L_0}$
$R_e=0.213\frac{\rho}{\sqrt{S}}(1+B)+\frac{\rho}{2\pi L}\left(\ln\frac{S}{9hd}-5B\right)$
$B=\frac{1}{1+4.6\frac{h}{\sqrt{S}}}$</td></tr>
</table>

表9-2 水平接地极的形状系数 K

水平接地极的形状							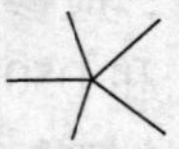	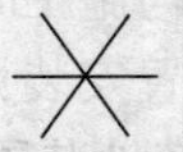	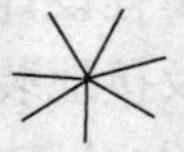	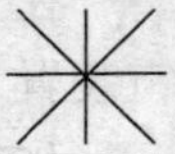
K	-0.6	-0.18	0	0.48	0.89	1	2.19	3.03	4.71	5.65

表9-3 人工接地极工频接地电阻的简易计算

<table>
<tr><th>接地极类型</th><th>接地电阻（Ω）简易计算式</th><th>备注</th></tr>
<tr><td>单根垂直接地极</td><td>$R_v\approx0.3\rho$</td><td rowspan="3">1）单根垂直接地极长度为3m左右
2）单根水平接地极长度为60m左右
3）复合接地极（接地网）中，S 为大于100m^2 的闭合接地网的面积；r 为与接地网面积 S 等值圆的半径，即等效半径（m）；L 为接地网水平接地极和垂直接地极总长度（m）
4）ρ 为土壤电阻率（Ω·m）</td></tr>
<tr><td>单根水平接地极</td><td>$R_h\approx0.03\rho$</td></tr>
<tr><td>复合接地极（接地网）</td><td>$R\approx0.5\frac{\rho}{\sqrt{S}}=0.28\frac{\rho}{r}$ 或
$R\approx\frac{\sqrt{\pi}}{4}\frac{\rho}{\sqrt{S}}+\frac{\rho}{L}=\frac{\rho}{4r}+\frac{\rho}{L}$</td></tr>
</table>

2. 冲击接地电阻计算

单独接地极的冲击接地电阻可用下式计算：

$$R_{\mathrm{p}} = \alpha R \tag{9-2}$$

式中　R——单独接地极的工频接地电阻（Ω）；

R_{p}——单独接地极的冲击接地电阻（Ω）；

α——单独接地极的冲击系数，一般小于 1，具体数值可查有关设计手册。

水平接地极连接的 n 根垂直接地极组成的接地装置，其冲击接地电阻可按下式计算：

$$R_{\mathrm{p}} = \frac{\dfrac{R_{\mathrm{vp}}}{n}R_{\mathrm{hp}}}{\dfrac{R_{\mathrm{vp}}}{n} + R_{\mathrm{hp}}} \frac{1}{\eta_{\mathrm{p}}} \tag{9-3}$$

式中　R_{p}——接地装置的冲击接地电阻（Ω）；

R_{vp}——垂直接地极的冲击接地电阻（Ω）；

R_{hp}——水平接地极的冲击接地电阻（Ω）；

η_{p}——多根接地极的冲击利用系数（因相互屏蔽作用致使接地电阻增大的系数），见附录表 66。

自然接地极的接地电阻估算可参阅有关设计手册。实际工程中，往往采用实地测量的方法来确定建筑物钢筋混凝土基础接地极的接地电阻。

计算接地电阻时，还应考虑土壤受干燥、冻结等季节变化的影响，从而使接地电阻在各季节均能保证达到所要求的值。高土壤电阻率地区应采取降低接地电阻的措施，如：外引接地、采用井式或深井式接地极、土壤置换、利用降阻剂等。

例 9-1　某 10/0. 38kV 独立变电所，安装有两台变压器，容量均为 1000kV · A，Dyn11 联结。已知变压器 10kV 侧工作于不接地系统，计算用的单相接地故障电流约为 20A。当地土质为砂质粘土。已知流过接地线的低压侧单相对地短路电流最大为 19kA，高压后备保护动作时间为 0. 5s。试设计该变电所的共用人工接地装置。

解：（1）确定该变电所的接地电阻允许值　查附录表 63，对配电变压器位于所供电建筑物之外，高压侧工作于不接地系统，保护接地与低压系统中性点接地共用接地装置，其工频接地电阻 R 要求为

$$R \leqslant \frac{120}{I} \quad \text{且} \leqslant 4\Omega$$

将计算用的单相接地故障电流 20A 代入上式，得 $R \leqslant 4\Omega$。此接地电阻也满足防雷接地要求。

（2）接地装置布置　利用建筑物基础钢筋自然接地极和敷设人工接地极相结合，如图 9-2a 所示。将建筑物基础梁上下两层主筋沿建筑物外圈焊接成环形，并与主轴线上的基础梁内的上下两层主筋相互焊接构成自然接地极。人工接地极以水平接地极为主，沿建筑物四周 2. 5m 外敷设成闭合环形接地网，在建筑物防雷引下线处，与建筑物基础钢筋自然接地极相连接，连接点处增设垂直接地极，以便于雷电流快速泄入大地。为降低接触电压和跨步电压，接地网敷设有水平均压带，主要出入口处敷设帽檐式均压带。接地网接地极、水平均压带埋深 0. 8m，帽檐式均压带埋深 1. 3m 和 1. 8m。

在配电装置室内设置总接地端子和母线，总接地母线采用环形导体，布置在配电装置室

内四周的电缆沟内，如图 9-2b 所示。总接地端子和母线共有三处采用接地导体与接地网连接。配电装置外露可导电部分、所有进出变电所的金属管道、金属构件等就近采用导体与总接地母线相连。为防止杂散电流，低压系统的中性点在变压器 T1 进线配电屏 PEN 母线上一点接地，采用单芯电缆接至变电所总接地端子。为便于高压开关柜内的避雷器快速泄放雷电冲击波电流，在高压配电室内设置 1 只接地端子，该接地端子直接与室外集中接地装置相连。

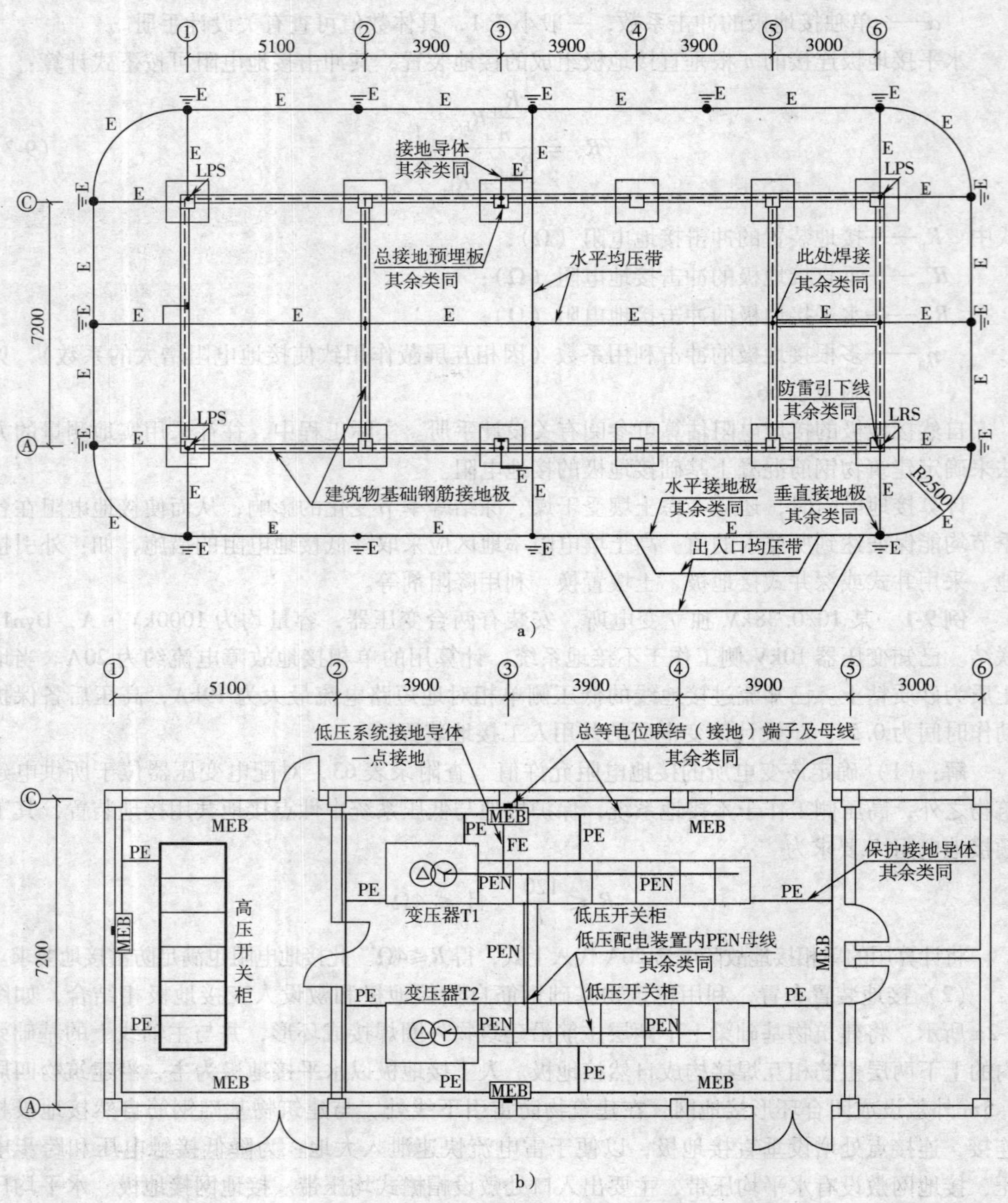

图 9-2　变电所接地平面布置图

a）接地网平面布置图　b）变电所一层接地平面布置图

（3）人工接地装置的规格尺寸　垂直接地极采用∟50×50×5、长2.5m热镀锌角钢，水平接地极、均压带、总接地导体（预埋板）采用—50×5热镀锌扁钢，室内总接地母线、配电装置保护接地导体采用—40×4热镀锌扁钢。材料规格满足规范要求。

配电变压器的中性点接地（低压系统接地）导体选择见表9-4。选择结果满足要求。

表9-4　配电变压器的中性点接地导体选择

接地线材料	流过接地线的短路电流 I_E/A	接地短路等效持续时间 t_E/s	接地线热稳定系数 K	最小允许截面积 S_E/mm^2 $S_E \geqslant \frac{I_E}{K}\sqrt{t_E}$	选择结果
YJV电缆	19×10^3	0.5+0.1=0.6	143	$S_E \geqslant \frac{19\times10^3}{143}\times\sqrt{0.6}=102.9$	采用ZBYJV-0.6/1-1×120电缆
扁钢			70	$S_E \geqslant \frac{19\times10^3}{70}\times\sqrt{0.6}=210.2$	采用镀锌扁钢—50×5

（4）接地电阻计算　由图9-2可知，人工复合接地网的面积$S=335m^2$，接地网水平接地极和垂直接地极总长度$L=169m$。查附录表62，计算用的土壤电阻率取$\rho=100\Omega\cdot m$。根据表9-3提供的简易计算公式得

$$R\approx\frac{\sqrt{\pi}}{4}\frac{\rho}{\sqrt{S}}+\frac{\rho}{L}=\left(\frac{\sqrt{\pi}}{4}\times\frac{100}{\sqrt{335}}+\frac{100}{169}\right)\Omega=3.0\Omega$$

再计及自然接地极的接地电阻，本工程接地网的工频接地电阻不大于3Ω，满足要求。

四、等电位联结

（一）等电位联结的概念及作用

等电位联结是指为达到等电位，多个可导电部分间的电连接。为安全目的而实施的等电位联结又称为保护等电位联结，包括总等电位联结、辅助等电位联结和局部等电位联结。

1. 总等电位联结

在保护等电位联结中，将以下可导电部分连接到一起：

① 总保护导体；

② 总接地导体或总接地端子；

③ 建筑物内的供应服务管道，如煤气管、水管；

④ 可利用的建筑物金属结构部分、集中供热和空调系统。

一般在建筑物的电源进线处设接地母排（端子板），将上述联结导体汇集于母排上，如图9-3所示。

建筑物作了总等电位联结后，其电气装置的PE导体和外露可导电部分、电气装置外部导电部分和接地系统都互相连通，从而在建筑物内形成一各导电部分电位相等或接近的区域。

总等电位联结的作用对不同的接地系统是不尽相同的，对于常用的TN系统，其作用如下：

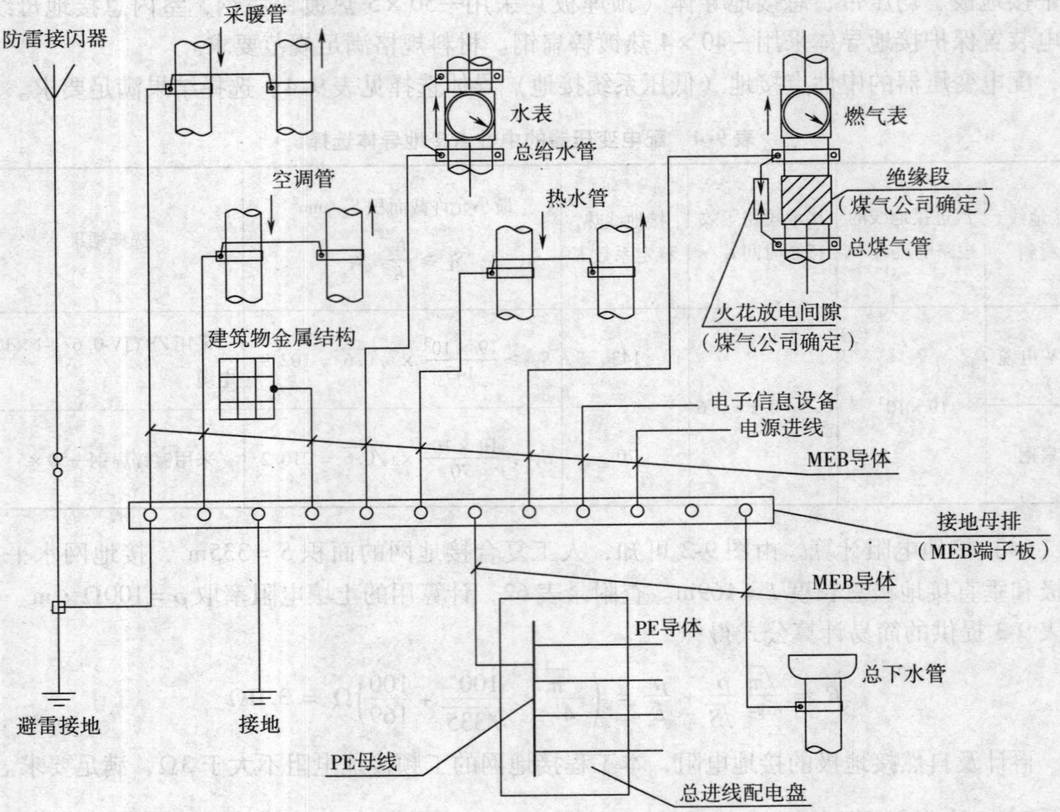

图 9-3　总等电位联结

1）当建筑物内发生接地故障时，可降低由此引起的接触电压。如图 9-4 所示，电气装置绝缘损坏所引起的接地故障电流 I_d 将在系统外部电源至内部故障点全长 PEN 导体及室内 PE 导体上产生阻抗电压降，从而使电气装置外露导电部分带有危险故障电压。采用总等电

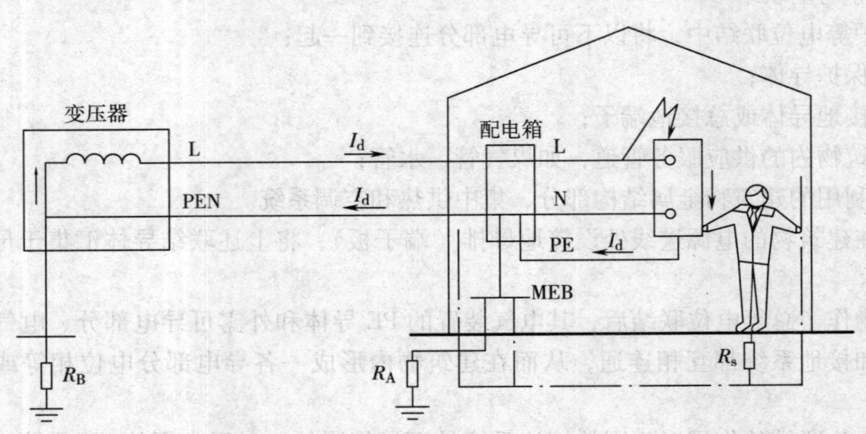

图 9-4　总等电位联结的作用分析一

位联结后，人体接触电压仅为故障电流 I_d 在建筑物内部一段 PE 导体上产生的阻抗电压降，人体接触电压大大降低。

2）当建筑物外部电源线路发生接地故障时，可消除通过 PEN 导体（或 PE 导体）导入的对地电压在建筑物内部形成的电位差。如图 9-5 所示，TN 系统中，发生外部电源线路发生接地故障时，故障电流流经变压器中性点接地电阻时，将产生一个中性点对地电压 U_f，此电压将沿 PEN 导体或 PE 导体蔓延至同一低压配电网络的不同建筑物内，使各建筑物内所有接 PEN 导体或 PE 导体的电气装置外露可导电部分都带此危险故障电压。如果在建筑物内设置总等电位联结，使人体能同时触及的任意两个可导电部分电位基本相等，便能消除这一外来电击的危险。

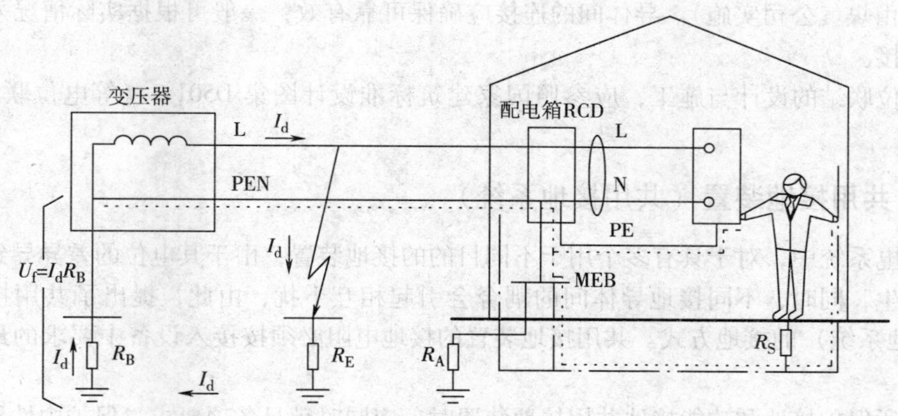

图 9-5　总等电位联结的作用分析二

对于 TT 系统而言，总等电位联结降低接触电压的效果更加明显，但在建筑物内部主要靠高灵敏度的 RCD 进行间接接触防护，另外也不存在从建筑物外部电源中性点导入故障电压的问题，总等电位联结的作用不似 TN 系统那么重要。

虽然总等电位联结对各种接地系统的作用和重要性并不相同，但为确保电气安全和防雷电危害，以及适应信息设备电磁兼容的需要，各类接地系统建筑物电气装置内部都必须设置总等电位联结，通过等电位联结将各电气装置的外露可导电部分和包括建筑物钢构件、金属管道等外界可导电部分相连接。

若大型建筑物有多处电源进线，每个电源进线都需按要求实施总等电位联结。各个总等电位联结系统应就近通过连接线互相导通，使整个建筑物处于同一电位水平上。

2. 局部等电位联结和辅助等电位联结

总等电位联结虽然能大大降低接触电压，但如果建筑物内 PE 线路过长，则过电流保护的动作时间和接触电压都可能超过规定的数值。这时应在局部范围内再做一次等电位联结即局部等电位联结，来降低接触电压至安全电压限值 50V 以下。也可将伸臂范围内能同时触及的两个导电部分连接到一起即作辅助等电位联结，来降低接触电压。但在设计、施工中，辅助等电位联结不如局部等电位联结实施简单。

（二）等电位联结安装

一般工业与民用建筑物、电气装置为防间接接触电击和改善电磁兼容性的需要，均应设置总等电位联结。公寓式办公楼和酒店式办公楼内的卫生间、住宅中设洗浴设备的卫生间还应考虑设置局部等电位联结或辅助等电位联结。

为保证等电位联结的可靠性，等电位联结导体的截面积应满足附录表67的要求。等电位联结端子板的截面积应满足机械强度要求，且不得小于所接联结导体截面积。防雷等电位联结导体的最小截面积要求见附录表68。防雷等电位联结端子板（铜或热镀锌钢）的截面积不应小于50mm^2。

等电位联结导体安装时，金属管道上的阀门、仪表等装置需加跨接线连成电气通路。煤气管入户处应插入一绝缘段（如在法兰盘间插入绝缘板等），并在此绝缘段两段跨接火花放电间隙（由煤气公司实施）。导体间的连接应确保可靠有效，一般可根据实际情况采用焊接或螺栓连接。

等电位联结的设计与施工，应参照国家建筑标准设计图集 D501-2《等电位联结安装》规范。

五、共用接地装置（共用接地系统）

在供电系统中，对于具有多个用于不同目的的接地装置，由于其电位的差异导致不安全因素的产生，同时，不同接地导体间的耦合会引起相互干扰，由此，提出了共用接地装置（共用接地系统）的接地方式。共用接地装置的接地电阻必须按接入设备中要求的最小值确定。

变电所保护接地和功能接地共用接地装置时，应同时满足各项要求。保护中性导体应采取防止杂散电流（Stray Current）的绝缘措施，所谓杂散电流是指因有意或无意的接地，在大地中或埋在地下的金属物体中产生的泄漏电流。为防止正常运行时出现杂散电流带来不必要的电气危害，低压系统的中性点不应在各台变压器或发电机处就近接地，而应在进线配电屏 PEN 母线上一点接地（见第四章图4-11）。当低压系统中性点接地与变电所保护接地分开时，应采用绝缘电缆接至单设的接地极。而PE母线由于正常运行时不承载工作电流，可采用多点接地方式。

每幢建筑物的防雷接地、电源系统接地、安全保护接地、等电位联结接地以及配电线路和信号线路的电涌保护器（SPD）接地等应采用共用接地系统，其构成如图9-6所示。电子信息系统的功能接地一般是直接与大地或与已接地金属外壳相连接，因此应与防雷接地、电源系统接地及保护接地共用接地装置，并采取等电位联结措施。电子信息系统的各种箱体、壳体、机架等金属组件与建筑物的共用接地系统的等电位联结应采用S型星形结构或M型网形结构。建筑物的共用接地系统包括外部防雷装置，为获得低电感及网状接地系统，建筑物内金属装置和导电物体的等电位联结也应接入共用接地系统。

当互相邻近的建筑物之间有电气和电子信息系统的线路连通时，宜将其接地装置互相连接，并构成网状的接地系统。

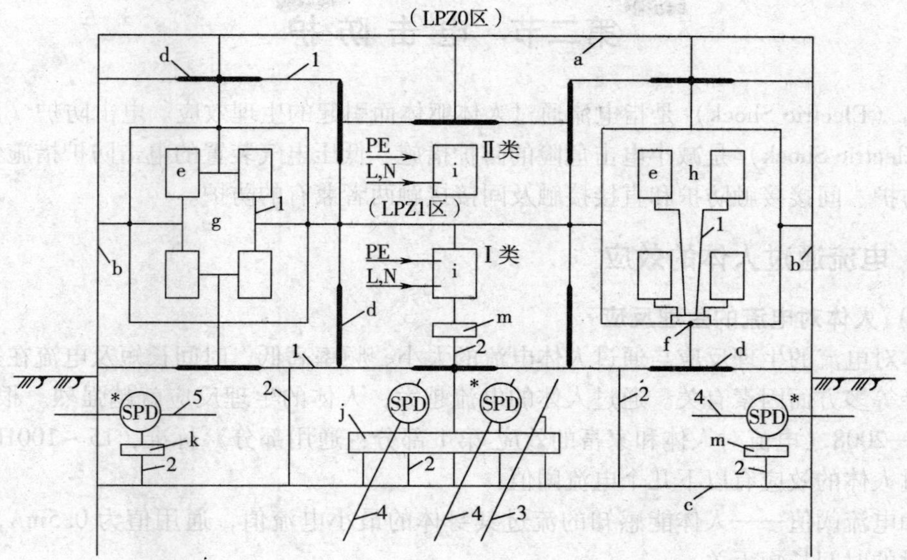

图 9-6　接地、等电位联结和共用接地系统的构成

图 9-6 中的标注具体如下：

a——防雷装置的接闪器以及可能是建筑物空间屏蔽的一部分，如金属屋顶；

b——防雷装置的引下线以及可能是建筑物空间屏蔽的一部分，如金属立面、墙内钢筋；

c——防雷装置的接地装置（接地体网络、共用接地体网络）以及可能是建筑物空间屏蔽的一部分，如基础内钢筋和基础接地体；

d——内部导电物体，在建筑物内及其上不包括电气装置的金属装置，如电梯轨道，吊车，金属地面，金属门框架，各种服务性设施的金属管道，金属电缆桥架，地面、墙和天花板的钢筋；

e——局部电子系统的金属组件，如箱体、壳体、机架；

f——代表局部等电位联结带单点联结的接地基准点（ERP）；

g——局部电子系统的 M 型网形等电位联结结构；

h——局部电子系统的 S 型星形等电位联结结构；

i——固定安装引入 PE 导体的 I 类设备和不引入 PE 导体的Ⅱ类设备；

j——主要供电子系统等电位联结用的环形等电位联结带、水平等电位联结导体，在特定情况下：采用金属板。也可用作共用等电位联结带。用接地导体多次接到接地系统上做等电位联结，宜每隔 5m 连一次；

k——主要供电气系统等电位联结用的总接地带、总接地母线、总等电位联结带。也可用作共用等电位联结带；

m——局部等电位联结带；

1——等电位联结导体；

2——接地导体；

3——服务性设施的金属管道；

4——电子系统的线路或电缆；

5——电气系统的线路或电缆；

*——进入 LPZ1 区处，用于管道、电气和电子系统的线路或电缆等外来服务性设施的等电位联结。

第二节 电击防护

电击（Electric Shock）是指电流通过人体躯体而引起的生理效应。电击防护（Protection Against Electric Shock）是减小电击危险的防护措施。低压电气装置的电击防护措施包括：直接接触防护、间接接触防护和直接接触及间接接触两者兼有的防护。

一、电流通过人体的效应

（一）人体对电流的生理反应

人体对电流的生理反应与通过人体电流的大小、频率高低、时间长短及电流在人体中的通过路径等多方面因素有关。通过人体的电流越大，人体的生理反应就越强烈。根据 GB/T 13870.1—2008《电流对人体和家畜的效应 第 1 部分：通用部分》标准，15 ~ 100Hz 正弦交流电通过人体的效应有以下几个电流阈值：

感知电流阈值——人体能感知的流过其身体的最小电流值，通用值为 0.5mA，此值与电流通过的时间长短无关；

摆脱电流阈值——人体能自主摆脱的通过人体的最大电流值，此值因人而异，平均值为 10mA；

心室纤维性颤动电流阈值——引起心室纤维性颤动的最小电流值，而心室纤维性颤动是电击引起死亡的主要原因。此电流阈值与通电时间长短有关，也与人体条件、心脏功能状况、电流在人体内通过的路径有关。

把电流通过人体的效应以时间-电流为坐标，可划分为四个区域，如图 9-7 所示。其中：

AC-1 区——直线 a 左侧的区域，人体通常无反应；

AC-2 区——直线 a 至折线 b 之间的区域，人体有麻电的感觉，但通常无有害的生理反应；

AC-3 区——折线 b 至直线 c 之间的区域，人体通常无器质性损伤，可能出现肌肉收缩、呼吸困难，随着电流量和通电时间的增加，也可能发生心房纤维性颤动和心脏短暂停搏，但不发生心室性纤维性颤动；

AC-4 区——直线 c 右侧的区域，人体除出现 AC-3 区效应外，还伴随出现心室纤维性颤动、心跳停止、呼吸停止、严重烧伤等危险的病理生理反应，反应随电流和时间的增加而加剧。

从图 9-7 可知，如电击电流和其持续时间在 AC-4 区内，人体就有死亡危险。在制订防电击措施时，尚需为不同于实验室条件的现场其他一些不利条件留出一些裕量，通常以 AC-3 区内离曲线 c 一段距离的曲线 L 作为人体是否安全的界限。从曲线 L 可知，只要通过人体的电流小于 30mA，人体就不致因发生心室纤维性颤动而电击致死。据此国际上将防电击的高灵敏性剩余电流动作保护电器的额定动作电流值取为 30mA。

（二）特低电压限值

人体遭受的电击电流因施加于人体阻抗上的接触电压而产生。接触电压越大，接触电流也越大。在设计电气装置时，计算接触电流很困难，而计算预期接触电压则比较方便。

人体阻抗由皮肤阻抗和体内阻抗构成，其总阻抗呈容性。人体总阻抗由电流通路、接触

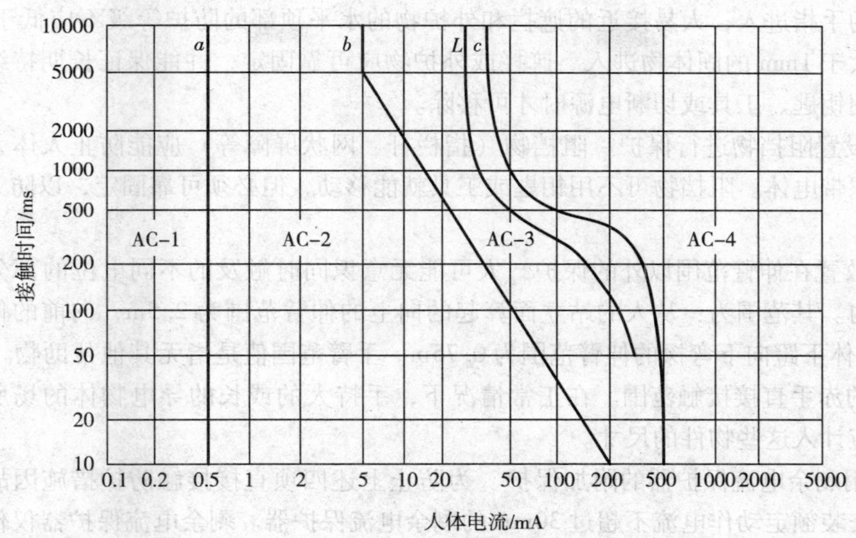

图 9-7　15 ~ 100Hz 正弦交流电的时间-电流效应区域的划分

电压、通电时间、频率、皮肤湿度、接触面积、施加压力和人体温度等因素共同确定。因此，人体接触电压阈值不能简单由图 9-7 曲线 L 按欧姆定律推算求得，而应通过测试确定。实验室条件下所确定的不造成人体生理危害的人体接触电压阈值可作为限制故障电压效应的参考依据。

特低电压（Extra-Low Voltage，ELV）是指在预期环境下，最高电压不足以使人体流过的电流造成不良生理反应，不可能造成危害的临界等级以下的电压，它是确保对人体不造成危害的接触电压阈值。我国国家标准 GB/T 3805-2008《特低电压（ELV）限值》规定：当接触面积大于 $1cm^2$ 且接触时间超过 1s 时，干燥环境中工频交流电压有效值的限值为 33V（正常状态）和 55V（故障状态），潮湿环境中工频交流电压有效值的限值为 16V（正常状态）和 33V（故障状态）；当接触面积小于 $1cm^2$ 且接触面为不可握紧部分条件下，干燥环境中工频交流电压有效值的限值提高为 66V（正常状态）和 80V（故障状态）。

我国目前使用的特低电压（ELV）工频交流标称电压值（有效值）不超过 50V，常用的有 6V、12V、24V、36V、48V（42V）等。其中，36V、48V（42V）适用于干燥环境，24V 适用于潮湿环境，12V、6V 适用于水下环境。需要说明的是，仅靠特低电压值并不能完全可靠地保证对电击危险性的防护，还应构建与完善规范的特低电压（ELV）系统。

二、直接接触防护和间接接触防护

（一）直接接触防护（基本防护）

人与带电部分的电接触称为直接接触（Direct Contact）。直接接触防护是基本防护（Basic Protection）即无故障条件下的电击防护。具体措施有：

（1）将带电部分绝缘　带电部分应全部用绝缘层覆盖。这种绝缘应能长期承受在运行中可能遇到机械的、化学的、电气的及热的各种应力。

（2）设置遮拦或外护物　标称电压超过交流 25V 的裸带电体必须设置遮拦或外护物，遮拦和外护物靠近裸露带电部分的防护等级不应低于 IP2X，以防止直径大于 12.5mm 的固体物或人的手指进入；人易接近的遮拦和外护物的水平顶部的防护等级不应低于 IP4X，以防止直径大于 1mm 的固体物进入。遮拦或外护物应可靠固定，并能保证长期持续有效，一般只在使用钥匙、工具或切断电源时才可移除。

(3) 设置阻挡物进行保护　阻挡物（指栏杆、网状屏障等）应能防止人体无意识地接近或触及裸带电体。阻挡物可不用钥匙或工具就能移动，但必须可靠固定，以防无意识地移动。

(4) 放置在伸臂范围以外的保护　人可能无意识同时触及的不同电位的部分不应在手臂范围以内。其范围为：从人的站立面算起的向上的伸臂范围为 2. 5m，向前的伸臂范围为 1. 25m，人体下蹬向下弯探的伸臂范围为 0. 75m。手臂范围值是指无其他帮助物（例如工具或梯子）的赤手直接接触范围。在正常情况下，手持大的或长的导电物体的场所，计算手臂范围时应计入这些物件的尺寸。

(5) 用剩余电流保护器的附加保护　为防止上述四项直接接触防护措施因故失效，可在回路中安装额定动作电流不超过 30mA 的剩余电流保护器。剩余电流保护器仅作为其他直接触电防护措施失效时或使用者疏忽时的附加后备保护，而不能作为惟一的保护手段。

(二) 间接接触防护（故障防护）

人与故障情况下带电的外露可导电部分的电接触称为间接接触（Indirect Contact）。间接接触防护是故障防护（Fault Protection）即单一故障条件下的电击防护。具体措施有：

(1) 采取自动切断电源　故障情况下由于接触电压及其持续时间过长对人体产生病理生理反应的危险，必须自动切断电源。自动切断电源的间接接触防护措施适用于防电击类别（见附录表 69）为Ⅰ类的电气设备、人身电击安全电压限值为 50V 的一般场所。

(2) 采用双重绝缘或加强绝缘的电气设备（防电击类别为Ⅱ类设备）　使用Ⅱ类设备，可防止设备的可触及部分因基本绝缘损坏而出现危险电压。

(3) 采取电气分隔措施　回路采用分隔电源供电（如隔离变压器），将危险带电部分与其他所有电气回路和电气部件绝缘以及局部绝缘，并防止一切接触。

(4) 采用特低电压供电　如Ⅲ类设备以低于特低电压（ELV）限值的电压供电，在发生接地故障时即使不切断电源也不致引发电击事故。

(5) 将电气设备安装在非导电环境内　当人接触已变为危险带电的外露可导电部分时，依靠环境（如绝缘墙或绝缘地板）的高阻抗性和可导电部分不接地的保护来防止人体同时触及可能处在不同电位的部分。因此，在非导电环境内可使用 0 类设备。

(6) 设置不接地的等电位联结　一般用于非导电环境内，防止人体可同时触及的可导电部分之间出现危险的接触电压。

三、间接接触防护中自动切断电源的防护

采取自动切断电源进行间接接触防护时，电气装置的外露可导电部分应进行保护接地，建筑物内部则应作总等电位联结。同时，应根据配电系统的接地型式、移动式、手握式或固定式电气设备的区别以及电气装置环境条件等因素合理选择间接接触防护电器。当回路或设备中发生预期接触电压超过 50V、且持续时间足以引起人体有害的病理生理反应前，能自动切断给回路或设备的电源，以防止人身间接接触电击事故。

（一）TN 系统内自动切断电源的间接接触防护

1. 对保护电器动作特性的要求

当发生接地故障时，保护电器应能在规定时间内切断电源。即动作特性应符合下式要求：

$$Z_s I_a \leqslant U_0 \tag{9-4}$$

式中　Z_s——接地故障回路的阻抗（包括电源内阻、电源至故障点之间的带电导体及故障点至电源之间的保护导体的阻抗在内的阻抗）（Ω）；

I_a——保证保护电器在规定的时间内自动切断故障回路的电流（A）；

U_0——相线对地标称电压（V）。

对于相导体对地标称电压为220V 的 TN 系统配电线路，其间接接触保护电器切断故障回路的时间应符合下列规定：

1）配电线路或仅供给固定式电气设备用电的末端线路，不宜大于5s。

2）供电给手持式电气设备和移动式电气设备末端线路或插座回路，不应大于表9-5 的规定。

表9-5　TN 系统的最长切断时间

U_0/V	切断时间/s
220	0.4
380	0.2
>400（380）	0.1

2. 保护电器的选用

1）一般情况下TN 系统接地故障多为金属性短路，故障电流较大，可利用过电流保护电器（熔断器、低压断路器短延时或瞬时过电流脱扣器）兼作间接接触保护电器，但需校验其灵敏度。

2）在某些情况下，如线路长、导线截面积小的情况，过电流保护电器常不能满足自动切断电源的时间要求，则应采用剩余电流保护电器。

3）电击危险性较大的某些设备的配电线路，如手持式及移动式用电设备、室外工作场所的用电设备、环境特别恶劣或潮湿场所的电气设备、家用电器回路或插座回路、临时用电的电气设备等应设置剩余电流保护电器。

3. 无总等电位联结作用区内的电击防护

如图9-5 所示，对于TN 系统，相线对大地短接时，故障电流 I_d 在电源中性点接地电阻 R_B 引起的对地故障电压 $U_f = I_d R_B$，将沿 PEN 线或 PE 线蔓延至用电设备的金属外壳上。在建筑物内由于总等电位联结的作用，可消除这一外来的电击危险。但在建筑物外没有总等电位联结作用的正常干燥场所，若 U_f 大于50V 就有发生电击事故的危险。为此，应尽量降低变压器低压中性点接地电阻 R_B（如 $R_B \leqslant 2\Omega$），并尽量在 TN 系统的 PEN 线或 PE 线利用自然接地极作重复接地。否则，应采用下列措施之一来防范：

1）在建筑物外无等电位联结作用区内建立局部的 TT 系统，并装设剩余电流动作保护电器。

2）对建筑物外无等电位联结作用区内的用电设备采用电压比为1∶1 的隔离变压器供电。

3）对建筑物外无等电位联结作用区内使用Ⅱ类电气设备。

4. 自同一配电箱引出不同切断电源时间回路时的电击防护

如果同一末端配电箱既供电给固定式设备，又供电给手握式或移动式设备，可能因切断时间的差异而引起电击事故。如固定式设备发生接地故障，在较长 PE 导体上产生较大电压降，可能超过 50V，并通过 PE 导体传导到手握式或移动式电气设备金属外壳上。而固定式设备切断电源时间长达 5s，使用手握式或移动式电气设备的人可能因此而遭受电击。防范此类事故应采取下列措施之一：

1）减小配电箱至总等电位联结点之间的一段 PE 导体的阻抗，使其阻抗电压降不超过 50V。

2）在此范围内实施局部等电位联结或辅助等电位联结。

（二）TT 系统内自动切断电源的间接接触防护

1. 对保护电器动作特性的要求

当发生接地故障时，保护电器应能在预期接触电压超过 50V 时及时切断电源。即动作特性应符合下式要求：

$$R_A I_a \leqslant 50\text{V} \tag{9-5}$$

式中 R_A——装置外露可导电部分的接地电阻和 PE 线电阻（Ω）；

I_a——保证保护电器切断故障回路的动作电流（A）。当采用熔断器时，I_a应为保证在 5s 内切断的电流；采用断路器时，I_a应为保证瞬时动作的最小电流。当采用剩余电流动作保护器时，I_a应为其额定剩余动作电流。

允许最长切断电源时间对配电线路或给固定式电气设备供电的末端回路为 5s；对插座回路或给手握式、移动式电气设备供电的末端回路，与预期接触电压 U_t有关，见表 9-6。

表 9-6 TT 系统内手握式、移动式电气设备的允许最长切断时间

预期接触电压 U_t/V	50	75	90	110	150	220
最长切断时间/s	5	0.6	0.45	0.36	0.27	0.18

2. 保护电器的选用

1）TT 系统宜采用剩余电流保护电器。为保证选择性，末端采用普通型（G 型）剩余电流保护电器，动作时间不大于 0.04s；上一级采用选择性（S 型）剩余电流保护电器，动作时间不大于 0.15s；总进线箱处的剩余电流保护电器动作时间允许不大于 1s。

2）若过电流保护电器能满足上述动作特性要求，也可选用。

3. 接地极的设置

在 TT 系统内，原则上各保护电器所保护的电气设备外露可导电部分应分别接至各自的接地极上，以免故障电压的互窜。但在同一建筑物内实际上难以实现，此时可采用共同接地极。对于分级装设的 RCD，由于各级的延时不同，宜尽量分设接地极，以避免 PE 线的互相连通。

（三）IT 系统内自动切断电源的间接接触防护

1. 第一次接地故障时对保护电器动作特性的要求

在 IT 系统配电线路中，当发生第一次接地故障时，应由绝缘监视电器发出音响或灯光信号，其动作电流应符合下式要求：

$$R_A I_d \leqslant 50\text{V} \tag{9-6}$$

式中 I_d——相线和外露可导电部分间第一次接地故障的故障电流（A），它计及泄漏电流和电气装置全部接地阻抗值的影响。

2. 第二次接地故障时对保护电器动作特性的要求

1）当 IT 系统的外露可导电部分单独地或成组地用各自的接地极接地时，如发生第二次接地故障，故障电流流经两个接地极电阻，其防电击要求和 TT 系统相同。

2）当 IT 系统的外露可导电部分用共同的接地极接地时，如发生第二次接地故障，故障电流流经 PE 线形成金属短路，其防电击要求和 TN 系统相同。IT 系统一般不引出 N 线，线路标称电压为 220/380V 时，保护电器应在 0.4s 内切断故障回路，并符合下式要求：

$$Z_s I_a \leqslant \frac{\sqrt{3}}{2} U_0 \tag{9-7}$$

3）当 IT 系统引出 N 线，线路标称电压为 220/380V 时，保护电器应在 0.8s 内切断故障回路，并应符合下式要求：

$$Z_s I_a \leqslant \frac{1}{2} U_0 \tag{9-8}$$

3. 保护电器的选用

在 IT 系统内采用下列电击防护电器：

1）绝缘监测器：它装设在回路相线与地之间，用以监测第一次接地故障，当电气装置的绝缘水平降至整定值以下时它即动作于发出信号。

2）过电流保护电器：用以发生第二次接地故障时按 TN 系统切断电源。

3）剩余电流动作保护电器：用以发生第二次接地故障时按 TT 或 TN 系统切断电源。

4. 中性线的配出

三相 IT 系统不宜配出中性线，否则，中性线一旦接地因绝缘监测器不能监测报警而故障持续存在，此 IT 系统将变成 TT 或 TN 系统，从而失去其供电可靠性高的优点。因此，IT 系统中的相电压可通过 0.38/0.23kV 变压器获得。

四、兼有直接接触和间接接触防护的措施

安全特低电压系统（Safety Extra-Low Voltage System，SELV System）和保护特低电压系统（Protective Extra-Low Voltage System，PELV System）既可以作为直接接触防护的措施也可以作为间接接触防护的措施。SELV 系统和 PELV 系统均是电压不超过特低电压限值的电气系统，不同的是 SELV 系统在正常条件下带电导体不接地，而 PELV 系统在正常条件下因种种原因带电导体不得不接地。除特殊情况外，工程应用时通常采用 SELV 系统，如图 9-8 所示。为了安全，在 SELV 系统中，回路导体不接地，所供设备金属外壳可与地接触，但不得连接 PE 导体接地。这种 SELV 系统在供电电源一次侧和二次侧任一接地故障情况下，都不会发生电击事故，因此它不需要补充其他的防护措施。

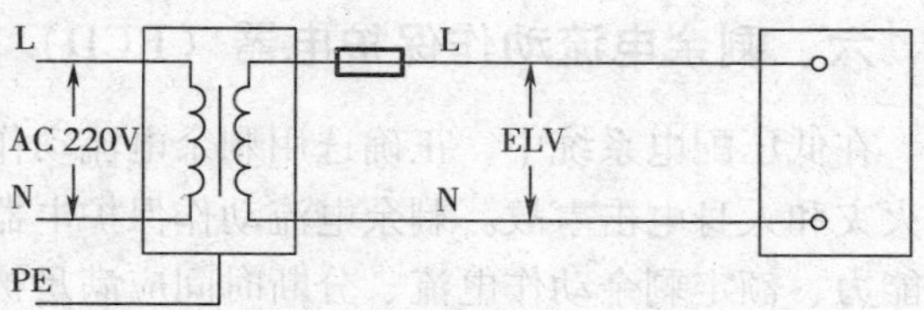

图 9-8 SELV 系统

符合下列要求之一的设备，可作为 SELV 和 PELV 系统的电源：

1）一次绕组和二次绕组之间采用加强绝缘层或接地屏蔽层隔离开的安全隔离变压器。

2）安全等级相当于安全隔离变压器的电源（例如有等效绝缘绕组的电动发电机组）。

3）电化学电源（例如电池组）或与电压较高回路无关的其他电源（例如柴油发电机）。

4）符合相应标准的某些电子设备。这些电子设备已经采取了措施，可以保障即使发生内部故障，引出端子的电压也不超过交流50V；或允许引出端子上出现大于交流50V的规定电压，但能保证在直接接触或间接接触情况下，引出端子上的电压立即降至不大于交流50V。

SELV和PELV系统的回路布置应满足下列要求：

1）SELV和PELV系统中回路的带电部分相互之间和其他回路之间，应进行电气分隔（Electrical Separation），其布置应保证电气分隔水平不低于安全隔离变压器的输入和输出回路之间的隔离水平。

2）每个SELV和PELV系统的回路导体应与其他回路导体在布置上分开。当此要求无法实现时，需要采用以下配置之一：

① 除基本绝缘外，SELV和PELV系统的回路导体还应封闭在非金属护套内。

② 电压不同的回路导体采用接地的金属屏蔽或接地的金属护套隔开。

③ 电压不同的回路可以包含在一个多芯电缆或导体组内，但SELV和PELV回路导体应单独地或集中地按其中存在的最高电压绝缘。

3）SELV和PELV系统的插头和插座应符合以下各项要求：

① 插头不能插入其他电压系统的插座。

② 插座应不能被其他电压系统的插头插入。

③ SELV系统插座不应有保护导体插孔。

SELV和PELV系统宜应用在潮湿场所（如喷水池、游泳池）内的照明设备、狭窄的可导电场所、正常环境条件使用的移动式手持局部照明、电缆隧道内照明等。

虽然正常环境条件下50V以下接触电压不致引起人身心室纤颤致死的危险，但IEC标准和我国国家标准为确保安全，仍规定SELV系统电压在25V及以下时才可以不包绝缘或不设置遮拦（或外护物），来防范直接接触电击。对PELV系统，还应补充等电位联结之类的措施。

五、特殊装置或场所的电气安全措施

与工业与民用建筑和住宅等相关的浴室、游泳池、喷水池、桑拿浴室、狭窄的可导电场所、数据处理设备用电气装置、医院等特殊装置或场所，对电气安全有着特殊要求。应依据现行的IEC标准和已与之等同的我国国家标准，采取特殊防护措施。限于篇幅，此处略去。

六、剩余电流动作保护电器（RCD）的选择

在低压配电系统中，正确选用剩余电流动作保护电器可有效地防止由接地故障引起的电气火灾和人身电击事故。剩余电流动作保护电器的型式、额定电压、额定电流、额定接通分断能力、额定剩余动作电流、分断时间应满足被保护线路和设备的要求。本节主要讲述剩余电流动作保护电器的选型和动作参数选择。

（一）剩余电流动作保护电器的选型

1. 根据电气设备供电方式选择

1）单相220V电源供电的电气设备应优先选用二极二线制剩余电流动作保护电器。

2）三相三线制380V电源供电的电气设备应选用三极三线制剩余电流动作保护电器。

3）三相四线制380V电源供电的电气设备、三相设备与单相设备共用的电路，应选用三极四线制或四极四线制剩余电流动作保护电器。

2. 根据电气设备工作环境条件选择

1）剩余电流动作保护电器的防护等级应与使用环境条件相适应。

2）对电源电压偏差较大地区的电气设备应优先选用动作功能与电源电压无关的剩余电流动作保护电器。

3）在高温或低温环境中的电气设备应选用非电子型剩余电流动作保护电器。

4）对于作家用电器保护的剩余电流动作保护电器必要时可选用满足过电压保护的剩余电流动作保护电器。

5）安装在易燃、易爆、潮湿或有腐蚀性气体等恶劣环境中的剩余电流动作保护电器，应根据有关标准选用特殊防护条件的剩余电流动作保护电器，或采用相应的保护措施。

（二）剩余电流动作保护电器的动作参数选择

本节仅讲述室内正常环境安装的剩余电流动作保护电器的动作参数要求。具体如下：

1）手持式电动工具、移动电器、家用电器插座回路，应选用额定剩余动作电流不大于30mA的一般型（无延时）的剩余电流动作保护电器。

2）单台电气机械设备，可根据其容量大小选用额定剩余动作电流30~100mA、一般型（无延时）的剩余电流动作保护电器。

3）电气线路或多台电气设备（或多住户）的电源端为防止接地故障引起电气火灾安装的剩余电流动作保护电器，其动作电流和动作时间应按被保护线路和设备的具体情况及其泄漏电流值确定。应选用延时动作型的剩余电流动作保护电器。

4）剩余电流动作保护电器的额定剩余动作电流，应大于被保护线路和设备的正常运行时泄漏电流最大值的2.5倍。

配电线路和用电设备的泄漏电流估算值见附录表70~附录表72。

要注意的是，剩余电流动作保护电器在低压配电系统安装时，必须按规定正确接线。否则，会出现剩余电流动作保护电器误动或拒动的现象。剩余电流保护电器在不同的系统接地形式中的正确接线方式，详见GB 13955—2005《剩余电流动作保护装置安装和运行》。

（三）剩余电流动作保护电器的分级保护与级间选择性配合

低压配电系统中为了缩小发生人身电击事故和接地故障切断电源时引起的停电范围，剩余电流保护动作电器应采用分级保护。分级保护方式的选择应根据用电负荷和线路具体情况的需要，一般可分为两级或三级保护。各级剩余电流保护动作电器的动作电流值和动作时间应协调配合，具有动作选择性。

剩余电流保护动作电器的级间选择性配合要求如下：

1）末端保护应采用无延时剩余电流动作保护电器，其余各级保护应采用低灵敏度延时型剩余电流动作保护电器。上下级剩余电流保护动作电器的动作时间级差不得小于0.2s。

2）上下级剩余电流保护动作电器的额定剩余动作电流值之比一般取3∶1以上，如正常室内环境线路末端剩余电流动作保护电器的额定剩余动作电流为30mA，则上一级的额定剩余动作电流，对火灾危险场所可取100～300mA，对一般场所可取大于300mA的动作值。

第三节　雷电有关知识

一、雷电放电过程

雷电是雷云之间或雷云对地面放电的一种自然现象。在防雷工程中，主要关心的是雷云对大地的放电，称对地雷闪（Lightning Flash To Earth）。

能产生雷电的带电云层称为雷云。雷云的形成主要是含水汽的空气的热对流效应，如水滴破裂效应、水滴结冰效应、摩擦生电等。雷云中，较小的带正电的粒子（如冰晶）在云层的上部，而较大的带负电的水滴在云层的下部。带电云层一经生成，就形成雷云空间电场。

实测统计资料表明，作用于平地、架空线路和低矮建筑物上的雷击大多由始于雷云对地的一个向下先导的下行雷（Downward Flash）引起，而作用于地面高耸（100m以上）的建筑物的雷击则主要由始于地面建筑物对雷云的一个向上先导的上行雷（Upward Flash）引起。雷电流（Lightning Current）正负极性比例中，约90%为负极性。对地雷闪由一个或多个雷击（Lightning Stroke）即单次放电组成，而每次雷击可以分为先导放电、主放电和余辉放电三个阶段。

1. 先导放电阶段

天空中的雷云带有大量电荷，由于静电感应作用，大地感应出与雷云相反的电荷，雷云与其下方的地面就形成一个已充电的长气隙电容器。雷云中的电荷分布是不均匀的，当雷云中的某个电荷密集中心的电场强度达到空气击穿场强（25～30kV/cm，有水滴存在时约为10kV/cm）时，空气便开始电离，形成指向大地的一段微弱导电通道，称为先导放电。开始产生的先导放电是跳跃式向前发展的。先导放电常常表现为树枝状，这些树枝状的先导放电通常只有一条放电分支到达大地。整个先导放电时间为0.005～0.01s，相应于先导放电阶段的雷电流很小，约为100A。

2. 主放电阶段

当先导放电接近大地时，与地面物体向上发展的迎面先导会合后，就进入主放电阶段。在主放电中，雷云与大地之间所聚集的大量电荷，通过先导放电所开辟的狭小电离通道发生猛烈的电荷中和，放出巨大的光和热（放电通道温度可达15000～20000℃），使空气急剧膨胀震动，发生霹雳轰鸣，这就是雷电伴随强烈的闪电和震耳的雷鸣。在主放电阶段，雷击点有巨大的电流流过，大多数雷电流峰值可达数十至数百千安，主放电的时间极短，为50～100μs。

3. 余辉放电阶段

当主放电阶段结束后，雷云中的剩余电荷将继续沿主放电通道下移，使通道连续维持着一定余辉。余辉放电电流仅数百安，但持续的时间可达0.03～0.05s。

雷云中可能存在多个电荷中心，当第一个电荷中心完成上述放电过程后，可能引起其他电荷中心向第一个中心放电，并沿着第一次放电通路发展，因此，雷云放电往往具有重复性。每次放电间隔时间为0.6~800ms。第二次及以后的先导放电速度快，称为箭形先导，主放电电流较小，一般不超过50kA，但电流陡度大大增加。图9-9所示为负下行雷对地放电的典型发展过程光学照片描绘图和雷电流的波形。

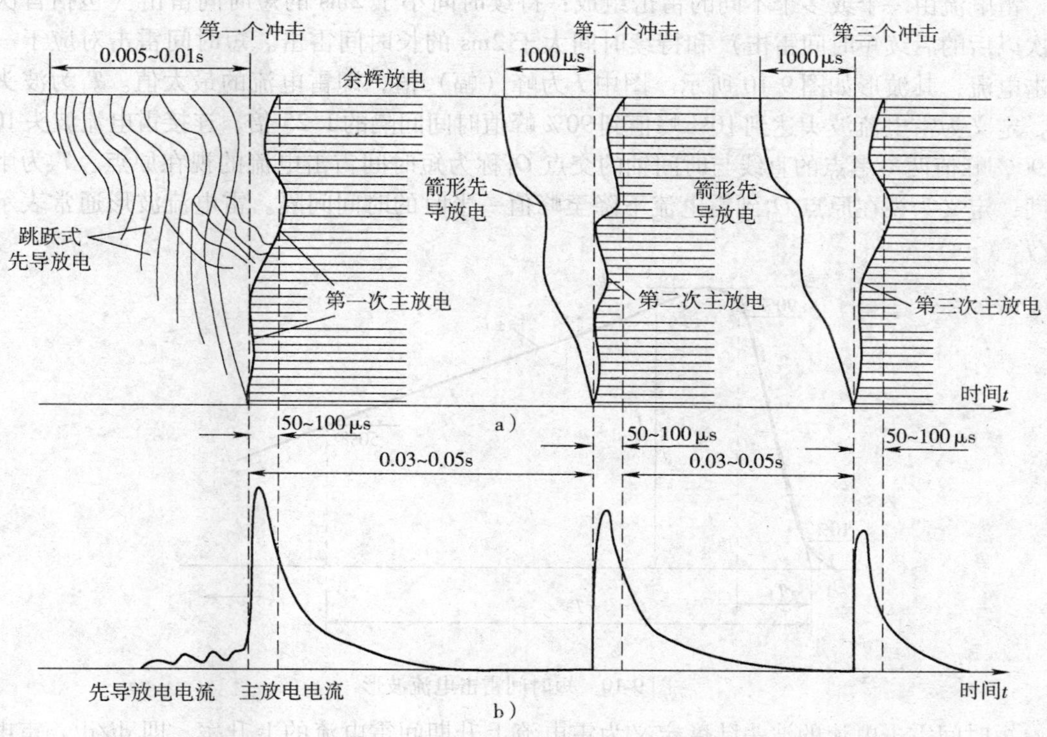

图9-9 雷云对地放电的发展过程和雷电流的波形

二、有关的雷电参数

对地雷闪受气象条件、地形和地质等许多自然因素影响，带有很大的随机性，因而表征雷电特性的各种参数也就具有统计特性。

1. 雷暴日

雷暴日 T_d 是指该地区平均一年内有雷电放电的平均天数，单位为d/a。统计时，凡在一天内能看到雷闪或听到雷声都记为雷暴日。年平均雷暴日数（T_d）则是由当地气象台（站）根据多年的气象资料统计出的雷暴日数的年平均值，一般：$T_d<15$ 天的地区被称为少雷区，如西北地区；$15\leqslant T_d\leqslant 40$ 天的地区为中雷区，如长江流域；$40<T_d\leqslant 90$ 天的地区为多雷区，如华南大部分地区；$T_d>90$ 天的地区及根据运行经验雷害特殊严重的地区为强雷区，如海南省和雷州半岛。T_d 值越大，则防雷要求也就越高。

2. 雷击大地密度

雷击大地密度 N_g 是每年每平方公里雷击大地的次数，单位为次/（$km^2\cdot a$）。首先应按当地气象台（站）资料确定；若无此资料，也可根据雷暴日 T_d，按下式估算：

$$N_g = 0.1T_d \tag{9-9}$$

根据雷击大地密度可以计算出地面建筑物或架空线路遭受的年预计雷击次数，从而采取相应的防雷措施。

3. 雷电流波形和参数

雷电流由一个或多个不同的雷击组成：持续时间小于2ms的短时间雷击（包括首次和首次以后的后续短时间雷击）和持续时间大于2ms的长时间雷击。短时间雷击对应于一个冲击电流，其波形如图9-10所示。图中I为峰（幅）值，即雷电流的最大值。T_1为波头时间，定义为雷电流波头达到10%峰值到90%峰值时间间隔的1.25倍。连接雷电流波头10%和90%峰值两参考点的直线与时间轴的交点O_1称为短时间雷击电流的视在原点。T_2为半值时间，定义为视在原点O_1到雷电流下降至峰值一半时的时间间隔。雷电流波形通常表示为T_1/T_2（μs）。

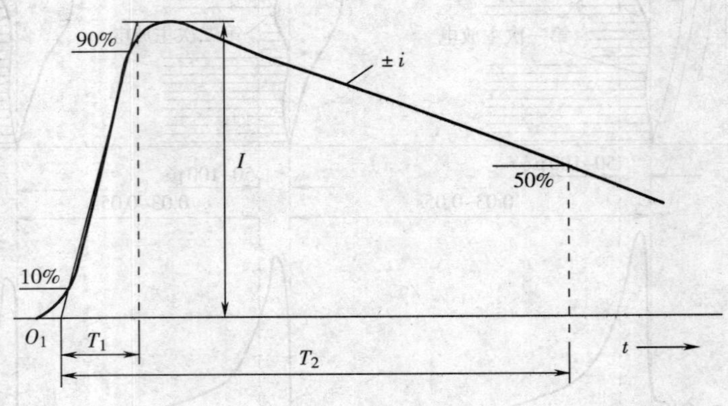

图9-10 短时间雷击电流波形

短时间雷击电流的波头陡度定义为雷电流上升期间雷电流的上升率，即di/dt。雷电流的陡度越大，感应耦合引起的过电压和火花越大，对电气、电子系统的危害越严重。

GB/T 21714.1—2008《雷电防护 第1部分：总则》根据国际大电网会议（CIGRE）报告提出，首次短时间雷击的电流波形取10/350μs；最大参数取正雷闪时概率低于10%的值：$I \leqslant 200\text{kA}$、$di/dt \leqslant 20\text{kA}/\mu\text{s}$。后续短时间雷击的电流波形取0.25/100μs；最大参数取负雷闪时概率低于1%的值：$I \leqslant 50\text{kA}$、$di/dt \leqslant 200\text{kA}/\mu\text{s}$。可见，雷电流的最大峰值出现在首次正极性短时间雷击中，而最大陡度出现在后续负极性短时间雷击中。

三、雷电波在线路中的传播

研究表明，雷电波（Lightning Surge）具有波的传播特性，是电流波和电压波伴随而行的统一体。电力线路受到雷击后，产生的雷电波会向电力线路两侧流动传播，雷电波在传播过程中到达线路参数发生突变的节点处，还会产生折射和反射现象。由于雷电波的等效频率很高，通常采用分布参数电路分析。

（一）雷电波的传播速度和波阻抗

雷电波在导线中传播时，其波头的行进速度称为雷电波的传播速度，用v来表示，满足关系式：

$$v = \frac{dx}{dt} = \frac{1}{\sqrt{L_0 C_0}} \tag{9-10}$$

式中　x——电力线路的长度位置（m）；

t——传播时间（s）；

L_0、C_0——导线单位长度的电感和对地电容。

计算表明，雷电波沿架空线传播的速度与光速（3×10^8m/s）相同，而在电缆中传播的速度约为上值的1/3～1/2。

由于电力线路中分布参数的作用，电力线路会对雷电波呈现一定的阻抗，称为波阻抗，用Z（单位：Ω）表示。电力线路的波阻抗Z满足关系式：

$$Z=\frac{u}{i}=\sqrt{\frac{L_0}{C_0}} \tag{9-11}$$

式中　u、i——在电力线路上向同一方向传播的电压波、电流波。

式（9-11）也可改写成：

$$\frac{1}{2}C_0u^2=\frac{1}{2}L_0i^2 \tag{9-12}$$

可见，与集中参数电路的欧姆定律不同，波阻抗表征的是沿导线传播的电压波和电流波之间的动态比例关系，因为雷电波在传播过程中必须遵循存在单位长度线路周围媒质中的电场能量和磁场能量一定相等的规律。波阻抗只与电力线路中的分布参数L_0、C_0有关，而与线路长度和负载性质无关。

（二）雷电波的折射和反射

电力线路受到雷击后，雷电波作为入射波迅速在线路上传播扩散，到达不同分布参数的电路连接点（称为节点）时，由于节点两侧波阻抗的改变，会使雷电波的电场能量和磁场能量重新分配，经过节点的雷电波的电压和电流峰值也必然发生改变，同时在节点处会形成两支出射波：一支出射波在节点处沿着与入射波相反的方向返回，称为反射波；另一支出射波仍按入射波的传播方向进入另一分布参数的线路继续向前传播，称为折射波。如图9-11所示，图中A为节点，并假设$Z_2<Z_1$。

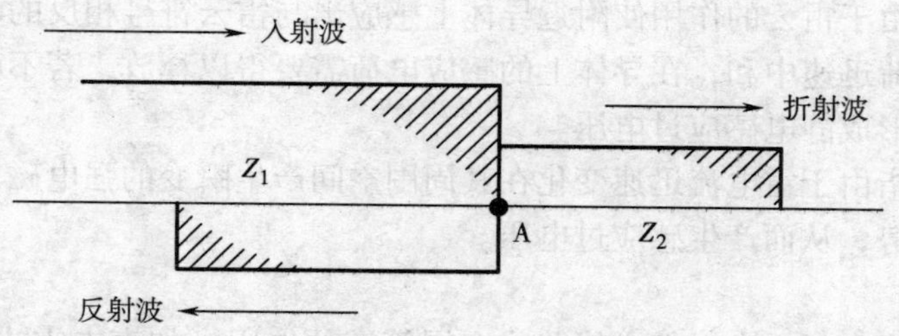

图9-11　雷电波的折射与反射

雷电波的折射和反射特性对防雷设计具有重要影响。就雷电波的反射特性而言，若某电力线路的末端开路，则雷电入射波到达线路末端节点处后，由于不存在折射的途径，入射波将全部变成反射波返回到线路中，这种情形也称为全反射。发生全反射时，线路的开路末端电压波的陡度和峰值将增大至雷电入射波的2倍，严重威胁线路和设备绝缘的安全，必须设置防雷保护措施。同样，电力线路在变电所的入户处，由于波阻抗的改变，雷电波会发生反射和折射，危及所内设备特别是变压器的安全。为削减雷电波的峰值，以保护变压器的对地绝缘，应靠近变压器处装设避雷器。为降低折射波的陡度，以保护变压器的匝间绝缘，可以通过在线路终端串联电感或并联电容，使折射波呈现过渡过程，折射波电压数值按指数规律增加，缓慢达到峰值。在实际工程中，应用电缆对地电容较大的特点，变电所采用电缆进出线，可有效降低雷电波陡度。

四、雷电作用的形式

雷云对大地放电时，会产生巨大的破坏作用。其破坏作用是由以下几种形式引起的。

1. 直击雷

直击雷是指雷电直接击中架空线路、建筑物、其他物体或外部防雷装置上产生电效应、热效应和机械力者。

受到直接雷击的架空线路、建筑物、其他物体或外部防雷装置上会产生很高的电位，从而引起过电压。雷击架空线路出现的过电压会引起绝缘闪络或损坏，而且雷电波会沿线路传播。雷击外部防雷装置产生的高电位，不仅对附近未作等电位联结的金属物体、金属装置、金属管线、建筑物内部电气和电子系统等产生“反击”放电，而且会导致在防雷引下线和接地点附近的人员因接触电压和跨步电压而造成生命危险。

雷电流的能量很大，产生的热效应和机械力极易使受到直接雷击的电气设备或建筑物产生物理损坏，并会引起火灾或爆炸事故。

2. 雷电感应

雷电感应是指雷电对大地放电时在附近导体上产生的静电感应和电磁感应，它可能使建筑物金属部件之间产生火花放电，也可能导致电力线路的绝缘闪络或损坏。

静电感应是指由于雷云的作用使附近导体上感应出与雷云符号相反的电荷，雷云主放电时先导通道中的电荷迅速中和，在导体上的感应电荷需要得以释放，若不就近泄入大地就会产生很高的电位，形成静电感应过电压。

电磁感应则是指由于雷电流迅速变化在其周围空间产生瞬变的强电磁场，使附近导体上感应出很高的电动势，从而产生感应过电压。

3. 雷电波侵入

雷电波侵入是指由于雷电对架空线路或金属管道的作用（如直击雷或雷电感应），产生的雷电波可能沿着这些管线侵入变电所内或建筑物内，损坏电气设备和危及人身安全。

4. 雷击电磁脉冲

雷击电磁脉冲是指雷电流的电磁效应，它包含传导电涌（浪涌）和辐射脉冲电磁场效应。

电涌是指由雷击电磁脉冲引发表现为过电压和（或）过电流的瞬态波。电涌可由雷击入户电源线路或附近地面产生，并经电源线路本身传输到电气和电子系统；电涌也可由雷击建筑物或附近地面而产生，通过环路感应或线路耦合的方式传递能量。

辐射脉冲电磁场则可直接作用于电子信息设备，产生“噪声”干扰及测量误差，甚至对电子器件产生破坏性损伤。

雷击电磁脉冲虽对供电系统中的电气设备绝缘影响不大，但对建筑物中的敏感电子设备造成威胁。

第四节　建筑物的雷电防护

一、概述

雷击大地可能对建筑物及其服务设施（如供电线路、通信线路及其他服务设施）造成危害。建筑物或与其相连的服务设施遭雷击会因雷电的机械、热力、化学和爆炸效应造成建筑物（或其内存物）及服务设施的物理损坏，也会因雷电产生的接触电压和跨步电压导致人身受到伤害。不但建筑物或其服务设施遭雷击会导致建筑物内部电气和电子系统故障，而且建筑物或其服务设施附近的雷击也会因雷电流与这些系统间的阻性耦合及感应耦合产生的过电压造成相应的电气和电子系统故障。此外，用户电气装置及供电线路因雷电过电压发生故障时也会导致电气装置出现操作过电压。

影响建筑物及其服务设施的年平均雷击次数既取决于所处地区的雷击大地密度，又取决于它们的尺寸、性质和所处环境。根据 GB 50057—2010《建筑物防雷设计规范》，建筑物年预计雷击次数按下式确定：

$$N = kN_gA_e \tag{9-13}$$

式中　N——建筑物预计雷击次数（次/a）；

N_g——建筑物所处地区雷击大地的年平均密度［次/（km^2·a）］，见式（9-9）；

k——校正系数，在一般情况下取 1，在下列情况下取相应数值：位于河边、湖边、山坡下或山地中土壤电阻率较小处、地下水露头处、土山顶部、山谷风口等处的建筑物，以及特别潮湿的建筑物取 1.5；金属屋面没有接地的砖木结构建筑物取 1.7；位于山顶上或旷野的孤立建筑物取 2；

A_e——与建筑物截收相同雷击次数的等效面积（km^2），为其实际平面积向外扩大后的面积。其周边在 2 倍扩大宽度范围内无其他建筑物时，可按下式计算：

$H<100$m 时，$A_e = [L\cdot W + 2(L+W)\sqrt{H(200-H)} + \pi H(200-H)]\times 10^{-6}$

$H\geqslant 100$m 时，$A_e = [L\cdot W + 2H(L+W) + \pi H^2]\times 10^{-6}$

L、W、H——建筑物的长（m）、宽（m）、高（m）。

当所考虑建筑物的周边在 2 倍扩大宽度范围内有其他建筑物时，其等效面积的计算方法详见 GB 50057－2010。

雷电损害概率既取决于所采取的保护措施的类型和效能，还取决于建筑物、服务设施以及雷电流的特性。因此，应调查地理、地质、土壤、气象、环境等条件和雷电活动规律以及被保护物的特点等，详细研究建筑物的防雷装置的形式及其布置，防止或减少雷击建筑物所发生的人身伤亡和文物、财产损失，做到安全可靠、技术先进、经济合理。

二、建筑物的防雷分类

建筑物应根据其重要性、使用性质、发生雷电事故的可能性和后果，按防雷要求分类。

见表9-7。根据建筑物的不同防雷类别，可以恰当地采取符合实际要求的防雷措施，将雷击损失减到可以接受的程度。

表9-7 建筑物的防雷分类

防雷类别	各类建筑物的具体条件
第一类防雷建筑物	1）凡制造、使用或储存火炸药及其制品的危险建筑物，因电火花而引起爆炸、爆轰，会造成巨大破坏和人身伤亡者 2）具有0区或20区爆炸危险场所的建筑物 3）具有1区或21区爆炸危险场所的建筑物，因电火花而引起爆炸，会造成巨大破坏和人身伤亡者
第二类防雷建筑物	1）国家级重点文物保护的建筑物 2）国家级的会堂、办公建筑物、大型展览和博览建筑物、大型火车站和飞机场、国宾馆、国家级档案馆、大型城市的重要给水水泵房等特别重要的建筑物 3）国家级计算中心、国际通信枢纽等对国民经济有重要意义的建筑物 4）国家特级和甲级大型体育馆 5）制造、使用或储存爆炸物质的建筑物，且电火花不易引起爆炸或不致造成巨大破坏和人身伤亡者 6）具有1区或21区爆危险场所的建筑物，且电火花不易引起爆炸或不致造成巨大破坏和人身伤亡者 7）具有2区或22区爆炸危险场所的建筑物 8）工业企业内有爆炸危险的露天钢质封闭气罐 9）预计雷击次数大于0.05次/a的部、省级办公建筑物及其他重要或人员密集的公共建筑物以及火灾危险场所 10）预计雷击次数大于0.25次/a的住宅、办公楼等一般性民用建筑物或一般性工业建筑物
第三类防雷建筑物	1）省级重点文物保护的建筑物及省级档案馆 2）预计雷击次数大于或等于0.01次/a且小于或等于0.05次/a的部、省级办公建筑物和其他重要或人员密集的公共建筑物以及火灾危险场所 3）预计雷击次数大于或等于0.05次/a且小于或等于0.25次/a的住宅、办公楼等一般性民用建筑物或一般性工业建筑物 4）在平均雷暴日大于15d/a的地区，高度在15m及以上的烟囱、水塔等孤立的高耸建筑物；在平均雷暴日小于或等于15d/a的地区，高度在20m及以上的烟囱、水塔等孤立的高耸建筑物

注：1. 此表根据GB 50057—2010《建筑物防雷设计规范》编制。
2. 爆炸危险环境分区见GB 50058—1992《爆炸和火灾危险环境电力装置设计规范》。

三、建筑物防雷装置

建筑物防雷装置（Lightning Protection System，LPS）是用以减少建筑物因雷击引起物理损坏的整套系统，由外部防雷装置和内部防雷装置组成。

外部防雷装置由接闪器、引下线和接地装置组成。外部防雷装置用于截收建筑物的直击雷（包括建筑物侧面的闪络），将雷电流从雷击点引导入地，同时将雷电流分散入地，避免产生热效应或机械损坏以及在容易引发火灾或爆炸的地方产生危险火花。

建筑物内部防雷装置由防雷等电位联结和外部防雷装置电气绝缘组成。可在建筑物的地面层处，将建筑物金属体、金属装置、建筑物内部电气和电子系统、进出建筑物的金属管线等物体与防雷装置做防雷等电位联结；或者考虑外部防雷装置与建筑物金属体、金属装置、建筑物内部电气和电子系统之间实行电气绝缘（隔开一段安全距离）。当雷电流流经外部防雷装置或建筑物其他导体部分时，利用内部防雷装置可避免建筑物内因雷电感应和高电位反击而出现危险火花。

下面主要介绍外部防雷的要求。

（一）接闪器及其保护范围

接闪器（Air-termination System）是外部防雷装置的一部分，是用于截收雷击的金属构件，如避雷针（接闪杆）、避雷线（接闪线）、避雷带（接闪带）或避雷网（接闪网）（包括被用作接闪器的建筑物金属体和结构钢筋）。安装设计适当的接地良好的接闪器，可以积聚雷电感应电荷，在其顶端形成局部强场区，产生自下而上的迎面先导，将雷击下行先导放电的发展方向引向自身，从而大大减少雷电流侵入建筑物的概率。

为确保可靠，避雷针、避雷带（网）以及用作接闪器的建筑物金属屋面的材料、规格应符合规范要求，见附录表73。除利用混凝土构件内钢筋作接闪器外，接闪器应热镀锌或涂漆，做好防腐措施。

1. 避雷针

避雷针是明显高出被保护物体的杆状接闪器，其针头采用圆钢或钢管制成。GB 50057—2010《建筑物防雷设计规范》参照IEC（国际电工委员会）标准，规定保护建筑物的避雷针的保护范围用“滚球法”来确定。

滚球法是以 h_r 为半径的一个球体，沿需要防直击雷的部位滚动，当球体只触及避雷针和地面，而不触及需要保护的部位时，则该部分就得到避雷针的保护。需要指出的是在保护范围内并不是没有雷击，只是雷击能量较小。滚球半径越小，进入保护范围的雷击能量也越小，也就是说接闪器的防雷效果越好。设计计算时应取的滚球半径 h_r 值与建筑物的防雷类别有关，见表9-8。

表9-8　不同类别防雷建筑物的滚球半径及避雷网的网格尺寸

防雷类别	滚球半径/m	避雷网网格尺寸/m
第一类防雷建筑物	30	5×5或6×4
第二类防雷建筑物	45	10×10或12×8
第三类防雷建筑物	60	20×20或24×16

注：本表摘自GB 50057—2010《建筑物防雷设计规范》。

限于篇幅，主要讨论单支避雷针保护范围的确定，对于多支避雷针保护范围的确定方法可参见GB 50057—2010。滚球法确定单支避雷针保护范围的具体方法如图9-12所示。

（1）避雷针高度 $h \leq h_r$ 时：

距地面 h_r 处作一平行于地面的平行线，以避雷针针尖为圆心，h_r 为半径，作弧线交于平行线的A、B两点。以A、B为圆心，h_r 为半径作弧线，该弧线与针尖相交并与地面相切，从此弧线起到地面止就是保护范围，保护范围是一个对称的锥体。避雷针在 h_r 高度的 xx' 平面上的保护半径，按下列计算式确定：

$$r_x = \sqrt{h(2h_r - h)} - \sqrt{h_x(2h_r - h_x)} \quad (9\text{-}14)$$

式中 r_x——避雷针在 h_x 高度的 xx' 平面上的保护半径（m）；

h_r——滚球半径（m），按表 9-8 确定；

h_x——被保护物的高度（m）。

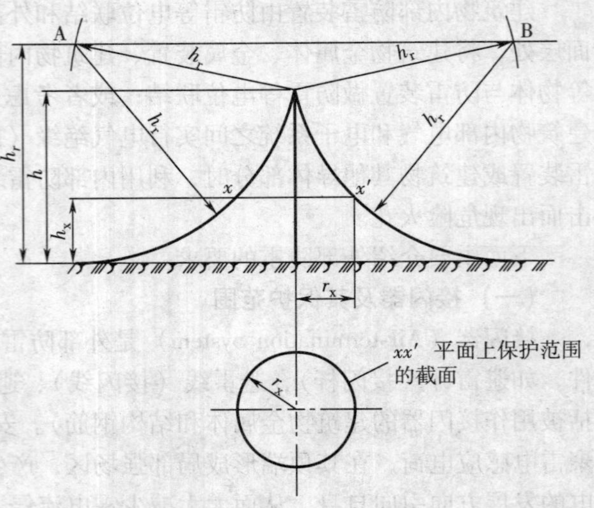

图 9-12 “滚球法”确定单支避雷针保护范围

（2）避雷针高度 $h > h_r$ 时：

在避雷针上取高度 h_r 的一点代替单支避雷针针尖作为圆心。其余的画法与 $h \leqslant h_r$ 时相同。由此可以看出，受到滚球半径的制约，避雷针或其他接闪器的高度并非越高越好，而需要合理设计。超过 60m 的接闪器在技术上是没有意义的。

2. 避雷线

避雷线一般采用截面积不小于 $50mm^2$ 的镀锌钢绞线，架设在被保护物的上方，以保护其免遭直接雷击。由于避雷线架空敷设而且接地，所以又称架空地线。避雷线的防雷作用等同于在其弧垂上每一点都是一根等效的避雷针。避雷线的保护范围也采用滚球法确定。

3. 避雷带或避雷网

避雷带通常是沿建筑物易受雷击的部位如屋角、屋脊、屋檐和檐角等处敷设的带状导体，通常采用圆钢或扁钢。避雷网是将建筑物屋面上纵横敷设的避雷带组成网格，其网格尺寸大小与建筑物的防雷类别有关（见表 9-8）。避雷带或避雷网主要适用于宽大的建筑物。避雷带或避雷网一般无需计算保护范围。当避雷带或避雷网与其他接闪器组合使用，或者为了保护低于建筑物的物体而把避雷带或避雷网处于建筑物屋顶四周的导体当做避雷线看待时，可采用滚球法确定其保护范围。

屋面上的所有金属突出物，如卫星和共用天线接收装置、节日彩灯、航空障碍灯、金属设备和管道以及建筑金属构件等，均应与屋面上的防雷装置可靠连接。高出屋面避雷带或避雷网的非金属突出物体，如烟囱、透气管、天窗等不在保护范围内时，应在其上部增加避雷带或避雷针保护。

当建筑物高度超过其滚球半径时，侧面可能会遭受闪击，特别是各表面的突出尖物、墙角和边缘。但对低于 60m 的建筑物，通常可忽略侧面闪击。研究数据表明，在高层建筑物内，随着与地面高差降低，其遭受侧面闪击的概率显著减少。因而应在高层建筑物的上部（一般在建筑物高度的最上面 20% 且高于 60m 的部位）安装侧面接闪器保护。工程应用时，具体防雷电侧击措施参见 GB 50057—2010。

（二）引下线及布置

引下线（Down-conductor System）是外部防雷装置的一部分，它能将接闪器雷电流传导至接地装置。为减少由于雷电流通过外部防雷装置引起损坏的概率，引下线的布置应满足下列要求：

1）有几个并联雷电流通道存在。

2）雷电流通道的长度最小。

3）按防雷等电位要求，将建筑物导电部件进行等电位联结。

在工程应用时，防雷引下线的数量及间距应按表9-9要求设置。

表9-9　防雷引下线的数量及间距

建筑物防雷分类	引下线间距/m		引下线数量	备注
	人工敷设引下线	利用自然引下线		
第一类防雷建筑物	≤12	—	≥2	不采用独立避雷针、架空避雷线（网）时
第二类防雷建筑物	≤18	按柱跨度设置，但平均值≤18	≥2	
第三类防雷建筑物	≤25	按柱跨度设置，但平均值≤25	≥2	40m以下建筑物除外

注：本表根据GB 50057—2010《建筑物防雷设计规范》编制。

防雷引下线应优先利用建筑物四周的钢筋混凝土柱或剪力墙中的主钢筋，还宜利用建筑物的钢柱等作引下线（自然引下线），其所有部件之间均应连成电气通路。若采用人工敷设引下线，宜采用热镀锌圆钢或扁钢，宜优先采用圆钢。防雷引下线的材料、规格应满足规范要求，见附录表74。

采用多根专设引下线时，应在各引下线上于地面0.3～1.8m之间设置断接卡，供接地测量用。当利用钢筋混凝土中的钢筋、钢柱作为引下线并同时利用基础钢筋作为接地网时，一般可不设断接卡。当利用钢筋作引下线时，应在室内外适当地点设置连接板，便于接地测量、连接人工接地极和实施等电位联结。

（三）接地装置

防雷接地装置（Earth-Termination System）是外部防雷装置的组成部分，用于把雷电流引导并散入大地。将具有高频特性的雷电流分散入地时，为使任何潜在的过电压降到最小，接地装置的形状和尺寸很重要。一般来说，建议采用较小的接地电阻（如有可能，低频测量时小于10Ω）。从防雷观点来看，接地装置应为单一、整体结构。

第一类防雷建筑物设置的独立避雷针、架空避雷线或架空避雷网应设置独立的人工接地装置。第一类防雷建筑物防雷电感应接地、第二类和第三类防雷建筑物的防雷接地宜与电气设备等接地共用同一接地装置，并优先利用钢筋混凝土中的钢筋作为接地装置，当不具备条件时，宜采用圆钢、钢管、角钢或扁钢等金属体作为人工接地极，并宜与埋地金属管道相连，构成等电位联结，以防雷电反击。此外，还应采取对接触电压和跨步电压引起人身伤害的防护措施。

建筑物防雷及接地装置的安装做法，可参考国家建筑标准设计图集D501-1《建筑物防雷设施安装》和D501-3《利用建筑物金属体做防雷及接地装置安装》。

四、防雷击电磁脉冲

雷电作为危害源，是一种高能现象。雷击电磁脉冲（LEMP）释放出的数百兆焦耳的能量，对建筑物内电气和电子系统中仅能承受毫焦耳数量级能量的敏感电子设备可产生致命的损害。随着微电子技术的发展，电子计算机、通信、自动控制等电子系统日益渗透到工业与民用的各个领域，雷击电磁脉冲对电气和电子系统的干扰和破坏所产生的后果日益加重。

建筑物内电气和电子系统防雷击电磁脉冲主要有两方面措施：一是屏蔽辐射脉冲电磁场

效应和防止在设备线路上出现电涌，如在装置中综合运用屏蔽、接地、等电位联结、合理布线等方法；二是消除或减少由外部线路导入的电涌，如在电源线路和信号线路中安装协调配合的电涌保护器（Surge Protection Device，SPD）。这两种措施相辅相成，不可偏废。

（一）防雷区的划分

防雷区（Lightning Protection Zone，LPZ）是指雷击时，在建筑物或装置的内、外空间形成的闪电电磁环境需要限定和控制的那些区域。划分防雷区是为了限定各部分空间不同的雷击电磁脉冲强度，以界定各空间内被保护设备相应的防雷击电磁干扰水平，并确定等电位联结点及电涌保护器件（SPD）的安装位置。防雷区的划分是以在各区交界处的雷电电磁环境有明显变化作为特征来确定的，如图 9-13 所示。

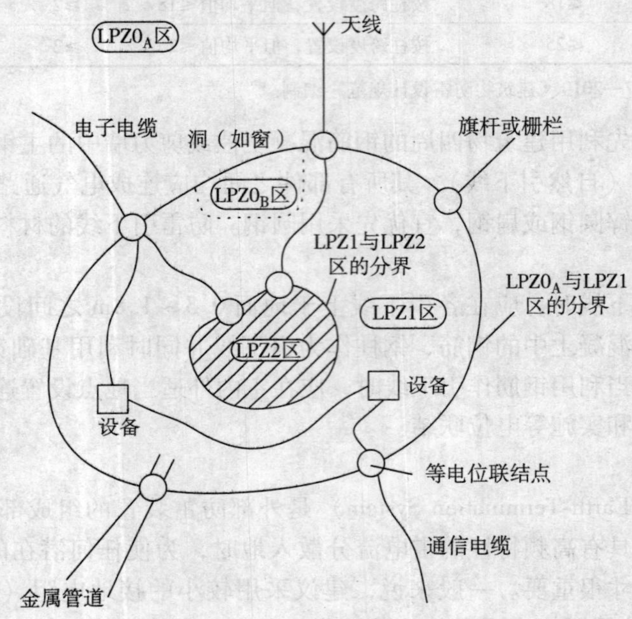

图 9-13　防雷区的划分

各防雷区的定义及划分原则见表 9-10。

表 9-10　防雷区（LPZ）的定义及划分原则

防雷区	定义及划分原则	举　例
$LPZ0_A$区	本区内的各物体都可能遭到直接雷击和导走全部雷电流；本区内的雷击电磁场强度没有衰减	建筑物屋顶接闪器保护范围以外的空间区域
$LPZ0_B$区	本区内的各物体不可能遭到大于所选滚球半径对应的雷电流直接雷击，但本区内的雷击电磁场强度没有衰减	接闪器保护范围以内的室外空间区域或没有采取电磁屏蔽措施的空间
LPZ1 区	本区内的各物体不可能遭到直接雷击；由于在界面处的分流，流经各导体的电涌电流比$LPZ0_B$区内的更小；本区内的雷击电磁场强度可能衰减，这取决于屏蔽措施	具有直击雷防护的建筑物内部空间，其外墙可能有钢筋或金属壁板等屏蔽措施
LPZ$n+1$区（$n=1$、2……）后续防护区	当需要进一步减小流入的电流和电磁场强度时，应增设后续防雷区，并按照需要保护的对象所要求的环境区选择后续防雷区的要求条件	建筑物内装有电子系统设备的房间，该房间设置有电磁屏蔽。设置于电磁屏蔽室内且具有屏蔽外壳的设备内部空间

注：本表根据 GB 50057—2010《建筑物防雷设计规范》编制。

（二）屏蔽、接地和等电位联结

1. 屏蔽与布线

为减少电磁干扰的感应效应，宜采取以下的基本措施：建筑物和房间的外部设屏蔽措施，以合适的路径敷设线路，线路屏蔽。这些措施宜联合使用。

磁屏蔽能够减小电磁场和内部感应电涌的幅值。建筑物屏蔽一般利用钢筋混凝土构件内钢筋、金属框架、金属支撑物以及金属屋面板、外墙板及其安装龙骨支架等建筑物金属体形成的笼式格栅形屏蔽体或板式大空间屏蔽体。内部线路屏蔽局限于被保护系统的线路和设备，可以采用金属屏蔽电缆、密闭的金属电缆管道以及金属设备壳体。对进入建筑物的外部线路采取的屏蔽包括：电缆的屏蔽层、密闭的金属电缆管道或钢筋成格栅形的混凝土电缆管道。

合理的内部布线可以最大程度减小感应回路的面积，从而减少建筑物内部电涌的产生。将电缆放在靠近建筑物自然接地部件的位置，或者将信号线与电源线相邻布线（为了避免干扰需要在电源线与非屏蔽信号线间留出一定距离），可以将感应回路的面积减到最小。

2. 接地

良好和恰当的接地不仅是防直击雷也是防雷击电磁脉冲的基本措施之一，通过接地装置，可以将雷电流或电涌电流泄放到大地。

每幢建筑物的防雷接地、电源系统工作接地、安全保护接地、等电位联结接地以及配电线路和信号线路的电涌保护器接地等应采用共用接地系统。当互相邻近的建筑物之间有电气和电子信息系统的线路连通时，宜将其接地装置互相连接。

3. 等电位联结

等电位联结可以最大程度地减小防雷区内各系统设备或金属体之间出现的电位差。穿过各防雷区界面的金属物和系统，以及在一个防雷区内部的金属物和系统均应在界面处做等电位联结。

（三）电涌保护器的原理及特性

电涌保护器（SPD）有时也称浪涌保护器，是用于限制瞬态过电压和对电涌（浪涌）电流进行分流的器件，它至少包含一个非线性元件。

SPD 的作用是在电涌冲击发生时迅速动作，将电涌电流引入大地而不在被保护的设备端口残留很大的共模电压，当电涌冲击衰减后又自动恢复初始态，以减少对被保护设备的运行影响，同时准备接受下一个电涌冲击。保护过程中，SPD 本身不受损坏，同时也不断开被保护设备的电涌冲击回路。

1. 电涌保护器的类型

电涌保护器按使用环境分有户内型 SPD 和户外型 SPD。按其用途分有电源系统 SPD、信号系统 SPD 和天馈系统 SPD。本节主要介绍电源系统 SPD。

电涌保护器按其使用的非线性元件特性分为电压开关型 SPD（无电涌时具有高阻抗，有电涌电压时能立即转变成低阻抗的 SPD）、电压限制型 SPD（无电涌时具有高阻抗，但是随着电涌电流和电压的上升，其阻抗将持续地减小的 SPD）、复合型 SPD（由电压开关型元件和电压限制型元件组成的 SPD）和多级 SPD（具有不止一个限压元件的 SPD）等。

2. 电涌保护器的主要技术参数

电涌保护器是用来限制电压和泄放能量的，因此，它的参数主要与这两者有关，但在工作中它会对系统造成一些负面影响，它自身的安全也可能受到过电压或过电流的威胁，因此，需要确定其相关技术参数。

（1）最大持续工作电压 U_c　允许持久地施加在上的最大交流电压有效值或直流电压，其值等于 SPD 的额定电压。

（2）通流容量　通流容量为一组参数，是由一系列标准化试验（Ⅰ级分类试验、Ⅱ级分类试验和Ⅲ级分类试验）确定的。所谓Ⅰ级分类试验是指用标称放电电流 I_n、1.2/50μs 波形冲击电压和冲击电流 I_{imp} 条件下试验，规定用于能耐受 10/350μs 波形部分雷电流的 SPD；Ⅱ级分类试验是指用标称放电电流 I_n、1.2/50μs 波形冲击电压和最大放电电流 I_{max} 条件下试验，规定用于能耐受 8/20μs 波形感应电涌电流的 SPD；Ⅲ级分类试验是指用复合波（1.2/50μs 波形冲击电压、8/20μs 波形冲击电流）条件下试验。进一步说明如下：

1）标称放电电流 I_n：流过 SPD 具有 8/20μs 波形的电流峰值。

2）Ⅰ级试验的冲击电流 I_{imp}：它由电流峰值 I_p 和电荷量 Q 确定，其值代表 SPD 通过 10/350μs 波形雷电流的能力。

3）Ⅱ级试验的最大放电电流 I_{max}：流过 SPD 具有 8/20μs 波形的电流峰值。I_{max} 大于 I_n。

（3）电压保护水平 U_p　它是表征 SPD 限制接线端子间电压的性能参数，对电压开关型 SPD 指在规定陡度下的最大放电电压，对电压限制型 SPD 指在规定电流波形下的最大残压，其值可从优先值的列表中选择。残压 U_{res} 是指 SPD 流过放电电流时两端的电压峰值。

此外，SPD 还有泄漏电流、续流、响应时间、使用寿命等技术参数。

（四）防雷击电磁脉冲的典型方案

按需要保护的设备的数量、类型和耐压水平及其所要求的磁场环境选择后续防雷区（安装磁场屏蔽）和（或）安装协调配合好的多组电涌保护器构成 LEMP 防护系统，可以实现敏感电子设备对电涌和辐射电磁场的防护。采用防雷击电磁脉冲措施的典型方案如图 9-14 所示。

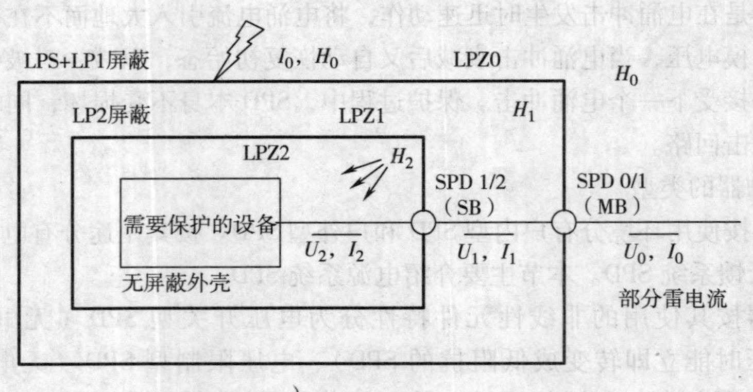

图 9-14　采用防雷击电磁脉冲措施的典型方案

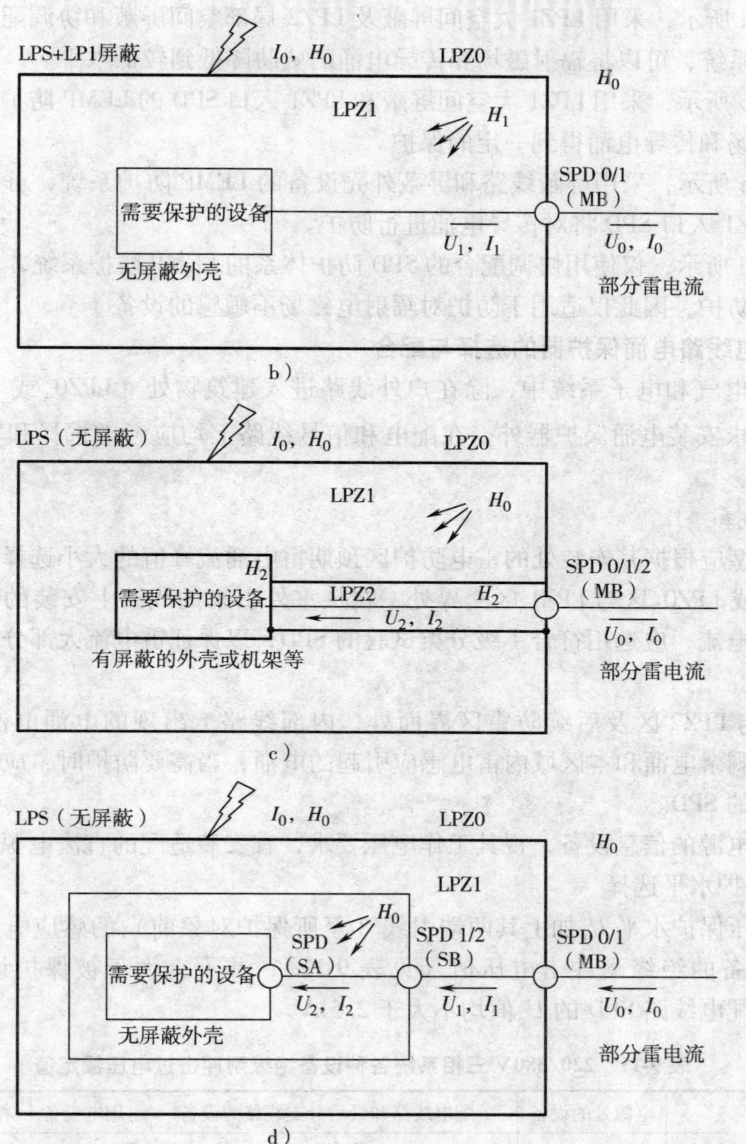

图 9-14　采用防雷击电磁脉冲措施的典型方案（续）

MB—总配电箱　SB—分配电箱　SA—插座

a）采用大空间屏蔽和协调配合好的电涌保护器保护

注：设备得到良好的防导入的电涌（$U_2 \ll U_0$和$I_2 \ll I_0$）和防辐射磁场（$H_2 \ll H_0$）的保护

b）采用 LPZ1 的大空间屏蔽和进户处安装电涌保护器的保护

注：设备得到防导入的电涌（$U_1 < U_0$和$I_1 < I_0$）和防辐射磁场（$H_1 < H_0$）的保护

c）采用内部线路屏蔽和在进入 LPZ1 处安装电涌保护器的保护

注：设备得到防线路导入的电涌（$U_2 < U_0$和$I_2 < I_0$）和防辐射磁场（$H_2 < H_0$）的保护

d）仅采用协调配合好的电涌保护器保护

注：设备得到防线路导入的电涌（$U_2 \ll U_0$和$I_2 \ll I_0$），但不需防辐射磁场（H_0）的保护

如图 9-14a 所示，采用 LPZ1 大空间屏蔽及 LPZ2 局部空间屏蔽和协调配合好的两组 SPD 的 LEMP 防护系统，可以将辐射磁场和传导电涌的威胁降低到较低水平。

如图 9-14b 所示，采用 LPZ1 大空间屏蔽和 LPZ1 入口 SPD 的 LEMP 防护系统，可以使设备对辐射电磁场和传导电涌得到一定的保护。

如图 9-14c 所示，采用屏蔽线路和屏蔽外壳设备的 LEMP 防护系统，可以对辐射电磁场进行防护；LPZ1 入口 SPD 将对传导电涌进行防护。

如图 9-14d 所示，仅使用协调配合的 SPD 防护体系的 LEMP 防护系统，由于 SPD 只能对传导电涌进行防护，因此仅适用于防护对辐射电磁场不敏感的设备。

（五）配电线路电涌保护器的选择与配合

在复杂的电气和电子系统中，除在户外线路进入建筑物处（$LPZ0_A$ 或 $LPZ0_B$ 进入 LPZ1 区）按规范要求安装电涌保护器外，在配电和信号线路上均应考虑选择和安装协调配合好的电涌保护器。

1. 类型选择

SPD 的类型应根据其安装处的雷电防护区预期雷电涌流峰值的大小选择。

在 $LPZ0_A$ 或 $LPZ0_B$ 区与 LPZ1 区交界处，在从室外引来的线路上安装的 SPD，因其线路上可能传导雷电流，应选用符合Ⅰ级分类试验的 SPD，以保证雷电流大部分能量在此界面处泄入接地装置。

在 LPZ1 与 LPZ2 区及后续防雷区界面处，内部线路上出现的电涌电流主要是上一级 SPD 动作后的剩余电涌和本区域内雷电感应引起的电涌，当需要防护时，应选用符合Ⅱ级或Ⅲ级分类试验的 SPD。

使用直流电源的信息设备，视其工作电压要求，宜安装适配的直流电源线路 SPD。

2. 电压保护水平选择

SPD 的电压保护水平 U_p 加上其两端引线（至所保护对象前）的感应电压之和，应小于所在系统和设备的绝缘耐冲击电压值（见表 9-11），并不宜大于被保护设备耐压水平的 80%。通常，配电线路 SPD 的 U_p 值均不大于 2.5kV。

表 9-11　220/380V 三相系统各种设备绝缘耐冲击过电压额定值

设备位置	电源处的设备	配电线路和最后分支线路的设备	用电设备	特殊需要保护的设备
耐冲击过电压类别	Ⅳ类	Ⅲ类	Ⅱ类	Ⅰ类
耐冲击电压额定值/kV	6	4	2.5	1.5

注：Ⅰ类——需要将瞬态过电压限制到特定水平的设备；
Ⅱ类——如家用电器、手提工具和类似负荷；
Ⅲ类——如配电箱，断路器，包括电缆、母线、分线盒、开关、插座等布线系统，以及应用于工业的设备和永久接至固定装置的固定安装的电动机等一些其他设备；
Ⅳ类——如电源进线处或其附近低压配电箱前方的电气计量仪表、一次回路过电流保护设备、纹波控制设备等。

3. 通流容量选择

电源线路 SPD 的通流容量值应根据其安装位置遭受雷电威胁的强度及可能出现的概率来确定。

户外线路进入建筑物处，即 $LPZ0_A$ 或 $LPZ0_B$ 进入 LPZ1 区，例如在配电线路的总配电箱

MB 处安装第一级 SPD，其冲击电流 I_{imp}应大于其预期雷电冲击电流值，当无法确定时不应小于 10/350μs，12.5kA。

若第一级 SPD 的电压保护水平加上其两端引线的感应电压保护不了室内分配电箱 SB 内的设备，应在该箱内安装第二级 SPD，其标称放电电流 I_n不应小于 8/20μs，5kA。

按上述要求安装的 SPD 所得到的电压保护水平在其两端引线施加感应电压以及反射波效应条件下，若不足以保护距其较远处的被保护设备，尚应在被保护设备处装设 SPD，其标称放电电流 I_n不宜小于 8/20μs，3kA。

当被保护设备沿线路距分配电箱处安装的 SPD 不大于 10m 时，若该 SPD 的电压保护水平加上其两端引线的感应电压小于被保护设备耐压水平的 80%，一般情况在被保护设备处可不装 SPD。

4. 最大持续运行电压选择

SPD 的最大持续运行电压 U_c应不低于系统中可能出现的最大持续运行电压。选择低压 220/380V 三相系统中的 SPD 时，其最大持续运行电压 U_c应符合表 9-12 的规定。

表 9-12 电源线路 SPD 的最大持续运行电压

低压系统制式		SPD 接线	最大持续运行电压 U_c
TN	TN-C	SPD 接于 L－PEN 之间（采用 3 个）	$U_c \geqslant 1.15U_0$（U_0 = 220V）
	TN-S	SPD 可接于 L－PE 和 N－PE 之间（采用 4 个）；也可接于 L－N 及 N－PE 之间（采用 3＋1 个）	
TT		SPD 安装在 RCD 的负荷侧时，SPD 接于 L－PE 和 N－PE 之间（采用 4 个）	$U_c \geqslant 1.55U_0$
		SPD 安装在 RCD 的电源侧时，SPD 接于 L－N 及 N－PE 之间（采用 3＋1 个）	$U_c \geqslant 1.15U_0$
IT		一般不引出中性线，SPD 接于 L－PE 之间（采用 3 个）	$U_c \geqslant 1.05U$（U＝380V）

5. 其他要求

为获得最佳的过电压保护，SPD 的所有连接导线（相线至 SPD 以及从 SPD 至总接地端子或 PE 母线）应尽可能短。工程应用时，SPD 连接导线应平直，其长度不宜大于 0.5m。SPD 连接导线的截面积不宜小于附录表 75 的规定。

为防止 SPD 老化造成短路，SPD 安装线路上应设置过电流保护电器，其额定电流应根据 SPD 产品说明书推荐的过电流保护电器的最大额定值选择（不应大于该值），并应按安装处的短路电流大小校验过电流保护电器的分断能力。

6. SPD 级间配合

各级 SPD 之间应注意动作电压及允许通过的电涌能量的配合。在一般情况下，当在线路上多处安装 SPD 且无准确数据时，电压开关型 SPD 与限压型 SPD 之间的线路长度不宜小于 10m，限压型 SPD 之间的线路长度不宜小于 5m。

此外，当电源采用 TN 系统时，从建筑物内总配电盘（箱）开始引出的配电线路和分支线路必须采用 TN-S 系统。配电线路电涌保护器在 TN-S 系统中的分级保护安装示意图如图 9-15 所示。

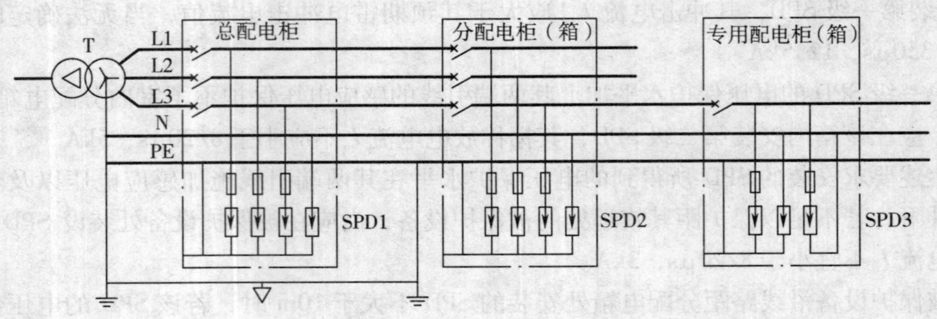

图 9-15　配电线路电涌保护器在 TN-S 系统中的分级保护安装示意图

第五节　供电系统的雷电过电压保护

一、过电压的有关概念

交流电力系统中的电气装置，在运行中除了作用有持续工频电压（其值不超过系统最高电压 U_m，持续时间等于设计的运行寿命）外，还承受各种过电压的作用。过电压是指系统中出现的对绝缘有威胁的电压升高和电位差升高。按照过电压的起因、幅值、波形及持续时间，可分为：

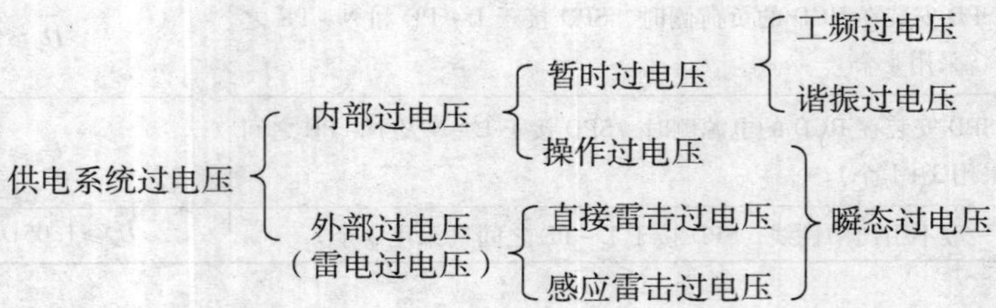

暂时过电压（Temporary Overvoltage）是指在电气装置安装处持续时间较长的不衰减或弱衰减的（以工频或其一定的倍数、分数）振荡的过电压。暂时过电压包括工频过电压和谐振过电压。暂时过电压与电力系统结构、容量、参数、运行方式、故障条件以及安全自动装置的特性有关。

工频过电压（Power-Frequency Overvoltage）一般由线路空载、接地故障和甩负荷等引起。110kV 系统中的工频过电压限值不超过 $1.3U_m/\sqrt{3}$；35～66kV 系统中的工频过电压限值不超过 U_m；3～10kV 系统中的工频过电压限值不超过 $1.1U_m$。因此，对 110kV 及以下电力网一般不需要采取专门措施限制工频过电压。

谐振过电压（Resonance Overvoltage）包括线性谐振和非线性（铁磁）谐振过电压，一般因通断操作或故障通断后引起系统电感、电容元件参数出现不利组合而产生谐振时出现的暂时过电压。因此，系统中应采取措施避免出现谐振过电压的条件，或用保护装置限制其幅值和持续时间。对于 6～35kV 电源中性点不接地系统或经消弧线圈接地系统的谐振过电压保护，重点是预防电磁式电压互感器过饱和产生的铁磁谐振，如选用励磁特性饱和点较高的电磁式电压互感器，必要时装设消谐器等。

操作过电压和雷电过电压是一种瞬态过电压（Transient Overvoltage），即持续时间数毫秒或更短，通常带有强阻尼的振荡或非振荡的一种过电压。它可以叠加于暂时过电压上，但应视为独立事件。

操作过电压（Switching Overvoltage）通常是单极性的，其峰值时间在20～5000μs之间，半峰值时间小于20ms，又称缓波前过电压（Slow-front Overvoltage）。操作过电压一般由线路切合与重合、故障与切除故障、开断容性电流和开断较小或中等的感性电流、负载突变等原因引起。操作过电压主要和断路器（或熔断器）性能、电力系统中性点接地方式密切相关。对35kV及以下系统，采用低电阻接地时的操作过电压限值不超过$3.2\sqrt{2}U_m/\sqrt{3}$，除低电阻接地外的操作过电压限值不超过$4\sqrt{2}U_m/\sqrt{3}$。35kV及以下系统的操作过电压保护，对于容性元件，主要是选择性能良好的真空断路器或SF_6断路器，避免断开时重击穿导致电荷叠加的过电压；对于感性元件，主要是装设金属氧化物避雷器，限制快速截流产生的过电压。

雷电过电压（Lightning Overvoltage）通常呈单极性，其峰值时间在0.1～20μs之间，半峰值时间一般小于300μs，又称快波前过电压（Fast-front Overvoltage）。作用于输配电线路的雷电过电压有雷电直击于导线、塔顶或避雷线后反击导线而产生的过电压，以及雷电直击于线路附近的地面而导致电磁场强度剧烈变化产生的感应过电压。作用于变电所的雷电过电压，主要表现为雷电对配电装置的直接雷击、反击和架空进线上出现的雷电侵入波。与操作过电压不同，雷电过电压的幅值与雷电流幅值成正比而与系统运行电压无关。因此，对110kV及以下系统，过电压保护的重点应是雷电过电压。

二、雷电过电压保护设备

（一）防雷接闪器

交流电气装置的防雷接闪器有避雷针和避雷线。现行电力行业标准DL/T 620—1997《交流电气装置的过电压保护和绝缘配合》规定，用于变电所和电力线路的防雷保护时，避雷针、避雷线的保护范围应按“折线法”来确定。

1. 避雷针的保护范围

用“折线法”确定的单支避雷针保护范围是以避雷针为轴的折线圆锥体，如图9-16所示。其作图方法为：从避雷针的顶点向下作与避雷针成角度θ的斜线，构成锥形保护空间上部；从距针底各方向$1.5h$处向避雷针作连接线，与上述斜线相交于$0.5h$处，交点以下的斜线构成了锥形保护空间的下部。在高度为h_x水平面上的保护半径r_x应按下列公式计算：

$$\begin{cases} r_x = (h - h_x)p & h_x \geq h/2 \\ r_x = (1.5h - 2h_x)p & h_x < h/2 \end{cases} \tag{9-15}$$

式中　r_x——避雷针在h_x水平面上的保护半径（m）；

h——避雷针的高度（m）；

h_x——被保护物的高度（m）；

p——避雷针的高度影响系数，当$h \leq 30$m时，$p=1$；当$30\text{m} < h \leq 120$m时，$p=\dfrac{5.5}{\sqrt{h}}$；当$h > 120$m时，取$p=0.5$。

按式（9-15）可计算出避雷针在地面上的保护半径：$r_x = 1.5hp$。

供电工程中，常见情形是已知被保护物体的高度 h_x，再根据被保护物的宽度与避雷针的相对位置来确定出所需要的避雷针的高度 h，避雷针的高度一般选用 20～30m，此时 $\theta = 45°$。若需要扩大保护范围，可采用两支以及多支避雷针作联合保护，用“折线法”确定两支以及多支避雷针保护范围的方法可参见 DL/T 620—1997。

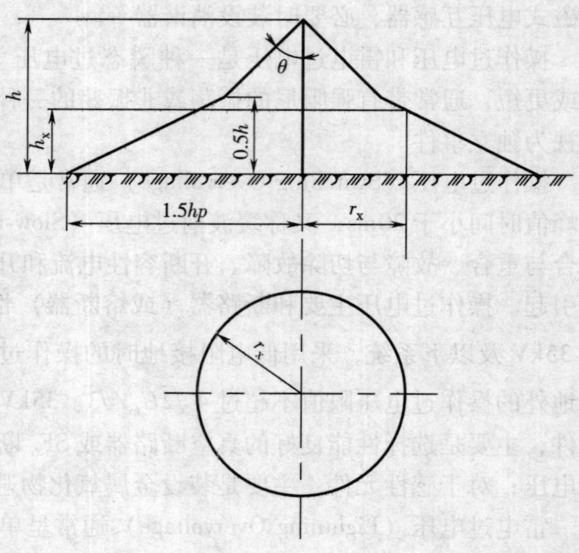

图 9-16　用折线法确定的单支避雷针的保护范围

2. 避雷线的保护范围

避雷线的接闪原理与避雷针相同，其防雷电直击作用等同于在其弧垂上每一点均为一根等效的避雷针。避雷线架设在架空输电线路的上方时，也称架空地线，除防止雷电直击架空导线外，同时还具有分流作用，可减少流经杆塔入地的雷电流从而降低杆塔电位；避雷线对导线的耦合作用还可有效降低导线上的感应过电压。

用“折线法”确定的单根避雷线的保护范围如图 9-17 所示，保护空间呈屋脊式。在高度为 h_x 的水平面上每侧保护范围的宽度 r_x 按下列公式计算：

$$\begin{cases} r_x = 0.47(h - h_x)p & h_x \geqslant h/2 \\ r_x = (h - 1.53h_x)p & h_x < h/2 \end{cases} \tag{9-16}$$

式中　r_x——避雷线在 h_x 水平面每侧保护范围的宽度（m）；

h——避雷线的高度（m）；

h_x——被保护物的高度（m）。

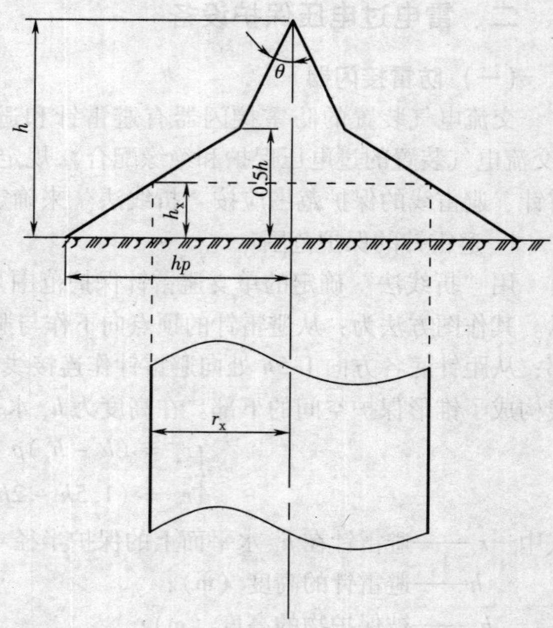

图 9-17　用折线法确定的单根避雷线的保护范围

图 9-17 中，当避雷线的高度 $h \leqslant 30$m 时，$\theta = 25°$。110kV 及以上输电线路一般采用两根避雷线作联合保护，其保护范围确定方法参见 DL/T 620—1997 标准。

工程中常采用保护角 α 来表示避雷线对导线的保护程度。保护角是指避雷线和外侧导线的连线与避雷线的垂线之间的夹角。保护角越小，避雷线就越可靠地保护导线免遭雷击。对 35～110kV 架空线路，一般取保护角 $\alpha = 20°～30°$，这时即认为导线已处于避雷线的保护范围之内。

（二）避雷器（过电压限制器）

避雷器（Surge Arrester）是用于保护电气设备免受高瞬态过电压危害，并限制续流时间及续流幅值的一种电器，也包括运行安装时对于该电器实现正常功能所必需的任何外部间隙。避雷器实质上是一种过电压限制器，通常连接在电网导线与地线之间，有时也连接在电器绕组或导线之间。一旦出现瞬态过电压并超过避雷器的放电电压水平时，避雷器首先放电，从而限制了瞬态过电压的发展，使电气设备免遭过电压损坏。

为了达到预期的过电压保护效果，对避雷器一般有以下基本要求：避雷器应具有良好的伏秒特性曲线，并与被保护设备的伏秒特性曲线之间实现合理的配合；避雷器还应具有较强的快速切断工频续流且自动恢复其绝缘强度的能力。

常用的避雷器类型有：保护间隙、排气式（管型）避雷器、碳化硅阀式避雷器、无间隙金属氧化物避雷器和有间隙金属氧化物避雷器等。保护间隙构造简单，但不能切断工频续流；排气式（管型）避雷器因其伏秒特性曲线较陡，放电分散性大，与变电所电气设备的绝缘配合不够理想，一般只适用于架空线路以降低瞬态雷电冲击时绝缘子闪络危险。本节主要介绍碳化硅阀式避雷器和金属氧化物避雷器。

1. 碳化硅阀式避雷器

碳化硅阀式避雷器（Silicon Carbide Valve Type Surge Arrester）是由碳化硅非线性电阻片（又称阀片）与放电间隙串联组成的避雷器。碳化硅阀片的电阻值呈非线性，其伏安特性如图 9-18 所示。当高幅值过电压作用在避雷器上时，阀片的电阻值很小，在放电间隙被击穿后，迅速使雷电流泄入大地；过电压消失后，在低幅值的工频电压下，电阻值快速上升，使放电间隙的工频续流在第一次过零时就被切断，供电系统恢复正常运行。

碳化硅阀式避雷器按其所串联的放电间隙有无磁吹功能，分为普通阀式避雷器和磁吹阀式避雷器。磁吹阀式避雷器采用了磁吹式放电间隙，它利用磁场对电弧的电动力，迫使间隙中的电弧加快运动并延伸，使间隙的去电离作用增强，从而提高了灭弧能力，改善了过电压保护性能。

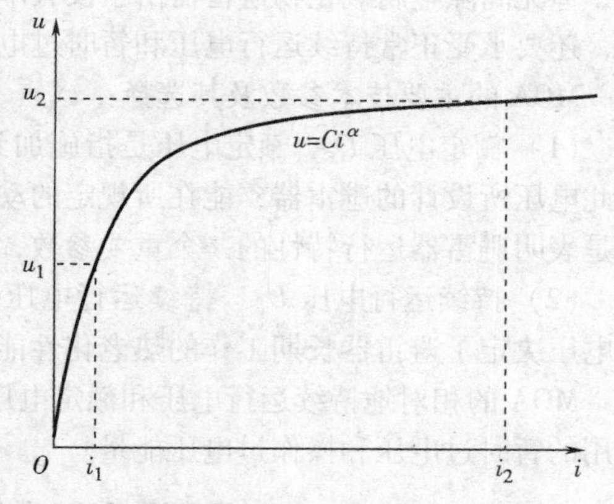

图 9-18　碳化硅阀片的伏安特性

i_1—工频续流　u_1—工频电压

i_2—雷电流　u_2—避雷器残压

2. 无间隙金属氧化物避雷器

无间隙金属氧化物避雷器（Metal-oxide Surge Arrester Without Gaps）是由非线性金属氧化物电阻片串联和（或）并联组成且无并联或串联间隙的避雷器。无间隙金属氧化物避雷器也称金属氧化物避雷器（Metal-Oxide Arrester, MOA）。MOA 也是一种阀式避雷器，其阀片以氧化锌为主要原料，具有极好的非线性伏安特性，如图 9-19 所示。氧化锌阀片的伏安特性与碳化硅阀片的伏安特性相比较，两者在 10kA 下的残压基本相同，但在正常运行的额定电压下，碳化硅阀片流过的电流为数百安，因而必须用间隙加以隔离；而氧化锌阀片流过的电流数量级只有 10^{-5}A，可以认为其续流为零，所以 MOA 可以不用串联放电间隙。

与碳化硅阀式避雷器相比，MOA 具有下列优点：

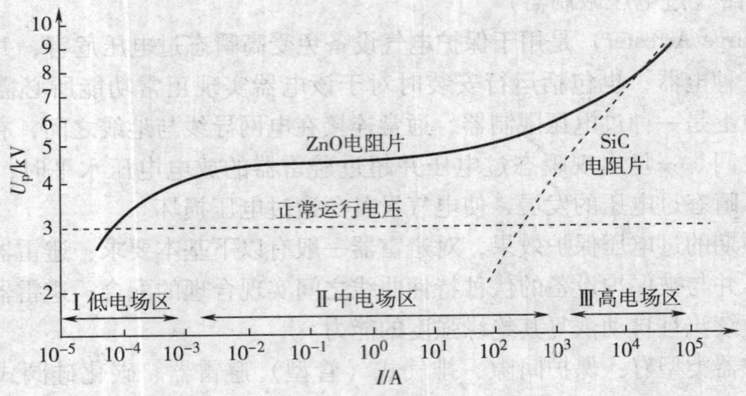

图 9-19 氧化锌阀片的伏安特性

1）结构简单。

2）保护性能好，无工频续流，无需串联间隙，消除了因间隙击穿特性变化造成的影响，保护特性仅由残压决定。

3）吸收能量大，非线性金属氧化物电阻片单位体积吸收的能量较碳化硅非线性电阻片大 5 ~ 10 倍，同时，电阻片或避雷器均可并联使用，使吸收能量成倍提高。

4）保护效果好，只要出现过电压超过避雷器额定电压，保护作用就开始，这对频繁作用在被保护设备上的过电压，减少异常绝缘击穿，对延长设备的寿命具有积极作用。

5）运行检测方便，能通过带电试验检测避雷器特性的变化。

但无间隙金属氧化物避雷器由于没有串联间隙，电阻片不仅承受雷电和操作过电压的作用，还要承受正常持续运行电压和暂时过电压，因而容易产生功能劣化和热稳定问题。

MOA 的主要技术参数及其选择：

（1）额定电压 U_r　额定电压是指施加到避雷器端子间的最大允许工频电压有效值，按照此电压所设计的避雷器，能在所规定的动作负载试验中确定的暂时过电压下正确地工作。它是表明避雷器运行特性的一个重要参数，但它并不等于系统标称电压 U_n。

（2）持续运行电压 U_c　持续运行电压是指允许施加在避雷器两端的工频电压有效值。该电压决定了避雷器长期工作的热老化性能。

MOA 的相对地持续运行电压和额定电压不应低于表 9-13 所列数值，且能承受所在系统作用的暂时过电压和操作过电压能量。

表 9-13　MOA 的持续运行电压和额定电压

系统接地方式		持续运行电压 U_c	额定电压 U_r	系统最高运行电压 U_m
不接地	10（6）kV	$1.1U_m$	$1.38U_m$	6kV 系统为 7.2kV 10kV 系统为 12kV 35kV 系统为 40.5kV
	35kV	U_m	$1.25U_m$	
经消弧线圈接地		U_m	$1.25U_m$	
经低电阻接地		$0.8U_m$	U_m	
经高电阻接地		$1.1U_m$	$1.38U_m$	

（3）残压 U_{res}　残压是指避雷器流过放电电流时两端的电压峰值。它由陡波冲击电流下

（典型波形 1/5μs）的残压、雷电冲击电流下（典型波形 8/20μs）的残压和操作冲击电流下（典型波形 30/60μs）的残压构成。标称放电电流下的残压 U_{res} 不应大于被保护电气设备（旋转电机除外）标准雷电冲击全波耐受电压的 71%，以确保被保护设备的绝缘不被雷电过电压损坏。

3. 有间隙金属氧化物避雷器

有间隙金属氧化物避雷器（Metal-oxide Varistor Gapped Surge Arrester）是由金属氧化物电阻片与放电间隙串联和（或）并联组成的避雷器。与无间隙金属氧化物避雷器相比，它增加了串联间隙，使电阻片与带电导体隔离，可避免系统单相接地引起的暂时过电压和弧光接地或谐振过电压对电阻片的直接作用。但使用串联间隙后，它不再具备无间隙金属氧化物避雷器的优点。

有间隙金属氧化物避雷器一般用于输电线路或谐振过电压多发的 3～66kV 电源中性点非有效接地系统中。

三、变电所的雷电过电压保护

变电所内的雷电过电压来自雷电对配电装置的直接雷击、反击和架空进线上出现的雷电侵入波。因此，应采用避雷针或避雷线对高压配电装置进行直击雷保护，并采取措施防止反击（Back Stroke），所内适当配置阀式避雷器以减少雷电侵入波过电压的危害，同时设置进线段保护以限制雷电流幅值和陡度。

（一）直击雷过电压保护

直击雷保护措施主要是装设避雷针或避雷线，使被保护设备处于避雷针或避雷线的保护范围之内，同时还必须防止雷击避雷针或避雷线时引起对被保护物的反击事故。

当雷击独立避雷针时，如图 9-20 所示，雷电流经避雷针及其接地装置，在避雷针 h 高度处和避雷针的接地装置上将出现高电位 u_A 和 u_G。

$$\begin{cases} u_A = iR_p + L\dfrac{di}{dt} \\ u_G = iR_p \end{cases} \tag{9-17}$$

式中 i——流过避雷针的雷电流（kA）；

R_p——避雷针的冲击接地电阻（Ω）；

L——避雷针的等值电感（μH）。

取 $i=100$kA，上升平均陡度 $\dfrac{di}{dt}=\dfrac{100\text{kA}}{2.6\mu\text{s}}=38.5\text{kA}/\mu\text{s}$，避雷针的单位电感为 1.3μH/m，校验点高度为 h，则得 $u_A = 100R + 50h$，$u_G = 100R_p$。

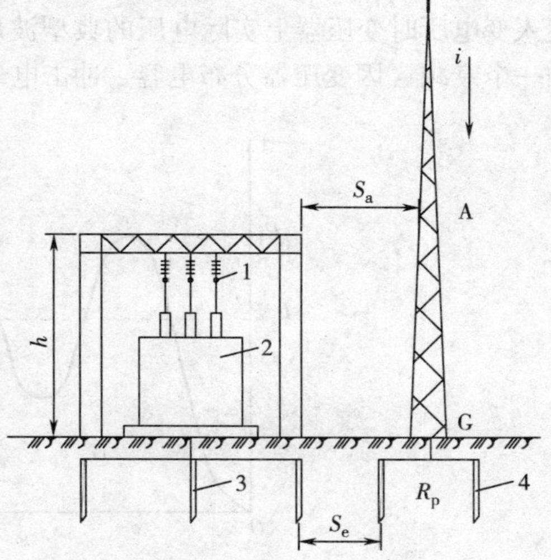

图 9-20 雷击独立避雷针

1—母线 2—变压器 3—主接地网 4—防雷接地网

为防止避雷针与被保护的配电构架或设备之间的空气间隙 S_a 被击穿而造成反击事故，必须要求 S_a 大于一定距离，取空气的平均耐压强度为 500kV/m；为了防止避雷针接地装置和被保护设备接地装置之间在土壤中的间隙 S_e 被击穿，

必须要求 S_e 大于一定距离，取土壤的平均耐压强度为300kV/m，S_a 和 S_e 应满足下式要求：

$$\begin{cases} S_a \geqslant 0.2R_p + 0.1h \\ S_e \geqslant 0.3R_p \end{cases} \tag{9-18}$$

一般情况下，对避雷针，S_a 不宜小于5m，S_e 不宜小于3m。

35kV变电所配电装置的绝缘水平低，为防止反击，应装设独立避雷针保护，不宜装设在高压配电装置架构或房顶上。110kV及以上变电所配电装置的绝缘水平较高，一般将避雷针架设在除变压器门形构架以外的其他配电装置的构架或屋顶上。装在构架上的避雷针应与主接地网连接；但避雷针与主接地网的地下连接点处应加装集中接地装置（Concentrated Earthing Connection）（为加强对雷电流的散流作用、降低对地电位而附加敷设3～5根垂直接地极；在土壤电阻率较高的地区，则敷设3～5根放射形水平接地极）；该接地点至变压器与主接地网的地下连接点之间，沿接地体的长度不得小于15m。

已在相邻高建筑物保护范围内的建筑物或设备，如主控制室、电压等级低的配电室等，可不装设直击雷保护装置。

设置防雷接地装置时，应采取措施防止接触电压和跨步电压造成人身伤害。具体要求见第一节。

（二）雷电侵入波过电压保护

变电所限制雷电侵入波过电压的主要措施是装设避雷器，需要正确选择避雷器的类型、参数，合理确定避雷器的数量和安装位置，重点保护好变电所的关键设备变压器。

避雷器应尽可能靠近变压器安装。这是因为避雷器离开变压器有一段电气距离，当雷电波作用时，由于避雷器至变压器连线间的波过程，发生电压波的全反射（变压器处可近似视为开路），雷电波的峰值加大，陡度加倍；避雷器发挥作用后，限压效果要经过一定时间才能到达变压器。这样，变压器将承受一个比避雷器残压高 ΔU 的电压。实测表明，雷电波侵入变电所时变压器上实际电压的典型波形如图9-21所示。它相当于在避雷器的残压上叠加一个衰减（因变压器分布电容、冲击电晕和避雷器电阻等作用）的振荡波。

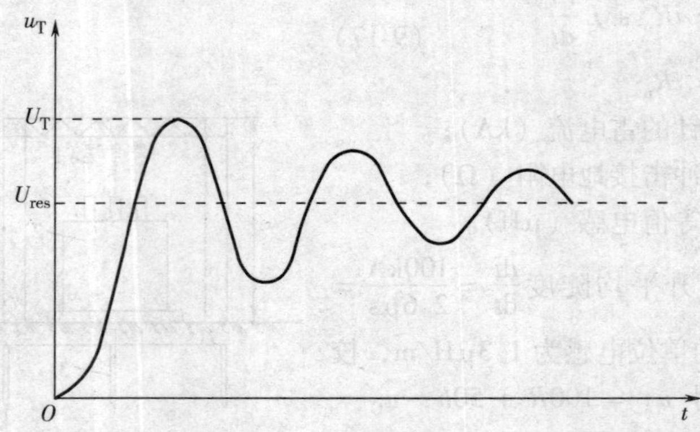

图9-21 变压器上实际电压的典型波形

变压器上承受的最高电压 U_T 与避雷器残压 U_{res} 之差 ΔU 可按下式计算：

$$\Delta U = U_T - U_{res} = 2a\frac{l}{v} \tag{9-19}$$

式中　v——雷电侵入波的波速（m/s）；

a——雷电侵入波的陡度，即 $\mathrm{d}i/\mathrm{d}t$；

l——避雷器与变压器之间的电气距离（m）。

因此，缩短避雷器与变压器间的距离，降低雷电侵入波的陡度，对降低变压器上的过电压都是有利的。DL/T 620—1997 标准规定，变电所的母线上阀式避雷器（电站型）与主变压器间的电气距离不宜大于附录表 76 所列数值。如各架空接线均有电缆段，可降低雷电波陡度，则阀式避雷器与主变压器的最大电气距离不受限制。

（三）变电所的进线段保护

变电所的进线段保护是雷电侵入波防护的重要前提。保护方案的校验条件是保证 2km 外线路导线上出现雷电侵入波过电压时，不致引起变电所电气设备绝缘损坏。架空线路未沿全线架设避雷线时，应在变电所 1～2km 进线段架设避雷线；沿全线架设避雷线时，则应重点提高这段线路的耐雷水平，以减少该段线路内绕击和反击的概率。进线段保护的作用在于限制流经避雷器的雷电流幅值和波头陡度。

未沿全线架设避雷线的 35～110kV 架空送电线路，当雷直击于变电所附近的导线时，流过避雷线的电流幅值可能超过 5kA，而陡度也会超过允许值。因此，有必要在变电所的进线段架设避雷线。避雷线保护角不宜超过 20°，最大不应超过 30°。35～110kV 变电所的进线段保护接线如图 9-22 所示。在雷季，如变电所 35～110kV 进线的隔离开关或断路器可能经常断路运行，同时线路侧又带电，沿线袭来的雷电波将在此末端开路处产生全反射，电压加倍，可能使开路的隔离开关或断路器对地放电，引起工频短路。因此，必须在靠近隔离开关或断路器处装设一组排气式避雷器或用阀式避雷器替代。全线架设避雷线的 35～110kV 变电所，其进线的隔离开关或断路器与上述情况相同时，宜在靠近隔离开关或断路器处装设一组保护间隙或阀式避雷器。

35～110kV 变电所的 6～10kV 配电装置（包括电力变压器），应在每组母线和架空进线上装设阀式避雷器（分别采用电站和配电阀式避雷器）。架空进线全部在厂区内，且受到其他建筑物屏蔽时，可只在母线上装设阀式避雷器。有电缆段的架空线路，阀式避雷器应装设在电缆头附近，其接地端应和电缆金属外皮相连。6～10kV 配电装置雷电侵入波的保护接线如图 9-23 所示。

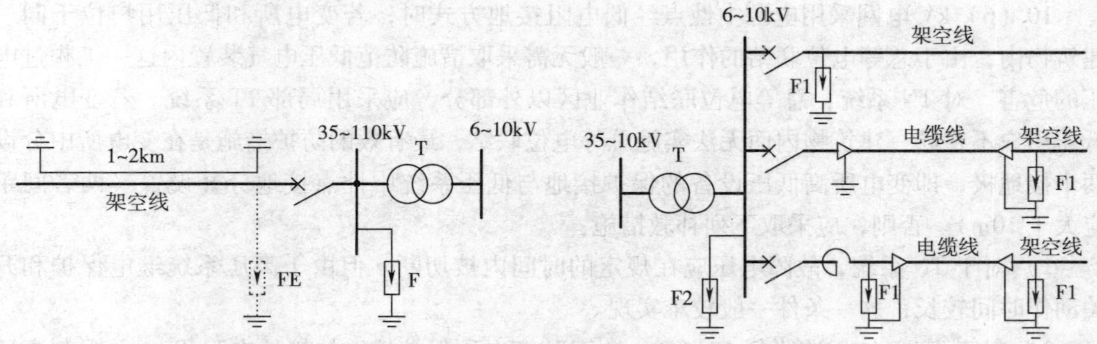

图 9-22　35～110kV 变电所的进线段保护接线　　图 9-23　6～10kV 配电装置雷电侵入波的保护接线

阀式避雷器应以最短的接地线与变配电所的主接地网连接（包括通过电缆金属外皮连

接)，同时，应在其附近装设集中接地装置。

四、配电系统的雷电过电压保护

10（6）/0.4kV 配电变压器应装设阀式避雷器保护。阀式避雷器应尽量靠近变压器装设，其接地线应与变压器低压侧中性点（中性点不接地时则为中性点的击穿熔断器的接地端）以及金属外壳等连在一起接地，构成防雷等电位联结。

3～10kV 为 Yyn 和 Yy 联结（低压侧中性点接地和不接地）的配电变压器，宜在低压侧装设一组阀式避雷器或击穿熔断器，以防止反变换波和低压侧雷电侵入波击穿高压侧绝缘。35/0.4kV 配电变压器，其高低压侧均应装设阀式避雷器保护。

五、低压电气装置的过电压保护

低压电气装置中可能出现两种危及设备安全或人身安全的过电压，一种是10(6)/0.4kV 变电所高压侧接地故障在低压电气装置内引起的暂时过电压，另一种是雷电在低压电气装置中引起的瞬态过电压。雷电在低压电气装置中引起的瞬态过电压又分为两种情况：一种是远处对地雷击时，地面瞬变电磁场在架空电源线路上感应产生的瞬态过电压，当其沿电源线路进入建筑物电气装置内时，可能导致电气设备绝缘击穿事故；另一种为建筑物直接被雷击或建筑物附近落雷时，强大的瞬变电磁场直接在电气装置内感应产生的雷击电磁脉冲，对建筑物内电子信息系统的安全构成严重威胁。

（一）暂时过电压的防护

低压电气装置的暂时过电压包括：高压系统与地之间故障引起的工频过电压，TN 和 TT 系统中性导体开路引起的应力电压，相导体与中性导体间短路引起的应力电压，IT 系统意外接地引起的应力电压。以下仅介绍第一种工频过电压。

10（6）/0.4kV 变电所高压侧接地故障时，故障电流 I_d 会在变电所接地电阻 R_B 产生故障电压，此故障电压传导到低压系统会引起暂时工频过电压。视不同的低压系统接地形式，有的可能危及设备安全，而有的则可能会危及人身安全。因此，必须进行防护。

10（6）kV 电网采用电源中性点不接地系统或经消弧线圈接地方式时，变电所低压系统无需采取措施防范幅值不大的工频过电压的危害。

10（6）kV 电网采用电源中性点经低电阻接地方式时，若变电所和低压用户位于同一建筑物内，由于总等电位联结的作用，一般无需采取措施防范低压电气装置内这一工频过电压的危害。对 TN 系统，总等电位联结作业区以外部分，应采用局部 TT 系统。若变电所和低压用户不在同一建筑物内而无法实施总等电位联结，最有效的防护措施是在变电所中分设两个接地极，即变电所高低压设备的保护接地与低压系统中性点接地分开设置（两者间距应大于 10m）。否则，应采取下列补救措施：

1）对于 TN 系统，故障电压应在规定的时间内被切断。但由于高压系统继电保护和开关动作时间较长，这一条件一般较难实现。

2）对于 TT 系统，应降低 10（6）/0.4kV 变电所保护接地的接地电阻 R_B，并限制高压侧接地故障电流 I_d，使 I_d 与 R_B 的乘积小于 1200V，以防低压电气装置内绝缘击穿事故的发生。

（二）瞬态过电压的防护

低压电气装置的瞬态过电压值取决于供电系统的类型（地下或架空）、电气装置电源进线端装设低压保护器件的可能性和供电系统的耐压水平。

1. 耐冲击类别

耐冲击类别是根据对设备预期不间断供电和能承受的事故后果来区分设备适用性的不同等级。通过对设备耐冲击水平的选择，使整个电气装置达到绝缘配合，将故障的危害性降到允许的水平，以提供一个抑制过电压的基础。低压电气设备耐冲击类别的划分见表 9-11。

2. 自身抑制（靠系统本身绝缘水平）

当自电网引来的低压电源线路全部为埋地电缆或架空的屏蔽层接地的电缆时，如果建筑物内低压电气装置已具有表 9-11 所规定的耐冲击过电压水平，只要采取等电位联结与保护接地措施，一般无需装设防此类瞬态过电压的电涌保护器（SPD）。

3. 保护抑制（靠装设保护电器的过电压保护）

当低压电源线路全部或部分为架空线路时，除采取等电位联结与保护接地措施外，还需在电源进线处装设Ⅰ级分类试验（10/350μs 波形）的电涌保护器来防范沿电源线路侵入的雷电脉冲过电压（雷电波侵入）。

当 Yyn0 或 Dyn11 联结的电力变压器装设在建筑物内或附设于外墙处时，应在变压器高压侧装设避雷器；在低压侧的配电屏上，当有线路引出本建筑物至其他有独立敷设接地装置的配电装置时，应在母线上装设Ⅰ级分类试验的电涌保护器；当无线路引出本建筑物时，可在母线上装设Ⅱ级分类试验（8/20μs 波形）的电涌保护器。

思考题与习题

9-1 接地有哪些类型？各有何用途？

9-2 布置接地装置时如何降低预期接触电压和跨步电压？

9-3 什么是等电位联结？它有哪些作用？

9-4 等电位联结安装有何要求？

9-5 变电所变压器的中性点接地不当会出现什么问题？应如何选择变压器中性点接地导体？

9-6 为什么建筑物内各种接地应采用共用接地系统？

9-7 人体对电流的生理反应主要和哪些因素有关？为什么国际上将防电击的高灵敏性剩余电流动作保护电器的额定动作电流值取为 30mA？

9-8 在电气装置中，直接电击防护和间接电击防护主要有哪些措施？

9-9 如何选择低压 TN 系统的间接接触防护电器？

9-10 试述雷电放电的基本过程及各阶段的特点。

9-11 雷电作用的形式有哪些？

9-12 建筑物的防雷措施有哪些？

9-13 什么是雷击电磁脉冲？建筑物电气电子系统如何防范雷击电磁脉冲？

9-14 什么是电涌保护器？它有哪些类型？如何选用？

9-15 在供电系统中，限制雷电过电压破坏作用的基本措施是什么？这些防雷设备各起什么保护作用？

9-16 某城市拟建一座大型超市，为钢筋混凝土框架结构，建筑物长 128m，宽 78m，高 19m。已知当地年平均雷暴日数为 35d，超市周边在 2 倍扩大宽度范围内无其他建筑物，试计算该建筑物年预计雷击次数，并确定其防雷类别。

9-17 有一座第三类防雷建筑物，高 12m，其屋顶最远的一角距离高 50m 的水塔 20m 远，水塔上装有一支高 2m 的避雷针。试验算此避雷针能否保护这座建筑物。

9-18　某变电所配电构架高 11m，宽 10.5m，拟在构架侧旁装设独立避雷针进行保护，避雷针距构架最近一侧至少 5m。试计算避雷针的最低高度。

第十章 电能质量的提高

第一节 电能质量标准与频率调整

一、电能质量标准

电能质量（Power Quality）从普遍意义上讲是指优质供电，包括电压质量、电流质量、供电质量和用电质量。电压质量即实际电压与标称电压间在幅值、波形和相位上的偏差，反应供电企业向用户供给的电力是否合格；电流质量即对用户取用电流提出恒定频率、正弦波形要求，并使电流波形与供电电压同相位，保证系统高功率因数运行，有助于降低电能损耗；供电质量包括电压质量及供电可靠性（技术含义）和服务质量（非技术含义）；用电质量包括电流质量（技术含义）和用户义务（非技术含义）。

一般地，电能质量可以定义为：导致用电设备故障或不能正常工作的电压、电流或频率的偏差，其内容包括频率偏差、电压偏差、电压波动与闪变、三相不平衡、暂时或瞬态过电压、波形畸变（谐波）、电压暂降、中断、暂升以及供电连续性等。在现代电力系统中，电压暂降和中断已成为最重要的电能质量问题。

电力系统供电的电能质量是电力工业产品的重要指标，涉及发、供、用各方面的权益。优良的电能质量对保证电网和广大用户的电气设备和各种用电器具的安全经济运行，保障国民经济各行各业的正常生产和产品质量以及提高人民生活质量具有重要意义。同时，电能质量有些指标受某些用电负荷干扰影响较大，全面保障电能质量是电力企业和用户共同的责任和义务。自1990年起，我国相继发布并修订了七项电能质量国家标准：GB/T 12325—2008《电能质量 供电电压偏差》、GB/T 12326—2008《电能质量 电压波动和闪变》、GB/T 14549—1993《电能质量 公用电网谐波》、GB/T 24337—2009《电能质量 公用电网间谐波》、GB/T 15543—2008《电能质量 三相电压不平衡》、GB/T 15945—2008《电能质量 电力系统频率偏差》和GB/T 18481—2001《电能质量 暂时过电压和瞬态过电压》。以上电能质量标准分别从发电、供电、用电方面对电能质量提出了要求，这些标准的发布无疑为提高我国的电能质量水平起了促进作用。

二、电力系统的频率调整

电力系统频率偏差（Frequency Deviation for Power System）是电力系统频率的实际值与标称值之差。电力系统频率偏差主要反映发电有功功率和消耗的有功功率（包括负荷、厂用电以及电网中有功功率损耗）之间的平衡关系。同时也反映频率控制的技术水平。电网容量越大，负荷相对变化越小，则频率控制越容易。

电力系统中的发电与用电设备只有在额定频率附近运行时，才能发挥最好的功能。系统频率过大的变动，对用户和发电厂的运行都将产生不利的影响。系统频率变化对用户的不利影响主要有三个方面：①频率变化将引起电动机转速的变化，由这些电动机驱动的纺织、造纸等机械的产品质量将受到影响，甚至出现残、次品；②系统频率降低将使电动机的转速和功率降低，导致传动机械的出力降低，影响生产效率；③工业和科技部门使用的测量、控制等电子设备将受系统频率的波动而影响其准确性和工作性能，频率过低时甚至无法工作。电力系统频率降低时，会对发电厂和系统的安全运行带来影响，严重时出现频率或电压崩溃现象，会使整个系统瓦解，造成大面积停电。

GB/T 15945—2008《电能质量 电力系统频率偏差》规定：电力系统正常运行条件下频率偏差限值为±0.2Hz。当系统容量较小时，偏差限值可以放宽到±0.5Hz。用户冲击负荷引起的系统频率变化一般不得超过±0.2Hz，根据冲击负荷性质和大小以及系统的条件也可适当变动，但应保证近区电力网、发电机组和用户的安全、稳定运行以及正常供电。系统频率由各级电力调度部门进行日常监督、控制和统计，并作为各个电网主要的考核指标之一。

电力系统频率的变化主要是由有功负荷变化引起的。系统负荷变化有三种情况：①是变化幅度很小，变化周期短，变动有很大偶然性；②是变化幅度较大，变化周期较长；③是变化缓慢的持续变动。根据负荷的变动进行电力系统的频率调整，分为一次、二次、三次调整。频率的一次调整是由发电机组的调速器进行的，对第一种负荷变动引起的频率偏移所作的调整。频率的二次调整是由发电机组的调频器进行的，对第二种负荷变动引起的频率偏移所作的调整。三次调整是对第三种负荷变动在有功功率平衡的基础上，按照最优化的原则在系统中各发电厂之间进行负荷的经济分配，实际上是实行系统经济运行问题的调整。

如果电力系统发生短路故障，或用电负荷突然大幅度增加，电网频率将显著降低，致使电力系统不能正常运行，这时候也可以通过设置低频减负荷装置来使电力系统的频率得到有效的恢复。低频减负荷装置由频率测量元件、时间元件和执行元件三部分组成。频率测量元件是装置的起动元件，其整定值低于工频50Hz。当系统频率下降到频率测量元件的整定频率时，频率测量元件动作，起动时间元件，整定时限到后，由执行元件动作切除装置所安装的线路负荷。如果在整定时限到达之前，系统频率恢复到整定频率以上，装置将自动返回。

第二节　电压偏差及其调节

一、电压偏差的含义

电压偏差（Voltage Deviation）$\delta U\%$ 是系统某点的实际运行电压相对于系统标称电压的偏差相对值，以百分数表示，即

$$\delta U\% = \frac{U_{re} - U_n}{U_n} \times 100 \tag{10-1}$$

式中　U_{re}——系统某点的实际运行电压；

U_n——系统的标称电压。

产生电压偏差的主要原因是正常的负荷电流或故障电流在系统各元件上流过时所产生的电压损失所引起的。

实际电压偏高或偏低，对运行中的电气设备会造成不良的影响。当加于照明灯上的实际电压高于其额定电压时，增加了光通量，但其使用寿命会降低，相反如实际电压低于其额定

电压时，灯泡的发光效率会降低，影响工作人员的视力健康。对电动机而言，电压降低时，转矩会下降，电流会增加，引起温度升高，造成电动机转速降低，线圈发热，甚至烧毁电动机。而当电压过高时，电动机、变压器等设备铁心会出现饱和，铁耗增大，励磁电流增大也会导致电动机发热。对其他电气设备，电压的变化也将使其运行性能发生变化，甚至发生设备和人身事故。而对电子设备来说，电压过高或过低都将使电子元件特性改变，影响到整台设备的正常运行，甚至损坏设备。

二、变压器对电压偏差的影响

降压变压器的一次侧，根据电压等级的不同都设有若干个分接头。我国现行的有载调压变压器分接头，110kV 为 ±8 ×1.25%（17 个分接位置），35kV 为 ±3 ×2.5%（7 个分接位置），10（6）kV 为 ±4 ×2.5%（9 个分接位置）。普通无励磁调压变压器分接头为 ±2 ×2.5%（5 个分接位置）或 ±5%（3 个分接位置），在投入运行前选择一个合适的分接头。

由于变压器分接头选择而引入的电压偏差量可按下式进行计算：

$$\delta U_t\% = \left(\frac{U_{20}U_{1n}}{U_t U_{2n}} - 1\right) \times 100 \tag{10-2}$$

式中　$\delta U_t\%$——当在变压器一次侧分接头上所加电压为系统标称电压时，二次侧空载电压对系统标称电压的电压偏差百分数；

U_{1n}、U_{2n}——变压器一次侧、二次侧系统标称电压；

U_t——变压器一次侧分接头电压，$U_t = (1+t)U_{1n}$，t 为一次侧分接头所对应的电压增减量；

U_{20}——变压器二次侧的空载电压。

变压器中的电压损失 $\Delta U_T\%$ 可按下式计算：

$$\Delta U_T\% = \frac{PR_T + QX_T}{10U_n^2} \tag{10-3}$$

式中　P、Q——变压器二次侧负荷有功功率（kW）和无功功率（kvar）；

R_T、X_T——变压器等值电阻和电抗（Ω）。

于是，变压器负载时的二次侧电压为

$$U_2 = U_{1n}\frac{U_{20}}{U_t} - \frac{\Delta U_T\%}{100}U_{2n} \tag{10-4}$$

将式（10-4）代入式（10-1），得到由变压器本身所产生的总电压偏差量为

$$\delta U_T\% = \frac{U_2 - U_{2n}}{U_{2n}} \times 100 = \delta U_t\% - \Delta U_T\% \tag{10-5}$$

三、电压偏差的计算

如图 10-1 所示，设供电电源母线上的电压偏差量为 $\delta U_A\%$，高压线路 W1 的电压损失为 $\Delta U_{W1}\%$，变压器引起的电压偏差量为 $\delta U_T\%$，低压线路 W2 的电压损失为 $\Delta U_{W2}\%$，则 B、C、D 各点的电压偏差分别为

$$\delta U_B\% = \delta U_A\% - \Delta U_{W1}\%$$

$$\delta U_C\% = \delta U_A\% - \Delta U_{W1}\% + \delta U_T\%$$

$$\delta U_D\% = \delta U_A\% - \Delta U_{W1}\% + \delta U_T\% - \Delta U_{W2}\%$$

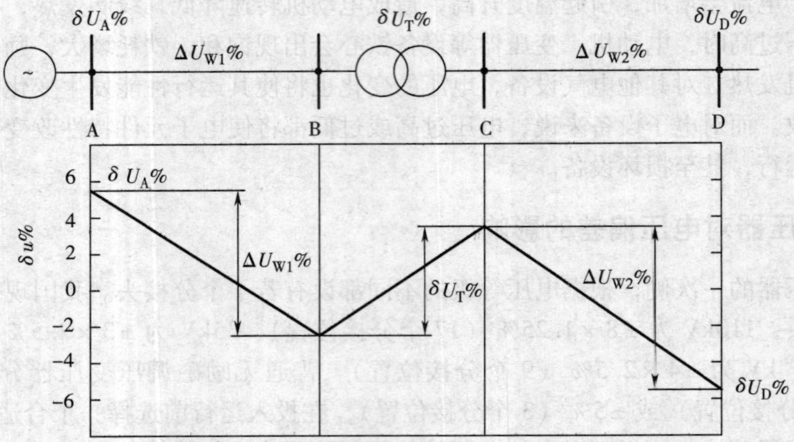

图 10-1 供电系统电压偏差计算示意图

将上述概念推广到任一供电系统，如果由供电电源到某指定地点 E 有多级电压或装有调压设备，则指定地点的电压偏差 $\Delta U_E\%$ 可由下式计算：

$$\Delta U_E\% = \sum \delta U\% - \sum \Delta U\% \tag{10-6}$$

式中 $\sum \delta U\%$ ——由电源到指定点中所有电压偏差之和；

$\sum \Delta U\%$ ——由电源到指定点中所有电压损失之和。

四、电压偏差限值及调节

（一）电压偏差限值

GB/T 12325—2008《电能质量 供电电压偏差》中规定，供电部门与用户的产权分界处或供用电协议规定的电能计量点的供电电压偏差限值为：

35kV 及以上供电电压正、负偏差绝对值之和不超过标称电压的 10%；

20kV 及以下三相供电电压偏差不超过标称电压的 ±7%；

220V 单相供电电压偏差为标称电压的 7%，－10%。

对供电点短路容量较小、供电距离较长以及对供电电压偏差有特殊要求的用户，由供、用电双方协议确定。

用户内部供电系统用电设备端子电压偏差限值见表 10-1。

表 10-1 用电设备端子电压偏差限值

名 称	电压偏差限值（%）	名 称	电压偏差允许值（%）
电动机：		照明：	
正常情况下	5 ~ －5	一般工作场所	5 ~ －5
		远离变电所的小面积一般工作场所	5 ~ －10
		应急照明、安全特低电压供电的照明	5 ~ －10
		道路照明	5 ~ －10

注：本表根据 GB 50052—2009《供配电系统设计规范》、GB 50034—2004《建筑照明设计标准》、CJJ 45—2006《城市道路照明设计标准》以及 GB 755—2008《旋转电机 定额和性能》编制。

因此，必须通过电压调节来保持各供电点的电压偏差不超过规定值。

（二）电压调节的方式

电力系统中，供电的负荷点很多，很难对各点的电压进行监视，通常选择地区内负荷较大的区域变电所作为电压中枢点，对中枢点的电压进行监视和调节。

如图 10-2 所示，中枢点调压方式有常调压和逆调压两种。所谓常调压，就是不管中枢点的负荷怎样变动，都要保持中枢点的电压偏差为恒定值；所谓逆调压，就是在最大负荷时，升高母线电压，在最小负荷时，降低母线电压。

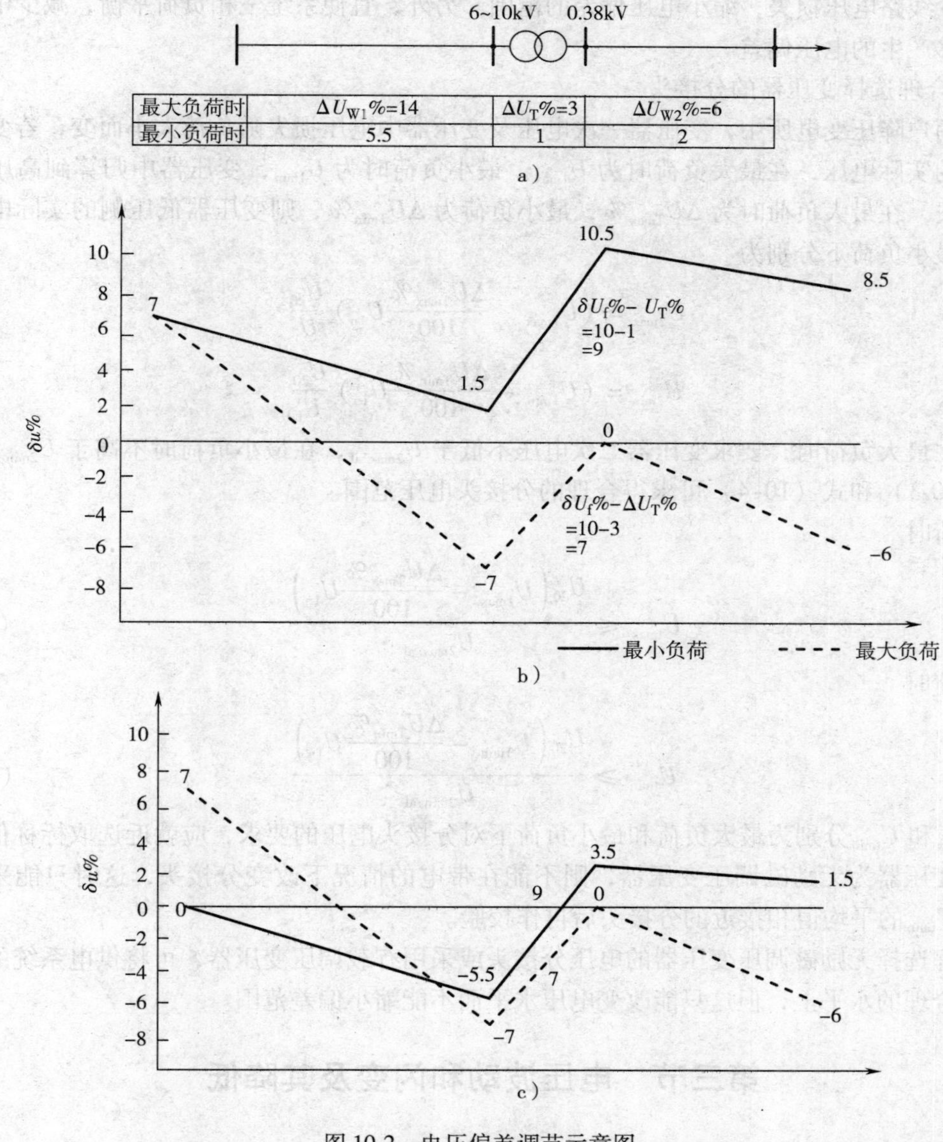

图 10-2　电压偏差调节示意图

a）系统图　b）常调压方式　c）逆调压方式

从图 10-2 可以看出，常调压既困难，也不经济，只有在线路长度、负荷都比较理想的情况下，才能达到；对于逆调压方式，距离电源母线不同位置的变配电所，都能借助选择合适的变压器分接头，达到改善电压偏差的目的。因此，目前中枢点常用的调压方式为逆调压。

(三) 电压调节的方法

对于用户的供电系统，电压偏差调节主要从降低线路电压损失和调整变压器分接头两方面入手。

1. 减小线路电压损失

在进行供电系统设计时，应降低系统的阻抗（如增大导线或电缆的截面积；尽量使高压线路深入负荷中心，减少低压配电距离；采用多回路并联供电等），采取无功功率补偿等措施减少线路电压损失，缩小电压偏差的范围。另外，宜使系统三相负荷平衡，减少中性点电位偏移产生的电压偏差。

2. 合理选择变压器的分接头

在用户降压变电所中，变压器一次电压及变压器中电压损失随负荷大小而变，若变压器高压侧的实际电压，在最大负荷时为 U_{1max}，最小负荷时为 U_{1min}，变压器中归算到高压侧的电压损失，在最大负荷时为 $\Delta U_{Tmax}\%$，最小负荷为 $\Delta U_{Tmin}\%$，则变压器低压侧的实际电压在最大和最小负荷下分别为

$$U_{2max} = \left(U_{1max} - \frac{\Delta U_{Tmax}\%}{100} U_{1n}\right) \frac{U_{20}}{U_t}$$

$$U_{2min} = \left(U_{1min} - \frac{\Delta U_{Tmin}\%}{100} U_{1n}\right) \frac{U_{20}}{U_t}$$

设在最大负荷时，要求变压器二次电压不低于 $U_{2max.al}$，在最小负荷时不高于 $U_{2min.al}$，则按式（10-3）和式（10-4）可求得合理的分接头电压范围。

最大负荷时

$$U_{tmax} \leqslant \frac{U_{20}\left(U_{1max} - \frac{\Delta U_{Tmax}\%}{100} U_{1n}\right)}{U_{2max.al}} \tag{10-7}$$

最小负荷时

$$U_{tmin} \geqslant \frac{U_{20}\left(U_{1min} - \frac{\Delta U_{Tmin}\%}{100} U_{1n}\right)}{U_{2min.al}} \tag{10-8}$$

U_{tmax}和 U_{tmin}分别为最大负荷和最小负荷下对分接头电压的要求，应就近选取标称值。如果降压变压器为无励磁调压变压器，则不能在带电的情况下改变分接头，这时只能采取与 U_{tmax}和 U_{tmin}的平均值相接近的分接头后再作校验。

合理选择无励磁调压变压器的电压分接头或采用有载调压变压器，可将供电系统的电压调整在合理的水平上，但这只能改变电压水平而不能缩小偏差范围。

第三节 电压波动和闪变及其降低

一、基本概念

(一) 电压波动

电压波动（Voltage Fluctuation）是指系统电压方均根值（有效值）一系列的变动或连续

的改变。电压波动用电压变动值 d 和电压变动频度 r 来综合衡量。

电压变动（Relative Voltage Change）d 是指电压方均根值曲线上相邻两个极值电压之差，以系统标称电压的百分数表示。即

$$d = \frac{\Delta U}{U_n} \times 100\% \tag{10-9}$$

式中　ΔU——电压方均根值曲线上相邻的两个极值电压之差；

U_n——系统的标称电压。

电压变动频度（Rate of Occurrence of Voltage Changes）r 是指单位时间内电压变动的次数（电压由大到小或由小到大各算一次变动）。不同方向的若干次变动，如间隔时间小于30ms，则算一次变动。

电压波动是由波动负荷所引起的。所谓波动负荷（Fluctuating Load）是指生产（或运行）过程中周期性或非周期性地从供电网中取用变动功率的负荷。例如：炼钢电弧炉、轧钢机、电弧焊机等。波动负荷在系统阻抗上引起电压降的波动，导致系统公共连接点的电压出现波动现象。当负荷波动时，系统阻抗越大（或短路容量越小），则其所导致的电压波动越大，这决定于供电系统的容量、供电电压、用户负荷位置、类型、大功率用电设备的起动频度等。

电压波动的危害表现在：①照明灯光闪烁引起人的视觉不适和疲劳，影响工效；②可使电子设备和电子计算机无法正常工作；③电动机转速不均匀，影响电动机寿命和产品质量；④影响对电压波动较敏感的工艺或试验结果。

（二）闪变

闪变（Flicker）是指电压波动引起灯光照度不稳定造成的视（觉）感（受）。短时间闪变值 P_{st} 是衡量短时间（若干分钟）内闪变强弱的一个统计值，短时间闪变的基本记录周期为10min。长时间闪变值 P_{lt} 由短时间闪变值 P_{st} 推算出，反映长时间（若干小时）闪变强弱的量值，长时间闪变的基本记录周期为2h。

P_{st} 值和 P_{lt} 值一般采用闪变仪（一种测量闪变的专用仪器）进行测量。

（三）电压变动和闪变的限值

任何一个波动负荷用户在电力系统公共连接点（Point of Common Coupling）产生的电压变动，其限值和电压变动频度、电压等级有关。对于电压变动频度较低（例如 $r \leqslant 1000$ 次/h）或规则的周期性电压波动，可通过测量电压方均根值曲线 $U(t)$ 确定其电压变动频度和电压变动值。按 GB/T 12326—2008《电能质量 电压波动和闪变》规定，电力系统公共连接点的电压变动限值，见表10-2。

表10-2　电压变动限值

r/（次/h）	d（%）	
	LV，MV	HV
$r \leqslant 1$	4	3
$1 < r \leqslant 10$	3*	2.5*
$10 < r \leqslant 100$	2	1.5
$100 < r \leqslant 1000$	1.25	1

注：1. 很少的变动频率 r（每日少于1次），电压变动限值 d 还可以放宽，但不在本标准中规定。

2. 对于随机性不规则的电压波动，如电弧炉负荷引起的电压波动，表中标有“*”的值为其限值。

3. 参照 GB/T 156—2007，本标准中系统标称电压 U_n 等级按以下划分：

低压（LV）：$U_n < 1\text{kV}$，中压（MV）：$1\text{kV} \leqslant U_n \leqslant 35\text{kV}$，高压（HV）：$35\text{kV} < U_n \leqslant 220\text{kV}$。

电力系统公共连接点，在系统正常运行的较小方式下，以一周（168h）为测量周期，所有长时间闪变值都应满足表 10-3 闪变限值的要求。

表 10-3 闪变限值

系统电压等级/kV	长时间闪变值 P_{St}
≤110	1.0
>110	0.8

波动负荷单独引起的闪变值根据用户负荷大小、其协议用电容量占总供电容量的比例以及电力系统公共连接点的状况，分别按三级作不同的处理（详见 GB/T 12326—2008）。

对低压和中压用户，若满足表 10-4 规定，可以不经闪变核算即允许接入电网。满足 P_{lt} <0.25 的单个波动负荷，或符合 GB 17625.2—2007 和 GB/Z 17625.3—2000 有关电磁兼容限值的低压用电设备，均可以不经闪变核算即允许接入电网。

表 10-4 LV 和 MV 用户第一级限值

r/（次/min）	$k=(\Delta S/S_k)_{max}100\%$
$r<10$	0.4
$10\leqslant r\leqslant 200$	0.2
$200<r$	0.1

注：表中 ΔS 为波动负荷视在功率的变动；S_k 为公共连接点的短路容量。

二、电压波动的测量和估算

当电压变动频度较低且具有周期性时，可通过电压方均根值曲线 $U(t)$ 的测量，对电压波动进行评估。单次电压变动可通过系统和负荷参数进行估算。

当已知三相负荷的有功功率和无功功率的变化量分别为 ΔP_i（kW）和 ΔQ_i（kvar）时，可用下式计算：

$$d=\frac{R_L\Delta P_i+X_L\Delta Q_i}{U_n^2}\times 100\% \tag{10-10}$$

式中 R_L、X_L——分别为电网阻抗的电阻、电抗分量（Ω）；

U_n——系统的标称电压（kV）。

在高压电网中，一般 X_L 远大于 R_L，则

$$d\approx\frac{\Delta Q_i}{S_k}\times 100\% \tag{10-11}$$

式中 S_k——考察点（一般为公共连接点）在正常较小方式下的短路容量，MV·A。

在无功功率的变化量为主要成分时（例如大容量电动机起动），可按下式计算：

$$d\approx\frac{\Delta S_i}{S_k}\times 100\% \tag{10-12}$$

式中 ΔS_i——三相负荷的变化量。

当缺正常较小方式下的短路容量时，设计所取的系统短路容量可以用投产时系统最大短路容量乘系数 0.7 进行计算。

三、电压波动和闪变的降低

降低电压波动和闪变的主要措施有：

1. 采用合理的接线方式

如对波动负荷采用专线供电；与其他负荷共用配电线路时，降低配电线路阻抗；较大功率的波动负荷或波动负荷群与对电压波动、闪变敏感的负荷分别由不同的变压器供电；对于大功率电弧炉的炉用变压器由短路容量较大的电网供电等。

2. 采用静止无功补偿器

静止无功补偿器（Static Var Compensator，SVC）是无功功率快速补偿的新技术，可以减少无功功率冲击引起的电压变动。这种装置在调节的快速性、功能的多样性、工作的可靠性、投资和运行费用的经济性等方面具有显著的优点。

静止无功补偿器由特殊电抗器和电容器组成，有的是两者之一为可控的，有的是两者都是可控的，是一种并联连接的无功功率发生器和吸收器。所谓“静止”，是指它没有旋转部件（相对于同步调相机而言）。近年来，电力系统中主要应用的静止补偿器有自饱和电抗器型（Self-saturation Reactor；SR）和晶闸管控制电抗器型（Thyristor Switched Reactor，TCR）两种。其中，晶闸管控制的并联静止补偿器，又分为两种类型：固定连接电容器（Fixed Capacitor，FC）加晶闸管控制的电抗器（FC-TCR）和晶闸管开关操作的电容器（Thyristor Switched Capacitor，TSC）加晶闸管控制的电抗器（TSC-TCR）。

FC-TCR 的原理接线图如图 10-3 所示。改变电抗器 L 的饱和程度，就可改变电抗器所吸收的感性无功功率，以达到调压的目的。

TSC-TCR 的原理接线图如图 10-4 所示。FC-TCR 静止补偿器的主要缺点是不能吸收无功功率。又由于它是阶梯性调节，若分组较少，在投入时对系统就会有较大的干扰。因此，在超高压输电线上通常要求与 TCR 组合运行。在滞后相位区域中运行时，切断 TSC，在超前相位区域中运行时，投入 TSC。与 FC-TCR 进行比较，组合式可以使 TCR 部分的容量减小，从而减小谐波分量，减小功率损耗，因此改善了 FC-TCR 型静止补偿器在大干扰下的暂态特性和损耗特性。TSC-TCR 混合型静止补偿器一般由 1 ~ 2 个 TCR 和 n 个 TSC 组成。n 的数量取决于操作水平、最大补偿容量和晶闸管阀的额定电流等因素。

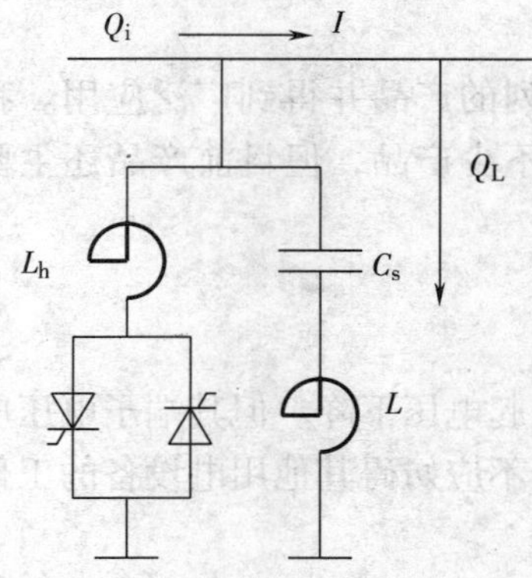

图 10-3 FC-TCR 补偿器的原理接线图

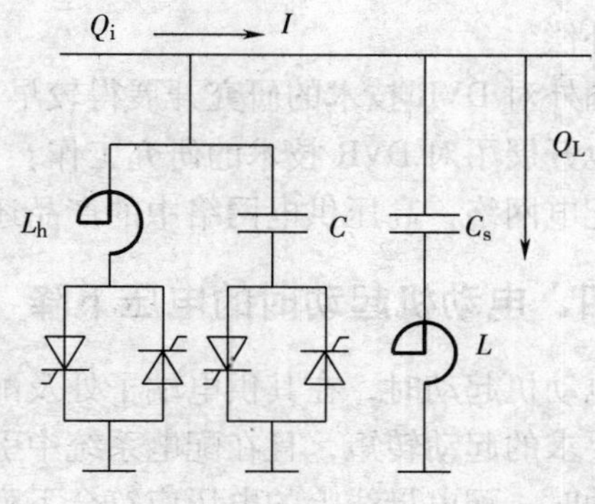

图 10-4 TSC-TCR 的原理接线图

自饱和电抗器型静止补偿器的原理接线图如图 10-5 所示。自饱和电抗器不需要外加控制调节设备，它实际上是一种大容量的磁饱和稳压器。自饱和电抗器 L，具有如下特性：

1）电压低于额定电压时，铁心不饱和，呈现很大的感抗值，基本上不消耗无功功率，整个装置由并联的固定电容器组 C 发出无功功率，使母线电压回升。

2）当电压达到或略超过额定电压时，铁心急剧饱和，回路感抗接近于零，从外界大量吸收无功功率，使母线电压降低。

3）在额定电压附近，电抗器吸收的无功功率，随电压敏捷地变化，从而达到稳定电压的目的。自饱和电抗器通常与有载调压变压器联合运行，前者在一定范围内对电压的快速变化进行调节；后者可对电压的慢速变化进行调节，并使自饱和电抗器运行在合适的工作点。

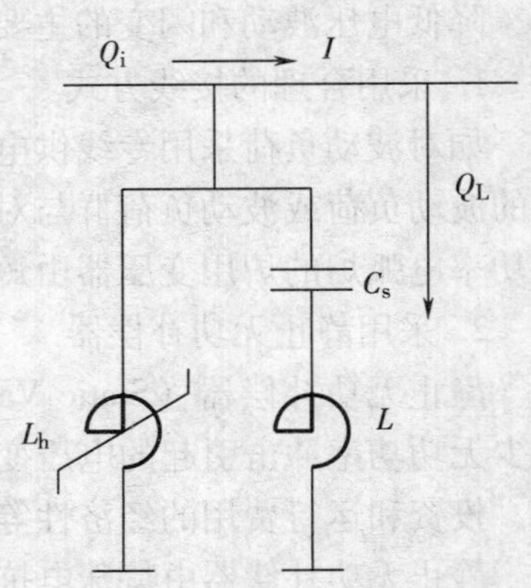

图 10-5 自饱和电抗器型静止补偿器的原理接线图

3. 采用动态电压调节装置

动态电压调节装置（Dynamic Voltage Regulator，DVR），也称为动态电压恢复装置（Dynamic Voltage Restorer），是一种基于柔性交流输电技术（FACTS）原理的新型电能质量调节装置，主要用于补偿供电电网产生的电压跌落、闪变和谐波等，有效抑制电网电压波动对敏感负载的影响，从而保证电网的供电质量。

串联型动态电压调节器是配电网络电能质量控制调节设备中的代表。DVR 串联在系统与敏感负荷之间，当供电电压波形发生畸变时，DVR 装置迅速输出补偿电压，使合成的电压动态维持恒定，保证敏感负荷感受不到系统电压波动，确保对敏感负荷的供电质量。

DVR 与以往的无功补偿装置如自动投切电容器组装置和 SVC 相比具有如下特点：

1）响应时间更快。以往的无功补偿装置响应时间为几百毫秒至数秒，而 DVR 仅为几毫秒。

2）抑制电压闪变或跌落，对畸变输入电压有很强的抑制作用。

3）抑制电网产生的谐波。

4）控制灵活简便，电压控制精准，补偿效果好。

5）具有自适应功能，既可以断续调节，也可以连续调节被控系统的参数，从而实现了动态补偿。

国外对 DVR 技术的研究开展得较早，形成了一系列的产品并得到广泛应用。我国在近几年也开展了对 DVR 技术的研究工作，并相继推出了不少产品，但目前产品还主要集中于低压配电网络，高压供电网络中的产品还较少。

四、电动机起动时的电压下降

电动机起动时，在其供电端子处及配电系统中要引起电压下降。但其端子电压应能保证机械要求的起动转矩，且在配电系统中引起的电压下降不应妨碍其他用电设备的工作。电动机起动时，配电母线上的电压应符合下列规定：

1）在一般情况下，电动机频繁起动时不宜低于系统标称电压的 90%；电动机不频繁起动时，不宜低于标称电压的 85%。

2）配电母线上未接照明或其他对电压波动较敏感的负荷，且电动机不频繁起动时，不应低于标称电压的80%。

3）配电母线上未接其他用电设备时，可按保证电动机起动转矩的条件决定；对于低压电动机，尚应保证接触器线圈的电压不低于释放电压。

对用户供电系统而言，电力系统可视为无限大容量电源。图10-6所示为电动机全压起动时的供电系统示意图，为简化计算，忽略电动机绕组及电源线路电阻，对其他负荷只计及无功功率 Q_c（MV·A）。

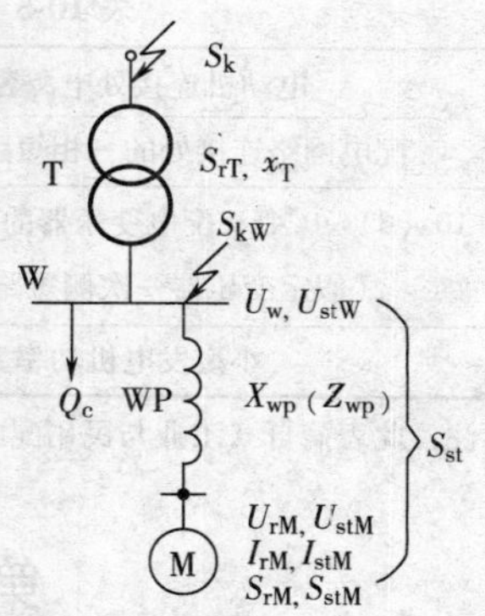

图10-6　电动机全压起动供电系统示意图

设配电母线电压为 U_W（kV），电动机额定容量为 S_{rM}（MV·A），电动机额定起动电流倍数为 k_{st}，则其额定起动容量 $S_{stM}=k_{st}S_{rM}=U_W^2/X_{st.M}$（MV·A）。起动回路的额定输入容量 S_{st}（MV·A）为

$$S_{st}=\frac{1}{\frac{1}{S_{stM}}+\frac{X_{WP}}{U_W^2}} \tag{10-13}$$

式中　X_{WP}——电动机配电线路的电抗（Ω）。当计及线路电阻影响时，可用其阻抗 Z_{WP} 代替。

配电母线短路容量可按下式计算：

$$S_{kW}=\frac{S_{rT}}{x_T+\frac{S_{rT}}{S_k}} \tag{10-14}$$

式中　S_k——供电变压器一次侧短路容量（MV·A）；

S_{rT}——供电变压器的额定容量（MV·A）；

S_{kW}——母线短路容量（MV·A）；

x_T——供电变压器的电抗相对值，可取其阻抗电压相对值 $\frac{U_k\%}{100}$。

电动机起动时配电母线电压下降为 U_{stW}（kV），与配电母线标称电压的相对值 u_{stW} 为

$$u_{stW}=u_W\frac{S_{kW}+Q_c}{S_{kWB}+Q_c+S_{st}} \tag{10-15}$$

式中　u_W——电动机起动前配电母线电压与其标称电压的相对值，即 $u_W=U_W/U_n$，一般取1。

电动机起动时其电源端子处电压下降为 U_{stM}（kV），与配电母线标称电压的相对值 u_{stM} 为

$$u_{stM}=u_{stW}\frac{S_{st}}{S_{stM}} \tag{10-16}$$

电动机全压起动简单方便，起动转矩大且起动时间短。因此，在配电设计中，对绝大多数通用机械的低压笼型异步电动机，只要起动时配电母线的电压不低于额定电压的85%，就应采用全压起动。若以此为约束条件，可以得出各类电源容量下允许全压起动的电动机最大功率，见表10-5。

表 10-5 按电源容量估算的允许全压起动的电动机最大功率

电动机连接处电源容量的类别	允许全压起动的电动机最大功率/kW
配电网络连接处的三相短路容量 S_k/kV·A	(0.02～0.03) S_k
10 (6) /0.4kV 配电变压器的额定容量 S_{rT}/kV·A (假定变压器一次侧短路容量≥$50S_{rT}$)	经常起动——$0.2S_{rT}$ 不经常起动——$0.3S_{rT}$
小型发电机功率 P_{rG}/kW	(0.12～0.15) P_{rG}

注：此表摘自《工业与民用配电设计手册》(第三版)。

第四节 公用电网谐波及其抑制

一、谐波的产生与危害

谐波分量 (Harmonic Component) 是一个非正弦周期电气量的傅里叶级数式中阶次大于1的分量，其频率为基波（周期量的傅里叶级数的一次分量）频率的整倍数，也称为谐波。

随着现代工业的高速发展，电力系统的非线性负荷日益增多，如各种换相设备、变频装置、电弧炉、电气化铁道等非线性负荷遍及全系统；电视机、节能灯等家用电器的使用越来越广泛。这些非线性负荷产生的谐波电流注入电网，使公用电网的电压波形产生畸变，严重地污染了电网的环境，威胁着电网中各种电气设备的安全经济运行。

电网的谐波污染所产生的后果较为严重，概括起来主要有以下几个方面：

1) 可能使电力系统的继电保护和自动装置产生误动或拒动，直接危及电网的安全运行。

2) 使各种电气设备产生附加损耗和发热，缩短其寿命；使电动机产生机械振动、噪声；使中性导体过电流。

3) 谐波电流在电网中流动，从而增加损耗，影响电网线损率。

4) 电网中谐波通过电磁感应、电容耦合以及电气传导等方式，对周围的通信系统产生干扰，降低信号的传输质量，破坏信号的正常传递，甚至损坏通信设备。

5) 谐波使电网中广泛使用的各种仪表，如电压表、电流表、有功及无功功率表、功率因数表、电能表等产生附加误差，影响电气量的测量和计量的准确性。

6) 增加了电网中发生谐波谐振的可能，会造成很高的谐波过电压或过电流而引起事故的危险性。

二、谐波评价与限值

电网中谐波的严重程度按 GB/T 14549—1993《电能质量 公用电网谐波》规定，通常用单次谐波含有率和总谐波畸变率来表示。第 h 次谐波电压含有率 (HRU_h) 和第 h 次谐波电流含有率 (HRI_h) 按下式计算：

$$\begin{cases} HRU_h = \dfrac{U_h}{U_1} \times 100\% \\ HRI_h = \dfrac{I_h}{I_1} \times 100\% \end{cases} \tag{10-17}$$

式中 U_h——第 h 次谐波电压（方均根值）；

U_1——基波电压（方均根值）；

I_h——第 h 次谐波电流（方均根值）；

I_1——基波电流（方均根值）。

谐波电压总含量（U_H）和谐波电流总含量（I_H）按下式计算：

$$\begin{cases} U_H = \sqrt{\sum_{h=2}^{\infty}(U_h)^2} \\ I_H = \sqrt{\sum_{h=2}^{\infty}(I_h)^2} \end{cases} \tag{10-18}$$

电压总谐波畸变率（THD_u）和电流总谐波畸变率（THD_i）按下式计算：

$$\begin{cases} THD_u = \dfrac{U_H}{U_1} \times 100\% \\ THD_i = \dfrac{I_H}{I_1} \times 100\% \end{cases} \tag{10-19}$$

根据 GB/T 14549—1993 规定，公共电网谐波电压（相电压）限值见表 10-6。

表 10-6 公共电网谐波电压（相电压）限值

电网标称电压/kV	电压总谐波畸变率（%）	各次谐波电压含有率（%）	
		奇 次	偶 次
0.38	5.0	4.0	2.0
6~10	4.0	3.2	1.6
35~66	3.0	2.4	1.2
110	2.0	1.6	0.8

公共连接点的全部用户向该点注入的谐波电流分量（方均根值）不应超过表 10-7 中规定的允许值。

表 10-7 注入公共连接点的谐波电流限值

标准电压/kV	基准短路容量/MV·A	谐波次数及谐波电流允许值/A																							
		2	3	4	5	6	7	8	9	10	11	12	13	14	15	16	17	18	19	20	21	22	23	24	25
0.38	10	78	62	39	62	26	44	19	21	16	28	13	24	11	12	9.7	18	8.6	16	7.8	8.9	7.1	14	6.5	12
6	100	43	34	21	34	14	24	11	11	8.5	16	7.1	13	6.1	6.8	5.3	10	4.7	9.0	4.3	4.9	3.9	7.4	3.6	6.8
10	100	26	20	13	20	8.5	15	6.4	6.8	5.1	9.3	4.3	7.9	3.7	4.1	3.2	6.0	2.8	5.4	2.6	2.9	2.3	4.5	2.1	4.1
35	250	15	12	7.7	12	5.1	8.8	3.8	4.1	3.1	5.6	2.6	4.7	2.2	2.5	1.9	3.6	1.7	3.2	1.5	1.8	1.4	2.7	1.3	2.5
66	500	16	13	8.1	13	5.4	9.3	4.1	4.3	3.3	5.9	2.7	5.0	2.3	2.6	2.0	3.8	1.8	3.4	1.6	1.9	1.5	2.8	1.4	2.6
110	750	12	9.6	6.0	9.6	4.0	6.8	4.0	3.2	2.4	4.3	2.0	3.7	1.7	1.9	1.5	2.8	1.3	2.5	1.2	2.4	1.1	2.1	1.0	1.9

当电网公共连接点的最小短路容量不同于表 10-7 中的基准短路容量时，应按照下式修正表中的谐波电流限值：

$$I_h = \frac{S_{k.min}}{S_d} I_d \tag{10-20}$$

式中 $S_{k.min}$——公共连接点的最小短路容量（MV·A）；

S_d——基准短路容量（MV·A）；

I_d——表 10-7 中第 h 次谐波电流限值（A）；

I_h——短路容量为 $S_{k.min}$时的第 h 次谐波电流限值（A）。

三、并联电容器对谐波的放大作用

在供电系统中，并联电容器作为无功补偿设备已得到了广泛的应用。系统中的电容器，一方面由于其谐波阻抗小，系统谐波电压会在其中产生明显的谐波电流，使电容器过热，严重影响其使用寿命；同时电容器的切入使用也可能引起系统谐波严重放大。

因此，在含有谐波的供电系统中，应注意适当选择其电容器的参数，防止其出现过电流和过电压，同时也为了兼顾无功补偿的要求和消除谐波放大，可在电容器支路串联电抗器，通过选择电抗器值使电容器回路在最低次谐波频率下呈现出感性，就可消除谐波的放大现象，如图 10-7 所示。

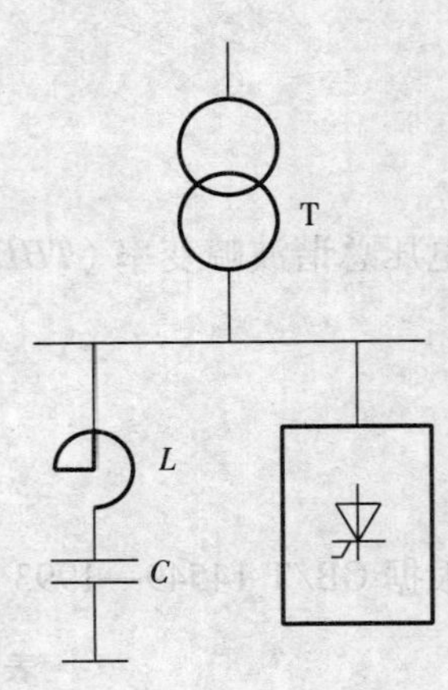

图 10-7 串联电抗器防止谐波放大

电抗器的电感量 L 应满足下式关系：

$$h_{min}\omega_0 L - \frac{1}{h_{min}\omega_0 C} > 0$$

即

$$X_{LR} > \frac{X_C}{h_{min}^2} \tag{10-21}$$

式中 X_{LR}——串联电抗器等效基波电抗，$X_{LR} = \omega_0 L$；

X_C——并联电容器等效基波容抗，$X_C = 1/(\omega_0 C)$。

考虑到电抗器和电容器的制造误差，通常取

$$X_{LR} = (1.3 \sim 1.5)\frac{X_C}{h_{min}^2} \tag{10-22}$$

对于 6 相整流装置，$h_{min} = 5$，则可取 $X_{LR} = (5 \sim 6)\% X_C$，对于含有三次谐波的系统，可取 $X_{LR} = (14 \sim 16)\% X_C$。

并联电容器回路串接电抗器后，电容器在基波频率下仍呈容性。但电容器回路电流、电容器端电压以及电容器回路向负荷提供的无功功率放大了 $X_C/(X_C - X_{LR})$ 倍。

由于串接电抗器后，电容器端电压有所提高，因此应选择电容器的额定电压高于电网的额定电压，以确保并联电容器能够长期安全运行。

四、谐波的抑制

1. 减少大功率静止变流器产生的谐波

对大功率静止变流器，采取下列措施：

1）提高整流变压器二次侧的相数和增加变流器的脉动数。

2）多台相数相同的整流装置，使整流变压器的二次侧有适当的相位差。

这是抑制谐波的基本和常用方法之一，其效果相当显著。

2. 装设无源电力谐波滤波器

无源电力谐波滤波器由电力电容器、电抗器和电阻器按一定方式连接而成，如图 10-8 所示，一般有单调谐滤波器、双调谐滤波器和高通滤波器。

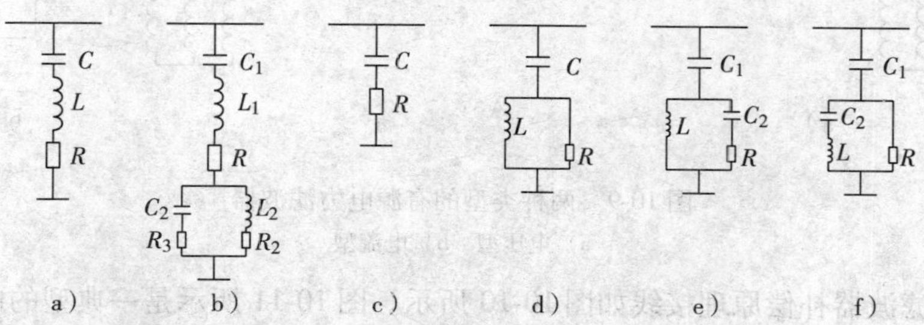

图 10-8 无源电力滤波器的接线方式

a）单调谐滤波器 b）双调谐滤波器 c）一阶高通滤波器

d）二阶高通滤波器 e）三阶高通滤波器 f）C 型高通滤波器

单调谐滤波器主要用来滤除较为严重的低频单次谐波。双调谐滤波器相当于两个并联单调谐滤波器，它同时吸收两种频率的谐波。与两个单调谐滤波器相比，它减小了回路，基波损耗较小，但它结构复杂，调谐较困难，一般用在高压大容量装置中。高通滤波器有一阶减幅型、二阶减幅型、三阶减幅型和 C 型。一阶减幅型由于基波功率损耗太大，一般不采用，二阶减幅型的基波损耗较小，且阻抗频率特性较好，结构也简单，故工程上用得最多，三阶减幅型基波损耗更小，但特性不如二阶减幅型好，用得也不多，C 型滤波器是一种新型的高通型式，特性介于二阶与三阶之间，基波损耗很小，只是它对工频偏差及元件参数变化较为敏感。

3. 装设有源电力滤波器

前述的无源电力滤波器有不少缺点，例如：①有效材料消耗多，体积大；②滤波要求和无功补偿、调压要求有时难以协调；③滤波效果不够理想，只能做成对某几次谐波有滤波效果，而很可能对其他几次谐波有放大作用；④在某些条件下可能和系统发生谐振，引发事故；⑤当谐波源增大时，滤波器负担加重，可能因谐波过载不能运行。

随着电力电子技术的发展，人们开发了新型谐波抑制装置——有源电力滤波器，它以实时检测的谐波电流为补偿对象，具有良好的补偿效果和通用性。

有源电力滤波器根据与补偿对象连接的方式不同而分为并联型和串联型两种，实际应用中多为并联型。并联型有源电力滤波器是一种向电网注入补偿谐波电流，以抵消负荷所产生的谐波电流的滤波装置，其主要电路由静态功率变流器（逆变器）构成，故具有半导体功率变流器的高可控性和快速响应性。对于有源电力滤波器，为了能与交流侧交换能量，以达到补偿目的，逆变器的直流侧必须具有储能元件，该元件既可以是直流电感，也可以是直流电容。因此，有源电力滤波器的主要电路也就分为直流侧采用电容的电压型（见图 10-9a）和直流侧采用电感的电流型（见图 10-9b）两种。

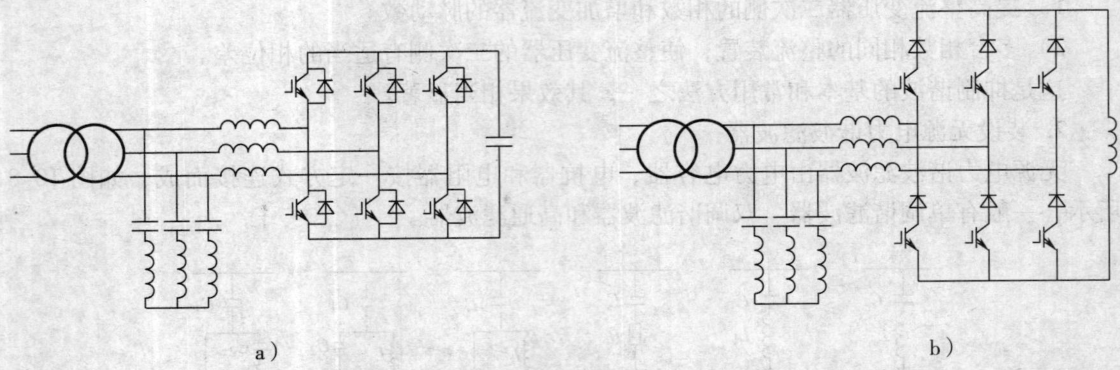

图 10-9　两种类型的有源电力滤波器

a）电压型　b）电流型

有源电力滤波器补偿原理接线如图 10-10 所示。图 10-11 所示是一典型的电流波形例子。设负荷电流 i_L是方波电流（见图 10-11a），其中所含的谐波分量为 i_H（见图 10-11b）。有源电力滤波器如果产生一个如图 10-11c 所示的与图 10-11b 所示的幅值相等、相位相反的电流 i_F，则 i_F和 i_L综合后，电源侧的电流 i_S就变成如图 10-11d 所示的正弦波形。为了实现上述功能，有源电力滤波器应由谐波电流的检测、调节和控制器、脉宽调制器（PWM）的逆变器和直流电源等主要环节组成，其原理结构如图 10-12 所示，由于电压型有源电力滤波器在输出功率容量较小时，其自身损耗较小，效率较高，故目前国内外大多数有源电力滤波器采用了电压型结构。

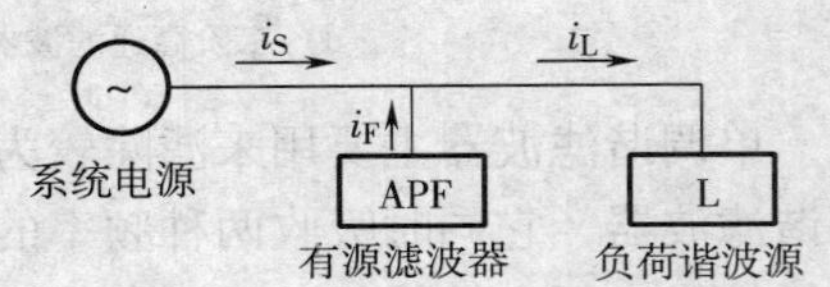

图 10-10　有源电力滤波器补偿原理接线

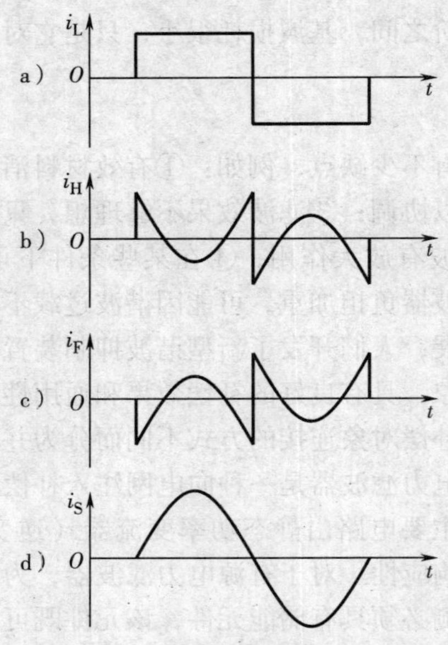

图 10-11　谐波电流的补偿

a）负荷电流　b）谐波分量电流　c）有源电力滤波器产生的电流　d）补偿后的电流

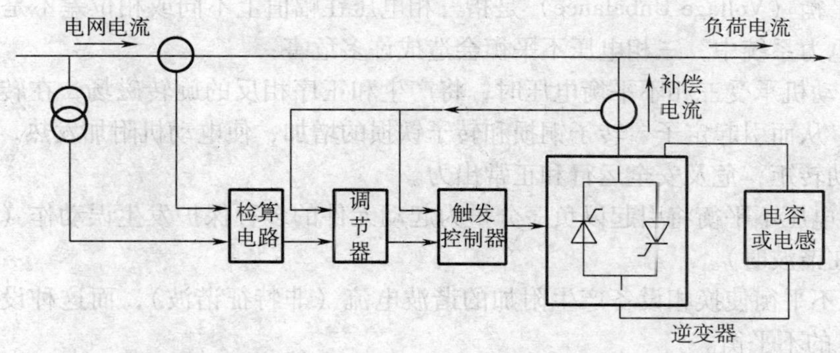

图 10-12　有源电力滤波器的结构原理图

五、公用电网间谐波简介

间谐波分量（Interharmonic Component）是指对周期性交流量进行傅里叶级数分解，得到频率不等于基波频率整数倍的分量。

常见的间谐波干扰源主要有：

（1）变流装置　目前，大量变流装置应用于供电系统中，一般产生典型特征谐波频谱。考虑到三相负荷的不对称性及触发延迟角的误差，变流器运行过程中还将产生一些非典型特征谐波频谱。

（2）交流电弧炉　交流电弧炉不仅属于典型的谐波污染源、闪变发生源，同时也是典型的间谐波发生源。一般来说，交流电弧炉电流的频谱属于连续频谱。实际上，一般冲击性负荷均产生间谐波。

（3）通断控制的电气设备　各种对设备工作电压进行通断控制、电压调整的电气设备工作过程中将产生间谐波。例电烤箱、熔炉、火化炉、点焊机、通断控制的调压器等。

间谐波具有谐波引起的所有危害。一般来说其危害主要表现在：产生闪变；导致显示器闪烁；造成滤波器谐振、过负荷；引起通信干扰；引起电动机附加转矩；引起过零点监测误差；引起感应线圈噪声；影响脉冲接收器正常工作。

我国根据 IEC 相关标准发布的国家标准 GB/T 24337—2009《电能质量 公用电网间谐波》已于 2010 年 6 月 1 日开始实施。该规定对间谐波的含量、测量方法和测量仪器的精度作了相关规定。

第五节　三相电压不平衡及其补偿

一、基本概念

电力系统正常运行时三相电路经常出现一些不平衡状态，这是由于三相负荷的不平衡以及电力系统元件参数三相不对称所致。这类不平衡有别于不对称故障状态。电力系统在发生故障时，一般通过继电保护和自动装置迅速加以消除，而正常运行时的不平衡，则允许长期存在或在相当长的一段时间内存在。

电压不平衡（Voltage Unbalance）是指三相电压在幅值上不同或相位差不是120°，或兼而有之。在电力系统中，三相电压不平衡会造成许多危害：

1）当电动机承受三相不平衡电压时，将产生和正序相反的旋转磁场，在转子中感应出两倍频电压，从而引起定子、转子铜损和转子铁损的增加，使电动机附加发热，并引起二倍频的附加振动转矩，危及安全运行和正常出力。

2）三相电压不平衡将引起以负序分量为起动元件的多种保护发生误动作（特别是当电网中同时存在谐波时）。

3）电压不平衡使换相设备产生附加的谐波电流（非特征谐波），而这种设备一般设计上只允许2%的不平衡。

4）变压器的三相负荷不平衡不仅使负荷较大的一相线圈绝缘过热导致寿命缩短，还会由于磁路不平衡，大量漏磁通流经箱壁使其严重发热，造成附加损耗。

5）在低压配电线路中，由于三相电压不平衡还会引起照明灯的寿命缩短、电视机的损坏、中性线过载等。

6）对于供电系统，负荷不平衡时，将引起线损及配电线路电压损失增大。

7）对于通信系统，电力负荷三相不平衡时，会增大其所受的干扰，影响正常通信质量。

二、不平衡度的表示及限值

不平衡度（Unbalance Factor）指三相电力系统中三相不平衡的程度，用电压、电流负序基波分量或零序基波分量与正序基波分量的方均根值的百分比表示。电压的负序不平衡度ε_{U2}和零序不平衡度ε_{U0}的表达式为

$$\begin{cases} \varepsilon_{U2} = \dfrac{U_2}{U_1} \times 100\% \\ \varepsilon_{U0} = \dfrac{U_0}{U_1} \times 100\% \end{cases} \tag{10-23}$$

式中　U_1、U_2、U_0——分别表示三相电压的正序、负序、零序分量方均根值（V）。

将式（10-23）中U_1、U_2、U_0换为I_1、I_2、I_0则为相应的电流负序不平衡度ε_{I2}和零序不平衡度ε_{I0}。

在没有零序分量的三相系统中，当已知三相量a、b、c时，也可以用下式求负序不平衡度：

$$\varepsilon_2 = \sqrt{\frac{1 - \sqrt{3 - 6L}}{1 + \sqrt{3 - 6L}}} \times 100\% \tag{10-24}$$

式中　$L = (a^4 + b^4 + c^4)/(a^2 + b^2 + c^2)$。

GB/T 15543—2008《电能质量　三相电压不平衡》规定：

1）电力系统公共连接点正常电压不平衡度限值为：电网正常运行时，负序电压不平衡度不超过2%，短时不得超过4%；低压系统零序电压限值暂不作规定，但各相电压必须满足GB/T 12325—2008的要求。

2）接于公共连接点的每个用户引起该点负序电压不平衡度允许值一般为1.3%，短时不超过2.6%。根据连接点的负荷状况以及邻近发电机、继电保护和自动装置安全运行要

求，该允许值可作适当变动，但必须满足上述 1）条的规定。

三、三相不平衡的补偿

产生三相不平衡的原因，主要是单相负荷在三相系统中的容量和位置分布不合理。因此，220V 或 380V 单相用电设备接入 220/380V 三相系统时，宜使三相平衡；由地区公共低压电网供电的 220V 负荷，线路电流小于等于 60A 时，可采用 220V 单相供电；大于 60A 时，宜采用 220/380V 三相四线制供电。当采用合理分布方法达不到要求时，可采取以下措施：

1）将不平衡负荷尽量连接在短路容量较大的系统。

2）对不平衡负荷采用单独的变压器供电。

3）采用平衡电抗器和电容器组成的电流平衡装置；如图 10-13 所示，设 ab 间接有单相用电设备，先将其功率因数进行补偿，使 $\cos\varphi = 1$（或纯阻性负荷），此时该负荷可以用纯阻性导纳 G_{ab} 代表，而后在 ca 间接入感性电纳 $B_{ca} = -jG_{ab}/\sqrt{3}$，在 bc 间接入容性电纳 $B_{bc} = jG_{ab}/\sqrt{3}$，从而使三相负荷能达到平衡。

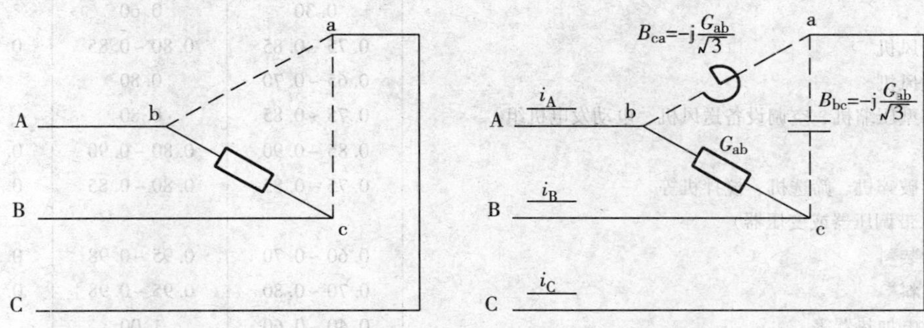

图 10-13　采用平衡电抗器和电容器组成的电流平衡装置

4）采用特殊接线的变压器。对于大容量且较恒定的单相负荷可以采用高电压大容量的平衡变压器，这是一种用于三相—两相并兼有降压及换相两种功能的变压器，它能帮助系统起到三相平衡的作用。

思考题与习题

10-1　衡量电能质量的标准主要有哪些？

10-2　电力系统中频率的调整措施有哪些？

10-3　什么叫电压偏差？产生电压偏差的主要原因是什么？

10-4　供电系统中减小电压偏差的措施有哪些？

10-5　什么叫电压波动？减小电压波动的措施有哪些？

10-6　谐波产生的原因是什么？怎样抑制？

10-7　供电系统的三相不平衡是由什么原因产生的？怎样补偿？

附　　录

附录表 1　工厂用电设备组的需要系数及功率因数值

用电设备组名称	K_d	$\cos\varphi$	$\tan\varphi$
单独传动的金属加工机床			
小批生产的金属冷加工机床	0.12～0.16	0.50	1.73
大批生产的金属冷加工机床	0.17～0.20	0.50	1.73
小批生产的金属热加工机床	0.20～0.25	0.55～0.60	1.51～1.33
大批生产的金属热加工机床	0.25～0.28	0.65	1.17
锻锤、压床、剪床及其他锻工机械	0.25	0.60	1.33
木工机械	0.20～0.30	0.50～0.60	1.73～1.33
液压机	0.30	0.60	1.33
生产用通风机	0.75～0.85	0.80～0.85	0.75～0.62
卫生用通风机	0.65～0.70	0.80	0.75
泵、活塞型压缩机、空调设备送风机、电动发电机组	0.75～0.85	0.80	0.75
冷冻机组	0.85～0.90	0.80～0.90	0.75～0.48
球磨机、破碎机、筛选机、搅拌机等	0.75～0.85	0.80～0.85	0.75～0.62
电阻炉（带调压器或变压器）			
非自动装料	0.60～0.70	0.95～0.98	0.33～0.20
自动装料	0.70～0.80	0.95～0.98	0.33～0.20
干燥箱、电加热器等	0.40～0.60	1.00	0
工频感应电炉（不带无功补偿设备）	0.80	0.35	2.68
高频感应电炉（不带无功补偿设备）	0.80	0.60	1.33
焊接和加热用高频加热设备	0.50～0.65	0.70	1.02
熔炼用高频加热设备	0.80～0.85	0.80～0.85	0.75～0.62
表面淬火电炉（带无功补偿装置）			
电动发电机	0.65	0.70	1.02
真空管振荡器	0.80	0.85	0.62
中频电炉（中频机组）	0.65～0.75	0.80	0.75
氢气炉（带调压器或变压器）	0.40～0.50	0.85～0.90	0.62～0.48
真空炉（带调压器或变压器）	0.55～0.65	0.85～0.90	0.62～0.48
电弧炼钢炉变压器	0.90	0.85	0.62
电弧炼钢炉的辅助设备	0.15	0.50	1.73
点焊机、缝焊机	0.35	0.60	1.33
对焊机	0.35	0.70	1.02
自动弧焊变压器	0.50	0.50	1.73
单头手动弧焊变压器	0.35	0.35	2.68
多头手动弧焊变压器	0.4	0.35	2.68
单头直流弧焊机	0.35	0.60	1.33
多头直流弧焊机	0.70	0.70	1.02

（续）

用电设备组名称	K_d	cosφ	tanφ
金属、机修、装配车间、锅炉房用起重机车（$\varepsilon=25\%$）	0.10～0.15	0.50	1.73
铸造车间用起重机（$\varepsilon=25\%$）	0.15～0.30	0.50	1.73
联锁的连续运输机械	0.65	0.75	0.88
非联锁的连续运输机械	0.50～0.60	0.75	0.88
一般工业用硅整流装置	0.50	0.70	1.02
电镀用硅整流装置	0.50	0.75	0.88
电解用硅整流装置	0.70	0.80	0.75
红外线干燥设备	0.85～0.90	1.00	0
电火花加工装置	0.50	0.60	1.33
超声波装置	0.70	0.70	1.02
X 光设备	0.30	0.55	1.52
电子计算机主机	0.60～0.70	0.80	0.75
电子计算机外部设备	0.40～0.50	0.50	1.73
试验设备（电热为主）	0.20～0.40	0.80	0.75
试验设备（仪表为主）	0.15～0.20	0.70	1.02
磁粉探伤机	0.20	0.40	2.29
铁屑加工机械	0.40	0.75	0.88
排气台	0.50～0.60	0.90	0.48
老炼台	0.60～0.70	0.70	1.02
陶瓷隧道窑	0.80～0.90	0.95	0.33
拉单晶炉	0.70～0.75	0.90	0.48
赋能腐蚀设备	0.60	0.93	0.40
真空浸渍设备	0.70	0.95	0.33

注：此表摘自《工业与民用配电设计手册》（第三版）。

附录表 2　照明设备的需要系数

建筑类别	K_d	建筑类别	K_d
生产厂房（有天然采光）	0.80～0.90	体育馆	0.70～0.80
生产厂房（无天然采光）	0.90～1.00	集体宿舍	0.60～0.80
办公楼	0.70～0.80	医院	0.50
设计室	0.90～0.95	食堂、餐厅	0.80～0.90
科研楼	0.80～0.90	商店	0.85～0.90
仓库	0.50～0.70	学校	0.60～0.70
锅炉房	0.90	展览馆	0.70～0.80
托儿所、幼儿园	0.80～0.90	旅馆	0.60～0.70
综合商业服务楼	0.75～0.85		

注：1. 气体放电灯灯具或线路的功率因数应规定补偿至 0.9。

2. 此表摘自《工业与民用配电设计手册》（第三版）。

附录表 3 民用建筑用电设备组的需要系数及功率因数值

负荷名称	规模/台数	需要系数 K_d	功率因数	备 注
照明	面积 < 500m²	1 ~ 0.9	0.9 ~ 1.0	含插座容量，荧光灯就地补偿或采用电子镇流器
	500 ~ 3000m² 3000 ~ 15000m² > 15000m²	0.9 ~ 0.7 0.75 ~ 0.55 0.7 ~ 0.4	0.9	
冷冻机房、锅炉房	1 ~ 3 台 > 3 台	0.9 ~ 0.7 0.7 ~ 0.6	0.8 ~ 0.85	
热力站、水泵房、通风机	1 ~ 5 台 > 5 台	0.95 ~ 0.8 0.8 ~ 0.6	0.8 ~ 0.85	
电梯		0.5 ~ 0.2		此系数用于选择变压器容量的计算
洗衣机房 厨房	≤100kW > 100kW	0.4 ~ 0.5 0.3 ~ 0.4	0.8 ~ 0.9	
窗式空调	4 ~ 10 台 10 ~ 50 台 50 台以上	0.8 ~ 0.6 0.6 ~ 0.4 0.4 ~ 0.3	0.8	
舞台照明	≤200kW > 200kW	1 ~ 0.6 0.6 ~ 0.4	0.9 ~ 1	

注：1. 此表摘自《全国民用建筑工程设计技术措施·电气》（2009 年版）。

2. 电梯负荷计算见《供配电工程设计指导》第十章第三节。

附录表 4 住宅用电负荷需要系数（同时系数）

按三相配电计算时所连接的基本户数	K_d 通用值	K_d 推荐值	按三相配电计算时所连接的基本户数	K_d 通用值	K_d 推荐值	按三相配电计算时所连接的基本户数	K_d 通用值	K_d 推荐值
9	1	1	36	0.50	0.60	72	0.41	0.45
12	0.95	0.95	42	0.48	0.55	75 ~ 300	0.40	0.45
18	0.75	0.80	48	0.47	0.55	375 ~ 600	0.33	0.35
24	0.66	0.70	54	0.45	0.50	780 ~ 900	0.26	0.30
30	0.58	0.65	63	0.43	0.50			

注：1. 表中通用值系目前采用的住宅需要系数值，推荐值是为了计算方便而提出的，仅供参考。

2. 住宅的公用照明及公用电力负荷需要系数，一般按 0.8 选取。

附录表 5　工厂部分用电设备组的利用系数及功率因数值

用电设备组名称	K_u	$\cos\varphi$	$\tan\varphi$
一般工作制小批生产用金属切削机床（小型车、刨、插、铣、钻床、砂轮机等）	0.1～0.12	0.5	1.73
一般工作制大批生产金属切削机床	0.12～0.14	0.5	1.73
重工作制切削机床（压力机、自动车床、转塔车床、粗磨、铣齿、大型车床、刨、铣、立车、镗床）	0.16	0.55	1.51
小批生产金属热加工机床（锻锤传动装置、锻造机、拉丝机、清理转磨筒、碾磨机等）	0.17	0.60	1.33
大批生产金属热加工机床	0.20	0.65	1.17
生产用通风机	0.55	0.80	0.75
卫生用通风机	0.50	0.80	0.75
泵、空气压缩机及电动发电机组	0.55	0.8	0.75
移动式电动工具	0.05	0.50	1.73
不联锁的连续运输机械（提升机、带式运输机、螺旋运输机等）	0.35	0.75	0.88
联锁的连续运输机械	0.50	0.75	0.88
起重机及电动葫芦（$\varepsilon=100\%$）	0.15～0.20	0.50	1.73
电阻炉、干燥箱、加热设备	0.55～0.65	0.95	0.33
试验室用的小型电热设备	0.35	1.00	0.00
10t 以下电弧炼钢炉	0.65	0.80	0.75
单头直流弧焊机	0.25	0.60	1.33
多头直流弧焊机	0.50	0.70	1.02
单头弧焊变压器	0.25	0.35	2.67
多头弧焊变压器	0.30	0.35	2.67
自动弧焊机	0.30	0.50	1.73
点焊机、缝焊机	0.25	0.60	1.33
对焊机、铆钉加热机	0.25	0.70	1.02
工频感应电炉	0.75	0.35	2.67
高频感应电炉（用电动发电机组）	0.70	0.80	0.75
高频感应电炉（用真空管振荡器）	0.65	0.65	1.17

注：此表摘自《工业与民用配电设计手册》（第三版）。

附录表 6 用电设备组的最大系数 K_m

n_{eq} \ K_u	0.1	0.15	0.2	0.3	0.4	0.5	0.6	0.7	0.8	0.9
4	3.43	3.11	2.64	2.14	1.87	1.65	1.46	1.29	1.14	1.05
5	3.23	2.87	2.42	2.00	1.76	1.57	1.41	1.26	1.12	1.04
6	3.04	2.64	2.24	1.88	1.66	1.51	1.37	1.23	1.10	1.04
7	2.88	2.48	2.10	1.80	1.58	1.45	1.33	1.21	1.09	1.04
8	2.72	2.31	1.99	1.72	1.52	1.40	1.30	1.20	1.08	1.04
9	2.56	2.20	1.90	1.65	1.47	1.37	1.28	1.18	1.08	1.03
10	2.42	2.10	1.84	1.60	1.43	1.34	1.26	1.16	1.07	1.03
12	2.24	1.96	1.75	1.52	1.36	1.28	1.23	1.15	1.07	1.03
14	2.10	1.85	1.67	1.45	1.32	1.25	1.20	1.13	1.07	1.03
16	1.99	1.77	1.61	1.41	1.28	1.23	1.18	1.12	1.07	1.03
18	1.91	1.70	1.55	1.37	1.26	1.21	1.16	1.11	1.06	1.03
20	1.84	1.65	1.50	1.34	1.24	1.20	1.15	1.11	1.06	1.03
25	1.71	1.55	1.40	1.28	1.21	1.17	1.14	1.10	1.06	1.03
30	1.62	1.46	1.34	1.24	1.19	1.16	1.13	1.10	1.05	1.03
35	1.56	1.41	1.30	1.21	1.17	1.15	1.12	1.09	1.05	1.02
40	1.50	1.37	1.27	1.19	1.15	1.13	1.12	1.09	1.05	1.02
45	1.45	1.33	1.25	1.17	1.14	1.12	1.11	1.08	1.04	1.02
50	1.40	1.30	1.23	1.16	1.14	1.11	1.10	1.08	1.04	1.02
60	1.32	1.25	1.19	1.14	1.12	1.11	1.09	1.07	1.03	1.02
70	1.27	1.22	1.17	1.12	1.10	1.10	1.09	1.06	1.03	1.02
80	1.25	1.20	1.15	1.11	1.10	1.10	1.08	1.06	1.03	1.02
90	1.23	1.18	1.13	1.10	1.09	1.09	1.08	1.05	1.02	1.02
100	1.21	1.17	1.12	1.10	1.08	1.08	1.07	1.05	1.02	1.02
120	1.19	1.16	1.12	1.09	1.07	1.07	1.07	1.05	1.02	1.02
160	1.16	1.13	1.10	1.08	1.05	1.05	1.05	1.04	1.02	1.02
200	1.15	1.12	1.09	1.07	1.05	1.05	1.05	1.04	1.01	1.01
240	1.14	1.11	1.08	1.07	1.05	1.05	1.05	1.03	1.01	1.01

注：1. 此表摘自《工业与民用配电设计手册》(第三版)。

2. 对于变电所低压母线或大截面积的配电干线来说，达到稳定温升的持续时间 t 可能在 1 ~2h。最大系数应按公式 $K_{m(t)} \leqslant 1+\dfrac{K_m-1}{\sqrt{2t}}$ 进行修正。

附录表 7 不同行业的年最大负荷利用小时数 T_{max} 与年最大负荷损耗小时数 τ

行业名称	T_{max}/h	τ/h	行业名称	T_{max}/h	τ/h
有色电解	7500	6550	机械制造	5000	3400
化 工	7300	6375	食品工业	4500	2900
石 油	7000	5800	农村企业	3500	2000
有色冶炼	6800	5500	农业灌溉	2800	1600
黑色冶炼	6500	5100	城市生活	2500	1250
纺 织	6000	4500	农村照明	1500	750
有色采选	5800	4350			

注：此表摘自《工业与民用配电设计手册》(第三版)。

附录表 8　各类建筑物的单位面积功率

建筑类别	单位面积功率/（W/m^2）	建筑类别	单位面积功率/（W/m^2）
公　寓	30 ~ 50	医　院	40 ~ 70
旅　馆	40 ~ 70	高等学校	20 ~ 40
办　公	30 ~ 70	中小学	12 ~ 20
商　业	一般：40 ~ 80 大中型：60 ~ 120	展览馆	50 ~ 80
体　育	40 ~ 70	演播室	250 ~ 500
剧　场	50 ~ 80	汽车库	8 ~ 15

注：1. 此表摘自《全国民用建筑工程设计技术措施·电气》（2009 年版）。

2. 表中所列用电指标的上限值是按空调采用电动压缩机制冷时的数值。当空调冷水机组采用直燃机时，用电指标一般比采用电动压缩机制冷时的指标降低 25 ~ 35W/m^2。

附录表 9-1　全国普通住宅每户的用电指标

套　型	建筑面积 S/m^2	用电指标最低值/（kW/户）	单相电能表规格/A
A	$S \leqslant 60$	3	5（20）
B	$60 < S \leqslant 90$	4	10（40）
C	$90 < S \leqslant 150$	6	10（40）
D	$S > 150$	≥8	≥10（40）

注：此表摘自 JGJ 242—2011《住宅建筑电气设计规范》。

附录表 9-2　江苏省普通住宅每户的用电指标

套　型	建筑面积 S/m^2	用电指标最低值/（kW/户）	单相电能表规格/A
A	$S \leqslant 120$	8	10（40）
B	$120 < S \leqslant 150$	12	15（60）
C	$S > 150$	16	20（80）

注：此表摘自 DGJ32/J11—2005《居住区供配电设施建设标准》。

附录表 10　相间负荷换算相负荷的功率换算系数

功率换算系数	负荷功率因数								
	0.35	0.4	0.5	0.6	0.65	0.7	0.8	0.9	1.0
p_{AB-A}、p_{BC-B}、p_{CA-C}	1.27	1.17	1.0	0.89	0.84	0.8	0.72	0.64	0.5
p_{AB-B}、p_{BC-C}、p_{CA-A}	−0.27	−0.17	0	0.11	0.16	0.2	0.28	0.36	0.5
q_{AB-A}、q_{BC-B}、q_{CA-C}	1.05	0.86	0.58	0.38	0.3	0.22	0.09	−0.05	−0.29
q_{AB-B}、q_{BC-C}、q_{CA-A}	1.63	1.44	1.16	0.96	0.88	0.8	0.67	0.53	0.29

附录表 11 自愈式低压并联电力电容器的主要技术数据

产品型号	额定容量/kvar	总电容量/μF	额定电流/A	产品型号	额定容量/kvar	总电容量/μF	额定电流/A
BSMJ0.4-30-3	30	597	43	BSMJ0.4-14-3	14	279	20
BSMJ0.4-25-3	25	497	36	BSMJ0.4-12-3	12	239	17
BSMJ0.4-20-3	20	398	29	BSMJ0.4-10-3	10	199	14
BSMJ0.4-18-3	18	358	26	BSMJ0.4-7.5-3	7.5	149	11
BSMJ0.4-16-3	16	318	23	BSMJ0.4-5-3	5	99	7
BSMJ0.4-15-3	15	298	22	BSMJ0.4-3-3	3	60	4

附录表 12 三相线路电线电缆单位长度每相阻抗值

类别		导体截面积/mm^2											
		6	10	16	25	35	50	70	95	120	150	185	240
导体类型	导体温度/℃	每相电阻 $r/\Omega\cdot km^{-1}$											
铝	20	—	—	1.798	1.151	0.822	0.575	0.411	0.303	0.240	0.192	0.156	0.121
LJ 绞线	55	—	—	2.054	1.285	0.950	0.660	0.458	0.343	0.271	0.222	0.179	0.137
LGJ 绞线	55	—	—	—	—	0.938	0.678	0.481	0.349	0.285	0.221	0.181	0.138
铜	20	2.867	1.754	1.097	0.702	0.501	0.351	0.251	0.185	0.146	0.117	0.095	0.077
BV 导线	60	3.467	2.040	1.248	0.805	0.579	0.398	0.291	0.217	0.171	0.137	0.112	0.086
VV 电缆	60	3.325	2.035	1.272	0.814	0.581	0.407	0.291	0.214	0.169	0.136	0.110	0.085
YJV 电缆	80	3.554	2.175	1.359	0.870	0.622	0.435	0.310	0.229	0.181	0.145	0.118	0.091
导线类型	线距/mm	每相电抗 $x/\Omega\cdot km^{-1}$											
LJ 裸铝绞线	800	—	—	0.381	0.367	0.357	0.345	0.335	0.322	0.315	0.307	0.301	0.293
	1000	—	—	0.390	0.376	0.366	0.355	0.344	0.335	0.327	0.319	0.313	0.305
	1250	—	—	0.408	0.395	0.385	0.373	0.363	0.350	0.343	0.335	0.329	0.321
LGJ 钢芯铝绞线	1500	—	—	—	—	0.39	0.38	0.37	0.35	0.35	0.34	0.33	0.33
	2000	—	—	—	—	0.403	0.394	0.383	0.372	0.365	0.358	0.35	0.34
	3000	—	—	—	—	0.434	0.424	0.413	0.399	0.392	0.384	0.378	0.369
BV 导线 明敷	100	0.300	0.280	0.265	0.251	0.241	0.229	0.219	0.206	0.199	0.191	0.184	0.178
	150	0.325	0.306	0.290	0.277	0.266	0.251	0.242	0.231	0.223	0.216	0.209	0.200
BV 导线	穿管敷设	0.112	0.108	0.102	0.099	0.095	0.091	0.087	0.085	0.083	0.082	0.081	0.080
VV 电缆（1kV）		0.093	0.087	0.082	0.075	0.072	0.071	0.070	0.070	0.070	0.070	0.070	0.070
YJV 电缆	1kV	0.092	0.085	0.082	0.082	0.080	0.079	0.078	0.077	0.077	0.077	0.077	0.077
	10kV	—	—	0.133	0.120	0.113	0.107	0.101	0.096	0.095	0.093	0.090	0.087

注：1. 本表根据《工业与民用配电设计手册》（第三版）编制。

2. 计算线路功率损耗与电压损失时取导线实际工作温度推荐值下的电阻值，计算线路三相最大短路电流时取导线在20℃时的电阻值。

附录表 13　10×（1±5%）/0.4kV 三相双绕组无励磁调压油浸式电力变压器技术数据

额定容量 S_r/kV·A	空载损耗 ΔP_0/kW	负载损耗 ΔP_k/kW	空载电流 I_0%	阻抗电压 U_k%	额定容量 S_r/kV·A	空载损耗 ΔP_0/kW	负载损耗 ΔP_k/kW	空载电流 I_0%	阻抗电压 U_k%
160	0.40	2.30/2.20	1.6	4.0	630	1.20	6.20	1.1	4.5
200	0.48	2.73/2.60	1.5		800	1.40	7.50	1.0	
250	0.56	3.20/3.05	1.4		1000	1070	10.30	1.0	
315	0.67	3.83/3.65	1.4		1250	1.95	12.00	0.9	
400	0.80	4.52/4.30	1.3		1600	2.40	14.50	0.8	
500	0.96	5.41/5.15	1.2						

注：1. 本表摘自 GB/T 6451—2008《油浸式电力变压器技术参数和要求》。

2. 对于容量在 500kV·A 及以下的变压器，表中斜线左侧的负载损耗值适用于 Dyn11 或 Yzn11 联结组，表中斜线右侧的负载损耗值适用于 Yyn0 联结组。

附录表 14　10×（1±5%）/0.4kV 三相双绕组无励磁调压干式电力变压器技术数据

额定容量 S_r/kV·A	空载损耗 ΔP_0/kW	负载损耗 ΔP_k/kW	空载电流 I_0%	阻抗电压 U_k%	额定容量 S_r/kV·A	空载损耗 ΔP_0/kW	负载损耗 ΔP_k/kW	空载电流 I_0%	阻抗电压 U_k%
160	0.55	2.45/2.62	1.5	4.0	630	1.30	6.70/7.17	0.9	6.0
200	0.65	2.86/3.05	1.3		800	1.54	7.80/8.35	0.9	
250	0.74	3.25/3.48	1.3		1000	1.75	9.25/9.90	0.9	
315	0.88	3.90/4.18	1.1		1250	2.03	11.00/11.80	0.9	
400	1.00	4.60/4.90	1.1		1600	2.70	13.50/14.40	0.9	
500	1.18	5.47/5.85	1.1		2000	3.00	16.20/17.40	0.7	
630	1.35	6.50/6.95	0.9		2500	3.50	19.50/20.80	0.7	

注：1. 本表摘自 GB/T 10228—2008《干式电力变压器技术参数和要求》。

2. 表中斜线左侧的负载损耗值适用于 F 级绝缘耐热等级（120℃），表中斜线右侧的负载损耗值适用于 H 级绝缘耐热等级（145℃）。

附录表 15　低压铜母线单位长度每相阻抗及相-保护导体阻抗值（单位：mΩ/m）

母线规格/mm	65℃ 相电阻 $r_{65°}$	20℃ 相电阻 r	相-保护导体电阻 $r_{L-PE}=r_L+r_{PE}$	相电抗 x $D=125$mm	相-保护导体电抗 x_{L-PE} $D_{PEN}=125$mm
4[2(125×10)]	0.011	0.009	0.019	0.105	0.238
3[2(125×10)]+125×10	0.011	0.009	0.028	0.105	0.238
4(125×10)	0.022	0.019	0.037	0.105	0.238
3(125×10)+80×10	0.022	0.019	0.045	0.105	0.260
4[2(100×10)]	0.013	0.011	0.022	0.116	0.260
3[2(100×10)]+100×10	0.013	0.011	0.033	0.116	0.260
4(100×10)	0.026	0.022	0.044	0.116	0.260
3(100×10)+63×10	0.026	0.022	0.055	0.116	0.283
4[2(80×10)]	0.016	0.013	0.026	0.127	0.271

（续）

母线规格/mm	65℃相电阻 $r_{65°}$	20℃相电阻 r	相-保护导体电阻 $r_{L-PE}=r_L+r_{PE}$	相电抗 x $D=125$mm	相-保护导体电抗 x_{L-PE} $D_{PEN}=125$mm
3[2(80×10)]+80×10	0.016	0.013	0.039	0.127	0.282
4(80×10)	0.031	0.026	0.052	0.127	0.282
3(80×10)+63×8	0.031	0.026	0.066	0.127	0.296
4[2(100×8)]	0.016	0.013	0.026	0.118	0.264
3[2(100×8)]+100×8	0.016	0.013	0.039	0.118	0.264
4(100×8)	0.031	0.026	0.053	0.118	0.264
3(100×8)+80×6.3	0.031	0.026	0.066	0.118	0.277
4[2(80×8)]	0.019	0.016	0.031	0.129	0.287
3[2(80×8)]+80×8	0.019	0.016	0.047	0.129	0.287
4(80×8)	0.037	0.031	0.063	0.129	0.287
3(80×8)+63×6.3	0.037	0.031	0.084	0.129	0.301
4(80×6.3)	0.047	0.040	0.080	0.131	0.290
3(80×6.3)+50×6.3	0.047	0.040	0.101	0.131	0.317
4(63×6.3)	0.062	0.053	0.105	0.143	0.315
3(63×6.3)+50×5	0.062	0.053	0.126	0.143	0.329
4(50×5)	0.087	0.074	0.147	0.157	0.343
3(50×5)+40×4	0.087	0.074	0.161	0.157	0.356
4(40×4)	0.103	0.087	0.175	0.170	0.370

注：1. 本表根据《工业与民用配电设计手册》（第三版）相关公式计算编制。

2. 母线竖放，相邻相母线中心间距 D 按 125mm 计；当 PEN 母线与相母线并列放置时，PEN 线在边位，与相邻相母线中心间距 D_N 按 125mm 计。

3. 2 片母线并联时相电阻减半，相电抗近似不变。

附录表 16　低压密集绝缘铜母线槽单位长度每相阻抗及相-保护导体阻抗值

（单位：mΩ/m）

型号规格		65℃相电阻	20℃相电阻	相-保护导体电阻	相电抗	相-保护导体电抗
额定电流/A	相母线规格/mm	$r_{65°}$	r	$r_{L-PE}=r_L+r_{PE}$	x	x_{L-PE}
200	6.3×30	0.111	0.094	0.188	0.030	0.080
400	6.3×40	0.084	0.071	0.142	0.027	0.072
630	6.3×50	0.066	0.056	0.112	0.025	0.067
800	6.3×70	0.047	0.040	0.080	0.023	0.061
1000	6.3×80	0.041	0.035	0.070	0.018	0.048
1250	6.3×125	0.027	0.023	0.046	0.014	0.037
1600	6.3×150	0.022	0.019	0.038	0.010	0.027
2000	6.3×200	0.017	0.014	0.028	0.008	0.021

注：1. 本表根据某国产 CCX 母线槽样本技术数据计算编制，仅供参考。实际工程中应按具体产品生产厂家提供的数据进行计算。

2. 相导体母线与中性导体、保护导体母线包以绝缘无间距并列放置，中性导体、保护导体母线在边位。额定电流 2000A 及以下，中性导体、保护导体母线与相导体母线等截面积。

附录表 17　低压铜芯电线电缆单位长度相-保护导体阻抗值　（单位：mΩ/m）

$r_{L\text{-}PE}=1.5(r_L+r_{PE})$														
保护导体截面积/mm² $S_{PE}=S$			6	10	16	25	35	50	70	95	120	150	185	240
铜芯			8.601	5.262	3.291	2.106	1.503	1.053	0.753	0.555	0.438	0.351	0.285	0.231
保护导体截面积/mm² $S_{PE}\approx0.5S$			4	6	10	16	16	25	35	50	70	70	95	120
铜芯			10.751	6.932	4.277	2.699	2.397	1.580	1.128	0.804	0.596	0.552	0.420	0.335
$X_{L\text{-}PE}$														
导体截面积 S/mm²			6	10	16	25	35	50	70	95	120	150	185	240
绝缘导线明敷	线距 150mm	$S_{PE}=S$	0.681	0.643	0.611	0.583	0.563	0.537	0.517	0.493	0.478	0.464	0.448	0.428
		$S_{PE}\approx0.5S$			0.627	0.597	0.587	0.559	0.539	0.516	0.498	0.491	0.470	0.452
	线距 100mm	$S_{PE}=S$	0.631	0.591	0.561	0.533	0.513							
		$S_{PE}\approx0.5S$			0.576	0.547	0.537							
绝缘导线穿管敷设		$S_{PE}=S$	0.26	0.26	0.25	0.23	0.24	0.21	0.22	0.23	0.21	0.20		
		$S_{PE}\approx0.5S$			0.25	0.25	0.25	0.22	0.23	0.21	0.21	0.21		
YJV/VV 电力电缆		$S_{PE}=S$	0.200	0.188	0.174	0.164	0.160	0.158	0.156	0.158	0.152	0.152	0.152	0.152
		$S_{PE}\approx0.5S$	0.211	0.224	0.201	0.192	0.191	0.187	0.178	0.186	0.161	0.161	0.179	0.179

注：本表根据《工业与民用配电设计手册》（第三版）编制。

附录表 18　CV1 系列户内高压真空断路器的主要技术参数

项　目		单位	参　数
额定电压		kV	12
额定绝缘水平	1min 工频耐压（有效值）	kV	42
	雷电冲击耐受电压（峰值）	kV	75
额定频率		Hz	50
额定电流		A	630、1250、1600、2000、2500、3150
额定短路开断电流（有效值）		kA	25、31.5、40
额定峰值耐受电流		kA	63、80、100
额定短路关合电流		kA	63、80、100
额定短时耐受电流（有效值）		kA	25、31.5、40
额定短路持续时间		s	4
额定背对背电容器组开断电流（有效值）		A	400
额定背对背电容器组关合涌流（峰值）		kA	20（频率 4250Hz）
额定操作顺序			自动重合闸：O—0.3s—CO—180s—CO
			非自动重合闸：O—180s—CO—180s—CO
合闸和分闸装置额定电源电压		V	AC：110、230；DC：110、220
辅助回路额定电源电压		V	AC：110、230；DC：110、220
机械寿命	相间距 210mm 断路器	次	20000
	相间距 150mm 及 275mm 断路器		10000

注：本表数据由常熟开关制造有限公司提供。

附录表 19　XRNT3、XRNP3、XRNC3 型高压限流熔断器的主要技术参数

型　号	额定电压/kV	熔断器额定电流/A	熔体额定电流/A	额定开断电流/kA
XRNT3-12/□-50	12	63	6.3、10、16、20、25、31.5、40、50、63	50
		125	80、100、125	
		200	160、200	
XRNP3-12/□-50	12	16	0.5、1、2、3.15、6.3、10、16	50
XRNC3-12/□-50	12	16	8、10、16	50
		63	20、25、31.5、40、50、63	
		125	80、100、125	

附录表 20　FL（R）N36B-12D 型户内高压 SF_6 负荷开关及负荷开关-熔断器组合电器的主要技术参数

<table>
<tr><th colspan="2" rowspan="2">项　目</th><th rowspan="2">单位</th><th colspan="2">参　数</th></tr>
<tr><th>FLN36B-12D</th><th>FLRN36B-12D</th></tr>
<tr><td colspan="2">额定电压</td><td>kV</td><td colspan="2">12</td></tr>
<tr><td rowspan="2">额定
绝缘水平</td><td>1min 工频耐压（有效值）</td><td>kV</td><td colspan="2">42</td></tr>
<tr><td>雷电冲击耐受电压（峰值）</td><td>kV</td><td colspan="2">75</td></tr>
<tr><td colspan="2">额定频率</td><td>Hz</td><td colspan="2">50</td></tr>
<tr><td colspan="2">额定电流</td><td>A</td><td>630</td><td>125</td></tr>
<tr><td colspan="2">额定有功负荷开断电流（有效值）</td><td>A</td><td colspan="2">630</td></tr>
<tr><td colspan="2">额定电缆充电开断电流</td><td>A</td><td colspan="2">10</td></tr>
<tr><td colspan="2">额定峰值耐受电流</td><td>kA</td><td>50</td><td>125</td></tr>
<tr><td colspan="2">额定短路关合电流</td><td>kA</td><td>50</td><td>125</td></tr>
<tr><td colspan="2">额定短时耐受电流（有效值）</td><td>kA</td><td>20</td><td>20</td></tr>
<tr><td colspan="2">额定短路持续时间</td><td>s</td><td>4</td><td>4</td></tr>
<tr><td colspan="2">额定转移开断电流（有效值）</td><td>kA</td><td>—</td><td>1700</td></tr>
<tr><td colspan="2">额定短路开断电流</td><td>kA</td><td>—</td><td>50</td></tr>
<tr><td colspan="2">熔断器最大额定电流</td><td>A</td><td></td><td>125</td></tr>
<tr><td colspan="2">额定有功负荷开断电流次数</td><td>次</td><td colspan="2">100</td></tr>
<tr><td colspan="2">机械寿命</td><td>次</td><td colspan="2">3000</td></tr>
</table>

注：本表数据由常熟开关制造有限公司提供。

附录表 21　XRNT3-12 型高压限流熔断器熔体电流与 10kV 电力变压器容量的配合表

变压器容量/kV·A	50	100	125	160	200	250	315	400	500	630	800	1000	1250
熔体额定电流/A	6.3	10	10	16	20	25	31.5	40	50	63	80	100	125

附录表 22　CW2 系列智能型万能式断路器的主要技术参数

型　号			CW2-1600	CW2-2000	CW2-2500	CW2-4000
壳架等级额定电流/A			1600	2000	2500	4000
额定工作电流 I_n/A			200、400、630、800、1000、1250、1600	630、800、1000、1250、1600、2000	1250、1600、2000、2500	2000、2500、2900、3200、3600、4000
过载长延时整定电流 I_{r1}/A			L25 型：(0.6～1.0) I_n　按每级 5% I_n 递增 M25 型、M26 型、H26 型：(0.4～1.0) I_n　按每级 10A 递增			
短路短延时整定电流 I_{r2}/A			L25 型：(1.5～10) I_{r1}　按 1.5、2、3、4、5、6、8、10 倍 I_{r1} 递增 M25 型、M26 型、H26 型：(0.4～15) I_n　按每级 20A 递增			
短路瞬时整定电流 I_{r3}/A			L25 型：(3～15) I_{r1}　按 3、4、5、6、8、10、12、15 倍 I_{r1} 递增 M25 型、M26 型、H26 型：1.6～35kA（CW2-1600）/2.0～50kA（CW2-2000）/2.5～50kA（CW2-2500）/4.0～65kA（CW2-4000）　按每级 100A 递增			
接地短延时整定电流 I_{r4}/A			M26 型、H26 型配置：CW2-1600：$0.4I_n$～$0.8I_n$ 或 1000A（取小者） CW2-2000/2500：$0.2I_n$ 或 160A（取大者）～$0.8I_n$ 或 1200A（取小者） CW2-4000：$0.2I_n$～$0.6I_n$ 或 1600A（取小者）			
额定工作电压/V			400、690/50Hz			
额定绝缘电压/V			1000			
额定冲击耐受电压/kV			12			
1min 工频耐受电压/V			3500			
极数			3、4			
中性极额定电流/A			50% I_n、100% I_n			
额定极限短路分断能力（有效值）/kA		AC 400V	50	80	85	100
		AC 690V	25	50	50	75
额定运行短路分断能力（有效值）/kA		AC 400V	50	80	85	100
		AC 690V	25	50	50	75
额定短路接通能力（峰值）/kA		AC 400V	105	176	187	220
		AC 690V	52.5	105	105	165
额定短时耐受电流（0.5s）（有效值）/kA		AC 400V	42	60	65	85
		AC 690V	25	40	50	75
全分断时间（无附加延时）/ms			25～30			
闭合时间/ms			最大 70			
智能控制器			L25 型、M25 型、M26 型、H26 型			
操作性能	电气寿命	AC 400V	2500	2000	1500	1500
		AC 690V	1500	1000	2000	1000
	机械寿命	免维护	8000	8000	8000	5000
		有维护	20000	20000	20000	10000

注：1. CW2 整定电流连续可调。

2. 本表数据由常熟开关制造有限公司提供。

附录表 23　CM2（Z）系列塑壳式断路器的主要技术参数

壳架等级额定电流/A		125			225		
型号		CM2-125L	CM2-125M	CM2-125H	CM2-225L	CM2-225M	CM2-225H
			CM2Z-125M	CM2Z-125H		CM2Z-225M	CM2Z-225H
额定电流 I_n/A	CM2	16、20、25、32、40、50、63、80、100、125			125、140、160、180、200、225		
	CM2Z	32、63、125			225		
过载长延时整定电流 I_{r1}/A	CM2	(0.8－0.9－1.0) I_n			(0.8－0.9－1.0) I_n		
	CM2Z**	32 (16～32)、63 (32～63)、125 (63～125)			225 (125～225)		
短路瞬时整定电流 I_{r3}/A	CM2	I_n<63A：10I_n I_n≥63A：(5－6－7－8－9－10) I_n			(5－6－7－8－9－10) I_n		
	CM2Z**	(4～14) I_{r1}　调整步长 1A					
短路短延时整定电流 I_{r2}/A	CM2Z**	(2～12) I_{r1}　调整步长 1A；短延时动作时间 t_2：0.1s、0.2s、0.3s、0.4s					
接地短延时整定电流 I_{r4}/A	CM2Z**	(0.5～1) I_n　调整步长 1A；短延时动作时间 t_4：0.1s、0.2s、0.3s、0.4s					
极数		3，4					
额定绝缘电压/V		AC 800					
额定冲击耐受电压/V		8000					
额定工作电压/V		AC 400					
飞弧距离/mm		≯50 (0*)			≯50 (0*)		
额定极限短路分断能力/kA	AC 400V	50	70	85	50	70	85
额定运行短路分断能力/kA	AC 400V	35	50	70	35	50	70
操作性能/次	通电	1500			1000		
	不通电	8500			7000		

壳架等级额定电流/A		400			630		
型号		CM2-400L	CM2-400M	CM2-400H	CM2-630L	CM2-630M	CM2-630H
			CM2Z-400M	CM2Z-400H		CM2Z-630M	CM2Z-630H
额定电流 I_n/A	CM2	225、250、315、350、400			400、500、630		
	CM2Z	400			630		
过载长延时整定电流 I_{r1}/A	CM2	(0.8－0.9－1.0) I_n			(0.8－0.9－1.0) I_n		
	CM2Z**	400 (200～400)			630 (315～630)		
短路瞬时整定电流 I_{r3}/A	CM2	(5－6－7－8－9－10) I_n					
	CM2Z**	(4～14) I_{r1}　调整步长 1A					

（续）

壳架等级额定电流/A		400			630		
型号		CM2-400L	CM2-400M	CM2-400H	CM2-630L	CM2-630M	CM2-630H
			CM2Z-400M	CM2Z-400H		CM2Z-630M	CM2Z-630H
短路短延时整定电流 I_{r2}/A	CM2Z**	（2～12）I_{r1}　调整步长1A；短延时动作时间 t_2：0.1s、0.2s、0.3s、0.4s					
接地短延时整定电流 I_{r4}/A	CM2Z**	（0.5～1）I_n　调整步长1A；短延时动作时间 t_4：0.1s、0.2s、0.3s、0.4s					
极数		3，4					
额定绝缘电压/V		AC 800					
额定冲击耐受电压/V		8000					
额定工作电压/V		AC 400					
飞弧距离/mm		≯100（0*）			≯100（0*）		
额定极限短路分断能力/kA	AC 400V	50	70	100	50	70	100
额定运行短路分断能力/kA	AC 400V	50	70	75	50	70	75
操作性能/次	通电	1000			1000		
	不通电	4000			4000		

注：1. * 表示选装高为10.5mm、11.5mm的零飞弧罩，实现零飞弧。
2. ** 表示CM2Z整定电流连续可调。
3. *** 表示CM2Z-400的额定短时耐受电流（1s）：5kA；CM2Z-630的额定短时耐受电流（1s）：8kA。
4. 本表数据由常熟开关制造有限公司提供。

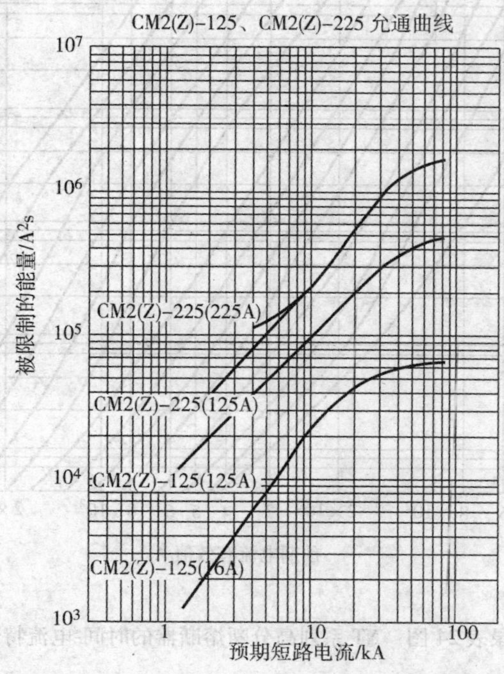

附录表23图　CM2（Z）-125、CM2（Z）-225允通容量 I^2t 特性

附录表 24　NT 系列高分断熔断器的主要技术参数及其时间-电流特性

型　号	额定电压/V	额定电流/A		极限分断能力/kA/cosφ
		熔断器	熔　体	
NT0-160	380	160	4、6、10、16、20、25、32、36、40、50、63、80、100、125、160	120/0.1～0.2
NT1-250		250	80、100、125、160、200、224、250	
NT2-400		400	125、160、200、224、250、300、315、355、400	
NT3-630		630	315、355、400、425、500、630	
NT4-800		800	630、800	

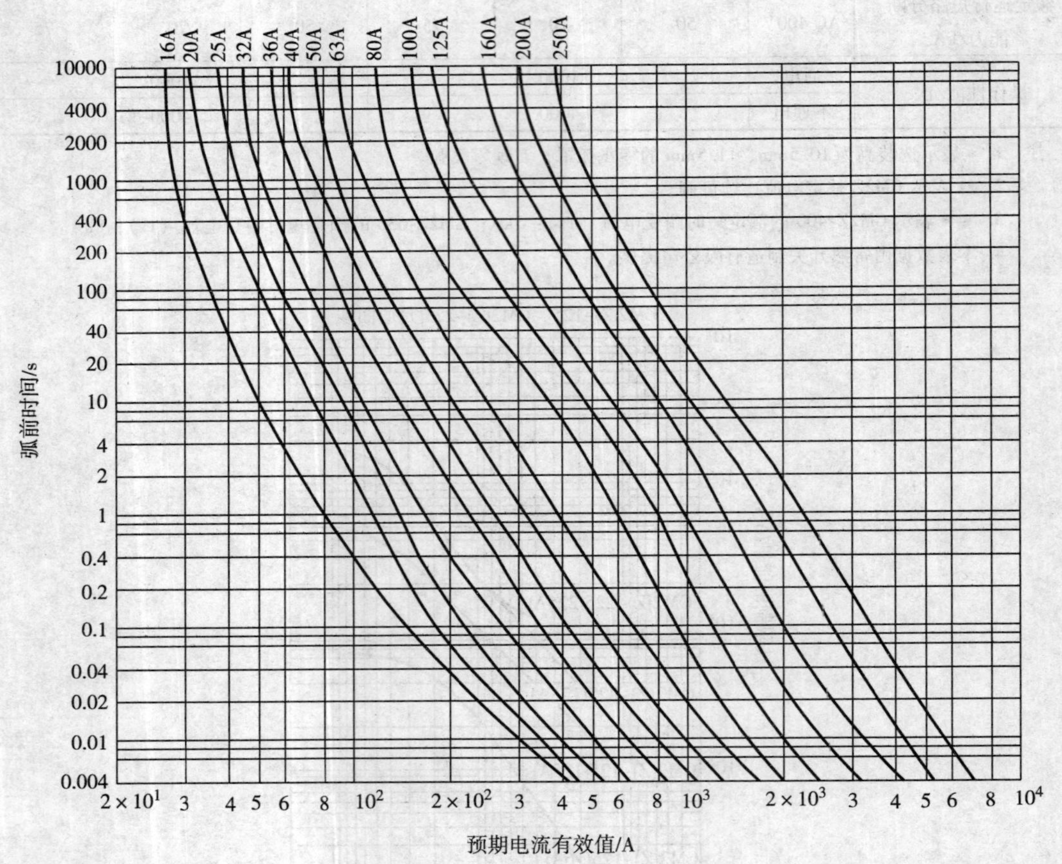

附录表 24 图　NT 系列高分断熔断器的时间-电流特性

附录表 25　LZZBJ12-10A 系列高压电流互感器的主要技术参数

额定电流比/A	级次组合	准确级及额定输出/V · A				保护级		额定短时热电流/kA	额定动稳定电流/kA
		0.2	0.5	1	3	额定输出/V · A	准确级及准确限值系数		
10/5	0.2/5P 0.2/10P 0.5/5P 0.5/10P	10	20	—	—	30	5P10，10P10	2	5
10/5						15	5P15，10P15		
15/5						30	5P10，10P10	3	7.5
15/5						15	5P15，10P15		
20/5						30	5P10，10P10	4	10
20/5						15	5P15，10P15		
30/5						30	5P10，10P10	6	15
30/5						15	5P15，10P15		
40/5						30	5P10，10P10	8	20
40/5						15	5P15，10P15		
50/5						30	5P10，10P10	10	25
50/5						15	5P15，10P15		
75/5						30	5P10，10P10	21	52.5
75/5						15	5P15，10P15		
100/5						30	5P10，10P10	31.5	80
100/5						15	5P15，10P15		
150，200/5						30	5P10，10P10	45	112.5
150，200/5						15	5P15，10P15		
300/5						25	10P15	50	120
400/5						30			
500，600/5								80	160
800/5		15	30			40			
1000，1200/5									
1500/5			40					100	180
2000，3000/5									

附录表 26　BH-0.66 型低压电流互感器的主要技术参数

型　　号	一次额定电流/A	二次额定电流/A	准确度等级
BH-30 Ⅰ	5、10、15、20、25、30、40、50、60、75、100、150、200、250、300	5	1、0.5
BH-40 Ⅰ、40 Ⅱ	5、10、15、20、25、30、40、50、60、75、100、150 200、250、300、400、500、600、800、1000、1500		1、0.5
BH-60 Ⅰ、60 Ⅱ	150、200、250、300、400、500、600、800、1000、1200、1500、2000、2500		0.5、0.2
BH-80 Ⅰ、80 Ⅱ	600、800、1000、1200、1500、2000、2500、3000		0.2
BH-100 Ⅰ、100 Ⅱ	800、1000、1200、1500、2000、2500、3000		0.2
BH-120 Ⅱ	1500、2000、2500、3000、4000		0.2

附录表 27 JDZ（X）12-10 系列高压电压互感器的主要技术参数

型　号	额定电压比/kV	准确级组合	准确级及额定输出/V·A				极限输出/V·A
			0.2	0.5	1.0	3	
JDZ12-10	10/0.1	0.2、0.5	30	80	—	—	400
JDZX12-10	10/√3/0.1/√3/0.1/3	0.5/6P	30	80	—	100	400

附录表 28 常用绝缘材料的耐热分级及其极限温度

耐热分级	极限温度/℃	相当于该耐热等级的绝缘材料
Y	90	未浸渍过的棉纱、丝及纸等材料或其组合物
A	105	浸渍过的或者浸在液体电介质中的棉纱、丝及纸等材料或其组合物
E	120	合成有机薄膜、合成有机瓷漆等材料或其组合物
B	130	合适的树脂粘合或浸渍、涂覆后的云母、玻璃纤维、石棉等，以及其他无机材料、合适的有机材料或其组合物
F	155	合适的树脂粘合或浸渍、涂覆后的云母、玻璃纤维、石棉等，以及其他无机材料、合适的有机材料或其组合物
H	180	合适的树脂（如有机硅树脂）粘合或浸渍、涂覆后的云母、玻璃纤维、石棉等材料或其组合物
C	>180	合适的树脂粘合或浸渍、涂覆后的云母、玻璃纤维等，以及未经浸渍处理过的云母、陶瓷、石英等材料或其组合物；C 级绝缘的极限温度应根据材料具体情况确定

附录表 29 架空裸导线的最小允许截面积

线路类别		导线最小截面积/mm^2		
		铝及铝合金	钢芯铝线	铜绞线
35kV 及以上线路		35	35	35
3～10kV 线路	居民区	35	25	25
	非居民区	25	16	16
低压线路	一般	16	16	16
	与铁路交叉跨越档	35	16	16

注：DL/T 599—2005《城市中低压配电网改造技术导则》规定，中压架空铝绞线分支线最小允许截面积为 70mm^2，低压架空铝绞线分支线最小允许截面积为 50mm^2。这是从城市电网发展需要考虑的，而不是从机械强度要求考虑的。

附录表 30 绝缘导线的最小允许截面积

线路类别		导线最小截面积/mm^2		
		铜芯软线	铜芯线	PE 线和 PEN 线（铜芯线）
照明用灯头引下线	室内	0.5	1.0	有机械保护时为 2.5 无机械性的保护时为 4
	室外	1.0	1.0	
移动式设备线路	生活用	0.75	—	
	生产用	1.0	—	

（续）

<table>
<tr><th colspan="3" rowspan="2">线 路 类 别</th><th colspan="3">导线最小截面积/mm²</th></tr>
<tr><th>铜芯软线</th><th>铜芯线</th><th>PE 线和 PEN 线（铜芯线）</th></tr>
<tr><td rowspan="5">敷设在绝缘子上的绝缘导线（L 为支持点间距）</td><td>室内</td><td>$L \leqslant 2m$</td><td>—</td><td>1.0</td><td rowspan="7">有机械保护时为 2.5
无机械性的保护时为 4</td></tr>
<tr><td>室外</td><td>$L \leqslant 2m$</td><td>—</td><td>1.5</td></tr>
<tr><td rowspan="3">室内外</td><td>$2m < L \leqslant 6m$</td><td></td><td>2.5</td></tr>
<tr><td>$6m < L \leqslant 15m$</td><td></td><td>4</td></tr>
<tr><td>$15m < L \leqslant 25m$</td><td></td><td>6</td></tr>
<tr><td colspan="3">穿管敷设的绝缘导线</td><td>1.0</td><td>1.0</td></tr>
<tr><td colspan="3">沿墙明敷的塑料护套线</td><td>—</td><td>1.0</td></tr>
</table>

注：《全国民用建筑工程设计技术措施·电气》规定铜芯导线截面积最小值：进户线不小于 $10mm^2$，动力、照明配电箱的进线不小于 $6mm^2$，控制箱进线不小于 $6mm^2$，动力、照明分支线不小于 $2.5mm^2$，动力、照明配电箱的 N、PE、PEN 进线不小于 $6mm^2$，这是从负荷发展需要和安全运行考虑的，而不是从机械强度要求考虑的。

附录表 31　裸导体及高压电缆在正常和短路时的最高允许温度及热稳定系数

<table>
<tr><th colspan="2" rowspan="2">电线电缆种类和材料</th><th colspan="2">最高允许温度/℃</th><th rowspan="2">热稳定系数 K
/（$A \cdot \sqrt{s}/mm^2$）</th></tr>
<tr><th>额定负荷时</th><th>短路时</th></tr>
<tr><td rowspan="2">裸母线或裸绞线</td><td>铜</td><td>70</td><td>300</td><td>171</td></tr>
<tr><td>铝</td><td>70</td><td>200</td><td>87</td></tr>
<tr><td>6～10kV 交联聚乙烯绝缘电力电缆</td><td>铜芯</td><td>90</td><td>250</td><td>137</td></tr>
<tr><td>20～35kV 交联聚乙烯绝缘电力电缆</td><td>铜芯</td><td>80</td><td>250</td><td>143</td></tr>
</table>

注：本表摘自《工业与民用配电设计手册》（第三版）。

附录表 32　低压电线电缆的最高允许温度及热稳定系数 *K*

<table>
<tr><th rowspan="3">项　　目</th><th colspan="8">导体绝缘材料</th></tr>
<tr><th colspan="2">聚氯乙烯 PVC</th><th rowspan="2">乙丙橡胶 EPR/交联聚乙烯绝缘 XLPE</th><th colspan="2">橡　　胶</th><th colspan="2">矿　物　质</th></tr>
<tr><th>$\leqslant 300mm^2$</th><th>$\geqslant 300mm^2$</th><th>60℃</th><th>85℃</th><th>带 PVC</th><th>裸的</th></tr>
<tr><td>初始温度/℃</td><td>70</td><td>70</td><td>90</td><td>60</td><td>80</td><td>70</td><td>105</td></tr>
<tr><td>最终温度/℃</td><td>160</td><td>140</td><td>250</td><td>200</td><td>200</td><td>160</td><td>250</td></tr>
<tr><td>铜导体 K 值</td><td>115</td><td>103</td><td>143</td><td>141</td><td>134</td><td>115</td><td>135</td></tr>
</table>

注：本表摘自《工业与民用配电设计手册》（第三版）。

附录表 33　选择电线电缆的环境温度

<table>
<tr><th>敷 设 场 所</th><th>有无机械通风</th><th>选取的环境温度</th></tr>
<tr><td>土中直埋</td><td></td><td>埋深处的最热月平均地温</td></tr>
<tr><td>室外空气中，电缆沟内</td><td></td><td>最热月的日最高温度平均值</td></tr>
<tr><td rowspan="2">有热源设备的厂房</td><td>有</td><td>通风设计温度</td></tr>
<tr><td>无</td><td>最热月的日最高温度平均值加 5℃</td></tr>
<tr><td rowspan="2">一般性厂房，室内</td><td>有</td><td>通风设计温度</td></tr>
<tr><td>无</td><td>最热月的日最高温度平均值</td></tr>
<tr><td>室内电缆沟</td><td>无</td><td>最热月的日最高温度平均值加 5℃</td></tr>
</table>

注：此表根据 GB 50054—2011《低压配电设计规范》和 GB 50217—2007《电力工程电缆设计规范》编制。

附录表 34 450/750V 型 BV 绝缘电线穿管敷设时的载流量 (单位：A)

敷设方式	B1 类： 绝缘电线穿管明敷在墙上或暗敷在墙内											
导体工作温度	70℃											
环境温度	25℃			30℃			35℃			40℃		
芯线截面积 /mm²	不同带负荷导线根数的载流量											
	2	3	4	2	3	4	2	3	4	2	3	4
1.5	18	15	13	17	15	13	15	14	12	14	13	11
2.5	25	22	20	24	21	19	22	19	17	20	18	16
4	33	29	26	32	28	25	30	26	23	27	24	21
6	43	38	33	41	36	32	38	33	30	35	31	27
10	60	53	47	57	50	45	53	47	42	49	43	39
16	80	72	63	76	68	60	71	63	56	66	59	52
25	107	94	84	101	89	80	94	83	75	87	77	69
35	132	116	106	125	110	100	117	103	94	108	95	87
50	160	142	127	151	134	120	141	125	112	131	116	104
70	203	181	162	192	171	153	180	160	143	167	148	133
95	245	219	196	232	207	185	218	194	173	201	180	160
120	285	253	227	269	239	215	252	224	202	234	207	187

注：1. 此表根据 GB/T 16895.15—2002 第 523 节布线系统载流量编制或根据其计算得出。

2. 管材可以是金属管或塑料管，墙体可以是砖墙或木质类墙。

附录表 35 450/750V 型 RV 等绝缘电线明敷时的载流量 (单位：A)

敷设方式	C 类： 绝缘电线明敷在墙上、顶棚下或暗敷在墙内							
导体工作温度	70℃							
环境温度	25℃		30℃		35℃		40℃	
电缆型号	RV、RVV、RVB、RVS、RFB、RFS、BVV、BVNVB							
芯线截面积 /mm²	不同电缆芯数的载流量							
	2	3	2	3	2	3	2	3
0.5	10	7.4	9.5	7	9	6.6	8	6
0.75	13	9.5	12.5	9	12	8.5	11	7.8
1.0	16	12	15	11	14	10	13	9.6
1.5	20	18	19	17	18	16	17	15
2.0	23	20	22	19	20	18	19	17
2.5	29	25	27	24	25	23	24	21
4	38	34	36	32	34	30	31	28
6	50	44	47	41	44	39	41	36
10	69	60	65	57	61	54	57	50

注：此表摘自《工业与民用配电设计手册》(第三版)。

附录表 36　450/750V 型 BYJ 绝缘电线穿管敷设时的载流量　（单位：A）

敷设方式	B1 类：绝缘电线穿管明敷在墙上或暗敷在墙内											
导体工作温度	90℃											
环境温度	25℃			30℃			35℃			40℃		
芯线截面积 /mm²	不同带负荷导线根数的载流量											
	2	3	4	2	3	4	2	3	4	2	3	4
1.5	24	21	19	23	20	18	22	19	17	21	18	16
2.5	32	29	26	31	28	25	30	27	24	28	25	23
4	44	38	34	42	37	33	40	36	32	38	34	30
6	56	50	45	54	48	43	52	46	41	47	44	39
10	78	69	61	75	66	59	72	63	57	68	60	54
16	104	92	82	100	88	79	96	84	76	91	80	72
25	138	122	109	133	117	105	128	112	101	121	106	96
35	171	150	135	164	144	130	157	138	125	149	131	118
50	206	182	164	198	175	158	190	168	152	180	159	144
70	263	231	208	253	222	200	242	213	192	230	202	182
95	318	280	252	306	269	242	294	258	232	278	245	220
120	368	324	292	354	312	281	340	300	270	322	284	256

注：1. 此表根据 GB/T 16895.15—2002 第 523 节布线系统载流量编制或根据其计算得出。

2. 管材可以是金属管或塑料管，墙体可以是砖墙或木质类墙。

3. 当导线敷设在人可触及处时，应放大一级截面积选择。

附录表 37　450/750V 型 BYJ 绝缘电线明敷时的载流量　（单位：A）

敷设方式	G 类：绝缘电线有间距敷设在自由空气中							
导体工作温度	90℃							
芯线截面积 /mm²	不同环境温度的载流量				芯线截面积 /mm²	不同环境温度的载流量		
	25℃	30℃	35℃	40℃		25℃	30℃	35℃	40℃
1.5	31	30	29	27	70	367	353	339	321
2.5	42	40	38	36	95	447	430	413	391
4	55	53	51	48	120	520	500	480	455
6	72	69	66	63	150	600	577	554	525
10	98	94	90	86	185	687	661	635	602
16	136	131	126	119	240	812	781	750	711
25	189	182	175	166	300	938	902	866	821
35	235	226	217	206	400	1128	1085	1042	987
50	286	275	264	250	500	1303	1253	1203	1140

注：1. 此表摘自《工业与民用配电设计手册》（第三版）。

2. 当导线垂直排列时，表中载流量乘以 0.9。

3. 当导线敷设在人可触及处时，应放大一级截面积选择。

附录表 38　0.6/1kV 型 VV 电缆明敷和埋地敷设时的载流量　　(单位：A)

电缆带负荷芯数		3～4 芯							单　芯			
敷设方式		E 类：多芯电缆敷设在自由空气中或在有孔托盘桥架上				D 类：多芯电缆直接埋地或穿管埋地敷设			F 类：单芯电缆无间距敷设在自由空气中或在有孔托盘桥架上			
导体工作温度		70℃										
芯线截面积/mm²		不同环境温度的载流量										
相线	中性线	25℃	30℃	35℃	40℃	20℃	25℃	30℃	25℃	30℃	35℃	40℃
1.5		20	18	17	16	18	17	16				
2.5		27	25	24	22	24	23	21				
4	4	36	34	32	30	31	29	28				
6	6	46	43	40	37	39	37	35				
10	10	64	60	56	52	52	49	46				
16	16	85	80	75	70	67	64	60				
25	16	107	101	95	88	86	82	77	117	110	103	96
35	16	134	126	118	110	103	98	92	145	137	129	119
50	25	162	153	144	133	122	116	109	177	167	157	145
70	35	208	196	184	171	151	143	134	229	216	203	188
95	50	252	238	224	207	179	170	159	280	264	248	230
120	70	293	276	259	240	203	193	181	326	308	290	268
150	70	338	319	300	278	230	219	205	377	356	335	310
185	95	386	364	342	317	258	245	230	434	409	384	356
240	120	456	430	404	374	298	283	265	514	485	456	422
300	150	527	497	467	432	336	319	299	595	561	527	488
400									695	656	617	571
500									794	749	704	652
630									906	855	804	744

注：1. 此表根据 GB/T 16895.15—2002 第 523 节布线系统载流量编制或根据其计算得出。
2. 当电缆靠墙明敷时，表中载流量乘以 0.94。
3. 单芯电缆有间距垂直排列明敷时，表中载流量乘以 0.9。
4. 埋地敷设时，设土壤热阻系数为 2.5K·m/W。

附录表 39　0.6/1kV 型 YJV 电缆明敷和埋地敷设时的载流量　　(单位：A)

电缆带负荷芯数		3～4 芯							单　芯			
敷设方式		E 类：多芯电缆敷设在自由空气中或在有孔托盘桥架上				D 类：多芯电缆直接埋地或穿管埋地敷设			F 类：单芯电缆无间距敷设在自由空气中或在有孔托盘桥架上			
导体工作温度		90℃										
芯线截面积/mm²		不同环境温度的载流量										
相线	中性线	25℃	30℃	35℃	40℃	20℃	25℃	30℃	25℃	30℃	35℃	40℃
1.5		24	23	22	21	22	21	20				
2.5		33	32	29	29	29	28	27				
4	4	44	42	40	38	37	36	34				
6	6	56	54	52	49	46	44	43				
10	10	78	75	72	68	61	59	57				

（续）

相线	中性线	25℃	30℃	35℃	40℃	20℃	25℃	30℃	25℃	30℃	35℃	40℃
16	16	104	100	96	91	79	76	73				
25	16	132	127	122	116	101	97	94	147	141	135	128
35	16	164	158	152	144	122	117	113	183	176	169	160
50	25	210	192	184	175	144	138	134	225	216	207	197
70	35	269	246	236	224	178	171	166	290	279	268	254
95	50	326	298	286	271	211	203	196	356	342	328	311
120	70	378	346	332	315	240	230	223	416	400	384	364
150	70	436	399	383	363	271	260	252	483	464	445	422
185	95	498	456	438	415	304	292	283	554	533	512	485
240	120	588	538	516	490	351	337	326	659	634	609	585
300	150	678	621	596	565	396	380	368	765	736	707	670
400									903	868	833	790
500									1038	998	958	908
630									1197	1151	1105	1047

注：1. 此表根据 GB/T 16895.15—2002 第 523 节布线系统载流量编制或根据其计算得出。

2. 当电缆靠墙明敷时，表中载流量乘以 0.94。

3. 单芯电缆有间距垂直排列明敷时，表中载流量乘以 0.9。

4. 埋地敷设时，设土壤热阻系数为 2.5K·m/W。

附录表 40　6～35kV 型 YJV 电缆明敷和埋地敷设时的载流量　（单位：A）

电压等级	6/6kV，8.7/10kV				26/35kV		6/6kV，8.7/10kV				26/35kV	
电缆芯数	3 芯			单芯	3 芯	单芯	3 芯			单芯	3 芯	单芯
敷设方式	E 类：多芯电缆敷设在自由空气中或在有孔托盘、梯架上						D 类：多芯电缆直接埋地或穿管埋地敷设					
导体工作温度	90℃											
芯线截面积 /mm²	不同环境温度的载流量											
	25℃	30℃	35℃	30℃	30℃	30℃	20℃	25℃	30℃	25℃	25℃	25℃
35	173	166	159	237			129	124	120	149		
50	210	202	194	289	179	256	183	147	142	176	128	154
70	265	255	245	371	229	328	190	182	176	218	159	191
95	322	310	298	452	277	400	224	215	208	258	189	217
120	369	355	341	525	322	465	255	245	237	294	214	246
150	422	406	390	606	371	537	289	277	268	332	242	278
185	480	462	444	694	424	615	323	310	300	372	272	313
240	567	545	523	819	500	725	375	360	349	421	314	361
300	660	635	610	947	577	839	425	408	395	477	353	406
400	742	713	684	1139	651	1009	463	444	430	515	397	457

注：1. 此表摘自《工业与民用配电设计手册》（第三版）。

2. 当电缆采用无孔托盘明敷时，表中载流量乘以 0.93。

3. 埋地敷设时，设土壤热阻系数为 2.5K·m/W。

附录表 41　矩形涂漆裸铜母线（TMY）的载流量（交流）　　（单位：A）

导体工作温度	70℃											
母线尺寸（宽×厚）/mm×mm	每相 1 片				每相 2 片并联				每相 3 片并联			
	不同环境温度的载流量											
	25℃	30℃	35℃	40℃	25℃	30℃	35℃	40℃	25℃	30℃	35℃	40℃
30×4	475	446	418	385								
40×4	625	587	550	506								
40×5	700	659	615	567								
50×5	860	809	756	697								
50×6.3	955	808	840	774								
63×6.3	1125	1056	990	912	1740	1636	1531	1409	2240	2106	1971	1814
80×6.3	1480	1390	1300	1200	2110	1983	1857	1709	2720	2557	2394	2203
100×6.3	1810	1700	1590	1470	2470	2322	2174	2001	3170	2980	2790	2568
63×8	1320	1240	1160	1070	2160	2030	1901	1750	2790	2623	2455	2260
80×8	1690	1590	1490	1370	2620	2463	2306	2122	3370	3168	2966	2730
100×8	2080	1955	1830	1685	3060	2876	2693	2479	3930	3694	3458	3183
125×8	2400	2255	2110	1945	3400	3196	2992	2754	4340	4080	3819	3515
63×10	1475	1388	1300	1195	2560	2046	2253	2074	3300	3120	2904	2673
80×10	1900	1786	1670	1540	3100	2914	2728	2511	3990	3751	3511	3232
100×10	2310	2170	2030	1870	3610	3393	3177	2924	4650	4371	4092	3767
125×10	2650	2490	2330	2150	4100	3854	3608	3321	5200	4888	4576	4212

注：1. 此表摘自《工业与民用配电设计手册》（第三版）或根据其计算编制。

2. 本表载流量为母线立放的数据，当为平放且宽度≤63mm 时，表中数据应乘以 0.95，当平放且宽度>63mm 时应乘以 0.92。

附录表 42　LJ、LGJ 型裸铝绞线的载流量　　（单位：A）

导体类型	LJ 型铝绞线				LGJ 型钢芯铝绞线			
导体工作温度	70℃							
导线截面积/mm^2	不同环境温度的载流量							
	25℃	30℃	35℃	40℃	25℃	30℃	35℃	40℃
16	105	99	92	85	105	98	92	85
25	135	127	119	109	135	127	119	109
35	170	160	150	138	170	159	149	137
50	215	202	189	174	220	207	193	178
70	265	249	233	215	275	259	228	222
95	325	305	286	247	335	315	295	272
120	375	352	330	304	380	357	335	307
150	440	414	387	356	445	418	391	360
185	500	470	440	405	515	584	453	416
240	610	574	536	494	610	574	536	494
300	680	640	597	550	700	658	615	566

注：1. 此表摘自《工业与民用配电设计手册》（第三版）。

2. 本表载流量按室外架设考虑，无日照，海拔 1000m 及以下。

附录表 43　环境空气温度不等于 30℃时的校正系数（用于敷设在空气中的电缆载流量）

环境温度/℃	绝缘			
	PVC 聚氯乙烯	XLPE 或 EPR 交联聚乙烯、乙丙橡胶	矿物绝缘	
			PVC 外护层和易于接触的裸护套 70℃	不允许接触的裸护套 105℃
10	1.22	1.15	1.26	1.14
15	1.17	1.12	1.20	1.11
20	1.12	1.08	1.14	1.07
25	1.06	1.04	1.07	1.04
35	0.94	0.96	0.93	0.96
40	0.87	0.91	0.85	0.92
45	0.79	0.87	0.77	0.88
50	0.71	0.82	0.67	0.84
55	0.61	0.76	0.57	0.80
60	0.50	0.71	0.45	0.75

注：此表摘自 GB/T 16895.15—2002 第 523 节布线系统载流量。

附录表 44　埋地敷设时环境温度不同于 20℃时的校正系数

埋地环境温度/℃	绝缘		埋地环境温度/℃	绝缘	
	PVC	XLPE 和 EPR		PVC	XLPE 和 EPR
10	1.10	1.07	35	0.84	0.89
15	1.05	1.04	40	0.77	0.85
25	0.95	0.96	45	0.71	0.80
30	0.89	0.93	50	0.63	0.76

注：此表摘自 GB/T 16895.15—2002 第 523 节布线系统载流量。

附录表 45　土壤热阻系数不同于 2.5K · m/W 时的载流量校正系数

土壤热阻系数/（K · m/W）		1.0	1.2	1.5	2.0	2.5	3.0
载流量校正系数	电缆穿管埋地	1.18	1.15	1.10	1.05	1.00	0.96
	电缆直接埋地	1.30	1.23	1.16	1.06	1.00	0.93

注：此表摘自《工业与民用配电设计手册》（第三版）。

附录表 46　多回路管线或多根多芯电缆成束敷设的校正系数

序号	排列（电缆相互接触）	回路数或多芯电缆数											
		1	2	3	4	5	6	7	8	9	12	16	20
1	嵌入式或封闭式成束敷设在空气中的一个表面上	1.00	0.80	0.70	0.65	0.60	0.57	0.54	0.52	0.50	0.45	0.41	0.38

（续）

序号	排列（电缆相互接触）	回路数或多芯电缆数											
		1	2	3	4	5	6	7	8	9	12	16	20
2	单层敷设在墙、地板或无孔托盘上	1.00	0.85	0.79	0.75	0.73	0.72	0.72	0.71	0.70	多于9个回路或9根多芯电缆不再减小校正系数		
3	单层直接固定在木质天花板下	0.95	0.81	0.72	0.68	0.66	0.64	0.63	0.62	0.61			
4	单层敷设在水平或垂直的有孔托盘上	1.00	0.88	0.82	0.77	0.75	0.73	0.73	0.72	0.72			
5	单层敷设在梯架或夹板上	1.00	0.87	0.82	0.80	0.80	0.79	0.79	0.78	0.78			

注：1. 此表摘自 GB/T 16895.15—2002 第 523 节布线系统载流量。

2. 这些系数适用于均匀和等负荷电缆束。

3. 相邻电缆水平间距超过了 2 倍电缆外径则不需要降低。

4. 下列情况使用同一系数：由二根或三根单芯电缆组成的电缆束；多芯电缆。

5. 假如系统中同时有 2 芯和 3 芯电缆，以电缆总数作为回路数，两芯电缆作为两根带负荷导体，三芯电缆作为三根带负荷导体查取表中相应系数。

6. 假如电缆束中含有 n 根单芯电缆，它可考虑为 $n/2$ 回两根负荷导体回路，或 $n/3$ 回三根负荷导体回路。

附录表 47 多回路直埋电缆的校正系数

回路数	电缆间的间距（a）				
	无间距（电缆相互接触）	一根电缆外径	0.125m	0.25m	0.5m
2	0.75	0.80	0.85	0.90	0.90
3	0.65	0.70	0.75	0.80	0.85
4	0.60	0.60	0.70	0.75	0.80
5	0.55	0.55	0.65	0.70	0.80
6	0.50	0.55	0.60	0.70	0.80

注：1. 此表摘自 GB/T 16895.15—2002 第 523 节布线系统载流量。

2. 此表所给值适于埋地深度 0.7m，土壤热阻系数为 2.5K·m/W。

附录表 48 多回路多芯电缆穿管埋地敷设的校正系数

回路数	电缆间的间距（a）			
	无间距（电缆相互接触）	0.25m	0.5m	1.0m
2	0.85	0.90	0.95	0.95
3	0.75	0.85	0.90	0.95
4	0.70	0.80	0.85	0.90
5	0.65	0.80	0.85	0.90
6	0.60	0.80	0.80	0.90

注：1. 此表摘自 GB/T 16895.15—2002 第 523 节布线系统载流量。

2. 此表所给值适于埋地深度 0.7m，土壤热阻系数为 2.5K·m/W。

附录表 49　敷设在自由空气中多根多芯电缆束的校正系数

敷设方法		托盘数	电缆数					
桥架形式	电缆排列		1	2	3	4	6	9
水平安装的有孔托盘（注3）	无间距	1	1.00	0.88	0.82	0.79	0.76	0.73
		2	1.00	0.87	0.80	0.77	0.73	0.68
		3	1.00	0.86	0.79	0.76	0.71	0.66
	有间距	1	1.00	1.00	0.98	0.95	0.91	—
		2	1.00	0.99	0.96	0.92	0.87	—
		3	1.00	0.98	0.95	0.91	0.85	—
垂直安装的有孔托盘（注4）	无间距	1	1.00	0.88	0.80	0.78	0.73	0.72
		2	1.00	0.88	0.81	0.76	0.71	0.70
	有间距	1	1.00	0.91	0.89	0.88	0.87	—
		2	1.00	0.91	0.88	0.87	0.85	—
水平安装的梯架夹板等（注3）	无间距	1	1.00	0.87	0.82	0.80	0.79	0.78
		2	1.00	0.86	0.80	0.78	0.76	0.73
		3	1.00	0.85	0.79	0.76	0.73	0.70
	有间距	1	1.00	1.00	1.00	1.00	1.00	—
		2	1.00	0.99	0.98	0.97	0.96	—
		3	1.00	0.98	0.97	0.96	0.93	—

注：1. 此表摘自 GB/T 16895.15—2002 第 523 节布线系统载流量。

2. 这些校正系数只适于单层成束敷设电缆，不适用于多层相互接触的成束电缆。

3. 所给值用于两个托盘间垂直距离为 300mm 而托盘与墙之间间距不少于 20mm 的情况，小于这一距离时校正系数应当减小。

4. 所给值为托盘背靠背安装，水平距离为 225mm，当小于这一距离时校正系数应减小。

附录表 50　多芯电缆在托盘、梯架内多层敷设时的校正系数

桥架形式	电缆排列	电缆层数	校正系数	桥架形式	电缆排列	电缆层数	校正系数
有孔托盘	紧靠排列	2	0.55	梯架	紧靠排列	2	0.65
		3	0.50			3	0.55

注：1. 此表摘自《工业与民用配电设计手册》（第三版）。

2. 此表计算条件是按电缆束中 50% 电缆通过额定电流，另 50% 电缆空载或全部电缆通过 85% 的额定电流。

附录表 51　敷设在自由空气中单芯电缆多回路成束敷设的校正系数

敷设方法		托盘数	三相回路数（注3）			对以下情况的额定值作倍数使用
桥架形式	电缆排列		1	2	3	
水平安装的有孔托盘（注4）	相互接触	1	0.98	0.91	0.87	水平排列的三根电缆
		2	0.96	0.87	0.81	
		3	0.95	0.85	0.78	
垂直安装的有孔托盘（注5）	相互接触	1	0.96	0.86		垂直排列的三根电缆
		2	0.95	0.84		

（续）

敷设方法		托盘数	三相回路数（注3）			对以下情况的额定值作倍数使用
桥架形式	电缆排列		1	2	3	
梯架和夹板等（注4）	相互接触	1	1.00	0.97	0.96	水平排列的三根电缆
		2	0.98	0.93	0.89	
		3	0.97	0.90	0.86	
水平安装的有孔托盘（注4）	有间距	1	1.00	0.98	0.96	三角形排列的三根电缆
		2	0.97	0.93	0.89	
		3	0.96	0.92	0.86	
垂直安装的有孔托盘（注5）	有间距	1	1.00	0.91	0.89	
		2	1.00	0.90	0.86	
水平安装的梯架夹板等（注4）	有间距	1	1.00	1.00	1.00	
		2	0.97	0.95	0.93	
		3	0.96	0.94	0.90	

注：1. 此表摘自 GB/T 16895.15—2002 第523节布线系统载流量。
2. 表列值为单层排列（或三角形排列）电缆的校正系数，但不适用于多层相互接触排列的电缆。
3. 每相有多根电缆并联的回路时，由这些导体组成的每个三相回路使用此表时应作为一回路考虑。
4. 表中所给的数值为两托盘之间的垂直距离为300mm，小于这一距离时校正系数应当减小。
5. 表中所给的值为两托盘背靠背安装，水平距离为225mm，托盘与墙的间距不小于20mm，小于这一距离时校正系数应当减小。

附录表52 低压母线槽的额定电流等级

型 式	各类母线槽的额定电流等级/A
密集绝缘	25、40、63、100、160、200、250、400、630、800、1000、1250、1600、2000、2500、3150、4000、5000
空气绝缘	63、100、160、200、250、315、400、630、800、1000、1250、1600、2000、2500、3150、4000、5000
空气附加绝缘	250、315、400、630、800、1000、1250、1600、2000、2500、3150
滑接式	16、50、60、80、100、125、140、160、200、250、315、400、630、800、1000、1250、1600、2000

注：此表摘自《工业与民用配电设计手册》（第三版）。

附录表53 配电用低压断路器过电流脱扣器的反时限动作特性

脱扣器额定电流/A	约定不脱扣电流	约定脱扣电流	约定时间/h	周围空气温度/℃
$I_n \leqslant 63$	$1.05I_{r1}$（冷态）	$1.30\ I_{r1}$（热态）	1	热式脱扣器：30±2
$I_n > 63$	$1.05I_{r1}$（冷态）	$1.30I_{r1}$（热态）	2	除热式外：-5~40

注：此表摘自 GB 14048.2—2008《低压开关设备和控制设备 第2部分：断路器》。

附录表54 电动机保护用低压断路器过电流脱扣器和过载继电器的反时限动作特性

脱扣级别	$1.0I_{r1}$（冷态）约定电流的不脱扣时间/h	$1.20I_{r1}$（热态）约定电流的脱扣时间/h	$1.50I_{r1}$（热态）约定电流的脱扣时间/min	$7.2I_{r1}$（冷态）约定电流的脱扣时间/s	适用范围
10A	2	2	2	2~10	轻载起动
10	2	2	4	4~10	一般负载
20	2	2	8	6~20	一般负载到重载
30	2	2	12	9~30	重载起动

注：此表摘自 GB 14048.4—2003《低压开关设备和控制设备 第4部分：机电式接触器和电动机起动器》。

附录表 55　g 类熔断体的约定时间和约定电流

额定电流 I_n/ A	约定时间/h	约定不熔断电流	约定熔断电流
$I_n < 16$	1	a	a
$16 \leqslant I_n \leqslant 63$	1	$1.25I_n$	$1.60I_n$
$63 < I_n \leqslant 160$	2		
$160 < I_n \leqslant 400$	3		
$I_n > 400$	4		

注：1. 此表摘自 GB 13539.1—2008《低压熔断器　第 1 部分：基本要求》。
　　2. a 在考虑中。

附录表 56　照明线路保护断路器过电流脱扣器可靠系数

低压断路器过电流脱扣器类型	可靠系数	白炽灯、卤钨灯	荧光灯、高压钠灯、金属卤化物灯	荧光高压汞灯
长延时过电流脱扣器	K_1	1.0	1.0	1.1
瞬时过电流脱扣器	K_3	10~12	4~7	4~7

注：1. 此表摘自《工业与民用配电设计手册》（第三版）。
　　2. 由于白炽灯、卤钨灯的灯丝冷态电阻很低，因而光源起动时峰值电流很大。

附录表 57　照明线路熔体选择计算系数 K_m

熔断器型号	熔体额定电流/A	K_m		
		白炽灯、卤钨灯、荧光灯	高压钠灯、金属卤化物灯	荧光高压汞灯
RL7、NT	≤63	1.0	1.2	1.1~1.5
RL6	≤63	1.0	1.5	1.3~1.7

注：此表摘自《工业与民用配电设计手册》（第三版）。

附录表 58　熔体允许通过的电动机起动电流

熔体额定电流/A	允许通过的起动电流/A		熔体额定电流/A	允许通过的起动电流/A	
	"aM" 类熔断体	"gG" 类熔断体		"aM" 类熔断体	"gG" 类熔断体
2	12.6	5	63	396.9	240
4	25.2	10	80	504.0	340
6	37.8	14	100	630.0	400
8	50.4	22	125	787.7	570
10	63.0	32	160	1008	750
12	75.5	35	200	1260	1010
16	100.8	47	250	1575	1180
20	126.0	60	315	1985	1750
25	157.5	82	400	2520	2050
32	201.6	110	500	3150	2950
40	252.0	140	630	3969	3550
50	315.0	200			

注：1. 此表摘自《工业与民用配电设计手册》（第三版）。
　　2. 此表按电动机轻载和一般负载起动编制。对于重载起动、频繁起动和制动的电动机，按表中数据查得的熔断体电流宜加大一级。

附录表 59 外壳防护等级的分类代号

项 目	代号组成格式
代号含义说明	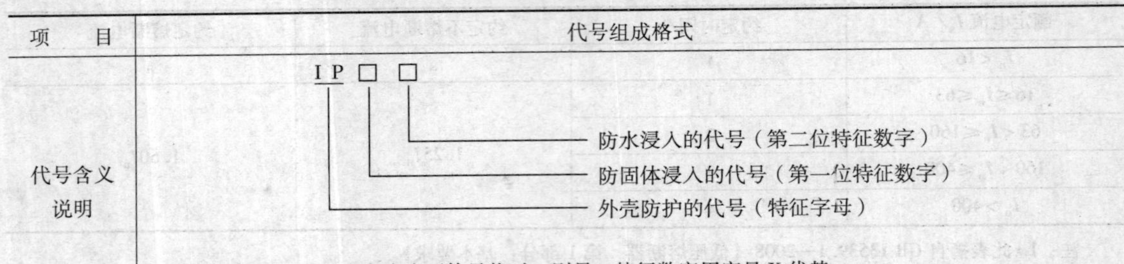 注：1. 仅用于单一防水或防固体异物时，则另一特征数字用字母 X 代替。 2. 第二位特征数字之后还可选择字母表示相关内容（略）。

特征数字	含义说明	
	第一位特征数字	第二位特征数字
0	无防护	无防护
1	防大于 50mm 的固体异物	防滴（垂直滴水对设备无有害影响）
2	防大于 12mm 的固体异物	15°防滴（倾斜 15°，垂直滴水无有害影响）
3	防大于 2.5mm 的固体异物	防淋水（倾斜 60°以内淋水无有害影响）
4	防大于 1mm 的固体异物	防溅水（任何方向溅水无有害影响）
5	防尘（尘埃进入量不致妨碍正常运转）	防喷水（任何方向喷水无有害影响）
6	尘密（无尘埃进入）	防猛烈喷水（任何方向猛烈喷水无有害影响）
7		防短时浸水影响（浸入规定压力水中经规定时间后外壳进水量不致达到有害影响）
8		防持续潜水影响（持续潜水后外壳进水量不致达到有害影响）

注：此表摘自 GB 4208—2008《外壳防护等级（IP 代码）》。

附录表 60 JL-80 系列静态电流继电器（无源）的主要技术数据

型 号	整定范围/A	整定级差/A	额定工作电流/A	额定频率/Hz
JL-81	0.03～0.99	0.01	5	50
JL-82	0.1～9.9	0.1	5	
JL-83	4～50	0.1	15	
JL-84	50～100	1	30	

附录表 61 JGL-2 系列静态反时限过电流继电器（多功能）的主要技术数据

产品型号	触点形式	额定电流/A	额定频率/Hz	额定功耗/V·A	整定值			
					动作电流整定值/A	反时限延时时间/s	速动电流整定倍数	速动动作时间/ms
JGL-2/11 JGL-2/12 JGL-2/13 JGL-2/14	一动合 一延时动合	5 或 10	50	10	2～20 级差 0.1	符合“JGL-2 系列反时限数据表”	2～9.9 级差 0.1	50
JGL-2/15	一先合后断过渡转换							
JGL-2/16	一动合 一过渡转换							

附录表 62　土壤电阻率参考值

类别	名　　称	电阻率近似值/Ω·m	不同情况下电阻率的变化范围/Ω·m		
			较湿时（一般地区、多雨区）	较干时（沙漠地区、少雨区）	地下水含盐碱时
土	陶粘土	10	5~20	10~100	3~10
	泥炭、泥灰岩、沼泽地	20	10~30	50~300	3~30
	捣碎的木炭	40	—	—	—
	黑土、园田土、陶土	50	30~100	50~300	10~30
	粘土	60	30~100	50~300	10~30
	砂质粘土	100	30~300	80~1000	10~80
	黄土	200	100~200	250	30
	含砂粘土、砂土	300	100~1000	1000 以上	30~100
	河滩中的砂	—	300	—	—
	多石土壤	400	—	—	—
砂	砂、砂砾	1000	250~1000	1000~2500	—
岩石	砾石、碎石、多岩山地	5000	—	—	—
	花岗岩	200000	—	—	—
混凝土	在水中	40~55	—	—	—
	在湿土中	100~200	—	—	—
	在干土中	500~1300	—	—	—
	在干燥的大气中	12000~18000	—	—	—

注：此表摘自《工业与民用配电设计手册》（第三版）。

附录表 63　独立变电所（A类电气装置）的接地电阻

接地类别	接地的电气装置特点		接地电阻要求/Ω
安全保护接地	低电阻系统中的变电所电气装置保护接地的接地电阻		$R \leqslant \frac{2000}{I}$　且≤5
	不接地、消弧线圈接地和高电阻接地系统中变电所电气装置保护接地的接地电阻	与变电所低压电气装置共用	$R \leqslant \frac{120}{I}$　且≤4
		仅用于高压电气装置	$R \leqslant \frac{250}{I}$　且≤10
雷电保护接地	独立避雷针（含悬挂独立避雷线的架构）的接地电阻		$R_p \leqslant 10$（冲击电阻）
	在变压器门型架构上装设避雷针时变电所的接地电阻（不包括架构基础的接地电阻）		$R \leqslant 4$（工频电阻）

注：1. 本表根据 DL/T 621—1997《交流电气装置的接地》和 DL/T 620—1997《交流电气装置的过电压保护和绝缘配合》编制。

2. 表中 I 为计算用的流经接地装置的入地短路电流（A），该电流应按 5~10 年发展后的系统最大运行方式确定，并应考虑系统中各接地中性点间的短路电流分配，以及避雷线中分走的接地短路电流。

附录表 64　建筑物电气装置（B 类电气装置）的接地电阻

<table>
<tr><th colspan="2">接地类别</th><th colspan="2">接地的电气装置特点</th><th>接地电阻要求/Ω</th></tr>
<tr><td colspan="2">低压系统中性点接地</td><td colspan="2">低压 TN 系统、TT 系统的电源中性点的接地电阻</td><td>$R\leqslant4$（注 2）</td></tr>
<tr><td rowspan="5">安全保护接地</td><td rowspan="3">配电变压器位于所供电建筑物之外</td><td rowspan="2">高压侧工作于低电阻接地系统</td><td>变压器保护接地与低压系统中性点接地不共用接地装置</td><td>$R\leqslant\frac{2000}{I}$　且≤5</td></tr>
<tr><td>变压器保护接地无法与低压系统中性点接地分开时</td><td>$R\leqslant\frac{1200}{I}$</td></tr>
<tr><td colspan="2">高压侧工作于不接地、消弧线圈接地和高电阻接地系统，保护接地与低压系统中性点接地共用接地装置</td><td>$R\leqslant\frac{50}{I}$　且≤4</td></tr>
<tr><td rowspan="2">配电变压器位于所供电建筑物之内</td><td colspan="2">高压侧工作于低电阻接地系统，保护接地应与低压系统中性点接地共用接地装置，并作等电位联结</td><td>$R\leqslant4$</td></tr>
<tr><td colspan="2">高压侧工作于不接地、消弧线圈接地和高电阻接地系统，保护接地应与低压系统中性点接地共用接地装置，并作等电位联结</td><td>$R\leqslant4$</td></tr>
<tr><td colspan="2" rowspan="4">雷电保护接地</td><td colspan="2">第一类防雷建筑物防直击雷接地装置电阻</td><td>$R_p\leqslant10$（冲击电阻）</td></tr>
<tr><td colspan="2">第一、二类防雷建筑物防感应雷接地装置电阻</td><td>$R\leqslant10$（工频电阻）</td></tr>
<tr><td colspan="2">第二类防雷建筑物防直击雷接地装置电阻</td><td>$R_p\leqslant10$（冲击电阻）</td></tr>
<tr><td colspan="2">第三类防雷建筑物防直击雷接地装置电阻</td><td>$R_p\leqslant30$（冲击电阻）</td></tr>
<tr><td colspan="2">共用接地装置</td><td colspan="2"></td><td>按接入设备中要求的最小值确定（一般 $R\leqslant1$）</td></tr>
</table>

注：1. 本表根据 DL/T 621—1997《交流电气装置的接地》和 GB 50057—2010《建筑物防雷设计规范》编制。

2. 考虑到低压系统相线直接接大地故障在系统中性点接地装置上产生的故障电压的危害，R 值宜尽量小，如不大于 2Ω。

3. 表中 I 为计算用的单相接地故障电流，对消弧线圈接地系统为故障点残余电流。

附录表 65　接地装置导体最小规格尺寸

种　类	参　数	室内地上	室外地上	地　下
圆钢	直径/mm	6	8	10
扁钢	截面积/mm^2	60	100	100
	厚度/mm	3	4	4
角钢	厚度/mm	2	2.5	4
钢管	管壁厚度/mm	2.5	2.5	3.5

注：本表根据 DL/T 621—1997《交流电气装置的接地》、GB 50057—2010《建筑物防雷设计规范》和 GB 50303—2002《建筑电气工程施工质量验收规范》编制。

附录表 66　人工接地极的冲击利用系数

接地极类型	接地极的根数	冲击利用系数 η_p		备　注
		$D/L=2$	$D/L=3$	
水平接地极连接的 n 根垂直接地极	2	0.80	0.85	D——垂直接地极间距 L——垂直接地极长度
	3	0.70	0.80	
	4	0.70	0.75	
	6	0.65	0.70	

注：1. 此表摘自 DL/T 621—1997《交流电气装置的接地》。

2. 人工接地极的工频利用系数 $\eta=\eta_p/0.9$。

附录表 67　等电位联结导体的截面积

类别 / 取值	总等电位联结导体	局部等电位联结线	辅助等电位联结线	
一般值	不小于电源进线 PE（PEN）导体截面积的 1/2	不小于局部场所最大 PE 导体截面积的 1/2	两电气设备外露导电部分	较小 PE 导体截面积
			电气设备与装置外导电部分	PE 导体截面积的 1/2
最小值	$6mm^2$ 铜导体	有机械防护时：$2.5mm^2$ 铜导体；无机械防护时：$4mm^2$ 铜导体		
	$50mm^2$ 钢导体	$16mm^2$ 钢导体		
最大值	$25mm^2$ 铜导体		—	

注：此表根据 GB 50054—2011《低压配电设计规范》和国家建筑标准设计图集 D501-2《等电位联结安装》编制。

附录表 68　防雷等电位联结导体的最小截面积

连接部件 / 材料	等电位联结带	从等电位联结带至接地装置或各等电位联结带之间的连接导体	从屋内金属装置至等电位联结带的连接导体
铜导体	$50mm^2$	$16mm^2$	$6mm^2$
钢导体	$50mm^2$	$50mm^2$	$16mm^2$

注：此表根据 GB 50057—2010《建筑物防雷设计规范》编制。

附录表 69　电气设备防电击保护分类及应用

电气设备分类	设备防护措施		设备与装置的连接条件
	基本防护	故障防护	
0	基本绝缘	—	非导电环境
			对每一项设备单独地提供电气分隔
Ⅰ	基本绝缘	保护联结	将保护联结端子连接到装置的保护等电位联结上
Ⅱ	基本绝缘	附加绝缘	注：不依赖于装置的保护措施
	加强绝缘		
Ⅲ	采用特低电压	—	仅接到 SELV 和 PELV 系统

注：此表根据 GB/T 17045—2008《电击防护　装置和设备的通用部分》编制。

附录表 70　220/380V 线路单位长度泄漏电流　　（单位：mA/km）

绝缘材质	导体截面积/mm^2												
	4	6	10	16	25	35	50	70	95	120	150	185	240
聚氯乙烯	52	52	56	62	70	70	79	89	99	109	112	116	127
橡皮	27	32	39	40	45	49	49	55	55	60	60	S0	61
聚乙烯	17	20	25	26	29	33	33	33	33	38	38	38	39

注：此表摘自《工业与民用配电设计手册》（第三版）。

附录表 71　电动机泄漏电流

电动机额定功率/kW	1.5	2.2	5.5	7.5	11	15	18.5	22	30	37	45	55	75
正常运行的泄漏电流/mA	0.15	0.18	0.29	0.38	0.5	0.57	0.65	0.72	0.87	1.00	1.09	1.22	1.48

注：此表摘自《工业与民用配电设计手册》（第三版）。

附录表 72 荧光灯、家用电器及计算机泄漏电流

设备名称	型式	泄漏电流/mA
荧光灯	安装在金属构件上	0.1
	安装在木质或混凝土构件上	0.02
家用电器	手握式Ⅰ级设备	≤0.75
	固定式Ⅰ级设备	≤3.5
	Ⅱ级设备	≤0.25
	Ⅰ级电热设备	0.75～5
计算机	移动式	1.0
	固定式	3.5

注：此表摘自《工业与民用配电设计手册》(第三版)。

附录表 73 避雷针、避雷带（网）以及用作接闪器的建筑物金属屋面的材料、规格

类别	条件	材料	规格	
避雷针	针长1m以下	圆钢	直径≥12mm	
		钢管	直径≥20mm	
	针长1～2m	圆钢	直径≥16mm	
		钢管	直径≥25mm	
避雷带（网）		圆钢	直径≥8mm	
		扁钢	截面积≥48mm²（厚度≥4mm）	
金属屋面作接闪器	金属屋面下面无易燃物品时	钢板	厚度≥0.5mm	搭接长度≥100mm
	金属屋面下面有易燃物品时	钢板	厚度≥4mm	
		铜板	厚度≥5mm	
		铝板	厚度≥7mm	

注：此表根据 GB 50057—2010《建筑物防雷设计规范》编制。

附录表 74 防雷引下线的材料、规格

类别	材料	规格	备注
暗敷	圆钢	直径≥8mm	
	扁钢	截面积≥48mm²（厚度≥4mm）	
明敷	圆钢	直径≥10mm	在易受机械损坏和防人身接触的地方，地面上1.7m至地面下0.3m的一段接地线应采取暗敷或镀锌角钢、改性塑料管或橡胶管等保护设施
	扁钢	截面积≥80mm²（厚度≥4mm）	

注：此表根据 GB 50057—2010《建筑物防雷设计规范》编制。

附录表 75 SPD 连接导线的最小截面积

防护等级	SPD的类型	导线截面积/mm²	
		SPD连接相线铜导线	SPD接地端连接铜导线
第一级	开关型或限压型	16	25
第二级	限压型	10	16
第三级	限压型	6	10
第四级	限压型	4	6

注：本表摘自 GB 50343—2004《建筑物电子信息系统防雷技术规范》。

附录表 76　普通阀式避雷器至主变压器间的最大电气距离

系统标称电压/kV	进线段避雷线长度/km	雷季经常运行的进线路数			
		1	2	3	≥4
10（6）	0	15	20	25	30
35	1	25	40	50	55
	1.5	40	55	65	75
	2	50	75	90	105

注：1. 此表摘自 DL/T 620—1997《交流电气装置的过电压保护和绝缘配合》。

2. 简易保护接线的变电所 35kV 侧，阀式避雷器与主变压器或电压互感器间的最大电气距离不宜超过 10m。

3. 本表也适用于有串联间隙的金属氧化物避雷器的情况。

参考文献

[1] 翁双安．供电工程［M］．北京：机械工业出版社，2004.

[2] 莫岳平，翁双安．供配电工程［M］．北京：机械工业出版社，2011.

[3] 翁双安．供配电工程设计指导［M］．北京：机械工业出版社，2008.

[4] 任元会．工业与民用配电设计手册［M］．3 版．北京：中国电力出版社，2005.

[5] 余健明，同向前，苏文成．供电技术［M］．3 版．北京：机械工业出版社，2008.

[6] 刘介才．工厂供电［M］．2 版．北京：机械工业出版社，2011.

[7] 刘笙．电气工程基础：上、下册［M］．2 版．北京：科学出版社，2008.

[8] 张惠刚．变电站综合自动化原理与系统［M］．北京：中国电力出版社，2004.

[9] 刘健，倪健立，邓永辉．配电自动化系统［M］．2 版．北京：中国水利电力出版社，2003.

[10] 李佑光，林东．电力系统继电保护原理及新技术［M］．2 版．北京：科学出版社，2009.

[11] 王厚余．低压电气装置的设计安装和检验［M］．2 版．北京：中国电力出版社，2007.

[12] 法国施耐德电气有限公司．电气装置应用（设计）指南［M］．2 版．北京：中国电力出版社，2008.

[13] 任元会．注册电气工程师执业资格考试专业考试复习指导书（供配电专业）［M］．北京：中国电力出版社，2007.

[14] 住房和城乡建设部工程质量安全监管司，中国建筑标准设计研究院．全国民用建筑工程设计技术措施—电气［M］．2 版．北京：中国计划出版社，2009.

[15] 全国电气信息结构、文件编制和图形符号标准化技术委员会．GB/T 6988. 1—2008/IEC 61082-1：2006 电气技术用文件的编制 第 1 部分：规则［S］．北京：中国标准出版社，2008.

[16] 全国电工术语标准化技术委员会．GB/T 2900. 1—2008 电工术语 基本术语［S］．北京：中国标准出版社，2008.

[17] 全国电工术语标准化技术委员会．GB/T 2900. 12—2008 电工术语 避雷器、低压电涌保护器及元件［S］．北京：中国标准出版社，2008.

[18] 全国电工术语标准化技术委员会．GB/T 2900. 15—1997 电工术语 变压器、互感器、调压器和电抗器［S］．北京：中国标准出版社，1997.

[19] 全国电工术语标准化技术委员会．GB/T 2900. 17—2009 电工术语 量度继电器［S］．北京：中国标准出版社，2009.

[20] 全国电工术语标准化技术委员会．GB/T 2900. 18—2008 电工术语 低压电器［S］．北京：中国标准出版社，2008.

[21] 全国电工术语标准化技术委员会．GB/T 2900. 20—1994 电工术语 高压开关设备［S］．北京：中国标准出版社，1994.

[22] 全国电工术语标准化技术委员会．GB/T 2900. 49—2004 电工术语 电力系统保护［S］．北京：中国标准出版社，2004.

[23] 全国电工术语标准化技术委员会．GB/T 2900. 50—2008（IEC 60050-601：1985，MOD）电工术语 发电、输电及配电 通用术语［S］．北京：中国标准出版社，2008.

[24] 全国电工术语标准化技术委员会．GB/T 2900. 52—2000/IEC 60050（602）：1983 电工术语 发电、输电及配电 发电［S］．北京：中国标准出版社，2000.

[25] 全国电工术语标准化技术委员会．GB/T 2900. 57—2008（IEC 60050-604：1987，MOD）电工术语 发电、输电及配电 运行［S］．北京：中国标准出版社，2008.

[26] 全国电工术语标准化技术委员会．GB/T 2900. 58—2002/IEC 60050（603）：1986 电工术语 发电、输

电及配电 电力系统规划和管理［S］. 北京：中国标准出版社，2002.

［27］全国电工术语标准化技术委员会. GB/T 2900. 59—2008/IEC 60050（605）：1983 电工术语 发电、输电及配电 变电站［S］. 北京：中国标准出版社，2008.

［28］全国电工术语标准化技术委员会. GB/T 2900. 71—2008/IEC 60050-826：2004 电工术语 电气装置［S］. 北京：中国标准出版社，2008.

［29］全国电工术语标准化技术委员会. GB/T 2900. 73—2008 电工术语 接地与电击防护［S］. 北京：中国标准出版社，2008.

［30］全国雷电防护标准化技术委员会. GB/T 21714. 1—2008/IEC 62305-1：2006 雷电防护 第 1 部分：总则［S］. 北京：中国标准出版社，2008.

［31］全国雷电防护标准化技术委员会. GB/T 21714. 2—2008/IEC 62305-2：2006 雷电防护 第 2 部分：风险评估［S］. 北京：中国标准出版社，2008.

［32］全国雷电防护标准化技术委员会. GB/T 21714. 3—2008/IEC 62305-3：2006 雷电防护 第 3 部分：建筑物的物理损坏和生命危险［S］. 北京：中国标准出版社，2008.

［33］全国雷电防护标准化技术委员会. GB/T 21714. 4—2008/IEC 62305-3：2006 雷电防护 第 4 部分：建筑物内电气和电子系统［S］. 北京：中国标准出版社，2008.

［34］全国建筑物电气装置技术委员会. GB/T 16895. 1—2008/IEC 60364-1：2005 低压电气装置 第 1 部分：基本原则、一般特性评估和定义［S］. 北京：中国标准出版社，2008.

［35］全国电气安全标准化技术委员会. GB 14050—2008 系统接地的型式及安全技术要求［S］. 北京：中国标准出版社，2009.

［36］中国电力规划设计协会. 注册电气工程师执业资格考试专业考试相关标准汇编（供配电专业）［S］. 北京：中国电力出版社，2008.

［37］中国机械工业联合会. GB 50052—2009 供配电系统设计规范［S］. 北京：中国计划出版社，2010.

［38］中国机械工业联合会. GB 50057—2010 建筑物防雷设计规范［S］. 北京：中国计划出版社，2011.

［39］中国电力企业联合会. GB 50060—2008 3～110kV 高压配电装置设计规范［S］. 北京：中国计划出版社，2009.

［40］中国电力企业联合会. GB/T 50062—2008 电力装置的继电保护和自动装置设计规范［S］. 北京：中国计划出版社，2009.

［41］中国电力企业联合会. GB/T 50063—2008 电力装置的电测量仪表装置设计规范［S］. 北京：中国计划出版社，2008.

［42］中国电力企业联合会. GB 50227—2008 并联电容器装置设计规范［S］. 北京：中国计划出版社，2009.

［43］全国电压电流等级和频率标准化技术委员会. GB/T 12325—2008 电能质量 供电电压偏差［S］. 北京：中国标准出版社，2008.

［44］全国电压电流等级和频率标准化技术委员会. GB/T 12326—2008 电能质量 电压波动和闪变［S］. 北京：中国标准出版社，2008.

［45］全国电压电流等级和频率标准化技术委员会. GB/T 15543—2008 电能质量 三相电压不平衡［S］. 北京：中国标准出版社，2008.

［46］全国电压电流等级和频率标准化技术委员会. GB/T 15945—2008 电能质量 电力系统频率偏差［S］. 北京：中国标准出版社，2008.

［47］全国电压电流等级和频率标准化技术委员会. GB/T 18481—2001 电能质量 暂时过电压和瞬态过电压［S］. 北京：中国标准出版社，2002.

［48］全国电压电流等级和频率标准化技术委员会. GB/T 24337—2009 电能质量 公用电网间谐波［S］. 北京：中国标准出版社，2009.

［49］中国机械工业联合会. GB 50054—2011 低压配电设计规范［S］. 北京：中国计划出版社，2011.

[50] 中国机械工业联合会 . GB 50055—2011 通用用电设备配电设计规范 [S] . 北京：中国计划出版社，2011.

[51] 中国电力企业联合会 . GB/T 50065—2011 交流电气装置的接地设计规范 [S] . 北京：中国计划出版社，2011.